# 风力机空气动力学

宋 俊 编著



机 械 工 业 出 版 社

本书全面和系统地介绍了风力机空气动力学相关知识。全书共分为11章，包括绪论、气体运动学基础、气体动力学基础、水平轴升力型风力机概论、风力机经典动力学理论、风力机典型动力学专题、风力机翼型绕流理论、风力机系统气动弹性耦合、风力机数值分析技术、风力机模型气动试验和垂直轴风力机空气动力特性。另外，在附录中还介绍了大气边界层内的风特性以及风电场中的风力机尾流。

本书适合作为大专院校教材及对从事风力机设计、制造和使用的人员进行培训的教学用书，也可以作为风力机爱好者的自学读物。

**图书在版编目（CIP）数据**

风力机空气动力学/宋俊编著. —北京：机械工业出版社，2019.3（2025.2重印）

ISBN 978-7-111-62434-9

Ⅰ.①风… Ⅱ.①宋… Ⅲ.①风力发电机-空气动力学 Ⅳ.①TM315

中国版本图书馆CIP数据核字（2019）第063209号

机械工业出版社（北京市百万庄大街22号 邮政编码100037）
策划编辑：林春泉 责任编辑：林春泉
责任校对：张 薇 封面设计：鞠 杨
责任印制：张 博
北京中科印刷有限公司印刷
2025年2月第1版第2次印刷
184mm×260mm · 17.75印张 · 437千字
标准书号：ISBN 978-7-111-62434-9
定价：49.00元

电话服务 网络服务
客服电话：010-88361066 机 工 官 网：www.cmpbook.com
010-88379833 机 工 官 博：weibo.com/cmp1952
010-68326294 金 书 网：www.golden-book.com

机工教育服务网：www.cmpedu.com

# 前 言

为了满足教学的需求而撰写此书。希望有助于与风力机相关专业的学生更好地了解风力机空气动力学，并在此基础上创新和发展。

全书共分为 11 章。第 1~4 章，包括绪论、气体运动学基础、气体动力学基础、水平轴升力型风力机概论，主要介绍了基本概念和理论，是研究风力机空气动力学的基础；第 5~8 章，包括风力机经典动力学理论、风力机典型动力学专题、风力机翼型绕流理论和风力机系统气动弹性耦合，是风力机空气动力学的核心内容，考虑到不同层次读者的需求，各章的内容是相对独立的，读者和教师可以根据具体情况有所取舍。第 9 章、第 10 章，包括风力机数值分析技术和风力机模型气动试验，是风力机空气动力学学术研究的相关知识，可以作为研究人员、研究生选题、分析和试验的参考。以上内容主要针对水平轴升力型风力机。第 11 章介绍了垂直轴风力机空气动力特性，并与水平轴机型进行比较。另外，在附录中还介绍了大气边界层内的风特性以及风电场中的风力机尾流，这些内容是作为风力机空气动力学的背景知识介绍的，同时为正文提供了一些必要的概念和数据。为了便于教学和自学，书中编入了一些例题，每章后附加若干习题，计算题后附有最终答案。例题和习题都不追求复杂的运算，主要目的是为了巩固基本概念和理论。

本书在内容安排上力求理论与实际相结合。在介绍气体动力学时做到有的放矢，“的”就是风力机。凡是与风力机联系不大的内容则不涉及。在利用气体动力学研究风力机时，则力争做到重点突出，“重点”就是风力机空气动力特性。对于风力机的其他问题，也不在选项之内，以便有利于读者集中了解必须掌握的核心内容。

空气动力学应用的数学知识较多，有些物理和数学概念较抽象，描述现象的数学模型较复杂，初学者或许会遇到一些困难。但学习风力机空气动力学的目的不是去面对复杂的推导和对推导结果的死记硬背，而是要理解概念和理论的物理意义，掌握概念和理论的实际应用。风力机空气动力学自始至终都在强调如何抓住物理现象的本质和主要影响因素，如何针对具体背景将复杂的物理现象简化成可求解的数学模型，将分析结果表述为可理解、可应用的规律，这些思维方法和解决方案对于读者都是大有益处的。

最后，对参考文献中列举资料的作者深表感谢，这些资料都使本书的作者受益匪浅。另外，也期待广大读者的批评和建议。

作者于 2019 年 1 月

# 目 录

# 主要物理量符号表

$a$——轴向气流诱导因子，复平面上圆的半径
$a'$——切向气流诱导因子
$\boldsymbol{a}$——加速度矢量
$A$——面积
$A_d$——风轮的扫掠面积
$c$——翼型几何弦长
$c_p$——压强系数
$C$——常数
$C_P$——风能利用系数
$C_l$——升力特征系数
$C_d$——阻力特征系数
$C_m$——气动俯仰力矩系数
$C_F$——推力系数
$C_T$——转矩系数
$C_n$——法向力系数
$C_t$——切向力系数
$D$——阻力
$\boldsymbol{f}$——单位质量力矢量
$f$——翼型弯度
$\bar{f}$——翼型相对弯度
$F$——力
$F_n$——轴向推力
$F_t$——切向力（驱动力）
$F_p$——叶尖损失系数
$F_h$——轮毂损失系数
$g$——重力加速度
$h$——高度，切向干扰因子
$I$——涡流强度
$k$——轴向干扰因子
$K$——体积弹性模量
$l$——长度
$L$——升力
$m$——质量
$Ma$——马赫数
$\boldsymbol{n}$——法向单位矢量
$N$——叶片数
$p$——压强，应力
$p_w$——风功率密度
$P$——功率
$q_V$——（体积）流量
$q_m$——质量流量
$r$——叶素所在半径
$R$——合力，风轮半径
$t$——时间，温度
$T$——力矩，转矩，热力学温度
$\boldsymbol{v}$——风速矢量
$\bar{v}$——平均风速
$v'$——脉动风速
$v_d$——风轮的气流速度
$v_\infty$——上游未受扰动的气流速度
$v_w$——尾流远端气流速度
$V$——体积
$\boldsymbol{w}$——合成（相对）速度矢量
$W$——风能
$z_0$——粗糙度长度
$\alpha$——攻角
$\alpha_{cr}$——临界攻角
$\beta$——叶素桨距角
$\gamma$——风轮偏航角
$\Gamma$——环量
$\delta$——翼型厚度
$\bar{\delta}$——翼型相对厚度
$\Delta$——增量
$\eta$——效率
$\theta$——角度
$\lambda$——尖速比
$\lambda_r$——周速比
$\mu$——动力黏度

$\nu$——运动黏度
$\rho$——密度
$\sigma$——弦长实度；复平面上点间距离
$\tau$——切应力
$\varphi$——气流倾角
$\Phi$——速度势函数
$X$——复势
$\Psi$——流函数
$\boldsymbol{\omega}$——旋转角速度矢量
$\Omega$——风轮转动角速度
$\boldsymbol{\Omega}$——涡量
$\nabla$——梯度
$\nabla \cdot$——散度
$\nabla \times$——旋度

# 第 1 章

# 绪　　论

本章介绍风力机空气动力学的背景知识，包括风能利用、风力机概要、空气的物理性质以及风力机空气动力学的研究内容和方法等。

## 1.1　风能的利用

人类利用风能已有数千年历史，在埃及，人们发现了 5000 年前帆船图案，它们被绘制在陶罐上，如图 1-1 所示。

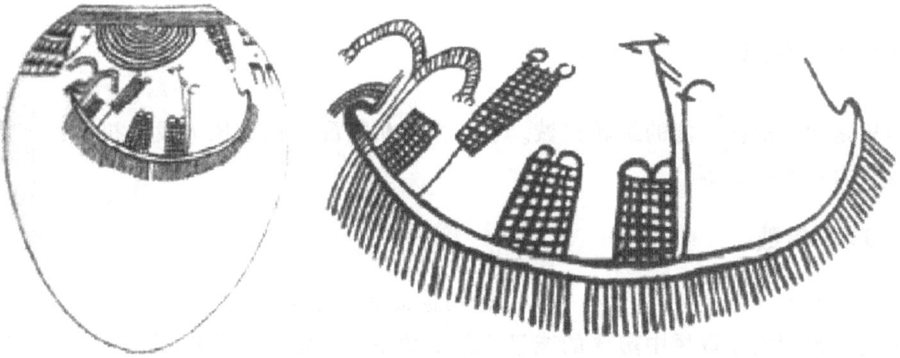

a)　　　　　　　　b)

图 1-1　陶罐上的帆船

a）陶罐　b）帆船图案

在蒸汽机发明以前风能曾经作为重要的动力，用于船舶航行、提水饮用和灌溉、排水造田、碾米、磨面和锯木等。图 1-2 所示为风能利用的领域及流程。

目前，风能利用的主要领域是风力发电，特别是并网发电。风力提水、风力制热也可以利用电能间接实现。

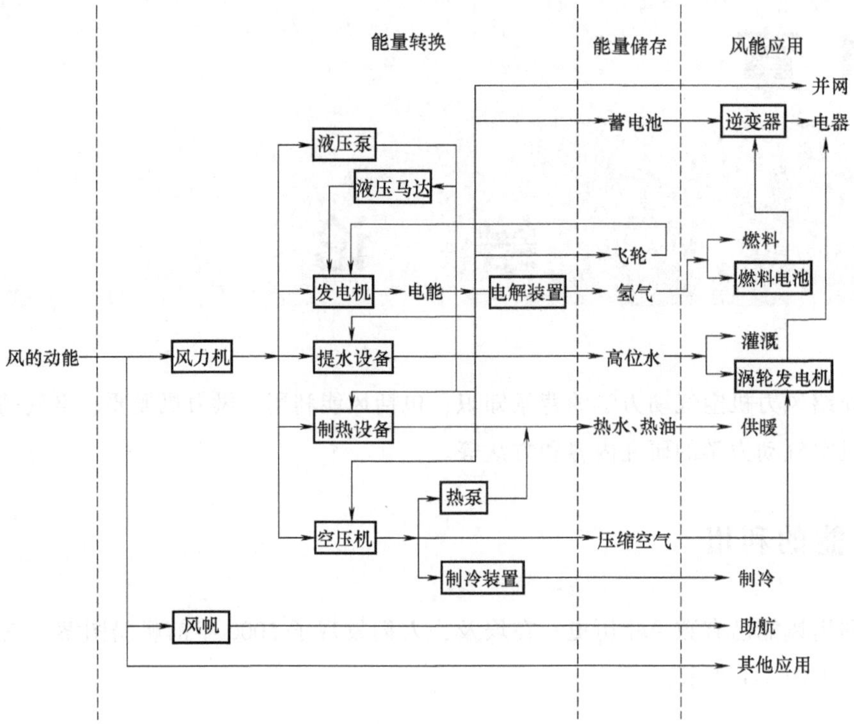


图 1-2　风能的利用

## 1.2　风力机概要

风力机是用于捕获风能的旋转机械。它与发电机搭配就构成风力发电机组，与提水机搭配就构成风力提水机组等。

### 1.2.1　基本参数

风力机的基本参数是风轮直径（或风轮扫掠面积）和额定功率。风轮直径决定风力机能够在多大的范围内获取风中蕴含的能量。额定功率是正常工作条件下，风力机达到的最大连续输出功率。

风轮直径应根据不同的风况与额定功率匹配，以获得最大的年发电量和最低的发电成本，必要时可配置较大直径风轮供低风速区选用，配置较小直径风轮供高风速区选用。

### 1.2.2　组成

风力机包括风轮、功率调节机构和辅助机构（见图 1-3）。风轮由叶片和轮毂组成。叶片具有空气动力外形，在气流作用下产生力矩驱动风轮转动，通过轮毂将转矩输入到主传动链。功率调节机构包括调速系统或变桨距系统等。辅助机构包括传动、制动、对风和支承等部分。传动部分包括主轴及主轴承、齿轮箱、联轴器等；制动部分包括制动盘和制动器等；对风部分包括尾舵、侧轮或主动偏航系统等；支承部分包括机舱、塔架和基础等。

### 1.2.3 分类

风力机的种类和分类标准很多，主要有：

1）按额定功率分

① 小型 10kW 以下，主要用于离网发电、风力提水等场合，一般采用尾舵自动对风。

② 中型 10～600kW，主要用于微网发电等场合。

③ 大型 大于 600kW，主要用于并入大型公共电网发电的场合。目前，常用的大型风力机为 2.5～4MW，最大可达 10MW。

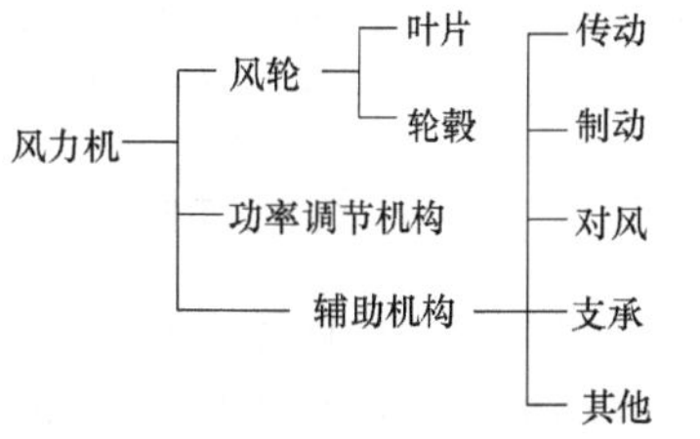


图 1-3 风力机的组成

2）按驱动原理分

① 升力型 风轮旋转是由叶片所受的升力作用引起的。

② 阻力型 风轮旋转是由叶片对风的阻力作用引起的。

3）按风轮轴方向分

① 水平轴 水平轴风力机是风轮轴基本上平行于风向的风力机。工作时，风轮的旋转平面与风向基本垂直。

水平轴风力机随风轮与塔架相对位置的不同而有上风式与下风式之分（见图 1-4）。风轮在塔架的前面迎风旋转，称为上风式风力机；风轮安装在塔架后面，风先经过塔架，再到风轮，则称为下风式风力机。上风式风力机必须有某种调向装置来保持风轮迎风。而下风式风力机则能够自动对准风向，从而免去了调向装置。但对于下风式风力机，由于一部分空气通过塔架后再吹向风轮形成所谓“塔影效应”，影响风力机的出力，使性能有所降低。

② 垂直轴 垂直轴风力机是风轮轴垂直于风向的风力机。

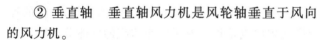

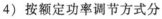

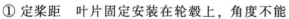

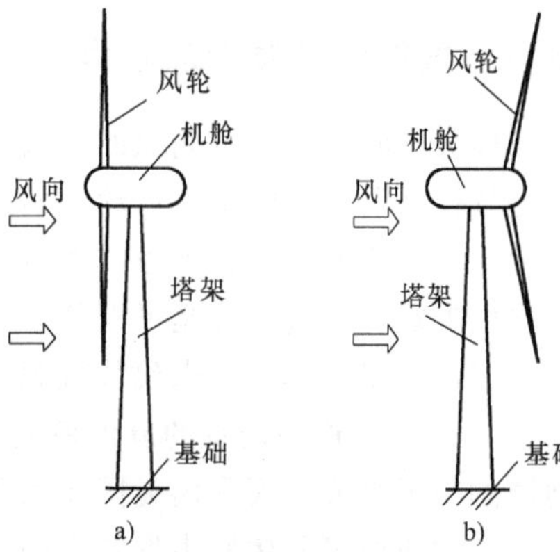


图 1-4 风力机与风向

a）上风式 b）下风式

4）按额定功率调节方式分

① 定桨距 叶片固定安装在轮毂上，角度不能改变。当风速超过额定风速时，利用叶片本身的空气动力学特性减小旋转力矩维持输出功率相对稳定。

② 变桨距 这种风力机当风速过高时，通过叶片安装角度的变化，改变获得的空气动力转矩，能使功率输出保持稳定。

③ 主动失速 这种风力机的工作原理是以上两种形式的组合。当机组达到额定功率后，通过叶片安装角度的反向变化，利用叶片本身的空气动力学特性减小旋转力矩，从而限制风能的捕获。

## 1.3 气体的物理性质

空气是一种典型的气体。气体常常呈现出不同的运动规律，这除与外界条件（外力作用及边界条件）有关外，与气体的自身性质也有直接关系。因此，在研讨气体的力学规律时，首先要了解气体的各种特性。

### 1.3.1 气体易流动性及可压缩性

气体与固体的主要区别在于气体具有易流动性。即气体静止时是不能承受切向应力的，因此任何微小的切向应力都可以使气体发生变形运动。气体的这个宏观力学性质，称为易流动性。

对一定量的气体而言，它既没有一定的体积，也没有一定的形状。气体不能形成自由表面，总是均匀充满容器或空间。这是因为从微观上看，气体分子间的距离很大，相互作用力很小。例如：在常温常压力下，气体的分子距为 $3\times10^{-7}$cm，其分子的有效直径的数量级为 $10^{-8}$cm，可见分子距比分子有效直径大一个数量级。这样，当气体受外界压力作用时，直到分子距缩小很多时，才会出现分子斥力。通常，气体分子彼此之间不能约束，所以运动速度较快，都在做无规则的热运动，在它们之间没有发生碰撞（或碰撞器壁）之前，均做匀速直线运动，只有在彼此之间发生碰撞时，才改变运动的方向和运动速度的大小，相互间不断碰撞交换着能量和动量。由于气体分子间的距离远远大于分子本身的体积，所以气体的密度较小，对体积变化抗拒力较小，通常认为是可压缩的。

### 1.3.2 气体的连续介质模型

气体分子间是有一定间隙的。因此从微观看，气体是不连续的。但是，气体力学所研究的不是气体个别分子的微观运动，而是研究由大量分子组成的气体在外力作用下引起的宏观运动规律。气体的宏观物理量（如压力、速度和密度等），都是大量分子运动的平均效果，而且这些宏观物理量，都是可以从实验中观测得到的。

为了以宏观气体模型来代替微观的有间隙的分子结构，1753 年欧拉（Euler）首先提出了“连续介质”作为宏观的流体模型。这个“连续介质”模型就是假定气体不是由彼此间有间隙的分子组成，而是由无限多气体微团（或称气体质点）所组成的稠密而无间隙的连续介质，它充满了气体所占据的空间。所谓气体质点是指具有无穷小体积的气体分子团。这个分子团宏观上很小，以至于可以把它看成没有维度的几何点。而微观上又要充分大，以至于分子团内仍含有大量分子。由于分子的间距较之分子本身的尺寸虽然较大，但与一般工程上常用的宏观度量尺寸比较则是微不足道的，因此这种忽略气体分子间距的“连续介质”模型的假设是可行的。

气体既然被看成是充满了空间各点的连续介质，这样，反映气体宏观运动的各运动参数（压力、速度、密度等）就都是空间坐标和时间的连续函数，这就有可能采用连续函数的数学工具来表示气体处于平衡或运动状态下的各参数。

### 1.3.3 气体的密度和重度

#### 1. 气体的密度

单位体积气体内的质量称为密度，用符号 $\rho$ 表示。在气体内任意点处取某一微小体积 $\Delta V$，该体积内所包含的气体质量为 $\Delta m$，则该体积的气体的平均密度为$\rho_m=\Delta m/\Delta V$。因为气体是连续介质，若将体积 $\Delta V$ 向一点无限收缩并趋于零，则可得该任意点处的气体密度为

$$\rho = \lim_{\Delta V \to 0} \Delta m / \Delta V = \frac{\mathrm{d}m}{\mathrm{d}V} \tag{1-1}$$

气体的密度随压力 $p$ 和温度 $T$ 而变化，即 $\rho=\rho(p, T)$。密度 $\rho$、热力学温度 $T(T=273+t℃)$ 及绝对压力 $p$ 之间的关系可用状态方程表示

$$p = \rho R_G T \tag{1-2}$$

式中 $R_G$——气体常数。

这样，气体的密度为

$$\rho = \frac{p}{R_G T} \tag{1-3}$$

在法定单位制中，质量 $m$ 单位为 kg，体积 $V$ 单位为 $m^3$，则密度的单位为 $kg/m^3$。

空气密度 $\rho$ 的大小直接关系到风能的多少，特别是在海拔高的地区，影响更为突出。海平面空气密度见表 1-1，在 15℃时，空气密度为 $1.225kg/m^3$，通常作为标准空气密度。湿度增加，空气密度会有一些降低。冷空气通常比暖空气密度大。

**表 1-1 空气密度表**

| 温度/℃ | 温度/℉ | 干燥气体密度/($kg/m^3$) | 最大水分含量/($kg/m^3$) |
|---|---|---|---|
| -25 | -13 | 1.423 | |
| -20 | -4 | 1.395 | |
| -15 | 5 | 1.368 | |
| -10 | 14 | 1.342 | |
| -5 | 23 | 1.317 | |
| 0 | 32 | 1.292 | 0.005 |
| 5 | 41 | 1.269 | 0.007 |
| 10 | 50 | 1.247 | 0.009 |
| 15 | 59 | 1.225 | 0.013 |
| 20 | 68 | 1.204 | 0.017 |
| 25 | 77 | 1.184 | 0.023 |
| 30 | 86 | 1.165 | 0.030 |
| 35 | 95 | 1.146 | 0.039 |
| 40 | 104 | 1.127 | 0.051 |

随着各地海拔、气温和气压的不同，空气密度也各异，在不同的气压、气温和水汽压情况下，空气密度计算公式为

$$\rho = \frac{1.276}{1+0.00366t} \times \frac{(p-0.378e)}{1000} \tag{1-4}$$

式中 $p$——气压，单位为 hPa；

$t$——气温，单位为℃；

$e$——水汽压，单位为 hPa。

计算空气密度随高度变化的经验公式：

$$\rho = 1.225e^{-0.0001h} \tag{1-5}$$

式中　$\rho$——对应高度 $h$ 处的气体密度；

$h$——海拔。

气体运动速度 $v$ 与静止气体中声速$v_c$的比值称为马赫数，用 $Ma$ 表示，即

$$Ma=\frac{v}{v_c} \tag{1-6}$$

如果气流的马赫数小于 0.3 时，其密度 $\rho$ 变化很小。实测表明，在标准大气压下，温度为 288.2K 时的海平面上，空气所对应的声速为 340.3m/s。可见，风力机实际运行工况下，马赫数远小于 0.3。故可以近似认为密度 $\rho$ 为常数。此时，称空气流为“不可压缩”流，或称定密度流。

**2. 重度**

由于地球的引力，质量为 $\Delta m$ 的物体产生 $\Delta G$ 的重力，地球对单位体积内质量的引力而产生的重力，称为重度，用符号 $\gamma$ 表示

$$\gamma=\frac{\Delta G}{\Delta V}$$

由于重力 $G$ 是质量 $m$ 和重力加速度 $g$ 的乘积，即 $G=mg$，由此可得重度和密度的关系为

$$\gamma=\frac{G}{V}=\frac{mg}{V}=\rho g \tag{1-7}$$

在法定单位制中，重度的单位为 $N/m^3$。

### 1.3.4 气体的压缩系数及热膨胀系数

气体随着压力和温度的变化而发生体积变化。压力、温度对气体体积影响比液体显著。

**1. 压缩系数**

气体受压力的作用发生体积变化的性质称压缩性。压缩性的大小可用压缩系数$\beta_p$表示

$$\beta_p=-\frac{dV}{Vdp} \tag{1-8}$$

式中　$V$——压力变化前的气体体积；

$dp$——压力的增量；

$dV$——当压力增量为 $dp$ 时，气体体积的增量。

压缩系数$\beta_p$表示每增加（或减少）一个单位压力时，气体体积的相对变化率。$\beta_p$的单位为 1/Pa 或 $cm^2/kgf$,。由于压力增大时（即 $dp$ 为正），体积必然减小（即 $dV$ 为负），比值 $dV/dp$ 永远为负，所以在公式的右边加上负号，以保持$\beta_p$永远为正。

压缩系数的倒数称为体积弹性模量，用符号 $K$ 表示，即

$$K=\frac{1}{\beta_p}$$

**2. 线膨胀系数**

气体体积随温度升高而增大的性质称为热膨胀性。膨胀性大小用线膨胀系数$\beta_t$表示

$$\beta_t=\frac{dV}{Vdt} \tag{1-9}$$

式中　$dt$——温度变化值，单位℃。

$\beta_t$表示每增加一个单位温度时，气体体积的相对变化率，其单位为1/℃。

由于在压缩和膨胀过程中气体质量不变，故式（1-8）和式（1-9）可分别写成

$$\beta_p = \frac{d\rho}{\rho dp} \tag{1-10}$$

$$\beta_t = -\frac{d\rho}{\rho dt} \tag{1-11}$$

## 1.3.5　气体的黏性

### 1. 气体黏性的定义

气体流动时，在气体内部产生内摩擦力的性质称为黏性，黏性是气体物理性质中最重要的特性。

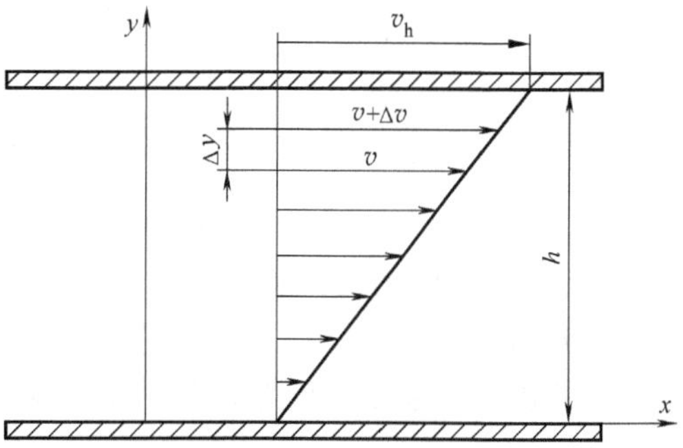


图 1-5　平行平板间气体流动

以图 1-5 所示平行平板间气体流动为例，研究黏性的产生及其大小。平板间充满气体，上平板以速度$v_h$运动，下平板不动。贴近两平板的气体必须黏附于平板，紧贴于运动面上的气体必然以与运动面相同的速度$v_h$运动，而紧贴下平板面的气体的速度则为零，两平板间的各气体层的速度，由实验得知，从零到$v_h$按线性规律变化。运动较快的流层带动较慢的流层，而运动慢的流层又阻滞运动较快的流层，不同速度流层之间互相牵制，产生层与层之间的摩擦。这就是气体在流动过程中由于黏性而产生的内摩擦力。流层间的内摩擦力 $F$ 与流层的接触面积 $A$ 及流层的相对速度 $dv$ 成正比，而与此二流层间的距离 $dy$ 成反比，即

$$F = \mu A \frac{dv}{dy} \tag{1-12}$$

此公式称为牛顿摩擦定律。

式中　$\frac{dv}{dy}$——速度梯度，表示沿气体流层法向单位长度上速度的变化率，当层间距很小时，可近似认为 $dv$ 与 $dy$ 为直线关系；

$\mu$——动力黏度，表示气体黏性大小的系数。

以 $\tau = F/A$ 表示切应力，则有

$$\tau = \mu \frac{dv}{dy} \tag{1-13}$$

在一般情况下，当气体处于静止状态或气体质点间无相对运动时，得$\frac{dv}{dy}=0$，则 $F=\tau=0$。这说明在静止气体中不呈现内摩擦力。这一点与固体之间的摩擦力情况不同，对于互相接触的两个固体，如果它们受有外力而存在着作相对运动的趋势，即使还处于静止状态，在

接触面间还是有摩擦力的。

遵守牛顿摩擦定律的气体称为牛顿气体；否则称为非牛顿气体。

**2. 黏度的表示方法**

气体的黏度通常有两种表示法

1）动力黏度$\mu$　由式（1-12）有

$$\mu=\frac{F}{A\frac{\mathrm{d}v}{\mathrm{d}y}}$$

可将动力黏度的物理意义表述如下：$\mu$是当两流层相距为$\mathrm{d}y=1\mathrm{m}$，具有相对速度$\mathrm{d}v=1\mathrm{m/s}$、在其接触面积$A=1\mathrm{m}^2$上所产生的内摩擦力。在法定计量单位制中，$\mu$的单位为Pa・s。

2）运动黏度$\nu$　在实际应用中，常将动力黏度$\mu$与气体的密度$\rho$之比称为运动黏度，以$\nu$表示

$$\nu=\frac{\mu}{\rho} \tag{1-14}$$

在法定计量单位制中，$\nu$的单位为$\mathrm{m^2/s}$。绝对单位为$\mathrm{cm^2/s}$，$\mathrm{cm^2/s}$习惯上称之为“斯”（St），“斯”的单位太大，通常用“厘斯”（cSt），$1\mathrm{cSt}=10^{-6}\mathrm{m^2/s}$。蒸馏水在20.2℃时，其运动黏度$\nu=1\mathrm{cSt}$。

空气的黏度与温度和压力有关。在常压（$p_{\mathrm{atm}}=101325\mathrm{Pa}$）下，不同温度时空气的黏度见表1-2。

**表1-2　不同温度时空气的黏度**

| $t$/℃ | -20 | -10 | 0 | 10 | 15 | 20 | 40 | 60 | 80 | 100 |
|---|---|---|---|---|---|---|---|---|---|---|
| $\mu\times10^6/(\mathrm{Pa\cdot s})$ | 15.6 | 16.2 | 16.8 | 17.3 | 17.8 | 18.0 | 19.1 | 20.3 | 21.5 | 22.8 |
| $\nu\times10^6/(\mathrm{m^2/s})$ | 11.2 | 12.0 | 13.0 | 13.9 | 14.4 | 14.9 | 17.1 | 19.2 | 21.7 | 24.3 |

当不考虑气体的黏性时，称这种气体为理想气体。理想气体内不存在切应力，即无摩擦力。这是一种简化假想的模型，研究理想气体是比较简便的，所以在工程中往往将空气视为理想气体。当考虑气体的黏性时，称这种气体为黏性气体或实际气体。

通常的做法是首先研究理想气体的运动规律性。对于实际（黏性）气体的运动规律，可通过对理想气体的研究结果进行修正而得出。

## 1.3.6　作用在气体上的力

力是引起物体机械运动的原因。因此，首先对作用在气体上的外力进行分析。

气体中，任取一体积为$\Delta V$的气体，它的质量为$\Delta m$，作用在这一体积气体上的外力可以分为质量力与表面力两类。

质量力作用在该体积内的所有气体质点上，且与气体质量$\Delta m$成正比，而与$\Delta V$体积以外的气体无关，故称为质量力。例如重力、惯性力等均为质量力。作用在单位质量气体上的质量力称单位质量力。当取直角坐标系时，设单位质量力在坐标轴$x$、$y$和$z$的分量为$f_x$、$f_y$和$f_z$。在只有重力作用时，单位质量力为$f_x=0$，$f_y=0$，$f_z=\frac{\Delta(mg)}{\Delta m}=-g$。由此得出：质量力

为重力或由于存在加速度而产生的惯性力，其单位质量力在数值上等于加速度。

气体是连续介质，由于被研究的气体 $\Delta V$ 被四周的气体所包围，二者表面相互接触，因而相互间将引起作用力，因为这些力作用在所研究气体 $\Delta V$ 的表面上，并与该表面积的大小成正比，与气体的质量无关，故称为表面力。例如固体壁面对气体的作用力、压力和摩擦力等。单位表面积上的表面力称为应力。按表面力作用在表面的方向不同，可将表面力分为法向力和切向力。法向力与表面的法线方向一致，切向力沿表面的切线方向。如图 1-6 所示，在表面 $\Delta A$ 上作用着法向力 $\Delta F_n$ 和切向力 $\Delta F_t$，则作用在 $\Delta A$ 上的平均法向应力 $p$ 和切向应力 $\tau$ 分别为

$$p=\lim_{\Delta A\to 0}\frac{\Delta F_n}{\Delta A}=\frac{dF_n}{dA} \tag{1-15}$$

$$\tau=\lim_{\Delta A\to 0}\frac{\Delta F_t}{\Delta A}=\frac{dF_t}{dA} \tag{1-16}$$

气体中的切应力 $\tau$ 是由于气体具有黏性并作相对运动时发生内摩擦产生的。当气体相对静止时，切应力 $\tau$ 不存在，气体表面上只有法向力，又因气体不能承受拉力，所以法向力只能向着气体表面的内法方向，即为压力。在这种情况下，法向应力即为单位面积上所受压强。

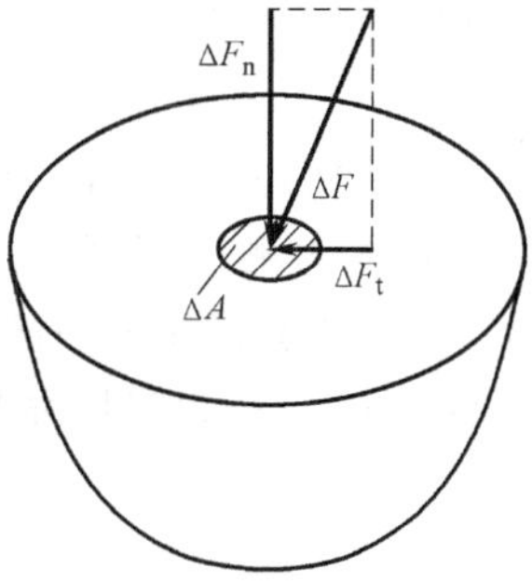

图 1-6 法向力和切向力

## 1.3.7 大气压强及压强的表示方法

压强是单位面积上所受的力。

### 1. 大气压强

地球是由一层空气所包围的，称为大气层。空气受地球的引力必然产生压强，即大气压强。由于天气的影响和海拔的不同，各地的大气压强稍有不同，在标准状态下，海平面上大气所产生的压强称为标准大气压，用符号 $p_{atm}$ 表示，它的数值是 101325Pa，或 1.033227kgf/cm$^2$。为工程计算方便，取 1kgf/cm$^2$ 为工程大气压，用符号 $p_{at}$ 表示。即 $1p_{at}=1\text{kgf/cm}^2$。应该说明，这里所指的压强值是大气静止时的值，如果存在空气运动，压强就会变化。

### 2. 压强的表示方法

空间里或容器内气体压强的表示方法有 3 种：绝对压强、表压强和真空度。

上文关于标准大气压数值指的是绝对压强。绝对压强的数值是以完全真空为基准点计算的压强（见图 1-7)。绝对压强总是正值，用符号 $p_{ab}$ 表示。

在工程上，大气压强自相平衡，相互抵消而不起作用。在绝大多数压强仪表中，大气压强并不能使仪表指针转动，故以大气压强为基准点计算的压强，对于实用来说更为方便，因此又引进表压强（或称计示压强、相对压强，表示为 $p_e$）的概念。表压强就是以大气压 $p_{at}$ 为基准零值时计算的压强。压强仪表在大气压强下指针指在零点，仪表上的压强读数就是表压强数值。表压强表示所测压强比大气压强大的数值。

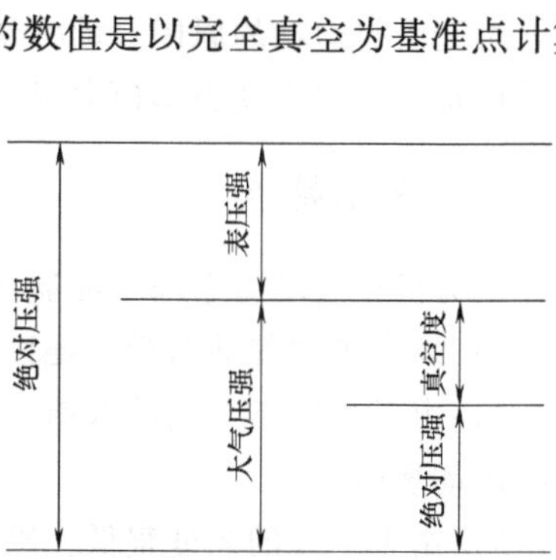

图 1-7 压强的表示方法

根据此定义可知

$$p_{ab}=p_{at}+p_e \tag{1-17}$$

$$p_e=p_{ab}-p_{at} \tag{1-18}$$

假如某点压强小于大气压强，呈现真空状态，用真空度$p_v$表示，真空度就是不足于大气压强的那部分数值，故

$$p_v=p_{at}-p_{ab} \tag{1-19}$$

从（1-18）及（1-19）可以看出表压强与真空度的关系是：真空度等于负的表压强。当表压强为负值时，表明该点为真空，一般用真空度表示，而不用负的表压强表示，

在工程技术领域里，常用三种方法表示压强的单位：

1）应力单位　采用单位面积上承受的力的大小表示。在法定单位制中为 Pa，即 N/m。Pa 的单位较小，应用不便，遂取 $10^6$Pa 即 MPa

在工程单位制中，压强单位用 kgf/cm$^2$，目前在工业生产中习惯上仍多用此单位，其与法定单位制关系为

$$1\text{kgf/cm}^2=0.98\times10^5\text{Pa}=0.98\text{bar}$$

2）液柱高单位　因为压强与液柱高 $h$ 成正比，说明一定的压强 $p$ 就相当于一定的液柱高 $h$，称 $h$ 为测压管高。一般常用水（比重为 1）、水银（比重为 13.6）和酒精（比重为 0.8）等作为测量压强的液体。例如，当用水柱高度来表示某一点压强时，因水的重度为$\gamma=10^{-3}$kgf/cm$^3$，所以当压强为 $p_e=1$kgf /cm$^2$时，相应的水柱高为

$$h=\frac{p_e}{10^{-3}\text{kgf/cm}^3}=10\text{m 水柱高}$$

同理可得 1kgf/cm$^2$=735mm 水银柱高。

3）大气压单位　一个标准物理大气压为 1.033kgf/cm$^2$（或 760mm 水银柱高或 10.33 米水柱高），在工程上为便于计算，采用工程大气压

$$1\text{kgf/cm}^2=98066.5\text{Pa}=10\text{m 水柱高}=735\text{mm 水银柱高}$$

## 1.4 风力机空气动力学概述

从力学分支来看，研究气体的力学又可分为静力学、运动学和动力学。静力学只讨论作用力的大小及压强的分布，不讨论作用力对气体运动的影响；运动学只讨论气体运动过程，而不讨论引起运动的原因；动力学则既讨论气体的运动规律，又讨论引起运动的原因。本书的重点是应用空气动力学研究风力机物理规律。

### 1.4.1 基本特点

风力机空气动力学与一般流体动力学比较，具有如下基本特点：

1）风力机空气动力学主要以空气的绕流运动为研究对象。

2）由于风属于空气的低速流动，故其密度可以近似视为常数，能够应用“不可压”流体的运动规律。

3）由于空气的黏度很低，除个别情况（如讨论附面层）外，可视为理想流体。

4）在风力机空气动力学研究中，一般不考虑空气温度场的变化，故不涉及能量守恒方

程式。

风力机空气动力学的上述基本特点，使其与一般流体动力学比较，得到很大的简化。

### 1.4.2　研究内容

将空气动力学应用于风力机需要研究的主要问题有：

1）风力机周围空气速度场和压强场的基本规律。

2）风力机所受的空气动力负载，如推力、转矩等。

3）风力机零部件在风力作用下的动态响应和稳定性。

4）风力机利用风能的能力和提高效率的措施。

### 1.4.3　研究方法

气体力学是在不断总结生产经验与实验研究的基础上产生并逐步发展起来的。在不同的历史时期，有着不同的研究方法，到现代，涉及气体动力学的研究方法有实验研究、理论分析与数值计算。

实验研究包括风洞试验和风场测试，是检验风力机性能最直接的手段。当理论分析难以实现时，通过实验研究可以获得经验公式。

理论分析方法就是在实验的基础上对运动气体提出合理的假设，建立简化的力学模型，并根据力学原理与定律建立基本方程。最后利用边界条件及初始条件对方程进行求解，再与实验进行比较。

20 世纪 60 年代后，随着计算方法和计算技术的飞速发展，使得计算气体力学得以用于实际的研究中，计算气体力学广泛采用有限差分法、有限单元法、边界元法与谱方法等数值算法。数值计算方法能求解许多理论分析无法完全解决的问题，还可节省实验研究所需的人力、物力。但是，数值计算无法取代实验研究与理论分析。首先，理论分析与数值计算结果需要实验的验证与启迪。此外，理论分析是数值计算的基础，对实验研究亦有指导意义。总之，实验研究、理论分析和数值计算这三种方法是相互补充、相互促进、相互渗透的，是现代气体力学与气体工程研究缺一不可的。

图 1-8 所示为应用气体动力学研究风力机的物理特性，是对风力机分析和设计的基本

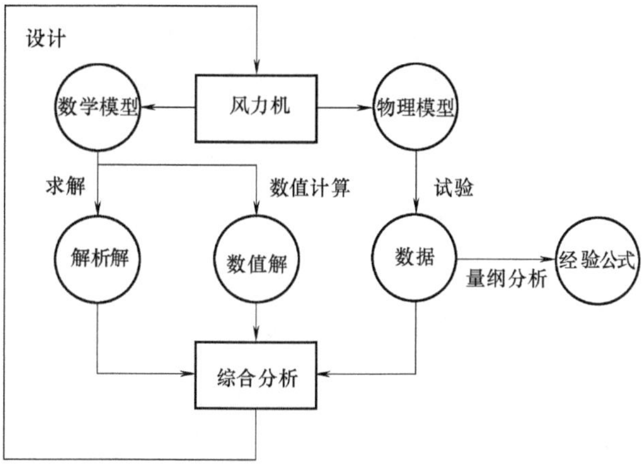


图 1-8　风力机分析和设计方法

方法。

## 习　　题

1-1　风力机有哪些类型？各有什么特点？

1-2　试举例说明作用于流体上力的种类和性质。

1-3　压强的表示方法有哪些？列举压强的单位及换算关系。

1-4　什么是流体的黏性？静止流体是否具有黏性？

1-5　如图1-9所示，上下两平行圆盘，直径均为$d$，两盘之间的间隙为$\delta$，间隙中黏性流体的动力黏性系数为$\mu$，若下盘不动，上盘以角速度$\omega$旋转，求所需力矩$T$的表达式（不记动盘上面的空气的摩擦力）。（答案：$T=\dfrac{\pi\mu\omega d^4}{32\delta}$）

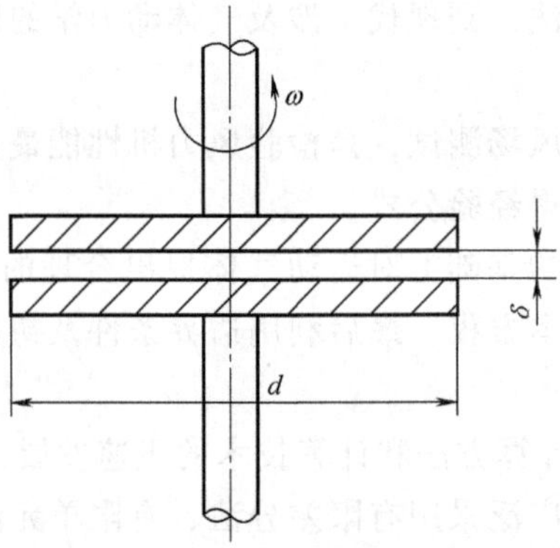


图1-9　平行圆盘

# 第 2 章 气体运动学基础

气体运动学只描述气体的机械运动并讨论它的运动规律，并不涉及气体内部及气体与其他物体的作用力，即不讨论引起气体运动的力。本章介绍气体运动学基本概念和基本定律，以便后文进一步讨论风力机的相关特性。

## 2.1 基本概念

### 2.1.1 流场及其描述

**1. 流场的概念**

在一个空间区域内，每一空间点在某一时间内都对应着一个确定的标量或矢量的值，这样一组标量或矢量构成一个标量场或矢量场。气体是连续介质，充满气体的某一空间就构成一个综合的流动场，将流动场中质点的运动参数，例如流速 $v$、压强 $p$ 表示为空间点坐标和时间的函数，就给出了各运动参数的场，例如速度场、压强场和温度场等。

流场中空间点和流动参数都是由坐标系来确定的，直角坐标系是最常用的，它是由互相正交的 $x$、$y$、$z$ 三个坐标轴组成，如图 2-1 所示的速度矢量。

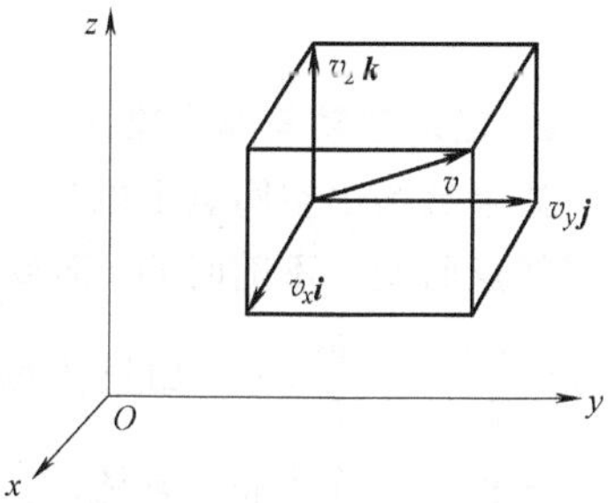


图 2-1 直角坐标系中的速度矢量

在直角坐标系空间点上的流速可表示为 $\boldsymbol{v}=\boldsymbol{i}\,v_x+\boldsymbol{j}\,v_y+\boldsymbol{k}\,v_z$，这里 $\boldsymbol{i}$、$\boldsymbol{j}$、$\boldsymbol{k}$ 是 $x$、$y$、$z$ 坐标轴向的单位矢量。通常 $v_x$、$v_y$、$v_z$ 均为空间点和时间的函数，即决定了速度场

$$\left.\begin{aligned} v_x&=v_x(x,y,z,t)\\ v_y&=v_y(x,y,z,t)\\ v_z&=v_z(x,y,z,t)\end{aligned}\right\} \tag{2-1}$$

类似的，在直角坐标系中，压强 $p$ 和温度 $T$ 等参数也可表示为空间点坐标和时间的函数，就给出了压强场和温度场等。即压强：$p=p(x, y, z, t)$，温度：$T=T(x, y, z, t)$。

如果流动是对称于某轴，则常可采用圆柱坐标系，如图 2-2 所示。这个坐标系由矢径 $r$、幅角 $\theta$ 及 $z$ 轴组成，流速 $\boldsymbol{v}=\boldsymbol{e}_r v_r+\boldsymbol{e}_\theta v_\theta+\boldsymbol{e}_z v_z$，这里 $\boldsymbol{e}_r$、$\boldsymbol{e}_\theta$、$\boldsymbol{e}_z$ 各为径向、切向及轴向的单位矢

量。$v_r$是径向分速，$v_\theta=\dfrac{r\mathrm{d}\theta}{\mathrm{d}t}$是垂直于径向的切向分速，$v_z$是 $z$ 轴向分速。$v_r$、$v_\theta$、$v_z$都是空间点和时间的函数，即

$$v_r=v_r(r,\ \theta,\ z,\ t)$$
$$v_\theta=v_\theta(r,\ \theta,\ z,\ t)$$
$$v_z=v_z(r,\ \theta,\ z,\ t)$$

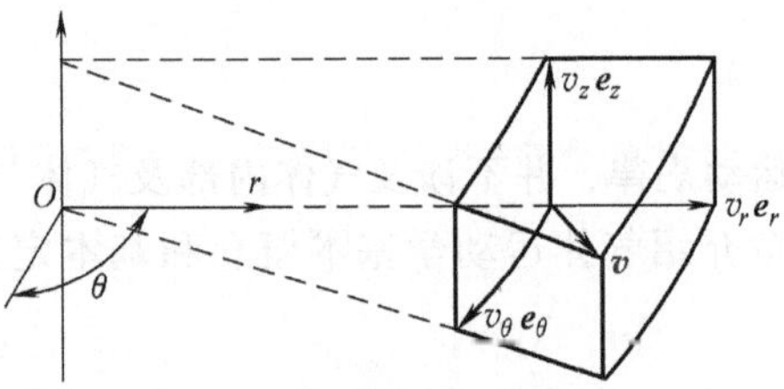


图 2-2　圆柱坐标系中的速度矢量

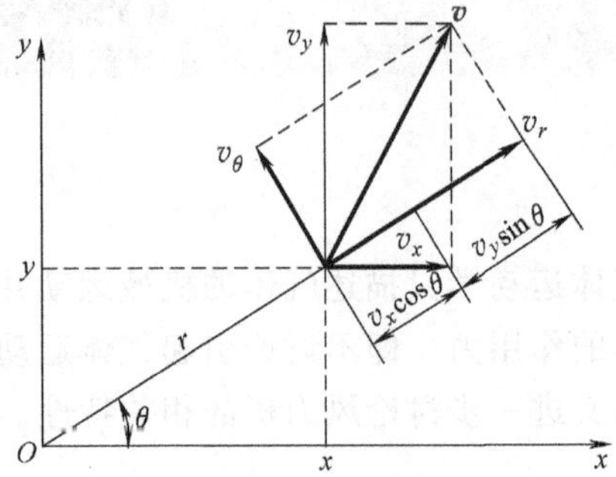


图 2-3　坐标换算

这两种坐标系是可以互换的，如图 2-3 所示，它们的基本关系是

$$\left.\begin{aligned}x&=r\cos\theta\\y&=r\sin\theta\\z&=z\end{aligned}\right\}\tag{2-2}$$

且有

$$\left.\begin{aligned}v_r&=v_x\cos\theta+v_y\sin\theta\\v_\theta&=v_y\cos\theta-v_x\sin\theta\end{aligned}\right\}\tag{2-3}$$

如果将圆柱坐标系向直角坐标系变换则有

$$\left.\begin{aligned}v_x&=v_r\cos\theta-v_\theta\sin\theta\\v_y&=v_r\sin\theta+v_\theta\cos\theta\end{aligned}\right\}\tag{2-4}$$

**2. 定常流动与非定常流动**

如果流场中空间点上的运动参数 $p$、$\boldsymbol{v}$ 及 $T$ 等，在不同时间内都有确定的值，即它们只随空间点而变，不随时间 $t$ 而变，则这个流场是定常的，气体的运动称为定常流动，即定常流动时$\dfrac{\partial p}{\partial t}=0$，$\dfrac{\partial v}{\partial t}=0$。如果流场中气体运动参数既随空间点也随时间而变，则为非定常流场，这种运动称为非定常流动。

定常流动与时间无关，研究起来比较方便，非定常流动要复杂困难得多。严格来讲，客观存在的气体运动绝大多数是非定常的，但经常将那些变化不大的非定常流动，在一定条件下简化为定常流动，只要其结果能近似地符合客观实际即可。

如果流场中运动参数在任意时间和任意空间均固定不变，则该流场是一个均匀场，这种流动称为均匀流动。

**3. 层流和湍流**

流体的运动分层流和湍流两种状态。如果流体质点运动没有横向脉动，不引起气体质点

的混杂，而是层次分明，能够维持安稳的流动状态，这种流动称为层流。如果流体运动时，质点具有脉动速度，引起流层间质点的相互错杂交换，这种流动称为湍流（又称紊流）。风一般属于湍流。

湍流的宏观特征是：

1）湍流场似乎充满着许多不同尺度的相互掺混的旋涡，使单个流体质点类似于分子运动具有完全不规则的瞬息变化的运动特征。

2）湍流场中各种物理量虽然都是随时间和空间而变化的随机量，但是它们在一定程度上却符合概率规律，即具有某种规律的统计学特征。

3）湍流场中任意两个空间点的物理量彼此具有某种程度的关联，如两点的速度关联，压强和速度的关联等等，而不同的关联特征（或称“相关性”特征）依赖于不同的湍流结构和边界条件，因而各种情况的湍流运动呈现出千姿百态的流动图景。

试验表明，由于流速 $v$ 的不同，层流和湍流可以相互转换。但是由湍流转为层流时的平均流速 $v$ 的数值要比层流转为湍流时为小。流态转变时的速度称为临界流速，层流转为湍流时的流速称为上临界流速，反之称为下临界流速。

判断层流与湍流的准则是雷诺数，即

$$Re=\frac{\rho vl}{\mu}=\frac{vl}{\nu}$$

式中　$v$——气流速度；

$\nu$——气体运动黏度；

$l$——特征长度，当讨论风轮叶片力特性时，可用弦长；当讨论边界层特性时，可用距前缘距离。

层流与湍流的转化的雷诺数称为临界雷诺数，用 $Re_{cr}$ 表示。

在研究湍流运动时，除个别情况外，常用时均流速代替非定常的真实流速，可以使问题得以简化。

**4. 空间模型**

流场中气体运动参数一般都是随着空间位置的改变而异的，因此是一个三维问题，在数学上相当复杂，有时甚至不能获得方程的解。不少工程问题，根据其物理现象的本质，略去一些次要因素，可以将三维问题简化为二维或一维问题。

1）三维（3-D）流动又称空间流动。图 2-4 所示是空气流经有限长风轮叶片，流动是三维的。而且经常是非定常的湍流运动。在全面的考虑问题时，则必须应用 3-D 模型。

2）二维（2-D）流动又称平面流动。气体流经一个无限宽（垂直于流速方向的尺度）等断面物体时，流动是二维的。风力机叶片是细而长的结构，相对于主流动方向的速度分量，其叶片长度方向的速度分量通常很小，因此在许多气动模型中，都假定在给定径向位置处的流动是二维（2-D）的，如图 2-5 所示。

3）一维（1-D）流动是指流动中气体的速度等物理量都只取一个方向坐标，或者只是一个方向坐标的时间函数。如果气流断面用平均流速来描述，则运动参数就只沿流动方向而异，流速、压强只随流动方向而变，所以是一维流动。在整体研究通过风轮的流管时，如果忽略气流的径向运动，就可以应用 1-D 模型。

为区别起见，介绍“元”的概念，例如流体力学中常用的一元流可定义为：任意时刻，

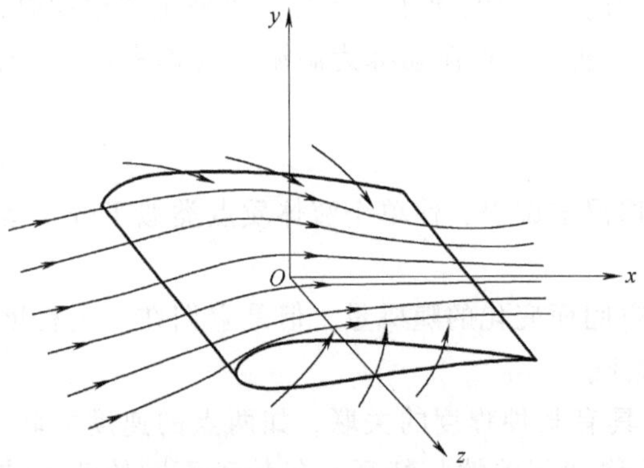


图 2-4 空气流经有限长风轮叶片

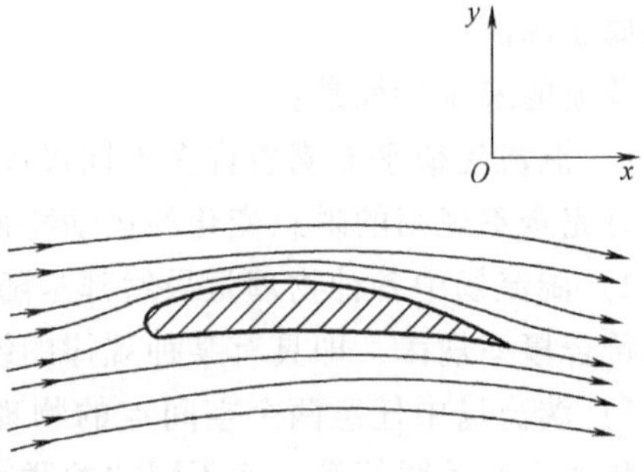


图 2-5 二维流动

若流场中所讨论的各物理量都只是一个空间坐标$q_1$的函数，即$\frac{\partial}{\partial q_2}=\frac{\partial}{\partial q_3}=0$，则称这种流动为一元流动。具体地说，对于速度场$\boldsymbol{v}=x\boldsymbol{i}+x^2\boldsymbol{j}$，由于$\frac{\partial v_y}{\partial y}=0$，所以是一元的二维流动。

**5. 系统和控制体**

1）包含确定不变的物质的任何集合，称之为系统，系统以外的一切，统称为外界。系统的边界是将系统和外界分开的真实或假想的表面。在气体力学中，系统是指由确定的气体质点所组成的气体团。

2）被气体所流过的，相对于某个坐标系来说，固定不变的任何体积称之为控制体。控制体的边界面，称为控制面。它总是封闭表面，占据控制体的诸气体质点是随着时间而改变的，控制面相对于坐标系是固定的。但在控制面上可以有能量交换。

很多物理定律都是对“系统”表述的，而在气体力学的实际问题中，采用“控制体”的概念却方便得多。这与研究气体运动的方法相关。

## 2.1.2 研究气体运动的方法

研究气体运动的现象有两种不同的方法，拉格朗日（Lagrange）法和欧拉（Euler）法。

**1. 拉格朗日法**

拉格朗日法是以流场中个别质点的运动作为研究的出发点，即在气体内认定某一群质点，组成一个质点系，研究这个质点系中气体各质点随着时间的延续在空间的位置改变，设在某时间$t_0$下，质点的位置由它的起始坐标$a$、$b$、$c$所确定，到了时间$t$，由于质点的运动，它的空间坐标值为$x$，$y$，$z$，则

$$\left.\begin{aligned}x&=x(a,b,c,t)\\y&=y(a,b,c,t)\\z&=z(a,b,c,t)\end{aligned}\right\}\tag{2-5}$$

当$a$，$b$，$c$固定时，式（2-5）代表确定的某个质点的运动轨迹，当$t$固定时，式（2-5）代表$t$时刻各质点所处的位置。所以上式可以描述所有质点的运动。

这里用来识别和区分不同气体质点的标志$a$，$b$，$c$，都应看作是自变量，它们和时间$t$一起被称作拉格朗日变数。显然，在$t=t_0$时刻，各质点的坐标值等于$a$，$b$，$c$，即

$$\left.\begin{aligned} x_0 &= x(a,b,c,t_0) = a \\ y_0 &= y(a,b,c,t_0) = b \\ z_0 &= z(a,b,c,t_0) = c \end{aligned}\right\} \tag{2-6}$$

同样，其他物理量也应该是 $t$ 及 $a$，$b$，$c$ 的函数。

气体质点的速度和加速度可由它的位移关系求得

$$v_x = \frac{\partial x}{\partial t}, v_y = \frac{\partial y}{\partial t}, v_z = \frac{\partial z}{\partial t} \tag{2-7}$$

$$a_x = \frac{\partial^2 x}{\partial t^2}, a_y = \frac{\partial^2 y}{\partial t^2}, a_z = \frac{\partial^2 z}{\partial t^2} \tag{2-8}$$

气体的密度、压强、温度也可写成 $t$ 及 $a$，$b$，$c$ 的函数

$$\left.\begin{aligned} \rho &= \rho(a,b,c,t) \\ p &= p(a,b,c,t) \\ T &= T(a,b,c,t) \end{aligned}\right\} \tag{2-9}$$

**例题 2-1**：已知用拉格朗日变数表示的速度场为

$$v_x = (a+1)e^t - 1$$

$$v_y = (b+1)e^t - 1$$

式中 $a$，$b$ 是 $t=0$ 时刻气体质点的直角坐标值。试求

1）$t=2$ 时，流场中质点的分布规律；

2）$a=1$，$b=2$ 这个质点的运动规律；

3）加速度场。

**解**：将已知速度代入速度公式（2-7）

$$v_x = \frac{\partial x}{\partial t} = (a+1)e^t - 1$$

$$v_y = \frac{\partial y}{\partial t} = (b+1)e^t - 1$$

积分得

$$\left.\begin{aligned} x &= \int[(a+1)e^t - 1]\,\mathrm{d}t = (a+1)e^t - t + c_1 \\ y &= \int[(b+1)e^t - 1]\,\mathrm{d}t = (b+1)e^t - t + c_2 \end{aligned}\right\} \tag{2-10}$$

代入条件：在 $t=0$ 时刻，$x=a$，$y=b$，求积分常数 $c_1$，$c_2$

$$a = (a+1)e^0 + c_1$$

$$b = (b+1)e^0 + c_2$$

于是

$$c_1 = -1 \quad c_2 = -1$$

代入式（2-10）得各气体质点的一般分布规律

$$\left.\begin{aligned} x &= (a+1)e^t - t - 1 \\ y &= (b+1)e^t - t - 1 \end{aligned}\right\} \tag{2-11}$$

1）在 $t=2$ 时，流场中质点分布规律，由式（2-11）得

$$\left.\begin{aligned}x=(a+1)e^2-3\\y=(b+1)e^2-3\end{aligned}\right\}$$

2）$a=1$，$b=2$ 的质点的运动规律，由式（2-11）得

$$\left.\begin{aligned}x=2\,e^t-t-1\\y=3\,e^t-t-1\end{aligned}\right\}$$

3）加速度场，由式（2-8）给出

$$a_x=\frac{\partial v_x}{\partial t}=(a+1)e^t$$

$$a_y=\frac{\partial v_y}{\partial t}=(b+1)e^t$$

**2. 欧拉法**

欧拉法不着眼于研究个别质点的运动特性，而是以气体流过空间某点时的运动特性作为研究的出发点，从而研究气体在整个空间里的运动情况。在气体内划定一个称为控制体的空间，这个控制体可大可小，可以是一个微元体，也可以是以固体壁面和垂直于流向的断面所形成的控制面所包围的体积。

在欧拉法中，各物理量将是时间 $t$ 和空间点坐标 $q_1$、$q_2$、$q_3$ 的函数；例如：气体的速度、密度、压强可表示为

$$\left.\begin{aligned}\boldsymbol{v}&=\boldsymbol{v}(q_1,q_2,q_3,t)\\\rho&=\rho(q_1,q_2,q_3,t)\\p&=p(q_1,q_2,q_3,t)\end{aligned}\right\}\tag{2-12}$$

将用以识别空间点的坐标值$q_1$，$q_2$，$q_3$及时间 $t$ 称作欧拉变数。

在直角坐标系中速度场可表示为

$$\left.\begin{aligned}v_x&=v_x(x,y,z,t)\\v_y&=v_y(x,y,z,t)\\v_z&=v_z(x,y,z,t)\end{aligned}\right\}\tag{2-13}$$

按照欧拉法的观点，整个流动问题的研究从数学上看就是研究一些含有时间 $t$ 的矢量场和标量场

$$Q=Q(q_1,q_2,q_3,t)\tag{2-14}$$

其中，$Q$ 代表气体的某种物理量。

在欧拉法中，若流场中各点的气体物理量 $Q$ 都不随时间变化，就称该流场为定常流场。

显然，对于定常流场有

$$\frac{\partial Q}{\partial t}=0\tag{2-15}$$

值得指出，拉格朗日法和欧拉法只不过是描述运动的两种不同的方法。对于同一个流动问题，既可用拉格朗日法来描述也可用欧拉法来描述。二者可以相互转换，但欧拉法应用较多。

### 2.1.3 迹线和流线

#### 1. 迹线

气体质点空间运动的轨迹叫迹线。在拉格朗日法中，式（2-5）就是质点迹线的参数方程。从中消去 $t$，并给定 $a$，$b$，$c$ 的值，就可以得到以 $x$，$y$，$z$ 表示的某气体质点（$a$，$b$，$c$）的迹线。

在欧拉法中，由速度场也可以建立迹线方程。迹线的微元长度矢量 $\mathrm{d}\boldsymbol{r}$ 应等于质点在微小时间间隔 $\mathrm{d}t$ 内所移动的距离，即

$$\mathrm{d}\boldsymbol{r}=\boldsymbol{v}(q_1,q_2,q_3,t)\mathrm{d}t \tag{2-16}$$

这就是迹线的微分方程。

在直角坐标中它可表示为

$$\left.\begin{aligned}\mathrm{d}x&=v_x(x,y,z,t)\mathrm{d}t\\ \mathrm{d}y&=v_y(x,y,z,t)\mathrm{d}t\\ \mathrm{d}z&=v_z(x,y,z,t)\mathrm{d}t\end{aligned}\right\} \tag{2-17}$$

**例题 2-2**：已知速度分布为$\boldsymbol{v}=Ax\boldsymbol{i}-Ay\boldsymbol{j}$，求气体质点的迹线。

**解**：根据已知条件$v_x=Ax$，$v_y=-Ay$，由公式（2-17）可得两个微分方程

$$\mathrm{d}x=v_x\mathrm{d}t=Ax\mathrm{d}t$$

$$\mathrm{d}y=v_y\mathrm{d}t=-Ay\mathrm{d}t$$

分别积分后可得

$$\ln x=At+\ln c_1$$

$$\ln y=-At+\ln c_2$$

式中$c_1$及$c_2$为积分常数，可以看作是拉格朗日变数。从这两式中消去 $t$ 可得迹线

$$xy=c_1c_2$$

#### 2. 流线

流线是这样的曲线，此曲线上任一点的切线方向与气体在该点的速度方向一致。设 $\boldsymbol{r}$ 为空间某点的矢径，$\boldsymbol{v}$ 为气体在该点的速度。根据流线的定义，流线方程为

$$\boldsymbol{v}\times\mathrm{d}\boldsymbol{r}=\boldsymbol{0}$$

式中 $\mathrm{d}\boldsymbol{r}$ 为流线切线方向的微元矢量。

在直角坐标系中，流线微分方程可写为

$$\frac{\mathrm{d}x}{v_x}=\frac{\mathrm{d}y}{v_y}=\frac{\mathrm{d}z}{v_z} \tag{2-18}$$

这里只有两个独立方程。式中$v_x$、$v_y$、$v_z$是坐标 $x$，$y$，$z$ 和时间 $t$ 的函数，但是流线是对同一时刻而言的，因此在积分流线的微分方程时认为 $t$ 是常数，对于不同的时刻可能有不同的流线。

根据前面的叙述，可得出流线的 4 个性质，如下：

1）一般情况下流线不能相交。因为空间每一点只能有一个速度方向，所以不能有两条流线同时通过一点。流线如同固体壁面一样，气体质点不能穿越流线。但有三种例外情况：在速度为零的点上，如图 2-6a 中的 $A$ 点，通常称 $A$ 点为驻点；在速度为无限大的点上，如图 2-6b 中源流的 0 点，通常称它为奇点；流线相切，如图 2-6a 中的 $B$ 点，上、下两股速度

不等的气体在 $B$ 点相切。

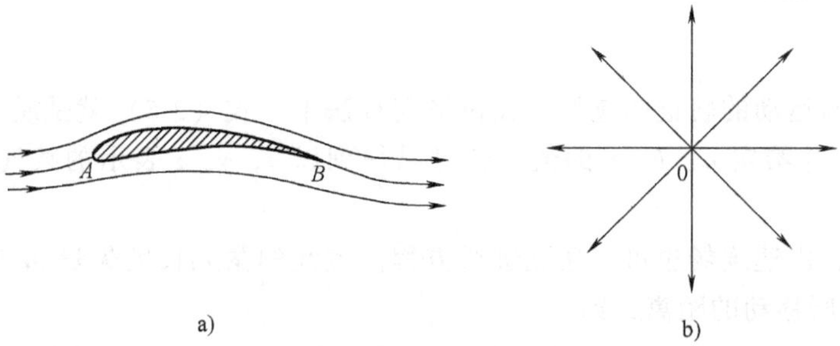


图 2-6 流线

a) 叶片绕流 b) 源流

2）流场中的每一点都有流线通过，由这些流线形成流动的图形，称为流谱。

3）流线的形状及位置在定常流动时不随时间变化，而在非定常流动时，一般说来要随时间变化。

4）定常流动时，流线和迹线重合。

### 2.1.4 流管、流量和平均流速

#### 1. 流管

某一瞬时 $t$，在流场的空间划出一任意封闭曲线，只要此封闭曲线本身不是流线，则经过该封闭曲线上每一点作流线，这些流线组合成一表面，称为流管，如图 2-7 所示。

流管的性质如下：

1）由于流管的表面是由流线组成，气体不能穿过流线，因此气体是不能穿越流管的，流管也不能相交。

2）流管的形状及位置，在定常流动时不随时间变化，与真实管道是一样的。而在非定常流动时，流管可能随间变化。

3）流管不能在流场内部中断。因为在实际的流场中，流管截面不能收缩到零，否则在该处的流速要达到无限大，这在实际中是不可能的。因此，流管只可能始于或终于流场边界，如物面、自由面，或者成环形，或者伸展到无穷远处。

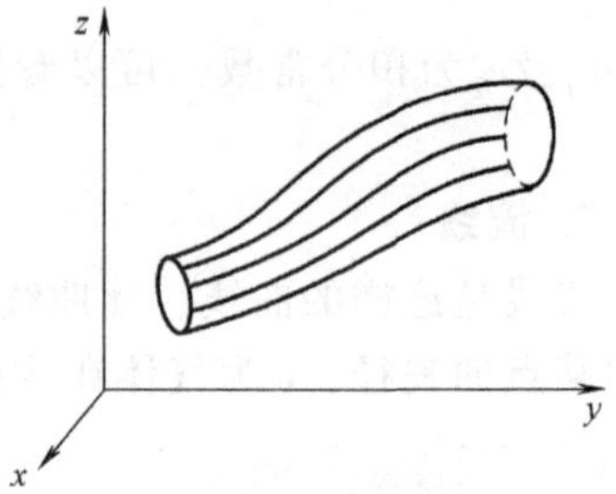


图 2-7 流管

在流管所包围的空间里有无数流线，这些流线是不可能穿出流管的，在流管内的流线群称为流束，流管是流束的几何外形，如果将流管的断面无限缩小趋近于零为极限，就获得微小流管或流束，微小流束实质上与流线是一致的。

#### 2. 流量

可以认为运动的气体是由流束所组成，垂直于流束的断面 $dA$ 称为流束的有效断面或称过流断面，也可以认为在这个无限小的过流断面上各点的流速 $\boldsymbol{v}$ 是相等的，因此在 $dt$ 时间内流经这个微小面积的气体体积 $dV$ 和质量 $dm$ 为

$$\left.\begin{aligned} dV = dsdA = vdtdA \\ dm = \rho dsdA = \rho vdtdA \end{aligned}\right\} \tag{2-19}$$

式中　ds——位移微元。

单位时间内流过的体积和质量称为体积流量$q_v$和质量流量$q_m$。在气体力学中，一般将体积流量简称为流量，因此流过微小流束过流断面的流量$q_v$和质量流量$q_m$为

$$\left.\begin{aligned} dq_v &= \frac{dV}{dt} = v dA \\ dq_m &= \frac{dm}{dt} = \rho v dA \end{aligned}\right\} \tag{2-20}$$

由于运动气体是由无数微小流束组成，如图 2-8 所示，所以将各微小流束的断面相加则得全液流的过流断面，并用 $A$ 表示，即

$$A = \int_A dA$$

必须指出，过流断面是与流线相垂直的面，在一般情况下运动气体内各微小流束可能是不平行的，如图 2-8 所示，因此，过流断面往往是一个曲面。如果微小流束（流线）间的夹角 $\alpha$ 及流束的曲率都非常小，这种流动称为缓变流动，在缓变流动情况下，过流断面可以近似地认为是一个平面。不满足以上条件时则称为急变流动。

气体的流量$q_v$和质量流量$q_m$是微小流量和微小质量流量的积分。

$$\left.\begin{aligned} q_v &= \int_A v dA \\ q_m &= \int_A \rho v dA \end{aligned}\right\} \tag{2-21}$$

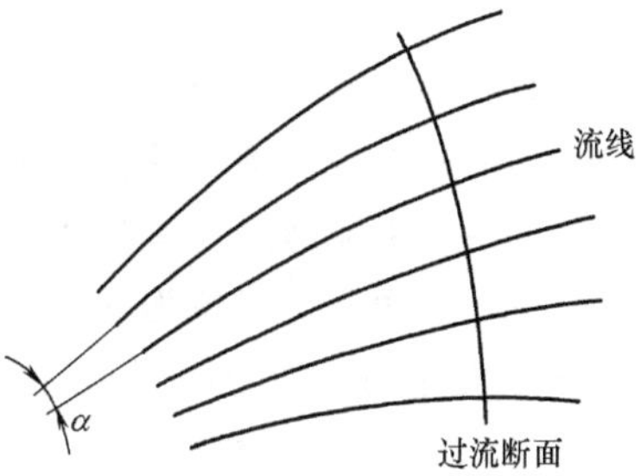

图 2-8　过流断面

如果 $dA$ 是微小流束上任意方向的断面，如图 2-9 所示，$\boldsymbol{n}$ 为该断面的法向单位矢量，则流量 $dq_v$为

$$dq_v = \boldsymbol{v} \cdot \boldsymbol{n} dA = v\cos\theta dA = v dA_s$$

则

$$q_v = \int_A \boldsymbol{v} \cdot \boldsymbol{n} dA = \int_A v\cos\theta dA = \int_{A_n} v dA_s$$

式中　$dA_s$——垂直于流速$\boldsymbol{v}$的流束断面，即过流断面；

　　$\theta$——$\boldsymbol{v}$ 与 $\boldsymbol{n}$ 的夹角。

**3. 平均流速**

在很多工程实际问题中，由于还不能求得过流断面上的流速分布规律，因此用积分方式计算流量就有困难，为了便于解决问题，引入了断面平均流速的概念，就是将过流断面上的流速场假想为均匀场，即过流断面上的流速是各点相等的平均流速$\bar{v}$，这个平均流速与过流断面 $A$ 的乘积正好就是流量$q_v$，即

$$q_v = \int_A v dA = \bar{v} A$$

或

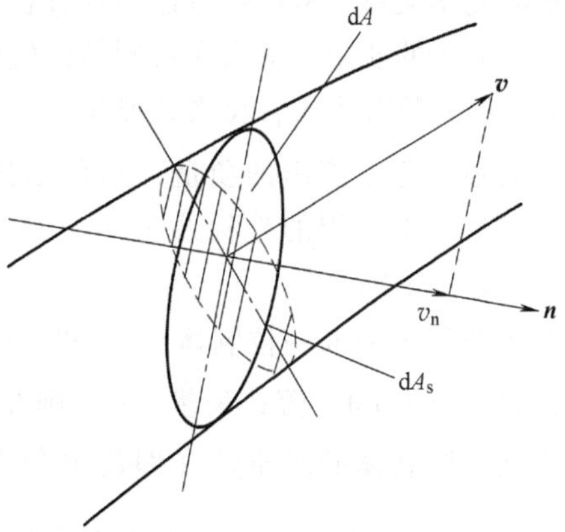

图 2-9　流量的计算

$$\bar{v}=\frac{q_v}{A} \tag{2-22}$$

根据这样的定义，用平均流速$\bar{v}$代替实际流速$v$，只在计算流量时是合理而精确的，在计算其他物理量时就可能要产生误差。

### 2.1.5 动能与功率

风能就是指流动空气所具有的动能。以速度$v$垂直流过截面$A$的气流流量为

$$q_v=vA$$

在$t$时间内，流过的气流体积为

$$V=vAt$$

流过的质量为

$$m=\rho vAt$$

因此，气流所具有的动能为

$$W=\frac{1}{2}mv^2=\frac{1}{2}(\rho Avt)v^2=\frac{1}{2}\rho Av^3t$$

式中　$W$——风能，单位为J；

$\rho$——空气密度，单位为$kg/m^3$；

$v$——来流速度，单位为m/s；

$A$——面积，单位为$m^2$。

如果气流的动能全部用于对外作功，所产生的功率为

$$P=\frac{W}{t}=\frac{1}{2}\rho A\,v^3(\text{单位为 W}) \tag{2-23}$$

## 2.2 连续性方程

质量守恒是自然界的客观规律。在气体力学中这个规律是用称为连续性方程的数学形式表示的。首先在流场中取一控制体，然后研究流进与流出该控制体的气体质量与控制体内气体质量的变化关系，从而获得连续性方程。如果在某一时间间隔$\Delta t$内，流进控制体的气体质量大于流出的质量，那么在控制体内气体质量必然增加，但体积是已经确定不变的。所以气体的密度$\rho$就要增大，反之就要减小。如果控制体内气体密度保持不变，则流进控制体的气体质量必须等于流出的质量，这就是连续性方程的物理本质。由于采用的坐标系不同，连续性方程的数学形式也有所不同。

在运动气体内取一控制体$V_C$如图2-10所示，它的微小控制面积为$dA$，流速矢量为$\boldsymbol{v}$，则在$\Delta t$时间间隔内流出这个控制体的净质量（即流出和流进的差）为$\Delta t\oiint_A \rho\boldsymbol{v}\cdot\boldsymbol{n}dA$，式中的$\rho$和$\boldsymbol{v}$在包围控制体的控制面上




图2-10　用控制体法推导连续性方程

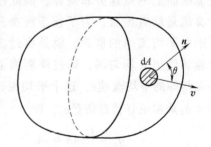

是可以不同的，它们是时间和空间的函数。由于气体质量的流出，控制体内的质量减少，其值为 $-\left(\frac{\partial}{\partial t}\iiint_{V_C}\rho \mathrm{d}V_C\right)\Delta t$，根据质量守定律，则

$$\Delta t\oiint_A \rho \boldsymbol{v}\cdot\boldsymbol{n}\mathrm{d}A = -\left(\frac{\partial}{\partial t}\iiint_{V_C}\rho \mathrm{d}V_C\right)\Delta t$$

或

$$\oiint_A \rho \boldsymbol{v}\cdot\boldsymbol{n}\mathrm{d}A + \frac{\partial}{\partial t}\iiint_{V_C}\rho \mathrm{d}V_C = 0 \tag{2-24}$$

如果是定常流动则有 $\frac{\partial}{\partial t}\iiint_{V_C}\rho \mathrm{d}V_C = 0$，则连续性方程为

$$\oiint_A \rho \boldsymbol{v}\cdot\boldsymbol{n}\mathrm{d}A = 0 \tag{2-25}$$

一般来讲，当气体的密度 $\rho$ 可视为常数时，则式（2-24）的第二项为 $\rho\frac{\partial}{\partial t}\iiint_{V_C}\mathrm{d}V_C$，因为控制体是不随时间而变的，所以 $\rho\frac{\partial}{\partial t}\iiint_{V_C}\mathrm{d}V_C = 0$，由此可见，只要当气体的密度 $\rho$ 可视为常数时，不管流动是否定常，连续性方程均为

$$\oiint_A \boldsymbol{v}\cdot\boldsymbol{n}\mathrm{d}A = 0 \tag{2-26}$$

通常，对管道或流管进行计算，控制体可沿壁面或流管表面取出，如图 2-11 中所示的虚线，这样只要对管道或流管的两个垂直断面进行计算，在定常流动时

$$\rho_1 v_1 A_1 - \rho_2 v_2 A_2 = 0 \tag{2-27}$$

式中　$v_1$、$v_2$——分别为两个垂直断面的平均流速。

当气体的密度 $\rho$ 可视为常数时，则

$$\rho v_1 A_1 - \rho v_2 A_2 = 0 \tag{2-28}$$

或

$$v_1 A_1 = v_2 A_2 = vA = 常数 \tag{2-29}$$

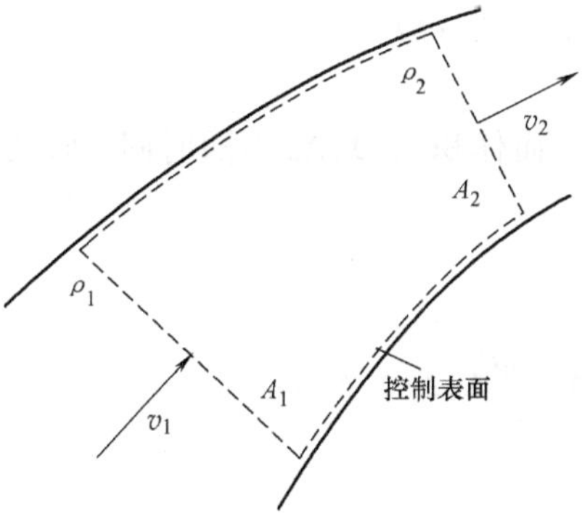


图 2-11　沿流管质量守恒

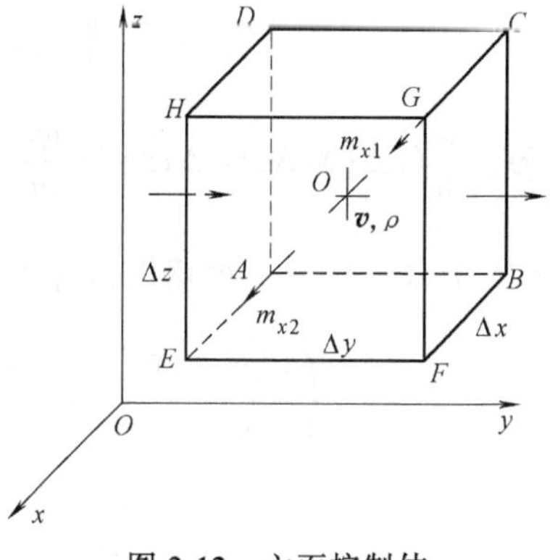


图 2-12　六面控制体

在数值计算时，常采用空间直角坐标系，如图 2-12 所示，在气体中取一微小平行六面体作为控制体，它的 3 个相互垂直的边各为 $\Delta x$、$\Delta y$、$\Delta z$，设该微小平行六面体的中心点 $O$ 处，在时间 $t$ 时的流速为 $\boldsymbol{v}$，它的 3 个坐标轴向分量为 $v_x$、$v_y$、$v_z$，密度为 $\rho$，在同一时间内

$ABCD$ 面上的流速为$v_x-\frac{1}{2}\frac{\partial v_x}{\partial x}\Delta x$，密度为 $\rho-\frac{1}{2}\frac{\partial \rho}{\partial x}\Delta x$，而在 $EFGH$ 面上的流速和密度为$v_x+\frac{1}{2}\frac{\partial v_x}{\partial x}\Delta x$ 及 $\rho+\frac{1}{2}\frac{\partial \rho}{\partial x}\Delta x$，因此在 $\Delta t$ 时间内在 $x$ 方向经过 $ABCD$ 面流入控制体的质量为

$$m_{x1}=\left(\rho-\frac{1}{2}\frac{\partial \rho}{\partial x}\Delta x\right)\left(v_x-\frac{1}{2}\frac{\partial v_x}{\partial x}\Delta x\right)\Delta y\Delta z\Delta t$$

$$=\rho v_x\Delta y\Delta z\Delta t-\frac{1}{2}\left(v_x\frac{\partial \rho}{\partial x}+\rho\frac{\partial v_x}{\partial x}\right)\Delta x\Delta y\Delta z\Delta t+\frac{1}{4}\frac{\partial \rho}{\partial x}\frac{\partial v_x}{\partial x}(\Delta x)^2\Delta y\Delta z\Delta t$$

经过 $EFGH$ 面流出的质量为

$$m_{x2}=\left(\rho+\frac{1}{2}\frac{\partial \rho}{\partial x}\Delta x\right)\left(v_x+\frac{1}{2}\frac{\partial v_x}{\partial x}\Delta x\right)\Delta y\Delta z\Delta t$$

$$=\rho v_x\Delta y\Delta z\Delta t+\frac{1}{2}\left(v_x\frac{\partial \rho}{\partial x}+\rho\frac{\partial v_x}{\partial x}\right)\Delta x\Delta y\Delta z\Delta t+\frac{1}{4}\frac{\partial \rho}{\partial x}\frac{\partial v_x}{\partial x}(\Delta x)^2\Delta y\Delta z\Delta t$$

因此，在 $x$ 方向流出控制体的净质量为

$$\Delta m_x=m_{x2}-m_{x1}=\left(v_x\frac{\partial \rho}{\partial x}+\rho\frac{\partial v_x}{\partial x}\right)\Delta x\Delta y\Delta z\Delta t=\frac{\partial(\rho v_x)}{\partial x}\Delta x\Delta y\Delta z\Delta t$$

同样，在 $y$ 方向和 $z$ 方向流出该控制体的净质量各为

$$\Delta m_y=\frac{\partial(\rho v_y)}{\partial x}\Delta x\Delta y\Delta z\Delta t$$

$$\Delta m_z=\frac{\partial(\rho v_z)}{\partial x}\Delta x\Delta y\Delta z\Delta t$$

因此，总的出流净质量为

$$\Delta t\oiint_A\rho\boldsymbol{v}\cdot\boldsymbol{n}\mathrm{d}A=\Delta m_x+\Delta m_y+\Delta m_z=\left(\frac{\partial(\rho v_x)}{\partial x}+\frac{\partial(\rho v_y)}{\partial y}+\frac{\partial(\rho v_z)}{\partial z}\right)\Delta x\Delta y\Delta z\Delta t$$

控制体本身内质量的减少为

$$-\left(\frac{\partial}{\partial t}\iiint_{V_C}\rho\mathrm{d}V_C\right)\Delta t=\frac{\partial}{\partial t}(\rho\Delta x\Delta y\Delta z)\Delta t$$

因为，$\frac{\partial}{\partial t}(\rho\Delta x\Delta y\Delta z)=\Delta x\Delta y\Delta z\frac{\partial \rho}{\partial t}+\rho\frac{\partial}{\partial t}(\Delta x\Delta y\Delta z)$，而体积 $\Delta x\Delta y\Delta z$ 不随时间 $t$ 而变，即 $\frac{\partial}{\partial t}(\Delta x\Delta y\Delta z)=0$。因此，根据质量守恒定律得

$$\left(\frac{\partial(\rho v_x)}{\partial x}+\frac{\partial(\rho v_y)}{\partial y}+\frac{\partial(\rho v_z)}{\partial z}\right)\Delta x\Delta y\Delta z\Delta t+\frac{\partial \rho}{\partial t}\Delta x\Delta y\Delta z\Delta t=0$$

或

$$\frac{\partial(\rho v_x)}{\partial x}+\frac{\partial(\rho v_y)}{\partial y}+\frac{\partial(\rho v_z)}{\partial z}+\frac{\partial \rho}{\partial t}=0 \tag{2-30}$$

式（2-30）前三项之和称为 $\rho\boldsymbol{v}$ 的散度，用符号 $\mathrm{div}\rho\boldsymbol{v}$ 或$\nabla\cdot\rho\boldsymbol{v}$ 表示，则连续性方程为

$$\mathrm{div}\rho\boldsymbol{v}+\frac{\partial \rho}{\partial t}=0 \tag{2-31}$$

在定常流动时$\frac{\partial \rho}{\partial t}=0$，则

或

$$\left.\begin{aligned} \mathrm{div}\rho\boldsymbol{v} &= \nabla\cdot\rho\boldsymbol{v}=0 \\ \frac{\partial(\rho v_x)}{\partial x}+\frac{\partial(\rho v_y)}{\partial y}+\frac{\partial(\rho v_z)}{\partial z} &= 0 \end{aligned}\right\}$$

当气体的密度 $\rho$ 可视为常数时，则连续性方程为

或

$$\left.\begin{aligned} \mathrm{div}\boldsymbol{v} &= \nabla\cdot\boldsymbol{v}=0 \\ \frac{\partial v_x}{\partial x}+\frac{\partial v_y}{\partial y}+\frac{\partial v_z}{\partial z} &= 0 \end{aligned}\right\} \tag{2-32}$$

如果采用圆柱坐标系，类似地可以推导出，对于密度 $\rho$ 可视为常数的定常流动，连续性方程为

$$\frac{v_r}{r}+\frac{\partial v_r}{\partial r}+\frac{1}{r}\frac{\partial v_\theta}{\partial \theta}+\frac{\partial v_z}{\partial z}=0 \tag{2-33}$$

## 2.3　气体微团运动的分析

刚体运动时除了改变它的空间位置外，还可能产生绕它本身某一瞬时轴的转动，即刚体的运动是由移动和旋转运动所合成，由于气体易于变形，因此气体运动时除移动和旋转外还可能出现变形，这是气体运动的特殊性，也是它的复杂性。

如图 2-13 所示，设在任一瞬时 $t$，气体微团内某一点 $M$（$x$，$y$，$z$）上的速度为$\boldsymbol{v}$，它的 3 个坐标轴分量各为$v_x(x, y, z, t)$，$v_y(x, y, z, t)$，$v_z(x, y, z, t)$，在同一瞬时，微团上另一点$M_1(x+x_1, y+y_1, z+z_1)$处的速度为$\boldsymbol{v}_1$，它的分量为

$$v_{x1}=v_x(x+x_1, y+y_1, z+z_1, t)$$
$$v_{y1}=v_y(x+x_1, y+y_1, z+z_1, t)$$
$$v_{z1}=v_z(x+x_1, y+y_1, z+z_1, t)$$

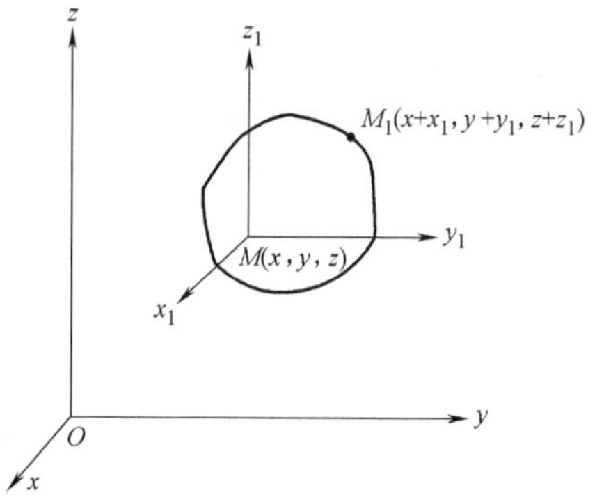

图 2-13　气体微团运动分析

将上列$\boldsymbol{v}_1$的分量按泰勒级数展开，由于 $M$ 及$M_1$点是微团上的两点，因此$x_1$，$y_1$，$z_1$均为无限小量，略去二阶无限小量得

$$\left.\begin{aligned} v_{x1}-v_x &= \frac{\partial v_x}{\partial x}x_1+\frac{\partial v_x}{\partial y}y_1+\frac{\partial v_x}{\partial z}z_1 \\ v_{y1}-v_y &= \frac{\partial v_y}{\partial x}x_1+\frac{\partial v_y}{\partial y}y_1+\frac{\partial v_y}{\partial z}z_1 \\ v_{z1}-v_z &= \frac{\partial v_z}{\partial x}x_1+\frac{\partial v_z}{\partial y}y_1+\frac{\partial v_z}{\partial z}z_1 \end{aligned}\right\} \tag{2-34}$$

式（2-34）是一组线性方程，可用矩阵表示。

$$\begin{vmatrix} v_{x1}-v_x \\ v_{y1}-v_y \\ v_{z1}-v_z \end{vmatrix} = \begin{vmatrix} \frac{\partial v_x}{\partial x} & \frac{\partial v_x}{\partial y} & \frac{\partial v_x}{\partial z} \\ \frac{\partial v_y}{\partial x} & \frac{\partial v_y}{\partial y} & \frac{\partial v_y}{\partial z} \\ \frac{\partial v_z}{\partial x} & \frac{\partial v_z}{\partial y} & \frac{\partial v_z}{\partial z} \end{vmatrix} \begin{vmatrix} x_1 \\ y_1 \\ z_1 \end{vmatrix} = [\boldsymbol{A}] \begin{vmatrix} x_1 \\ y_1 \\ z_1 \end{vmatrix} \tag{2-35}$$

即从 $M$ 点到$M_1$点的速度增量将随三阶方阵 [$\boldsymbol{A}$] 而定

$$[\boldsymbol{A}] = \begin{vmatrix} \frac{\partial v_x}{\partial x} & \frac{\partial v_x}{\partial y} & \frac{\partial v_x}{\partial z} \\ \frac{\partial v_y}{\partial x} & \frac{\partial v_y}{\partial y} & \frac{\partial v_y}{\partial z} \\ \frac{\partial v_z}{\partial x} & \frac{\partial v_z}{\partial y} & \frac{\partial v_z}{\partial z} \end{vmatrix} = \begin{vmatrix} a_{xx} & a_{xy} & a_{xz} \\ a_{yx} & a_{yy} & a_{yz} \\ a_{zx} & a_{zy} & a_{zz} \end{vmatrix} \tag{2-36}$$

根据矩阵的运算，方阵 [$\boldsymbol{A}$] 可以分为一对称阵 $\boldsymbol{\varepsilon}$ 及一反称阵 $\boldsymbol{\omega}$，对称阵的主对角线为 $\theta$，即

$$[\boldsymbol{A}] = \begin{vmatrix} \theta_{xx} & \varepsilon_{xy} & \varepsilon_{xz} \\ \varepsilon_{yx} & \theta_{yy} & \varepsilon_{yz} \\ \varepsilon_{zx} & \varepsilon_{zy} & \theta_{zz} \end{vmatrix} + \begin{vmatrix} 0 & \omega_{xy} & \omega_{xz} \\ \omega_{yx} & 0 & \omega_{yz} \\ \omega_{zx} & \omega_{zy} & 0 \end{vmatrix} \tag{2-37}$$

因为 [$\boldsymbol{\varepsilon}$] 是对称方阵，即$\varepsilon_{ij}=\varepsilon_{ji}$，($i\neq j$；$i$、$j=x$、$y$、$z$)，又因为 [$\boldsymbol{\omega}$] 是反称方阵，即$\omega_{ij}=-\omega_{ji}$，($i\neq j$；$i$、$j=x$、$y$、$z$)。由式 (2-36) 及式 (2-37) 可见当 $i=j$ 时，$\theta_{ij}=a_{ij}$，即

$$\left.\begin{aligned} \theta_x=\theta_{xx}=a_{xx}=\frac{\partial v_x}{\partial x} \\ \theta_y=\theta_{yy}=a_{yy}=\frac{\partial v_y}{\partial y} \\ \theta_z=\theta_{zz}=a_{zz}=\frac{\partial v_z}{\partial z} \end{aligned}\right\} \tag{2-38}$$

当 $i\neq j$ 时

$$a_{ij}=\varepsilon_{ij}+\omega_{ij}=\varepsilon_{ij}-\omega_{ji}$$

$$a_{ji}=\varepsilon_{ji}+\omega_{ji}=\varepsilon_{ij}+\omega_{ji}$$

由此可得

$$\varepsilon_{ij}=\varepsilon_{ji}=\frac{1}{2}(a_{ij}+a_{ji})$$

$$\omega_{ji}=-\omega_{ij}=\frac{1}{2}(a_{ji}-a_{ij})$$

因此可以写出

$$\left.\begin{aligned}\varepsilon_x=\varepsilon_{yz}=\varepsilon_{zy}=\frac{1}{2}\left(\frac{\partial v_z}{\partial y}+\frac{\partial v_y}{\partial z}\right)\\\varepsilon_y=\varepsilon_{zx}=\varepsilon_{xz}=\frac{1}{2}\left(\frac{\partial v_x}{\partial z}+\frac{\partial v_z}{\partial x}\right)\\\varepsilon_z=\varepsilon_{xy}=\varepsilon_{yx}=\frac{1}{2}\left(\frac{\partial v_y}{\partial x}+\frac{\partial v_x}{\partial y}\right)\end{aligned}\right\}\tag{2-39}$$

$$\left.\begin{aligned}\omega_x=\omega_{zy}=-\omega_{yz}=\frac{1}{2}\left(\frac{\partial v_z}{\partial y}-\frac{\partial v_y}{\partial z}\right)\\\omega_y=\omega_{xz}=-\omega_{zx}=\frac{1}{2}\left(\frac{\partial v_x}{\partial z}-\frac{\partial v_z}{\partial x}\right)\\\omega_z=\omega_{yx}=-\omega_{xy}=\frac{1}{2}\left(\frac{\partial v_y}{\partial x}-\frac{\partial v_x}{\partial y}\right)\end{aligned}\right\}\tag{2-40}$$

因此方阵［$\boldsymbol{A}$］为

$$[\boldsymbol{A}]=\begin{vmatrix}\theta_x&\varepsilon_z&\varepsilon_y\\\varepsilon_z&\theta_y&\varepsilon_x\\\varepsilon_y&\varepsilon_x&\theta_z\end{vmatrix}+\begin{vmatrix}0&-\omega_z&\omega_y\\\omega_z&0&-\omega_x\\-\omega_y&\omega_x&0\end{vmatrix}=\begin{vmatrix}\theta_x&\varepsilon_z-\omega_z&\varepsilon_y+\omega_y\\\varepsilon_z+\omega_z&\theta_y&\varepsilon_x-\omega_x\\\varepsilon_y-\omega_y&\varepsilon_x+\omega_x&\theta_z\end{vmatrix}\tag{2-41}$$

将方阵［$\boldsymbol{A}$］代入式（2-35），则 $M_1$ 点的速度分量为

$$\left.\begin{aligned}v_{x1}=v_x+\theta_x x_1+\varepsilon_z y_1+\varepsilon_y z_1+\omega_y z_1-\omega_z y_1\\v_{y1}=v_y+\theta_y y_1+\varepsilon_x z_1+\varepsilon_z x_1+\omega_z x_1-\omega_x z_1\\v_{z1}=v_z+\theta_z z_1+\varepsilon_y x_1+\varepsilon_x y_1+\omega_x y_1-\omega_y x_1\end{aligned}\right\}\tag{2-42}$$

现在进一步讨论 $\theta$、$\varepsilon$ 及 $\omega$ 的物理意义。$\theta$ 是速度分量沿坐标轴的变化率，例如：$\frac{\partial v_x}{\partial x}$，表示速度分量 $v_x$ 沿 $x$ 轴向的变化率，它与 $x_1$ 的乘积表示 $M_1$ 点对 $M$ 点在 $x$ 轴向的相对速度，这个相对速度将正比于两点间的 $x$ 向距离。相对速度场如图 2-14 所示，由于这个相对速度场的存在，气体微团将发生 $x$ 向伸长或缩短的直线变形，所以 $\theta$ 表征了气体微团在运动时所发生的坐标轴向的直线变形率。当气体的密度 $\rho$ 可以视为常数时，根据连续性方程可知 $\theta_x+\theta_y+\theta_z=0$。

$\varepsilon$ 及 $\omega$ 由方阵［$\boldsymbol{A}$］中除主对角线以外的六个元素 $\frac{\partial v_x}{\partial y}$、$\frac{\partial v_x}{\partial z}$、$\frac{\partial v_y}{\partial x}$、$\frac{\partial v_y}{\partial z}$、$\frac{\partial v_z}{\partial x}$ 及 $\frac{\partial v_z}{\partial y}$ 中的两个组合而成，这些元素均为垂直于速度方向的速度变化率，例如 $\frac{\partial v_x}{\partial y}$ 表示了 $x$ 向速度分量在 $y$ 方向的变化率，由于这个变化率的存在，在不同 $y$ 值的气体层之间就有不同的速度，因此在相邻流层中就可能产生剪切应力，如图 2-15 所示，因此这六个元素称为剪切导数。在 $x$-$y$ 平面中 $\mathrm{d}t$ 时间内，由于存在 $\frac{\partial v_x}{\partial y}$ 及 $\frac{\partial v_y}{\partial x}$，气体微团将发生角变形

$$\mathrm{d}\theta_1=\frac{\frac{\partial v_y}{\partial x}x_1\mathrm{d}t}{x_1}=\frac{\partial v_y}{\partial x}\mathrm{d}t$$

$$d\theta_2=\frac{\frac{\partial v_x}{\partial y}y_1\mathrm{d}t}{y_1}=\frac{\partial v_x}{\partial y}\mathrm{d}t$$

总的角变形为

$$d\theta_1+d\theta_2=d\theta$$

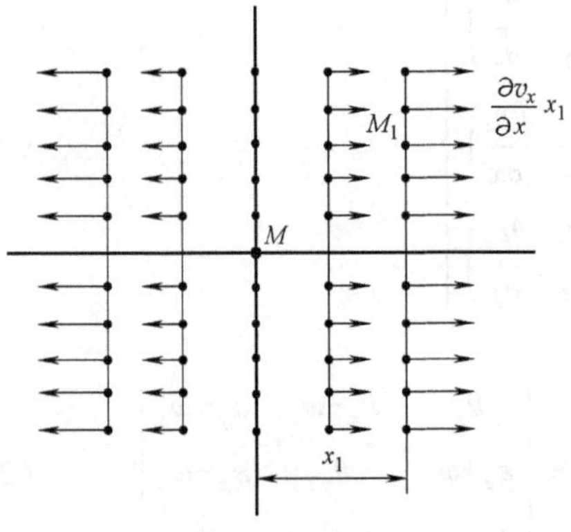


图 2-14　直线变形运动

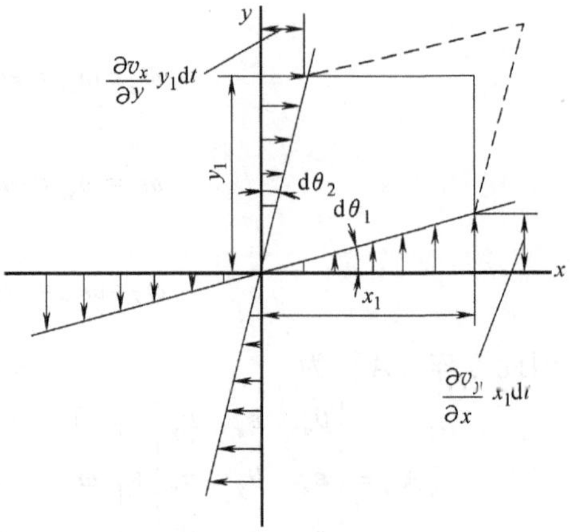


图 2-15　剪切变形运动

变形的角速度则为

$$\frac{d\theta}{dt}=\frac{\partial v_y}{\partial x}+\frac{\partial v_x}{\partial y}=2\,\varepsilon_z$$

或

$$\varepsilon_z=\frac{1}{2}\left(\frac{\partial v_y}{\partial x}+\frac{\partial v_x}{\partial y}\right) \tag{2-43}$$

由此可见$\varepsilon_z$表示了气体微团绕 $z$ 轴的剪切变形角速度。同样，$\varepsilon_x$及$\varepsilon_y$则为气体微团运动时绕 $x$ 轴和 $y$ 轴的剪切变形角速度。不难理解，当$\frac{\partial v_y}{\partial z}$，$\frac{\partial v_z}{\partial x}$及$\frac{\partial v_x}{\partial y}$带有负号时，气体微团就发生旋转，如图 2-16 所示，所以$\omega_x=\frac{1}{2}\left(\frac{\partial v_z}{\partial y}-\frac{\partial v_y}{\partial z}\right)$，$\omega_y=\frac{1}{2}\left(\frac{\partial v_x}{\partial z}-\frac{\partial v_z}{\partial x}\right)$及$\omega_z=\frac{1}{2}\left(\frac{\partial v_y}{\partial x}-\frac{\partial v_x}{\partial y}\right)$为气体微团旋转角速度的分量，则

$$\boldsymbol{\omega}=\boldsymbol{i}\,\omega_x+\boldsymbol{j}\,\omega_y+\boldsymbol{k}\,\omega_z=\frac{1}{2}\left[\boldsymbol{i}\left(\frac{\partial v_z}{\partial y}-\frac{\partial v_y}{\partial z}\right)+\boldsymbol{j}\left(\frac{\partial v_x}{\partial z}-\frac{\partial v_z}{\partial x}\right)+\boldsymbol{k}\left(\frac{\partial v_y}{\partial x}-\frac{\partial v_x}{\partial y}\right)\right]$$

式中等号右边方括号称为$\boldsymbol{v}$ 的旋度，用符号 Rot$\boldsymbol{v}$ 或 curl$\boldsymbol{v}$ 表示，也可写成 $\nabla\times\boldsymbol{v}$ 即

$$\mathrm{Rot}\,\boldsymbol{v}=\mathrm{curl}\,\boldsymbol{v}=\nabla\times\boldsymbol{v}=\begin{vmatrix}\boldsymbol{i}&\boldsymbol{j}&\boldsymbol{k}\\ \frac{\partial}{\partial x}&\frac{\partial}{\partial y}&\frac{\partial}{\partial z}\\ v_x&v_y&v_z\end{vmatrix}$$

由此，角速度 $\boldsymbol{\omega}$ 的矢量式为

$$\boldsymbol{\omega}=\frac{1}{2}\mathrm{Rot}\,\boldsymbol{v}=\frac{1}{2}\mathrm{curl}\,\boldsymbol{v}=\frac{1}{2}\nabla\times\boldsymbol{v}=\frac{1}{2}\begin{vmatrix}\boldsymbol{i} & \boldsymbol{j} & \boldsymbol{k}\\ \frac{\partial}{\partial x} & \frac{\partial}{\partial y} & \frac{\partial}{\partial z}\\ v_x & v_y & v_z\end{vmatrix} \tag{2-44}$$

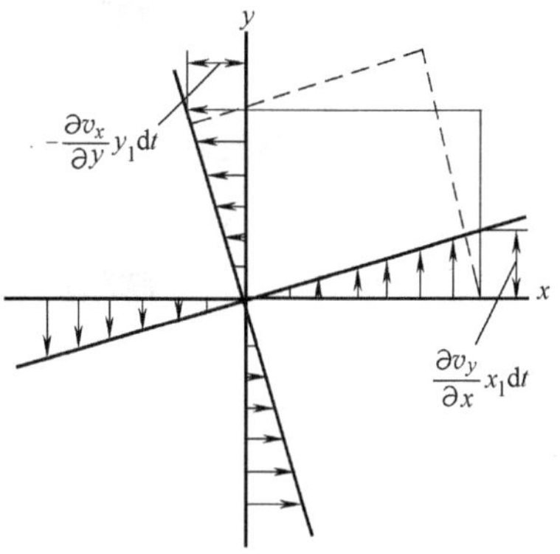

图 2-16 旋转运动

在圆柱坐标系中

$$\boldsymbol{v}=\boldsymbol{e}_r v_r+\boldsymbol{e}_\theta v_\theta+\boldsymbol{e}_z v_z$$

$$\nabla=\boldsymbol{e}_r\frac{\partial}{\partial r}+\boldsymbol{e}_\theta\frac{1}{r}\frac{\partial}{\partial\theta}+\boldsymbol{e}_z\frac{\partial}{\partial z}$$

因此旋度

$$\nabla\times\boldsymbol{v}=\boldsymbol{e}_r\left(\frac{1}{r}\frac{\partial v_z}{\partial\theta}-\frac{\partial v_\theta}{\partial z}\right)+\boldsymbol{e}_\theta\left(\frac{\partial v_r}{\partial z}-\frac{\partial v_z}{\partial r}\right)+\boldsymbol{e}_z\left(\frac{1}{r}\frac{\partial r\,v_\theta}{\partial r}-\frac{1}{r}\frac{\partial v_r}{\partial\theta}\right)$$

由此得

$$\left.\begin{aligned}\omega_r&=\frac{1}{2}\left(\frac{1}{r}\frac{\partial v_z}{\partial\theta}-\frac{\partial v_\theta}{\partial z}\right)\\ \omega_\theta&=\frac{1}{2}\left(\frac{\partial v_r}{\partial z}-\frac{\partial v_z}{\partial r}\right)\\ \omega_z&=\frac{1}{2}\left[\frac{1}{r}\frac{\partial(r\,v_\theta)}{\partial r}-\frac{1}{r}\frac{\partial v_r}{\partial\theta}\right]\end{aligned}\right\} \tag{2-45}$$

综上所述，气体微团的运动由下列4个部分组成：

1）以速度为$v_x$、$v_y$及$v_z$的平移运动。

2）绕某瞬时轴角速度为$\omega_x$、$\omega_y$及$\omega_z$的旋转运动。

3）以$\theta_x$、$\theta_y$及$\theta_z$的直线变形运动。

4）以剪切变形角速度为$\varepsilon_x$、$\varepsilon_y$及$\varepsilon_z$的剪切变形运动。

以上结论称为亥姆霍兹（Helmholtz）速度分解定理。亥姆霍兹速度分解定理对于流体力学的发展有深远的影响，正是由于将旋转运动从一般运动中分离出来，才有可能将运动分成无旋运动和有旋运动，从而可以对它们分别进行研究。也正是由于将气体的变形运动从一般运动中分离出来，才有可能将气体变形速率与气体的应力联系起来，这对于黏性规律的研究有重大影响。

气体微团在运动时，旋转（有旋）或不旋转（无旋）是很重要的，后文还要加以讨论。必须指出，所谓旋转是指绕气体微团上的某瞬时轴而言的，在图2-17a中气体微团在一个封闭圆的轨道上运动，它可以是无旋的，在图2-17b中气体微团的轨迹虽是一条直线，但微团本身却发生了转动，所以这种流动是有旋流动。

**例题2-3**：讨论如图1-5所示平行平板间气体流动的性质。

**解**：根据速度的线性分布假设，任意截面上的速度分布为

$$v_x=\frac{y}{h}v_\mathrm{h}$$

则根据式（2-44），有

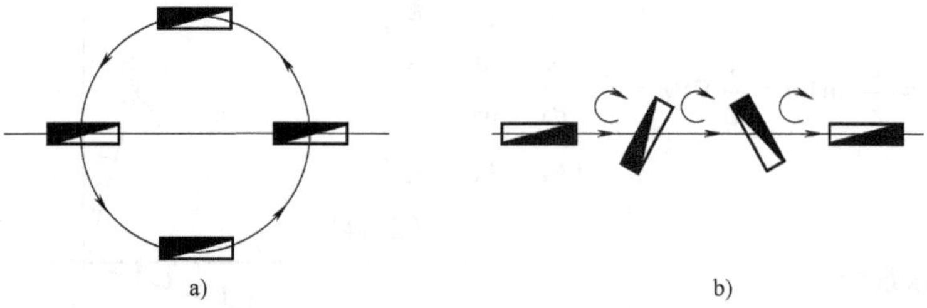


图 2-17　有旋与无旋

a）无旋　b）有旋

$$\boldsymbol{\omega}=\frac{1}{2}\begin{vmatrix} \boldsymbol{i} & \boldsymbol{j} & \boldsymbol{k} \\ \dfrac{\partial}{\partial x} & \dfrac{\partial}{\partial y} & \dfrac{\partial}{\partial z} \\ \dfrac{y}{h}v_{\mathrm{h}} & 0 & 0 \end{vmatrix}=0\boldsymbol{i}+0\boldsymbol{j}-\frac{v_{\mathrm{h}}}{2h}\boldsymbol{k}\neq \boldsymbol{0}$$

故流动为有旋流动。这个例子说明，气体微团的运动轨迹显然是直线，但流动为有旋。这就进一步表明，流动有旋与无旋是气体微团本身的运动状态，而与这个气体微团的运动轨迹无关。

## 2.4　理想气体的有旋流动

根据气体微团速度分解定理，对于一个流场，若式（2-44）不等于 0，则此流场中的流动为有旋流动，流场的全部或局部区域中连续地充满着绕自身轴旋转的气体微团。

### 2.4.1　基本概念

**1. 涡量场**

气体速度的旋度 $\nabla\times\boldsymbol{v}$ 在气体力学中常简称为涡量，并以 $\boldsymbol{\Omega}$ 表示

$$\boldsymbol{\Omega}=\nabla\times\boldsymbol{v} \tag{2-46}$$

涡量 $\boldsymbol{\Omega}$ 是描述气体运动的一种物理量，且有 $\boldsymbol{\Omega}=2\boldsymbol{\omega}$。由于 $\boldsymbol{v}$ 是空间位置 $r$ 和时间 $t$ 的函数，是一个矢量场，所以 $\boldsymbol{\Omega}(r, t)$ 也是一个矢量场，称它为涡量场。

涡量场有一个重要特性，即涡量的散度为零，也即

$$\nabla\cdot\boldsymbol{\Omega}=0 \tag{2-47}$$

式（2-47）也称作涡量连续方程。这一特性是由 $\boldsymbol{\Omega}$ 的定义所决定的。因为 $\boldsymbol{\Omega}=\nabla\times\boldsymbol{v}$，所以可得

$$\nabla\cdot\boldsymbol{\Omega}=\nabla\cdot(\nabla\times\boldsymbol{v})\equiv 0$$

**2. 涡线**

与流线类似，也可引进描述涡量场的涡线。涡线也是一条曲线，在给定的瞬时 $t$，这条曲线上每一点的切线与该点处的气体微团的涡量 $\boldsymbol{\Omega}$ 方向相重合，故涡线也就是沿曲线各气体微团的瞬时转动轴线，如图 2-18 所示。

由定义可得

$$\boldsymbol{\Omega}\times \mathrm{d}\boldsymbol{r}=\boldsymbol{0} \tag{2-48}$$

其中 $\mathrm{d}\boldsymbol{r}$ 为涡线切线方向的矢量元素。展开式（2-48）可得涡线微分方程

$$\frac{dx}{\Omega_x(x,y,z,t)}=\frac{dy}{\Omega_y(x,y,z,t)}=\frac{dz}{\Omega_z(x,y,z,t)} \tag{2-49}$$

式中　$t$——给定的参数。

**3. 涡管**

对于某一瞬时，取一条非涡线的封闭曲线，过封闭曲线上每一点做涡线，这些涡线形成的管状表面称为涡管，如图2-19所示。涡管中充满着做旋转运动的气体，称为涡束。

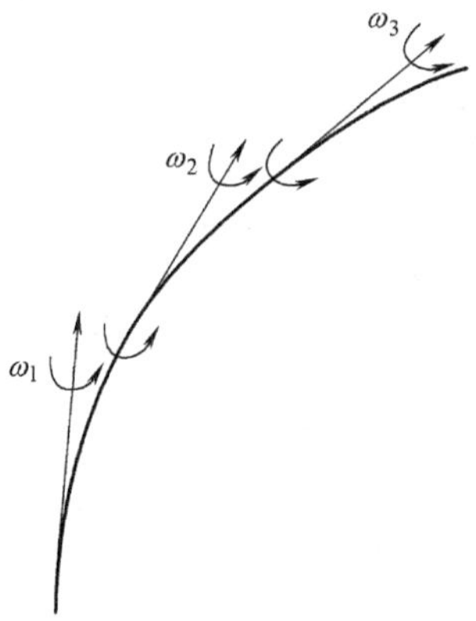


图2-18　涡线

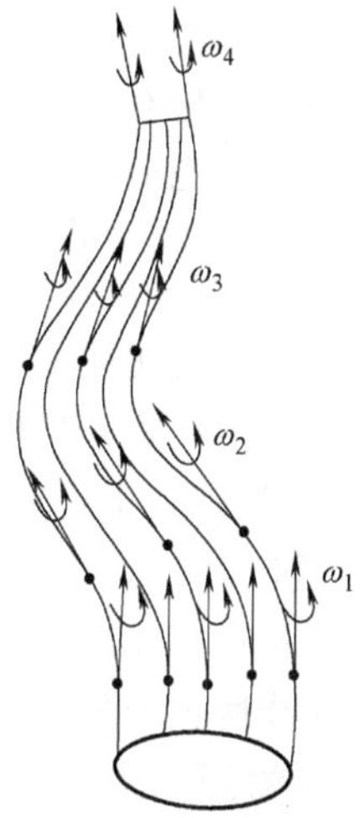


图2-19　涡管

**4. 涡通量**

通过某一开口曲面的涡量总和称为涡通量，如图2-20所示。通过曲面$A$的涡通量$J$为

$$J=\iint_A \boldsymbol{\Omega}\cdot \boldsymbol{n}\mathrm{d}A \tag{2-50}$$

式中　$\boldsymbol{n}$——微元面积d$A$的外法向单位矢量。

通常又将涡管的涡通量称作涡管强度，简称涡强。

**5. 速度环量**

在流场中任取一封闭曲线$L$，速度沿该封闭曲线的线积分称为曲线$L$的速度环量$\Gamma$，即

$$\Gamma=\oint_L \boldsymbol{v}\cdot \mathrm{d}\boldsymbol{l}=\oint_L (v_x\mathrm{d}x+v_y\mathrm{d}y+v_z\mathrm{d}z) \tag{2-51}$$

速度环量的符号不仅与流场的速度方向有关，而且与积分时所取的绕行方向有关，因此为统一起见，规定积分时的绕行方向是逆时针方向，即封闭曲线所包围的区域总在行进方向的左侧，如图2-21所示。当沿顺时针方向绕行时，公式（2-51）前应加负号。

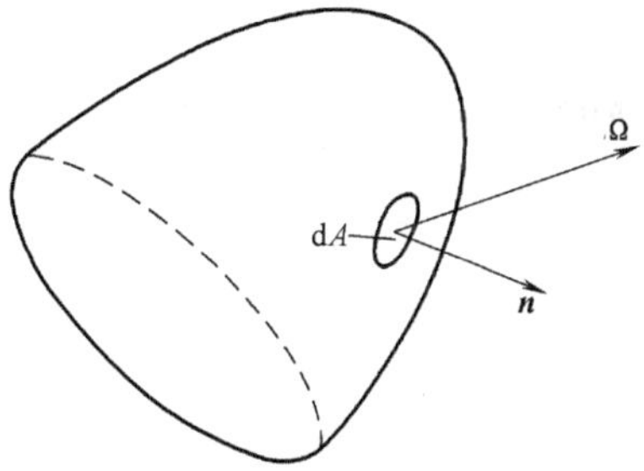


图2-20　涡通量

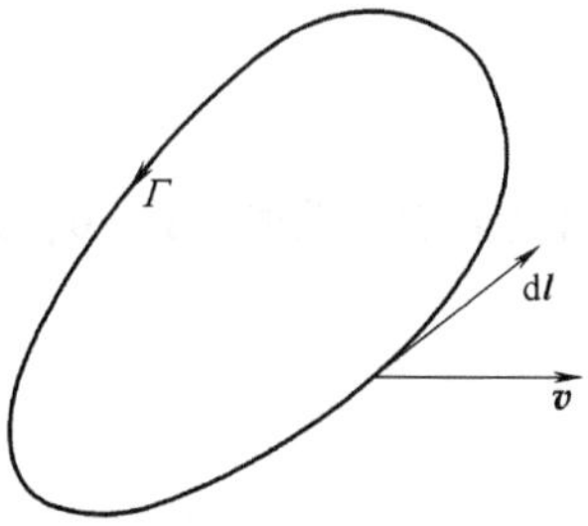


图2-21　速度环量

### 2.4.2 斯托克斯定理

如果在某个空间区域中，任意两点能以连续线连接起来，而在任何地方都不越过这个区域的边界，这样的空间区域称作连通域。如果在连通域中，任意封闭曲线能连续地收缩成一点而不越过连通域的边界，则这种连通域称作单连通域。例如，球表面内部的空间区域，或两个同心球之间的空间区域等等都是单连通域。凡是不具有单连通域性质的连通域称作多连通域。

速度环量与涡通量有密切的关系。若 $A$ 是以封闭周线 $L$ 为周界的单连通域的曲面，如 $L$ 为可缩曲线，则斯托克斯定理表述为

$$\Gamma = \oint_L \boldsymbol{v} \cdot \mathrm{d}\boldsymbol{l} = \iint_A (\nabla \times \boldsymbol{v}) \cdot \boldsymbol{n}\mathrm{d}A = \iint_A \boldsymbol{\Omega} \cdot \boldsymbol{n}\mathrm{d}A = J \tag{2-52}$$

这就是说，可缩封闭曲线 $L$ 的速度环量等于穿过以该曲线为周界的任意开口曲面的涡通量。

以上所讨论的面积 $A$ 是单连通域的情况，当面积 $A$ 是复连通域时，只要将复连通域化成单连通域，就可以应用斯托克斯定理。

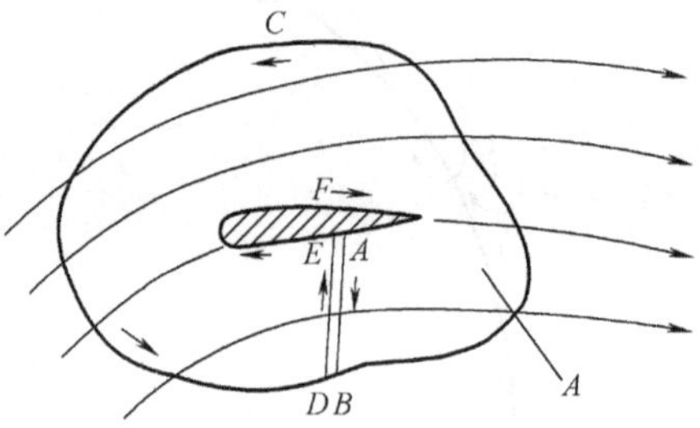


图 2-22 复连通域

如果封闭曲线所包围的区域内有物体，封闭曲线已经不能再收缩到一点，这就是复连通域的情况。实际问题中，有许多情况都是这样的。这时必须首先将复连通域化成单连通域，处理的方法如图 2-22 所示，假设在 $AB$ 处将域切开，形成相邻的两个界面 $AB$、$DE$，这样由封闭曲线 $ABCDEFA$ 所包围的面积就转化成了单连通域，应用斯托克斯定理，得

$$\Gamma_{ABCDEFA} = \oint_{ABCDEFA} \boldsymbol{v} \cdot \boldsymbol{dl} = \iint_A \boldsymbol{\Omega} \cdot \boldsymbol{n}\mathrm{d}A$$

因为

$$\oint_{ABCDEFA} \boldsymbol{v} \cdot \boldsymbol{dl} = \left(\int_{AB} + \int_{BCD} + \int_{DE} + \int_{EFA}\right) \boldsymbol{v} \cdot \mathrm{d}\boldsymbol{l}$$

式中，$\int_{AB}$ 与 $\int_{DE}$ 相互抵消，所以

$$\int_{BCD} \boldsymbol{v} \cdot \mathrm{d}\boldsymbol{l} + \int_{EFA} \boldsymbol{v} \cdot \mathrm{d}\boldsymbol{l} = \iint_A \boldsymbol{\Omega} \cdot \boldsymbol{n}\mathrm{d}A$$

即

$$\Gamma_{BCD} + \Gamma_{EFA} = \iint_A \boldsymbol{\Omega} \cdot \boldsymbol{n}\mathrm{d}A$$

当域内是无旋运动时，$\boldsymbol{\Omega}=\boldsymbol{0}$，这时有

$$\Gamma_{BCD} = -\Gamma_{EFA}$$

即

$$\Gamma_{BCD} = \Gamma_{AFE}$$

可见，沿叶素内外边界上的速度环量相等。

### 2.4.3　汤姆逊定理和亥姆霍兹旋涡定理

**1. 汤姆逊**（W. Thomson）**定理**

正压性（流场中气体密度只是压强的函数）的理想气体在有势的质量力作用下沿任何由气体质点组成的封闭周线的速度环量不随时间而变化。

根据汤姆逊定理和斯托克斯定理可以说明，在理想气体中，速度环量和旋涡都是不能自行产生也不能自行消灭的。这是由于在理想气体中不存在切向应力，不能传递旋转运动；既不能使不旋转的气体微团产生转动，也不能使已经旋转的气体微团停止转动。由此可知，流场中原来有旋涡和速度环量的，永远有旋涡并保持原有的环量；原来没有旋涡和速度环量的，就永远没有旋涡和环量。例如，理想气体从静止状态开始运动，由于静止状态时流场每一条封闭周线的速度环量等于0，而且没有旋涡，所以在流动中环量仍然等于0，且没有旋涡。

**2. 亥姆霍兹**（H. L. F. Von Helmholts）**旋涡定理**

亥姆霍兹旋涡定理是研究理想气体有旋流动的三个基本定理，分别叙述如下：

亥姆霍兹第一定理：在同一瞬间涡管各截面上的旋涡强度都相同。该定理的表达式为

$$\iint_A \boldsymbol{\Omega} \cdot \boldsymbol{n} \mathrm{d}A = \text{常数}$$

该定理说明：

1）对于同一个微元涡管来说，在截面积越小的地方，气体旋转的角速度越大。

2）涡管截面积不可能收缩到零，因为在涡管零截面积上的旋转角速度必然要增加到无穷大，这在物理上是不可能的。因此，涡管不能始于或终于流体，而只能成为环形，或者始于边界，终于边界；或者伸展到无穷远，如图2-23所示。

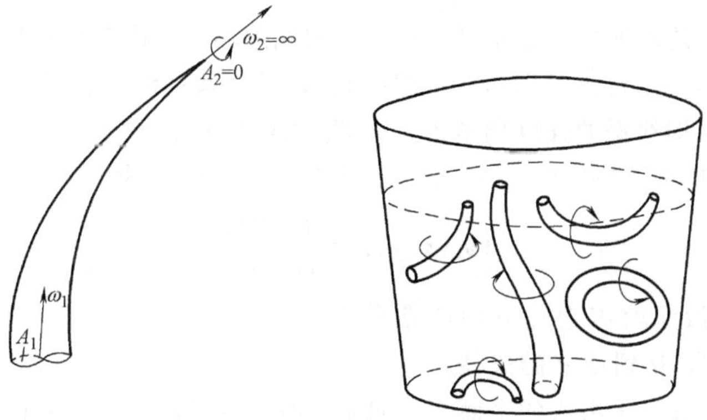


图2-23　涡强守恒

亥姆霍兹第二定理（涡管守恒定理）：正压性的理想气体在有势的质量力作用下，涡管永远保持为由相同气体质点组成的涡管。在某时刻构成涡管的气体质点永远在涡管上，即涡管永远是涡管，但随时间的变化，涡管的形状可能有所变化。

亥姆霍兹第三定理（涡管的旋涡强度守恒定理）：在有势的质量力作用下，正压性的理想气体中任何涡管的旋涡强度不随时间而变化，永远保持为定值。

根据斯托克斯定理，沿围绕涡管的封闭周线的速度环量等于涡管的旋涡强度，又根据汤姆逊定理，该速度环量不随时间而变化，所以涡管的旋涡强度也不随时间而变化。

如果气体是理想的，流场是正压的，质量力是有势的。则旋涡既不能产生，也不会消失。因此可以断言：无穷远均匀来流的物体绕流流场为无旋流场；物体在静止流场中运动所造成的流场也是无旋流场。

### 2.4.4 旋涡的诱导速度

旋涡的存在对应着流体中有一定的速度分布，该速度称为“诱导”速度。虽称为诱导速度，但其实旋涡和其对应的速度场是同时出现和存在的，并没有先后之分和因果关系。不能按字面的意思认为“诱导”速度是旋涡带动流体运动而引起的。

同时出现的涡量场和速度场之间存在如下关系

$$\boldsymbol{\Omega}(x,y,z,t)=\nabla\times\boldsymbol{v}\ (x,y,z,t)$$

$$\Gamma_L=\oint_L \boldsymbol{v}\cdot \mathrm{d}\boldsymbol{l}=\iint_A(\nabla\times\boldsymbol{v})\cdot \boldsymbol{n}\mathrm{d}A=\iint_A \boldsymbol{\Omega}\cdot\boldsymbol{n}\mathrm{d}A=J$$

前面根据上述关系，由速度场求得对应的涡量场和速度环量或涡通量，本小节则讨论一个反问题，根据上述关系，由涡量场或涡通量确定对应的速度场，即旋涡的“诱导”速度。下面直接给出相关结果。

**1. 线涡的诱导速度**

实际流场中存在这样的情况：涡量集中分布在一条曲线的附近区域中，而在这个区域之外的流动是无旋的。如风力机的涡流模型。对于这种情况，可以设想涡量集中分布在截面积$\Delta A'$很小的涡管中，涡管的强度为

$$\iint_{\Delta A'}\boldsymbol{\Omega}\cdot\boldsymbol{n}\mathrm{d}A=\Gamma$$

式中，$\Gamma$是该细涡管的涡通量，也是沿绕细管的曲线的环量。由于涡管很细，在考虑与其有一定距离的区域中的流场时，可以认为$\Delta A'\to 0$，即以一条涡线来代替该细涡管，涡线要达到该细涡管的效果，即线涡的强度仍是$\Gamma$，如图 2-24a 所示。

涡线上的微段 $\mathrm{d}\boldsymbol{l}$ 对线外某点 $P(x,\ y,\ z)$ 产生的诱导速度为

$$\mathrm{d}\,\boldsymbol{v}_\mathrm{b}(x,y,z)=\frac{\Gamma}{4\pi}\frac{\mathrm{d}\boldsymbol{l}\times\boldsymbol{s}}{s^3}$$

式中 $\mathrm{d}\boldsymbol{v}_\mathrm{b}$——涡线微元段 $\mathrm{d}\boldsymbol{l}$ 对点 $P$ 的诱导速度；

$s$——微元段 $\mathrm{d}\boldsymbol{l}$ 到点 $P$ 的矢径。

速度 $\mathrm{d}\boldsymbol{v}_\mathrm{b}$垂直于 $\mathrm{d}\boldsymbol{l}$ 和 $\boldsymbol{s}$ 组成的平面，方向采用右手定则确定。写成标量形式为

$$\mathrm{d}v_\mathrm{b}=\frac{\Gamma}{4\pi}\frac{\mathrm{d}l}{s^2}\sin\theta \tag{2-53}$$

式中，$\theta$是 $\mathrm{d}\boldsymbol{l}$ 和 $\boldsymbol{s}$ 的夹角，如图 2-24a 所示。

假设沿涡线的环量为定值，则整个涡线对点 $P$ 的诱导速度可沿涡线积分获得

$$\boldsymbol{v}_\mathrm{b}=\frac{\Gamma}{4\pi}\int_l\frac{\mathrm{d}\boldsymbol{l}\times\boldsymbol{s}}{s^3}$$

上述线涡的速度场公式，又称毕奥-萨伐尔（Biot-Savart）定律，因为它与电磁理论中的

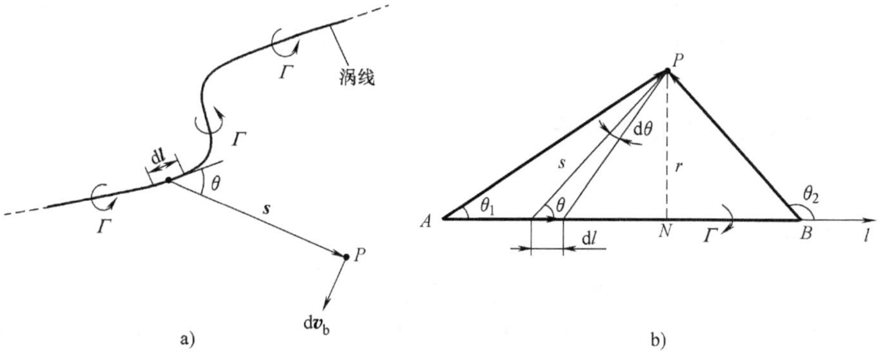


图 2-24　诱导速度

a）空间涡线　b）直线

电流感应磁场的毕奥-萨伐尔定律类似。正是由于这个类比关系，在流体力学中，也常常将线涡对应的速度称为线涡引起的诱导速度。

### 2. 直涡线的诱导速度

特别地，当涡线是直线时，可积分得到简单的诱导速度公式。如图 2-24b 所示，$AB$ 是涡线，$P$ 为线外一点，$P$ 到 $AB$ 的距离为 $s$。对式（2-53）沿 $AB$ 积分，即可得到整个涡线 $AB$ 在 $P$ 点产生的诱导速度为

$$v_{\mathrm{b}}=\frac{\Gamma}{4\pi}\int_{AB}\frac{\mathrm{d}l}{s^2}\sin\theta=\frac{\Gamma}{4\pi}\int_{AB}\frac{\mathrm{d}l}{\left(\dfrac{r}{\sin\theta}\right)^2}\sin\theta \tag{2-54}$$

将 d$l$ 用 d$\theta$ 表示为

$$\mathrm{d}l=r\cot\theta-r\cot(\theta+\mathrm{d}\theta)=-r\mathrm{d}(\cot\theta)=r\csc^2\theta\mathrm{d}\theta$$

代入式（2-54），得

$$v_{\mathrm{b}}=\frac{\Gamma}{4\pi}\int_{\theta_1}^{\theta_2}\frac{r\csc^2\theta\mathrm{d}\theta}{\left(\dfrac{r}{\sin\theta}\right)^2}\sin\theta=\frac{\Gamma}{4\pi}\int_{\theta_1}^{\theta_2}\frac{\sin\theta\mathrm{d}\theta}{r}=\frac{\Gamma}{4\pi r}(\cos\theta_1-\cos\theta_2)$$

式中　$\theta_1$、$\theta_2$——分别为涡线两端点 $A$、$B$ 与 $P$ 的连线$\overline{AP}$、$\overline{BP}$与$\overline{AB}$之间的夹角。速度的方向根据右手定则确定，如图 2-24b 所示中涡线方向，此速度应垂直于纸面向外。

如果涡线一头是无限长的，如图 2-24b 所示中 $B$ 到达无穷远，则

$$v_{\mathrm{b}}=\frac{\Gamma}{4\pi r}(\cos\theta_1+1)$$

如果涡线是半无限长的，且 $P$ 点至涡线的垂足 $N$ 与涡线的一端点 $A$ 重合，则

$$v_{\mathrm{b}}=\frac{\Gamma}{4\pi r} \tag{2-55}$$

如果涡线两端都伸展到无限远，则

$$v_{\mathrm{b}}=\frac{\Gamma}{2\pi r}$$

值得注意的是，涡线是不能在流体中中断的。上述有限长涡线的诱导速度公式只是反映了该涡段对诱导速度的贡献，计算实际流场速度时要考虑所有涡段的影响。

## 2.5 有势流动和速度势函数

### 2.5.1 速度有势

如果气体运动时没有旋转则称为无旋或有势流动。

由数学分析可知，如果 $P\mathrm{d}x+Q\mathrm{d}y+R\mathrm{d}z$ 是某函数 $\Phi$（$x$，$y$，$z$）的全微分的充分和必要条件是

$$\left.\begin{aligned}\frac{\partial P}{\partial y}=\frac{\partial Q}{\partial x}\\ \frac{\partial Q}{\partial z}=\frac{\partial R}{\partial y}\\ \frac{\partial P}{\partial z}=\frac{\partial R}{\partial x}\end{aligned}\right\} \tag{2-56}$$

也就是说如果满足式（2-56）的条件，则一定能找到一个函数 $\Phi$，且 $\frac{\partial \Phi}{\partial x}=P$，$\frac{\partial \Phi}{\partial y}=Q$，$\frac{\partial \Phi}{\partial z}=R$。

在有势条件下 $\boldsymbol{\omega}=0$，即

$$\omega_x=\frac{1}{2}\left(\frac{\partial v_z}{\partial y}-\frac{\partial v_y}{\partial z}\right)=0$$

$$\omega_y=\frac{1}{2}\left(\frac{\partial v_x}{\partial z}-\frac{\partial v_z}{\partial x}\right)=0$$

$$\omega_z=\frac{1}{2}\left(\frac{\partial v_y}{\partial x}-\frac{\partial v_x}{\partial y}\right)=0$$

由此可得

$$\left.\begin{aligned}\frac{\partial v_z}{\partial y}=\frac{\partial v_y}{\partial z}\\ \frac{\partial v_x}{\partial z}=\frac{\partial v_z}{\partial x}\\ \frac{\partial v_y}{\partial x}=\frac{\partial v_x}{\partial y}\end{aligned}\right\} \tag{2-57}$$

式（2-57）表示在有势条件下，流场中存在一个函数 $\Phi$，该函数对于坐标的偏导数等于该坐标方向的速度分量，因此将函数 $\Phi(x, y, z, t)$ 称为速度势函数，简称为势函数或速度势，即

$$\frac{\partial \Phi}{\partial x}=v_x,\frac{\partial \Phi}{\partial y}=v_y,\frac{\partial \Phi}{\partial z}=v_z \tag{2-58}$$

用矢量表示为

$$\boldsymbol{v}=\mathrm{grad}\Phi$$

式中 $\mathrm{grad}\Phi=\boldsymbol{i}\frac{\partial\Phi}{\partial x}+\boldsymbol{j}\frac{\partial\Phi}{\partial y}+\boldsymbol{k}\frac{\partial\Phi}{\partial z}$。称速度势的梯度，或表示为

$$\boldsymbol{v}=\nabla\Phi$$

式中，$\nabla=\boldsymbol{i}\frac{\partial}{\partial x}+\boldsymbol{j}\frac{\partial}{\partial y}+\boldsymbol{k}\frac{\partial}{\partial z}$是一个矢性算子，称为哈密顿（Hamilton）算子。

将式（2-58）的速度对坐标进行偏导得

$$\left.\begin{aligned}\frac{\partial v_z}{\partial y}=\frac{\partial^2\Phi}{\partial y\partial z};\frac{\partial v_y}{\partial z}=\frac{\partial^2\Phi}{\partial z\partial y}\\ \frac{\partial v_x}{\partial z}=\frac{\partial^2\Phi}{\partial z\partial x};\frac{\partial v_z}{\partial x}=\frac{\partial^2\Phi}{\partial x\partial z}\\ \frac{\partial v_y}{\partial x}=\frac{\partial^2\Phi}{\partial x\partial y};\frac{\partial v_x}{\partial y}=\frac{\partial^2\Phi}{\partial y\partial x}\end{aligned}\right\}\tag{2-59}$$

因为函数的导数值与求导的次序无关，所以式（2-59）表明函数 $\Phi$ 确能满足（2-56）的条件，这说明在有势流场中确实存在速度势函数 $\Phi$，或者说存在速度势函数 $\Phi$ 时流场也必定是有势的。由于速度势 $\Phi$ 的偏导数即为流速分量，如果知道了速度势 $\Phi$ 就可求得有势流场的速度分布，因此速度势函数对研究有势流动是十分重要的。

如图 2-25a 所示，在有势流场中任意曲线上 $M$ 点的速度为 $v$，因为流场是有势的，存在速度势函数 $\Phi$，则

$$\frac{\partial\Phi}{\partial s}=\frac{\partial\Phi}{\partial x}\frac{\mathrm{d}x}{\mathrm{d}s}+\frac{\partial\Phi}{\partial y}\frac{\mathrm{d}y}{\mathrm{d}s}+\frac{\partial\Phi}{\partial z}\frac{\mathrm{d}z}{\mathrm{d}s}$$

因为

$$\frac{\partial\Phi}{\partial x}=v_x=v\cos(v,x);\frac{\mathrm{d}x}{\mathrm{d}s}=\cos(s,x)$$

$$\frac{\partial\Phi}{\partial y}=v_y=v\cos(v,y);\frac{\mathrm{d}y}{\mathrm{d}s}=\cos(s,y)$$

$$\frac{\partial\Phi}{\partial z}=v_z=v\cos(v,z);\frac{\mathrm{d}z}{\mathrm{d}s}=\cos(s,z)$$

所以

$$\frac{\partial\Phi}{\partial s}=v[\cos(v,x)\cos(s,x)+\cos(v,y)\cos(s,y)+\cos(v,z)\cos(s,z)]$$

$$=v\cos(v,s)=v_s$$

可见，在势流场中速度势函数 $\Phi$ 对任意方向的偏导数等于该方向的分速度，根据这个结论可以写出在圆柱坐标系中用速度势函数 $\Phi$ 表示的速度分量，如图 2-25b 所示：

$$v_r=\frac{\partial\Phi}{\partial r},\ v_\theta=\frac{\partial\Phi}{\partial s}=\frac{\partial\Phi}{r\partial\theta},\ v_z=\frac{\partial\Phi}{\partial z}$$

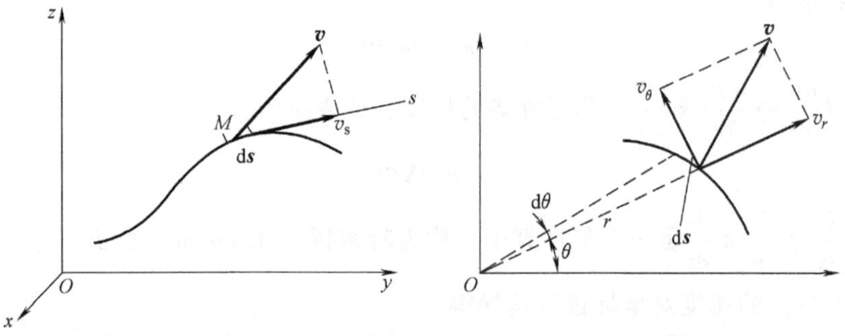


图 2-25 有势流场

a）速度 b）$v_r$和$v_\theta$

## 2.5.2 定密度无旋流动的基本方程

若可将气体密度$\rho$视为常数，连续性方程为 div$\boldsymbol{v}$ =0，即

$$\frac{\partial v_x}{\partial x}+\frac{\partial v_y}{\partial y}+\frac{\partial v_z}{\partial z}=0$$

即

$$\frac{\partial^2\Phi}{\partial x^2}+\frac{\partial^2\Phi}{\partial y^2}+\frac{\partial^2\Phi}{\partial z^2}=0$$

或写成

$$\nabla^2\Phi=0 \tag{2-60}$$

式中算子 $\nabla^2$为

$$\left.\begin{aligned}&\text{直角坐标}\quad \nabla^2=\frac{\partial^2}{\partial x^2}+\frac{\partial^2}{\partial y^2}+\frac{\partial^2}{\partial z^2}\\&\text{圆柱坐标}\quad \nabla^2=\frac{\partial^2}{\partial r^2}+\frac{1}{r}\frac{\partial}{\partial r}+\frac{1}{r^2}\frac{\partial^2}{\partial \theta^2}+\frac{\partial^2}{\partial z^2}\end{aligned}\right\} \tag{2-61}$$

式（2-60）称为定密度无旋流动的基本方程。该方程为调和方程或称拉普拉斯方程。由此可知速度势函数满足调和方程。根据数理方程理论，满足拉普拉斯方程的连续函数是调和函数。调和函数在域中为解析函数，即在域中，函数及其任意阶导数存在。函数的导数不连续只能发生在域的边界，因此奇点只能发生在边界上。

由于拉普拉斯方程 $\nabla^2\Phi=0$ 是线性齐次方程，两个解之和仍然是它的解。所以若$\Phi_1$，$\Phi_2$是调和函数，则$c_1\Phi_1+c_2\Phi_2$（其中$c_1$、$c_2$为任意常数）也是调和函数。如此，可以用简单的调和函数叠加成复杂的调和函数。关于这个问题将在后文中详细讨论。

应当指出，速度势的拉普拉斯方程 $\nabla^2\Phi=0$ 的前提条件是密度$\rho$可视为常数与无旋，而并未限制流动是定常或非定常。因此，如果边界条件是非定常的话，速度势$\Phi$可以是时间的函数。

## 2.5.3 曲线的速度环量与速度势

如图 2-26 所示，在流场中速度$\boldsymbol{v}$沿某曲线 $AB$ 的线积分称为沿 $AB$ 曲线的速度环量 $\Gamma$ 或

简称为环量

$$\Gamma = \int_A^B \boldsymbol{v} \cdot \mathrm{d}\boldsymbol{s} = \int_A^B v\cos(v,s)\,\mathrm{d}s = \int_A^B v_s \mathrm{d}s \tag{2-62}$$

如果流场是有势的，则$v_s = \dfrac{\partial \Phi}{\partial s}$，代入式（2-62）得

$$\Gamma = \int_A^B \frac{\partial \Phi}{\partial s}\mathrm{d}s = \Phi_{\mathrm{B}} - \Phi_{\mathrm{A}} \tag{2-63}$$

式（2-63）说明从 $A$ 点到 $B$ 点的速度环量与积分的路线无关，只决定于不同位置上（$A$ 及 $B$）的速度势函数$\Phi_{\mathrm{A}}$和$\Phi_{\mathrm{B}}$，这与在有势力场中的力矢做功一样，与做功的路线无关而只决定于不同位置上的势能，如果两者进行类比，则速度环量 $\Gamma$ 相当于做功 $W$，而速度势函数 $\Phi$ 相当于势能，这也是将函数 $\Phi$ 称为势函数的原因。

如果环量 $\Gamma$ 是沿整个封闭曲线 $L$ 来计算，即

$$\Gamma = \oint_L v\cos(v,s)\,\mathrm{d}s = \oint_L \boldsymbol{v} \cdot \mathrm{d}\boldsymbol{s} = \oint_L \left(\frac{\partial \Phi}{\partial x}\mathrm{d}x + \frac{\partial \Phi}{\partial y}\mathrm{d}y + \frac{\partial \Phi}{\partial z}\mathrm{d}z\right) = \oint_L \mathrm{d}\Phi$$

单连通域中，速度势是单值函数，而且沿任意封闭曲线的环量为零。因此，在单连通域中不可能存在封闭流线。

在双连通域的无旋流场中，某点的速度势虽然可能是多值的，但们之间所差的只是环量常数$\Gamma_0$（等于内边界周线上的环量）的整数倍。

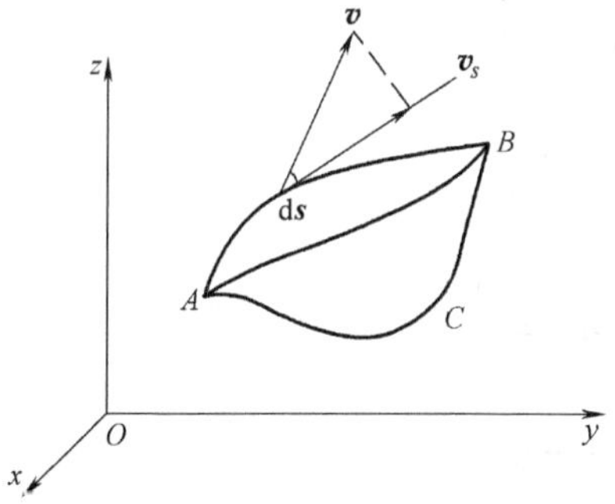


图 2-26 环量

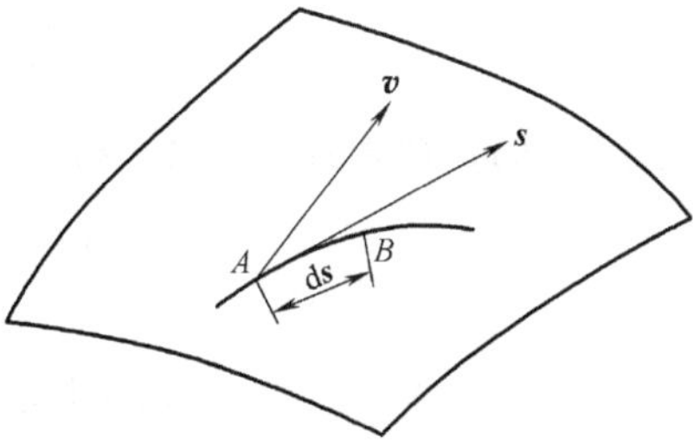


图 2-27 等势面

### 2.5.4 等势面

有势流场中速度势 $\Phi$ 相等的各点所组成的面称为等势面，如图 2-27 所示，在等势面上 $\Phi = C$，则 $\mathrm{d}\Phi = 0$。如果 $A$ 及 $B$ 为等势面上的相邻两点，则 $\int_A^B \boldsymbol{v} \cdot d\boldsymbol{s} = \int_A^B \mathrm{d}\Phi$ 或$\boldsymbol{v} \cdot \mathrm{d}\boldsymbol{s} = \mathrm{d}\Phi = 0$，由此可知$\boldsymbol{v}$与 d$\boldsymbol{s}$ 正交。因为 d$\boldsymbol{s}$ 是等势面上的任意线段，因此流速必定垂直于等势面。在平面运动中 $\Phi = C$ 为一等势线，流速$\boldsymbol{v}$也必与等势线正交。

## 2.6 平面流动和流函数

### 2.6.1 流函数定义

平面流动即二维流动，它的各种运动特性除了因时间 $t$ 参变数而改变外，仅随空间的两

个独立变数 $x$ 和 $y$ 而改变，严格来讲，实际的气体运动大都是空间的三维流动，它的流动特性是随空间的 3 个独立变量 $x$、$y$、$z$ 及时间变量 $t$ 而变。由于平面流动中变量少了 1 个，所以要比空间流动简单得多，因此某些流动，只要它与第 3 个变量关系甚小，例如气体相对叶片弦向运动，就可以作为平面流动来处理。在平面流动中流线的微分方程是

$$\left.\begin{aligned}&\text{直角坐标}\quad \frac{\mathrm{d}x}{v_x}=\frac{\mathrm{d}y}{v_y}\\&\text{极坐标}\quad \frac{\mathrm{d}r}{v_r}=\frac{r\mathrm{d}\theta}{v_\theta}\end{aligned}\right\}$$

即

$$\left.\begin{aligned}&\text{直角坐标：}-v_y\mathrm{d}x+v_x\mathrm{d}y=0\\&\text{极坐标：}-v_\theta\mathrm{d}r+v_r r\mathrm{d}\theta=0\end{aligned}\right\}\tag{2-64}$$

由气体密度 $\rho$ 可视为常数时的连续性方程式（2-32）和式（2-33）可得

$$\left.\begin{aligned}&\text{直角坐标：}\frac{\partial v_x}{\partial x}=-\frac{\partial v_y}{\partial y}\\&\text{极坐标：}\frac{\partial(rv_r)}{\partial r}=-\frac{\partial v_\theta}{\partial\theta}\end{aligned}\right\}\tag{2-65}$$

式（2-65）是式（2-64）等号左边为某函数在某一时间 $t$ 对于坐标的全微分的充分和必要条件，设这个函数为 $\Psi(x,y,t)$ 或 $\Psi(r,\theta,t)$，且

$$\left.\begin{aligned}&\text{直角坐标：}\frac{\partial\Psi}{\partial x}=-v_y\quad \frac{\partial\Psi}{\partial y}=v_x\\&\text{极坐标：}\frac{\partial\Psi}{\partial r}=-v_\theta\quad \frac{\partial\Psi}{r\partial\theta}=v_r\end{aligned}\right\}\tag{2-66}$$

把式（2-66）代入式（2-64）得

$$\left.\begin{aligned}&\text{直角坐标：}\frac{\partial\Psi}{\partial x}\mathrm{d}x+\frac{\partial\Psi}{\partial y}\mathrm{d}y=\mathrm{d}\Psi=0\\&\text{极坐标：}\frac{\partial\Psi}{\partial r}\mathrm{d}r+\frac{\partial\Psi}{\partial\theta}\mathrm{d}\theta=\mathrm{d}\Psi=0\end{aligned}\right\}$$

积分后得

$$\Psi=C(\text{常数})\tag{2-67}$$

式（2-67）表示函数 $\Psi(x,y,t)$ 或 $\Psi(r,\theta,t)$ 在平面上的同一流线上是常数，或者说给定一个 $\Psi$ 值就能得到一条流线，因此将函数 $\Psi$ 称为流函数。

### 2.6.2 流函数的基本性质

**1. 两点的流函数值之差等于过此两点连线的流量**

如图 2-28 所示，在平面流场内任意曲线 $AB$ 上 $M$ 点处的速度矢量为$\boldsymbol{v}$，在 $M$ 点处取无限小线段 $\mathrm{d}s$，则通过单位厚度微小面积 $1\times\mathrm{d}s$ 的流量 $\mathrm{d}q_{\mathrm{V}}$ 为

$$\mathrm{d}q_{\mathrm{V}}=\boldsymbol{v}\cdot\boldsymbol{n}\mathrm{d}s=v_{\mathrm{n}}\mathrm{d}s$$

式中 $v_{\mathrm{n}}$——$M$ 点上的法向分速度。

$$v_{\mathrm{n}}=v_x\cos(n,x)+v_y\cos(n,y)$$

因此

$$\mathrm{d}q_{\mathrm{V}}=[v_x\cos(n,x)+v_y\cos(n,y)]\mathrm{d}s\tag{2-68}$$

因为 $\cos(n,x)=\frac{\mathrm{d}y}{\mathrm{d}s}$，$\cos(n,y)=-\frac{\mathrm{d}x}{\mathrm{d}s}$，并以式（2-66）代入式（2-68）得

$$\mathrm{d}\,q_{\mathrm{v}}=\left[\frac{\partial \Psi}{\partial x}\frac{\mathrm{d}x}{\mathrm{d}s}+\frac{\partial \Psi}{\partial y}\frac{\mathrm{d}y}{\mathrm{d}s}\right]\mathrm{d}s=\frac{\partial \Psi}{\partial x}\mathrm{d}x+\frac{\partial \Psi}{\partial y}\mathrm{d}y=\mathrm{d}\Psi \tag{2-69}$$

积分得流量$q_{\mathrm{V}}$为

$$q_{\mathrm{V}}=\int_{A}^{B}\mathrm{d}\Psi=\Psi_{B}-\Psi_{A} \tag{2-70}$$

式（2-70）表示流经任意曲线（单位厚度）$AB$ 的流量等于曲线 $A$、$B$ 点上流函数的差值，而与曲线的形状无关。如果 $AB$ 是封闭曲线，即 $A$、$B$ 两点重合，则在单值流函数的条件下流量$q_{\mathrm{V}}=0$。因为 $\Psi=C$ 表示为一流线，$\Psi=\Psi_A$及 $\Psi=\Psi_B$即为通过 $A$ 点 $B$ 点的两条流线，所以两条流线的流函数差值就等于通过该两流线之间的流量。如果 $A$ 及 $C$ 两点的 $\Psi$ 值相等，则通过 $A$ 及 $C$ 两点一定可以做出一条流线，如图 2-29 所示。可见，等流函数线就是流线。气体流经固体时壁面为一流线，所以固体壁面可以用 $\Psi=C$ 来表示。

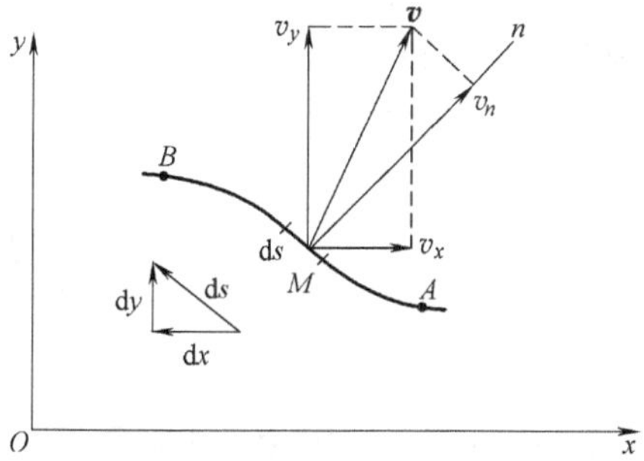


图 2-28　流函数的物理意义

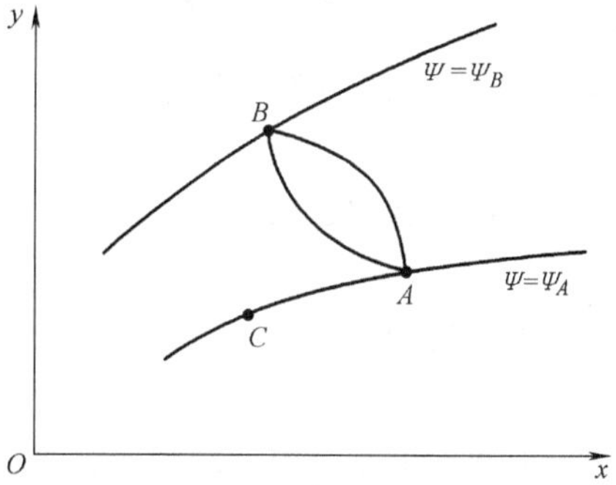


图 2-29　流线 $\Psi=C$

在平面有势流场中

$$\omega_z=\frac{1}{2}\left(\frac{\partial v_y}{\partial x}-\frac{\partial v_x}{\partial y}\right)=0 \tag{2-71}$$

将式（2-66）代入式（2-71）得

$$\frac{\partial^2 \Psi}{\partial x^2}+\frac{\partial^2 \Psi}{\partial y^2}=0$$

这就表明在平面有势流场中，流函数 $\Psi$ 满足调和方程，所以在平面有势流场中流函数 $\Psi$ 也是调和函数。

**2. 流函数 $\Psi$ 可以是多值函数**

若通过内边界$L_0$的总流量不等于零，则流函数 $\Psi$ 可能是多值函数。例如当内边界有膨胀或收缩的流动中（水下爆炸，水下气泡运动）就属于这种情况。

**3. 流函数 $\Psi$ 的值是速度$\boldsymbol{v}$ 的矢量势 $\boldsymbol{B}$ 的模**

根据密度 $\rho$ 可视为常数条件

$$\nabla\cdot\boldsymbol{v}=0$$

可以引进速度矢量势 $\boldsymbol{B}$，令

$$\boldsymbol{v}=\nabla\times\boldsymbol{B} \tag{2-72}$$

显然

$$\nabla\cdot\boldsymbol{v}=\nabla\cdot(\nabla\times\boldsymbol{B})\equiv 0$$

因为

$$\boldsymbol{v}=v_x\boldsymbol{i}+v_y\boldsymbol{j}=\frac{\partial\Psi}{\partial y}\boldsymbol{i}-\frac{\partial\Psi}{\partial x}\boldsymbol{j}=\left(\frac{\partial\Psi}{\partial y}\boldsymbol{j}+\frac{\partial\Psi}{\partial x}\boldsymbol{i}\right)\times\boldsymbol{k}$$

即

$$\boldsymbol{v}=\nabla\Psi\times\boldsymbol{k}=\nabla\times(\Psi\boldsymbol{k}) \tag{2-73}$$

比较式（2-72）和式（2-73），得

$$\boldsymbol{B}=\Psi\boldsymbol{k} \tag{2-74}$$

**4. 流函数的调和量的负值等于涡量的模**

利用式（2-73），涡量可以写成

$$\begin{aligned}\boldsymbol{\Omega}&=\nabla\times\boldsymbol{v}=\nabla\times(\nabla\Psi\times\boldsymbol{k})=(\boldsymbol{k}\cdot\nabla)\nabla\Psi-(\nabla\Psi\cdot\nabla)\boldsymbol{k}+(\nabla\cdot\boldsymbol{k})\nabla\Psi-(\nabla\cdot\nabla\Psi)\boldsymbol{k}\\&=\frac{\partial}{\partial z}(\nabla\Psi)-\nabla^2\Psi\boldsymbol{k}\end{aligned} \tag{2-75}$$

由于 $\Psi$ 只是 $x$，$y$ 的函数，因此式（2-75）右侧第一项为零，所以

$$\boldsymbol{\Omega}=-\boldsymbol{k}\,\nabla^2\Psi \tag{2-76}$$

而 $\boldsymbol{\Omega}=\Omega\boldsymbol{k}$，因此式（2-76）又可写成

$$-\nabla^2\Psi=\Omega \tag{2-77}$$

对于无旋流动

$$\nabla^2\Psi=0 \tag{2-78}$$

式（2-78）就是定密度理想流体平面无旋流动的流函数方程。它无论对于定常流动或非定常流动都适用。

## 2.6.3 流函数方程的物面边界条件

对应于流函数方程，物面边界条件也应以流函数的形式表示出来。现在只讨论固定物体的物面边界条件。

对于固定不动的物体，在物面上流体的法向速度为零，即

$$\boldsymbol{n}\cdot\boldsymbol{v}=0$$

所以，物面必然是流线。由流函数性质可知，流线为等 $\Psi$ 线，因此物面边界条件可写成

$$\Psi_{\mathrm{b}}=\mathrm{const}$$

通常令沿物面的流函数值为零，因此物面边界条件最后可写成 $\Psi_{\mathrm{b}}=0$。

## 2.6.4 流函数与速度势

**1. 柯西—黎曼条件**

对于密度 $\rho$ 可视为常数平面无旋流动，速度势与流函数都是调和函数，并且具有以下关系

$$\left.\begin{aligned}v_x&=\frac{\partial\Psi}{\partial y}=\frac{\partial\Phi}{\partial x}\\v_y&=-\frac{\partial\Psi}{\partial x}=\frac{\partial\Phi}{\partial y}\end{aligned}\right\} \tag{2-79}$$

这是一对非常重要的关系式，在数学分析中称它为柯西—黎曼条件。

**2. 等势线与流线正交**

在平面有势流场中，存在速度势函数 $\Phi$ 及流函数 $\Psi$，等势线和流线各为 $\Phi=C_1$ 及 $\Psi=C_2$，因此在某一瞬时$t_1$的等势线和流线微分方程各为

$$\frac{\partial\Phi}{\partial x}\mathrm{d}x+\frac{\partial\Phi}{\partial y}\mathrm{d}y=0$$

及

$$\frac{\partial\Psi}{\partial x}\mathrm{d}x+\frac{\partial\Psi}{\partial y}\mathrm{d}y=0$$

由此可得等势线和流线的斜率各为

$$\left(\frac{\mathrm{d}y}{\mathrm{d}x}\right)_{\Phi=C_1}=-\frac{\dfrac{\partial\Phi}{\partial x}}{\dfrac{\partial\Phi}{\partial y}}$$

及

$$\left(\frac{\mathrm{d}y}{\mathrm{d}x}\right)_{\Psi=C_2}=-\frac{\dfrac{\partial\Psi}{\partial x}}{\dfrac{\partial\Psi}{\partial y}}$$

因为

$$\frac{\partial\Phi}{\partial x}=v_x=\frac{\partial\Psi}{\partial y}\text{及}\frac{\partial\Phi}{\partial y}=v_y=-\frac{\partial\Psi}{\partial x}$$

所以

$$\left(\frac{\mathrm{d}y}{\mathrm{d}x}\right)_{\Phi=C_1}=\frac{\dfrac{\partial\Phi}{\partial x}}{\dfrac{\partial\Phi}{\partial y}}=\frac{\dfrac{\partial\Psi}{\partial y}}{\dfrac{\partial\Psi}{\partial x}}=\frac{1}{\left(\dfrac{\mathrm{d}y}{\mathrm{d}x}\right)_{\Psi=C_2}}\tag{2-80}$$

由此可知，在平面势流场中等势线和流线相互正交，这是有势流动的一个重要性质，利用这个性质可以近似地解平面有势流动问题。

式（2-80）还可表示为

$$\nabla\Phi\cdot\nabla\Psi=0\tag{2-81}$$

## 2.7　湍流模型

层流和湍流是流体运动的两种基本形态，风力机流场中的流动一般都是湍流。由于湍流运动的极端复杂性，其基本机理至今仍未完全掌握，而且不能准确地定义并定量地给出湍流的运动特性。但一般将湍流最主要的特征归结为随机性、扩散性、有涡性和耗散性。

湍流是三维非定常的有旋流动，而且伴随着旋涡的强烈脉动。其各种物理参数，如速度、压强等都随时间和空间发生随机的变化，但是这些量的统计平均值的变化是有规律的。从物理结构上说，湍流由各种不同尺度的旋涡组成，其最大尺度可与平均运动的特征长度相比，而最小的尺度取决于黏性耗散速度，即卡尔莫格洛夫（Koemogorov）尺度。大尺度旋涡从主流中取得能量并将能量逐级传递给小尺度旋涡，最后在小尺度旋涡中，通过流体的黏性将机械能转化为热能。

在数值计算中如何对湍流运动进行模拟是计算空气动力学的一个关键问题。目前，模拟湍流有三种方法：湍流模式理论，大涡模拟（large eddy simulation，LES）和直接数值模拟(direct numerical simulation，DNS)。

大涡模拟是将湍流中的大尺度旋涡和小尺度旋涡分开处理，大尺度旋涡运动对湍流能量和雷诺应力的产生以及各种量的湍流扩散起主要作用。大尺度旋涡运动是各向异性，且受流动边界条件影响很大。小尺度旋涡运动则相反，它主要起耗散作用，在高雷诺数下，小尺度旋涡运动近似于各向同性，且受流动边界条件的影响甚小。因此，可以通过滤波方法将湍流瞬时运动分解成大尺度旋涡运动和小尺度旋涡运动两部分进行分别处理。即对大尺度旋涡运动通过直接数值模拟得到，而将小尺度旋涡运动对大尺度旋涡运动的影响则通过建立模型来模拟，这个模型称为亚格子尺度模型。大涡模拟方法主要用于复杂湍流的数值模拟，目前，在处理近壁湍流和非均匀网格的交换误差方面还有待进一步发展。

直接数值模拟是从流动基本方程出发，对湍流运动进行数值模拟。直接数值模拟是计算湍流最理想的方法，可以获得湍流场的全部信息，但是它要求计算机的容量很大，目前主要用于研究低雷诺数简单湍流场的物理性质。

湍流模式理论是以雷诺平均运动方程与脉动运动方程为基础，引入一系列的湍流模型假设，建立起一组描述湍流平均量的封闭方程组。目前，虽然还没有一种湍流模型假设能对所有湍流运动给出满意的预测结果，但是它仍是主要采用的模拟湍流的方法。以下介绍几种常见的湍流模式理论。

### 2.7.1 雷诺平均

#### 1. 基本概念

试验证明，湍流的统计平均有确定性的规律可循，平均值在各次试验中是可重复实现的，所以可用统计平均的方法来研究湍流。按照雷诺的观点，描述湍流的物理量可分为三种，即瞬时量、平均量和脉动量，而湍流瞬时量可分解成平均和脉动两部分，称为雷诺分解，即

$$\phi(\boldsymbol{x},t)=\overline{\phi}+\phi' \tag{2-82}$$

在湍流研究中，常采用三种平均方法来处理，即时间平均法、空间平均法和系综平均法(统计平均法)。时间平均法的计算公式可表示为

$$\overline{\phi}_t(\boldsymbol{x}_0,t)=\lim_{T\to\infty}\frac{1}{T}\int_{t_0}^{t_0+T}\phi(\boldsymbol{x}_0,t)\,\mathrm{d}t \tag{2-83}$$

空间平均法的计算公式可表示为

$$\overline{\phi}_s(\boldsymbol{x},t_0)=\lim_{V\to\infty}\frac{1}{V}\iiint_V\phi(\boldsymbol{x},t_0)\,\mathrm{d}V \tag{2-84}$$

系综平均法的计算公式可表示为

$$\overline{\phi}_e(\boldsymbol{x}_0,t_0)=\frac{1}{N}\sum_{1}^{N}\phi_n(\boldsymbol{x}_0,t_0) \tag{2-85}$$

式中 $N$——重复取样的个数，$N$ 必须足够大。

引入概率密度函数 $p(\phi)$，即物理量 $\phi$ 在（$\boldsymbol{x}_0$，$t_0$）点处的测量值在 $\phi(\boldsymbol{x}_0, t_0)$ 至 $\phi(\boldsymbol{x}_0, t_0)+\mathrm{d}\phi$ 之间的概率为 $p(\phi)\ \mathrm{d}\phi$，则上述系综平均可表示为

$$\left.\begin{aligned}\overline{\phi}_e(\boldsymbol{x}_0,t_0)&=\int_{-\infty}^{\infty}\phi(\boldsymbol{x}_0,t_0)p(\phi)\mathrm{d}\phi\\ \int_{-\infty}^{\infty}p(\phi)\mathrm{d}\phi&=1\end{aligned}\right\} \tag{2-86}$$

当研究体系是恒定的湍流运动时，可采用时间平均；对于均匀流场，可实施空间平均；而对于实际工程中遇到的大多数不均匀或非恒定的湍流流动，只能应用对于随机变量的系综平均法。

在各态遍历假设下，三种平均通常是等价的，即$\overline{\phi}=\overline{\phi}_t=\overline{\phi}_s=\overline{\phi}_e$。这样，时间平均也可以用于非定常流场，但其时间间隔 $T$ 应远大于湍流随机脉动周期，而远小于各种时均量的变化周期；空间平均也可用于非均匀流场，且平均值服从一定的运算法则。

**2. 常用的时均运算关系式**

设 $\phi$、$f$ 是湍流中两个物理量的瞬时值，$\overline{\phi}$、$\overline{f}$为物理量的平均值，$\phi'$、$f'$ 为物理量的脉动值，则在准定常的均匀湍流场中具有以下的时均运算规律。

1）时均量的平均值等于原来的时均值，即

$$\overline{\overline{\phi}}=\overline{\phi} \tag{2-87}$$

2）脉动量的平均值等于零，即

$$\overline{\phi'}=0 \tag{2-88}$$

3）瞬时物理量之和的平均值，等于各个物理量平均值之和，即

$$\overline{\phi\pm f}=\overline{\phi}\pm\overline{f} \tag{2-89}$$

4）时均物理量与脉动物理量之积的平均值等于零，即

$$\overline{\overline{\phi}\cdot f'}=0,\overline{\overline{f}\cdot\phi'}=0 \tag{2-90}$$

5）时均物理量与瞬时物理量之积的平均值，等于两个时均物理量之积，即

$$\overline{\overline{\phi}\cdot f}=\overline{\phi}\cdot\overline{f} \tag{2-91}$$

6）两个瞬时物理量之积的平均值，等于两个平均物理量之积与两个脉动量之积的平均值之和，即

$$\overline{\phi\cdot f}=\overline{\phi}\cdot\overline{f}+\overline{\phi'\cdot f'} \tag{2-92}$$

7）瞬时物理量对空间坐标各阶导数的平均值，等于时均物理量对同一坐标的各阶导数值，即

$$\overline{\frac{\partial \phi}{\partial x_i}}=\frac{\partial \overline{\phi}}{\partial x_i},\overline{\frac{\partial^2 \phi}{\partial x_i^2}}=\frac{\partial^2 \overline{\phi}}{\partial x_i^2} \qquad (i=1,2,3) \tag{2-93}$$

推论：脉动量对空间坐标各阶导数的平均值等于零，即

$$\overline{\frac{\partial \phi'}{\partial x_i}}=0,\overline{\frac{\partial^2 \phi'}{\partial x_i^2}}=0 \tag{2-94}$$

8）瞬时物理量对时间导数的平均值，等于时均物理量对时间的导数，即

$$\overline{\frac{\partial \phi}{\partial t}}=\frac{\partial \overline{\phi}}{\partial t} \tag{2-95}$$

在准定常条件下

$$\frac{\partial \overline{\phi}}{\partial t}=0 \tag{2-96}$$

### 2.7.2 连续性方程

设空间点上流体质点的瞬时速度为 $v_i=\overline{v}_i+v'_i$（$i=x,\ y,\ z$），瞬时密度为 $\rho=\overline{\rho}+\rho'$，把它们代入（2-30）式，并取时间平均：

$$\frac{\partial}{\partial t}\overline{(\overline{\rho}+\rho')}+\frac{\partial}{\partial x_i}\overline{(\overline{\rho}+\rho')(\overline{v}_i+v'_i)}=0 \tag{2-97}$$

式中，$x_i=x,\ y,\ z$。

把式（2-97）展开，并引用时均运算关系式（2-89）和式（2-95），可得

$$\frac{\partial}{\partial t}\overline{\rho}+\frac{\partial}{\partial x_i}(\overline{\rho}\ \overline{v}_i+\overline{\rho' v'_i})=0 \tag{2-98}$$

这就是可压缩流体湍流运动的连续性方程。其中：$\overline{\rho' v'_i}$称为脉动密度与脉动速度的相关量。（2-98）式与（2-30）式相比，多出一个相关量散度$\frac{\partial}{\partial x_i}\overline{(\rho' v'_i)}$，这是湍流运动所引起的附加项。

对于定密度气体，有

$$\frac{\partial \overline{v}_i}{\partial x_i}=0 \tag{2-99}$$

$$\frac{\partial v'_i}{\partial x_i}=0 \tag{2-100}$$

这两式表明，在定密度气体的湍流运动中，平均速度的散度和脉动速度的散度均等于零。

## 习　题

2-1　按照亥姆霍兹速度分解定理，流体微团的运动是怎么分解的？

2-2　什么是有旋流动和无旋流动？流体是有旋流动还是无旋流动与流体宏观运动轨迹是否有关？试举例说明。

2-3　试写出速度势函数与速度的关系式，并说明速度势有哪些性质。

2-4　试写出流函数与速度的关系式，并说明流函数有哪些性质。

2-5　设已知流体运动的各速度分量为

$$v_x = x+t, v_y = -y+t, v_z = 0$$

试求：1）流线族，在 $t=0$ 时刻过点（-1，-1）的流线；2）$t=0$ 时过点（-1，-1）的质点的迹线方程。

［答案：1）$xy=1$，2）$x+y=-2$］

2-6　设平面流动的速度分布为

$$v_x = x^2-y^2-2xy+3x$$

$$v_y = y^2-x^2-2xy-3y$$

求：1）是否满足不可压缩流体连续性方程。2）势函数 $\Phi$。3）流函数 $\Psi$。［答案：$\Phi = \frac{1}{3}(x^3+y^3)+\frac{3}{2}(x^2-y^2)-xy(x+y)$；$\Psi = \frac{1}{3}(x^3-y^3)+xy(x-y+3)$］

2-7　已知不可压缩流动的速度分布

$$\begin{cases} v_x = 2y+3z \\ v_y = 2z+3x \\ v_z = 2x+3y \end{cases}$$

求：1）平均旋转角速度；2）涡线方程；3）沿封闭曲线$x^2+y^2=1$的速度环量。

［答案：1）$\omega_x = \omega_y = \omega_z = \frac{1}{2}$　2）涡线方程：$\begin{cases} x-y=C_1 \\ y-z=C_2 \end{cases}$　3）$\Gamma = \pi$］

# 第 3 章

# 气体动力学基础

本章将介绍气体动力学基本方程，并讨论方程组的边界条件和起始条件，以及气体绕流的边界层理论和绕圆柱体流动等与风力机相关问题。

## 3.1 基本概念

### 3.1.1 气体动力学的基本方程

气体的运动必然遵循自然界中关于物质运动的某些普遍规律，如质量守恒原理，牛顿第二定律，能量守恒原理等。将这些普遍规律应用于气体运动这类物理现象，就可得到联系诸流动参数之间的关系式，这些关系式就是气体动力学的基本方程。

基本方程既可用积分形式来表示，也可用微分形式来表示，它们在本质上是一样的。但是它们之间也有差别。积分形式的方程可以给出气体动力学问题的总体性能关系，如气体作用在物体上的合力，总的能量传递等。而微分形式的基本方程给出的是流场中每一微元气体团上各点物理量之间的关系，当需要了解流场每个细节时，则可采用微分形式的方程。然后根据具体问题的边界条件和起始条件，求解偏微分方程组的初边值问题。

### 3.1.2 理想气体中的应力

前文已经讨论过，气体所承受的力可以归结为两类：质量力和表面力。单位面积上的表面力称之为应力。由于黏性引起的摩擦阻力的作用，通常应力不垂直于被作用表面，故可以分解为法向应力与切向应力。

对于理想气体来说，全部切应力为零，也只存在法向应力，这表明理想气体中应力的基本特性：在运动着的理想气体中任一点处，不管微元面积的方位如何，切应力总等于零，而法应力总彼此相等。换言之，在给定点处，应力的大小与应力作用面积的方位无关。因此，在理想气体中，应力大小只是空间点位置与时间的函数。用 $p$ 表示该点处法应力的绝对值，称 $p$ 为该点处运动气体的压强或简称压强。

由于气体不能承受拉力，因此法向应力总是指向作用表面，即

$$\boldsymbol{p}_{\mathrm{n}} = -\boldsymbol{n}p$$

式中　$\boldsymbol{n}$——受力面积的外法线单位矢量。

### 3.1.3 气体质点的加速度

用欧拉法来描述气体质点运动，求气体质点的加速度时，需要注意两点：首先，在某点（$x$，$y$，$z$）上气体质点是时间的函数。其次是在某点（$x$，$y$，$z$）上的气体质点经过 $\mathrm{d}t$ 时间运动到了新的点（$x+\mathrm{d}x$，$y+\mathrm{d}y$，$z+\mathrm{d}z$），这两点上的速度是不同的，这样，由于迁移运动也产生了速度的变化。设在某瞬时 $t$，位于点（$x$，$y$，$z$）的气体质点的速度分量为 $v_x$，$v_y$，$v_z$。经过 $\mathrm{d}t$ 时间后，运动到新的位置（$x+\mathrm{d}x$，$y+\mathrm{d}y$，$z+\mathrm{d}z$），其速度分量为 $v_x+\mathrm{d}v_x$，$v_y+\mathrm{d}v_y$，$v_z+\mathrm{d}v_z$，由欧拉法可知

$$\begin{aligned} v_x+\mathrm{d}v_x &= v_x(x+\mathrm{d}x, y+\mathrm{d}y, z+\mathrm{d}z) \\ &= v_x(x,y,z,t)+\left(\frac{\partial v_x}{\partial x}\mathrm{d}x+\frac{\partial v_x}{\partial y}\mathrm{d}y+\frac{\partial v_x}{\partial z}\mathrm{d}z+\frac{\partial v_x}{\partial t}\mathrm{d}t\right)+\cdots \end{aligned} \tag{3-1}$$

忽略（3-1）式中的高次项（高阶无穷小量），仅保留一次项，得

$$\mathrm{d}v_x=\frac{\partial v_x}{\partial x}\mathrm{d}x+\frac{\partial v_x}{\partial y}\mathrm{d}y+\frac{\partial v_x}{\partial z}\mathrm{d}z+\frac{\partial v_x}{\partial t}\mathrm{d}t$$

如果将速度增量$\mathrm{d}v_x$除以时间 $\mathrm{d}t$，可得出加速度，其 $x$ 方向的分量为

$$\frac{\mathrm{d}v_x}{\mathrm{d}t}=\frac{\partial v_x}{\partial t}+\frac{\partial v_x}{\partial x}\frac{\mathrm{d}x}{\mathrm{d}t}+\frac{\partial v_x}{\partial y}\frac{\mathrm{d}y}{\mathrm{d}t}+\frac{\partial v_x}{\partial z}\frac{\mathrm{d}z}{\mathrm{d}t} \tag{3-2}$$

$\mathrm{d}x$，$\mathrm{d}y$，$\mathrm{d}z$ 表示在无穷小一段时间内气体质点的位移分量。由位移分量对时间的导数，得出速度分量的表达式

$$\left.\begin{aligned} v_x&=\frac{\mathrm{d}x}{\mathrm{d}t} \\ v_y&=\frac{\mathrm{d}y}{\mathrm{d}t} \\ v_z&=\frac{\mathrm{d}z}{\mathrm{d}t} \end{aligned}\right\} \tag{3-3}$$

把（3-3）式代入（3-2）式，得到 $x$ 方向加速度分量为

$$\frac{\mathrm{d}v_x}{\mathrm{d}t}=\frac{\partial v_x}{\partial t}+v_x\frac{\partial v_x}{\partial x}+v_y\frac{\partial v_x}{\partial y}+v_z\frac{\partial v_x}{\partial z} \tag{3-4}$$

式（3-4）中等号右边第一项$\left(\frac{\partial v_x}{\partial t}\right)$表示气体质点在某点（$x$，$y$，$z$）的速度随着时间的变化率，称为当地加速度。后三项之和则表示气体质点运动到其邻点上时的速度变化率，称为位变加速度。如果流动是定常的，当地加速度为零。如果流动是均匀的，位变加速度为零。

同理可得，沿 $y$ 和 $z$ 方向的加速度分量表达式，最后有

$$\left.\begin{aligned} \frac{\mathrm{d}v_x}{\mathrm{d}t}&=\frac{\partial v_x}{\partial t}+v_x\frac{\partial v_x}{\partial x}+v_y\frac{\partial v_x}{\partial y}+v_z\frac{\partial v_x}{\partial z} \\ \frac{\mathrm{d}v_y}{\mathrm{d}t}&=\frac{\partial v_y}{\partial t}+v_x\frac{\partial v_y}{\partial x}+v_y\frac{\partial v_y}{\partial y}+v_z\frac{\partial v_y}{\partial z} \\ \frac{\mathrm{d}v_z}{\mathrm{d}t}&=\frac{\partial v_z}{\partial t}+v_x\frac{\partial v_z}{\partial x}+v_y\frac{\partial u_z}{\partial y}+v_z\frac{\partial v_z}{\partial z} \end{aligned}\right\} \tag{3-5}$$

式（3-5）的矢量形式为

$$\frac{\mathrm{D}\boldsymbol{v}}{\mathrm{D}t}=\frac{\partial \boldsymbol{v}}{\partial t}+(\boldsymbol{v}\cdot\nabla)\boldsymbol{v}$$

## 3.2 定密度黏性气体的运动方程

气体运动微分方程式是牛顿第二定律在气体力学中的具体应用。当考虑气体的黏性时，作用在气体质点上的力除了质量力、法向应力（垂直于作用面的压强）外，还有与作用面相切的切向力。

在流场中任取一个边长分别为 $\Delta x$、$\Delta y$、$\Delta z$ 的平行六面体微团，如图 3-1 所示。

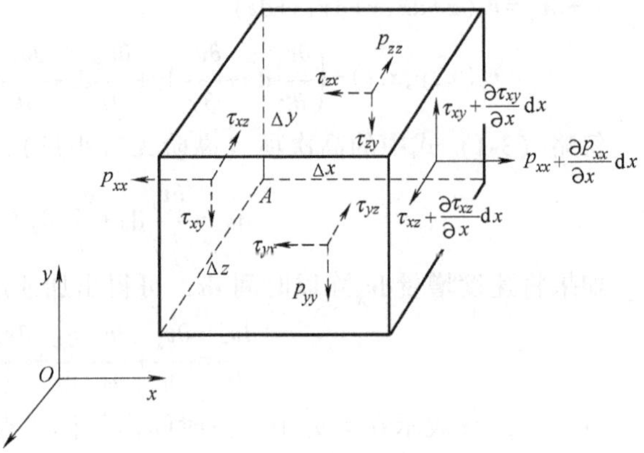


图 3-1 平行六面体微团

作用在六面体上的力有质量力，作用在表面上的力除了法向力外，还有切向力，用 $p$ 表示法向应力，用 $\tau$ 表示切向应力。由于既要表示所在的平面，又要表示应力的方向，所以需要两个角标来表示，第一个角标表示应力所在平面的法方向，第二个角标表示应力本身的方向。比如 $\tau_{xy}$，第一个角标 $x$ 表示在与 $x$ 轴垂直的平面上，第二个角标 $y$ 表示应力方向与 $y$ 轴平行。为方便起见，设所有法向应力都沿所在平面的外法向方向，切应力在过 $A(x,\ y,\ z)$ 点的 3 个平面上与坐标轴方向相反，其他 3 个平面上与坐标轴方向相同。

对于这个六面体，每个面上都有 3 个应力分量，共有 18 个应力分量。就 $x$ 轴分量而言，每个面上都有一个应力分量与 $x$ 轴平行。根据牛顿第二定律，可写出沿 $x$ 轴的运动微分方程为

$$\rho f_x\Delta x\Delta y\Delta z-p_{xx}\Delta y\Delta z+\left(p_{xx}+\frac{\partial p_{xx}}{\partial x}\Delta x\right)\Delta y\Delta z-\tau_{yx}\Delta x\Delta z+\left(\tau_{yx}+\frac{\partial \tau_{yx}}{\partial y}\Delta y\right)\Delta y\Delta z$$
$$-\tau_{zx}\Delta x\Delta y+\left(\tau_{zx}+\frac{\partial \tau_{zx}}{\partial z}\Delta z\right)\Delta x\Delta y=\rho\Delta x\Delta y\Delta z\frac{dv_x}{\mathrm{d}t}$$

整理得到

$$\frac{\mathrm{d}v_x}{\mathrm{d}t}=f_x+\frac{1}{\rho}\frac{\partial p_{xx}}{\partial x}+\frac{1}{\rho}\left(\frac{\partial \tau_{yx}}{\partial y}+\frac{\partial \tau_{zx}}{\partial z}\right)$$

同理可得，沿 $y$ 轴和 $z$ 轴的运动微分方程，最后有

$$\left.\begin{aligned}
\frac{\mathrm{d}v_x}{\mathrm{d}t}&=f_x+\frac{1}{\rho}\frac{\partial p_{xx}}{\partial x}+\frac{1}{\rho}\left(\frac{\partial \tau_{yx}}{\partial y}+\frac{\partial \tau_{zx}}{\partial z}\right)\\
\frac{\mathrm{d}v_y}{\mathrm{d}t}&=f_y+\frac{1}{\rho}\frac{\partial p_{yy}}{\partial y}+\frac{1}{\rho}\left(\frac{\partial \tau_{zy}}{\partial z}+\frac{\partial \tau_{xy}}{\partial x}\right)\\
\frac{\mathrm{d}v_z}{\mathrm{d}t}&=f_z+\frac{1}{\rho}\frac{\partial p_{zz}}{\partial z}+\frac{1}{\rho}\left(\frac{\partial \tau_{xz}}{\partial x}+\frac{\partial \tau_{yz}}{\partial y}\right)
\end{aligned}\right\}\tag{3-6}$$

这就是黏性气体流动所满足的运动微分方程。假设气体密度为常数，是已知量，方程中仍有 9 个应力和 3 个速度分量共计 12 个未知量。考虑到连续性方程，也只有 4 个方程，还不足以进行求解，还必须对应力进行分析，寻找应力之间的关系式。

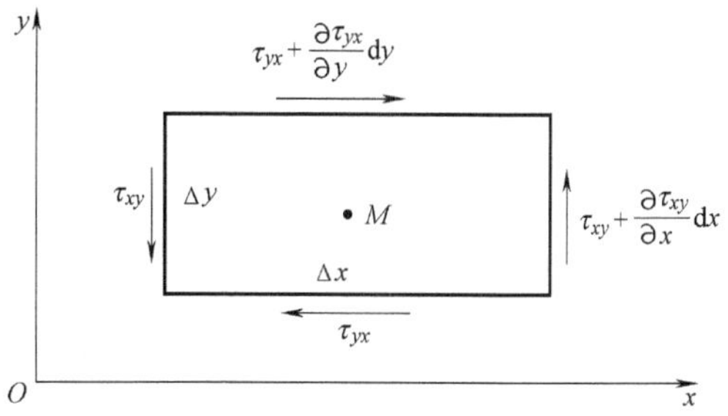

图 3-2　切向应力之间的关系

1. 切向应力之间的关系

过六面体中心在 $xy$ 平面选取一边长为 $\Delta x$、$\Delta y$，厚为 $\Delta z$ 的微小单元，如图 3-2 所示，$M$ 点位于四边形的中心处。

由达朗贝尔原理，质量力和表面力对 $M$ 点的力矩之和为零；由于质量力和惯性力对该轴的力矩是四阶小量，略去不计，得到

$$-\tau_{yx}\Delta x\Delta z\frac{\Delta y}{2}-\left(\tau_{yx}+\frac{\partial\tau_{yx}}{\partial y}\Delta y\right)\Delta x\Delta z\frac{\Delta y}{2}+\tau_{xy}\Delta y\Delta z\frac{\Delta x}{2}+\left(\tau_{xy}+\frac{\partial\tau_{xy}}{\partial x}\Delta x\right)\Delta y\Delta z\frac{\Delta x}{2}=0$$

再略去四阶小量，得到$\tau_{xy}=\tau_{yx}$。同理可得

$$\left.\begin{aligned}\tau_{xy}&=\tau_{yx}\\ \tau_{yz}&=\tau_{zy}\\ \tau_{zx}&=\tau_{xz}\end{aligned}\right\}\tag{3-7}$$

则 9 个应力中只有 6 个是独立变量。

2. 广义牛顿内摩擦定律

对于黏性切应力与速度梯度（变形速率）的关系，可遵照牛顿内摩擦定律，即

$$\tau=\mu\frac{dv}{dy}$$

对于多元流动来说，由式（2-39）所表示的 $\varepsilon_{xy}$、$\varepsilon_{xz}$、$\varepsilon_{yz}$ 也是角变形速率，可将牛顿内摩擦定律推而广之，即黏性切应力与气体微团的角变形速率之间满足

$$\left.\begin{aligned}\tau_{xy}&=\mu\left(\frac{\partial v_y}{\partial x}+\frac{\partial v_x}{\partial y}\right)=2\mu\varepsilon_{xy}\\ \tau_{yz}&=\mu\left(\frac{\partial v_z}{\partial y}+\frac{\partial v_y}{\partial z}\right)=2\mu\varepsilon_{yz}\\ \tau_{xz}&=\mu\left(\frac{\partial v_x}{\partial z}+\frac{\partial v_z}{\partial x}\right)=2\mu\varepsilon_{xz}\end{aligned}\right\}\tag{3-8}$$

这就是广义牛顿内摩擦定律，其意义就是切应力正比于动力黏度和角变形速率的乘积。

3. 法向应力

现在来研究一下法向应力之间的关系。对于理想气体（无黏性），在同一点上各方向的法向应力是相同的，即有

$$p_{xx}=p_{yy}=p_{zz}=-p$$

而对于黏性气体，由于黏性的作用，气体微团除角变形外，还有线变形，使法向应力的大小有变化，产生附加的法向应力。应用广义牛顿内摩擦定律式（3-8）的形式，附加法向

应力应等于动力黏度与两倍的线变形速率的乘积，则有

$$\left.\begin{aligned}p_{xx}&=-p+2\mu\frac{\partial v_x}{\partial x}\\p_{yy}&=-p+2\mu\frac{\partial v_y}{\partial y}\\p_{zz}&=-p+2\mu\frac{\partial v_z}{\partial z}\end{aligned}\right\}\tag{3-9}$$

这就是法向应力的表达式。将上述 3 个式子相加，得到 3 个法向应力之和为

$$p_{xx}+p_{yy}+p_{zz}=-3p+2\mu\left(\frac{\partial v_x}{\partial x}+\frac{\partial v_y}{\partial y}+\frac{\partial v_z}{\partial z}\right)$$

对于定密度气体，得到

$$p=-\frac{1}{3}(p_{xx}+p_{yy}+p_{zz})$$

说明 3 个法向应力的算术平均值恰好就是理想气体的压强。

4. N-S 方程

将式（3-8）和式（3-9）代入运动方程（3-6），考虑到式（3-7），对于沿 $x$ 轴的运动方程，有

$$\begin{aligned}\frac{\mathrm{d}v_x}{\mathrm{d}t}&=f_x+\frac{1}{\rho}\frac{\partial p_{xx}}{\partial x}+\frac{1}{\rho}\left(\frac{\partial\tau_{yx}}{\partial y}+\frac{\partial\tau_{zx}}{\partial z}\right)\\&=f_x+\frac{1}{\rho}\frac{\partial p}{\partial x}\left(-p+2\mu\frac{\partial v_x}{\partial x}\right)+\frac{1}{\rho}\left[\frac{\partial}{\partial y}(2\mu\varepsilon_{xy})+\frac{\partial}{\partial z}(2\mu\varepsilon_{xz})\right]\\&=f_x-\frac{1}{\rho}\frac{\partial}{\partial x}+\frac{\mu}{\rho}\left[2\frac{\partial^2v_x}{\partial x^2}+\frac{\partial}{\partial y}\left(\frac{\partial v_x}{\partial y}+\frac{\partial v_y}{\partial x}\right)+\frac{\partial}{\partial z}\left(\frac{\partial v_x}{\partial z}+\frac{\partial v_z}{\partial x}\right)\right]\\&=f_x-\frac{1}{\rho}\frac{\partial}{\partial x}+\frac{\mu}{\rho}\left(\frac{\partial^2v_x}{\partial x^2}+\frac{\partial^2v_x}{\partial y^2}+\frac{\partial^2v_x}{\partial z^2}\right)+\frac{\mu}{\rho}\frac{\partial}{\partial x}\left(\frac{\partial v_x}{\partial x}+\frac{\partial v_y}{\partial y}+\frac{\partial v_z}{\partial z}\right)\end{aligned}\tag{3-10}$$

对于定密度气体，有

$$\frac{\partial v_x}{\partial x}+\frac{\partial v_y}{\partial y}+\frac{\partial v_z}{\partial z}=0$$

代入式（3-10），得到

$$\frac{\mathrm{d}v_x}{\mathrm{d}t}=f_x-\frac{1}{\rho}\frac{\partial p}{\partial x}+\nu\left(\frac{\partial^2v_x}{\partial x^2}+\frac{\partial^2v_x}{\partial y^2}+\frac{\partial^2v_x}{\partial z^2}\right)$$

同理可得到沿 $y$ 轴和 $z$ 轴的运动方程，最后有

$$\left.\begin{aligned}\frac{\mathrm{d}v_x}{\mathrm{d}t}&=f_x-\frac{1}{\rho}\frac{\partial p}{\partial x}+\nu\left(\frac{\partial^2v_x}{\partial x^2}+\frac{\partial^2v_x}{\partial y^2}+\frac{\partial^2v_x}{\partial z^2}\right)\\\frac{\mathrm{d}v_y}{\mathrm{d}t}&=f_y-\frac{1}{\rho}\frac{\partial p}{\partial y}+\nu\left(\frac{\partial^2v_y}{\partial x^2}+\frac{\partial^2v_y}{\partial y^2}+\frac{\partial^2v_y}{\partial z^2}\right)\\\frac{\mathrm{d}v_z}{\mathrm{d}t}&=f_z-\frac{1}{\rho}\frac{\partial p}{\partial z}+\nu\left(\frac{\partial^2v_z}{\partial x^2}+\frac{\partial^2v_z}{\partial y^2}+\frac{\partial^2v_z}{\partial z^2}\right)\end{aligned}\right\}\tag{3-11}$$

这就是 Navier-Stokes 方程，其矢量形式为

$$\frac{\mathrm{D}\boldsymbol{v}}{\mathrm{D}t}=\boldsymbol{f}-\frac{1}{\rho}\nabla p+\nu\nabla^2\boldsymbol{v}$$

与连续性方程一起，构成定密度气体运动基本方程组，共有4个方程，可求解 $v_x$、$v_y$、$v_z$和 $p$4个未知量。

## 3.3　理想气体运动微分方程

### 3.3.1　欧拉方程

对于理想气体，式（3-11）中运动黏度 $\nu=0$，且将式（3-5）代入式（3-11），可得

$$\left.\begin{aligned}\frac{\partial v_x}{\partial t}+v_x\frac{\partial v_x}{\partial x}+v_y\frac{\partial v_x}{\partial y}+v_z\frac{\partial v_x}{\partial z}=f_x-\frac{1}{\rho}\frac{\partial p}{\partial x}\\\frac{\partial v_y}{\partial t}+v_x\frac{\partial v_y}{\partial x}+v_y\frac{\partial v_y}{\partial y}+v_z\frac{\partial v_y}{\partial z}=f_y-\frac{1}{\rho}\frac{\partial p}{\partial y}\\\frac{\partial v_z}{\partial t}+u_x\frac{\partial v_z}{\partial x}+v_y\frac{\partial v_z}{\partial y}+v_z\frac{\partial v_z}{\partial z}=f_z-\frac{1}{\rho}\frac{\partial p}{\partial z}\end{aligned}\right\}\tag{3-12}$$

式（3-12）称为理想气体运动微分方程式，也叫欧拉运动方程式。其矢量形式为

$$\frac{\partial\boldsymbol{v}}{\partial t}+(\boldsymbol{v}\cdot\nabla)\boldsymbol{v}=\boldsymbol{f}-\frac{1}{\rho}\nabla p$$

### 3.3.2　兰姆-葛罗米柯方程

为了便于今后研究问题，这里再给出欧拉运动方程式的另一表达式——兰姆-葛罗米柯（Lamb-Громек）型运动微分方程式。

将$\frac{v^2}{2}$对 $x$ 的偏导数，得

$$\frac{\partial}{\partial x}\left(\frac{v^2}{2}\right)=\frac{\partial}{\partial x}\left(\frac{v_x^2+v_y^2+v_z^2}{2}\right)=v_x\frac{\partial v_x}{\partial x}+v_y\frac{\partial v_y}{\partial x}+v_z\frac{\partial v_z}{\partial x}\tag{3-13}$$

即

$$v_x\frac{\partial v_x}{\partial x}=\frac{\partial}{\partial x}\left(\frac{v^2}{2}\right)-v_y\frac{\partial v_y}{\partial x}-v_z\frac{\partial v_z}{\partial x}\tag{3-14}$$

把式（3-14）代入式（3-12）中的第一个方程，得

$$\begin{aligned}f_x-\frac{1}{\rho}\frac{\partial p}{\partial x}&=\frac{\partial v_x}{\partial t}+\frac{\partial}{\partial x}\left(\frac{v^2}{2}\right)-v_y\frac{\partial v_y}{\partial x}-v_z\frac{\partial v_z}{\partial x}+v_y\frac{\partial v_x}{\partial y}+v_z\frac{\partial v_x}{\partial z}\\&=\frac{\partial v_x}{\partial t}+\frac{\partial}{\partial x}\left(\frac{v^2}{2}\right)+v_z\left(\frac{\partial v_x}{\partial z}-\frac{\partial v_z}{\partial x}\right)-v_y\left(\frac{\partial v_y}{\partial x}-\frac{\partial v_x}{\partial y}\right)\end{aligned}\tag{3-15}$$

再引入

$$\frac{\partial v_x}{\partial z}-\frac{\partial v_z}{\partial x}=2\,\omega_y,\quad\frac{\partial v_y}{\partial x}-\frac{\partial v_x}{\partial y}=2\,\omega_z,\quad\frac{\partial v_z}{\partial y}-\frac{\partial v_y}{\partial z}=2\,\omega_x$$

代入（3-15）后移项得

$$f_x-\frac{1}{\rho}\frac{\partial p}{\partial x}-\frac{\partial v_x}{\partial t}-\frac{\partial}{\partial x}\left(\frac{v^2}{2}\right)=2(v_z\omega_y-v_y\omega_z)$$

同理可得到沿 $y$ 轴和 $z$ 轴的运动方程，最后得兰姆-葛罗米柯（Lamb－Громек）型运动微分方程式

$$\left.\begin{aligned}f_x-\frac{1}{\rho}\frac{\partial p}{\partial x}-\frac{\partial v_x}{\partial t}-\frac{\partial}{\partial x}\left(\frac{v^2}{2}\right)=2(v_z\omega_y-v_y\omega_z)\\ f_y-\frac{1}{\rho}\frac{\partial p}{\partial y}-\frac{\partial v_y}{\partial t}-\frac{\partial}{\partial y}\left(\frac{v^2}{2}\right)=2(v_x\omega_z-v_z\omega_x)\\ f_z-\frac{1}{\rho}\frac{\partial p}{\partial z}-\frac{\partial v_z}{\partial t}-\frac{\partial}{\partial z}\left(\frac{v^2}{2}\right)=2(v_y\omega_x-v_x\omega_y)\end{aligned}\right\}\tag{3-16}$$

其矢量形式为

$$\frac{\partial \boldsymbol{v}}{\partial t}+\nabla\left(\frac{v^2}{2}\right)+\frac{1}{\rho}\nabla p-\boldsymbol{f}=2\boldsymbol{v}\times\boldsymbol{\omega}\tag{3-17}$$

### 3.3.3 佛里德曼方程

考虑到涡量 $\boldsymbol{\Omega}=2\boldsymbol{\omega}$，式（3-17）可变为

$$\frac{\partial \boldsymbol{v}}{\partial t}+\nabla\left(\frac{v^2}{2}\right)-\boldsymbol{v}\times\boldsymbol{\Omega}=\boldsymbol{f}-\frac{1}{\rho}\nabla p\tag{3-18}$$

对式（3-18）两侧进行旋度运算可得

$$\nabla\times\frac{\partial \boldsymbol{v}}{\partial t}+\nabla\times\left[\nabla\left(\frac{v^2}{2}\right)\right]-\nabla\times(\boldsymbol{v}\times\boldsymbol{\Omega})=\nabla\times\boldsymbol{f}-\nabla\times\left(\frac{1}{\rho}\nabla p\right)\tag{3-19}$$

又因为

$$\nabla\times\frac{\partial \boldsymbol{v}}{\partial t}=\frac{\partial}{\partial t}(\nabla\times\boldsymbol{v})=\frac{\partial \boldsymbol{\Omega}}{\partial t}$$

而梯度矢量的旋度为零，则

$$\nabla\times\left[\nabla\left(\frac{v^2}{2}\right)\right]=\boldsymbol{0}$$

又根据矢量恒等式

$$\nabla\times(\boldsymbol{v}\times\boldsymbol{\Omega})=(\boldsymbol{\Omega}\cdot\nabla)\boldsymbol{v}+(\nabla\cdot\boldsymbol{\Omega})\boldsymbol{v}-(\boldsymbol{v}\cdot\nabla)\boldsymbol{\Omega}-(\nabla\cdot\boldsymbol{v})\boldsymbol{\Omega}$$

且矢量旋度的散度为零，则

$$\nabla\cdot\boldsymbol{\Omega}=\nabla\cdot(\nabla\times\boldsymbol{v})=0$$

从而式（3-19）整理为

$$\frac{\mathrm{D}\boldsymbol{\Omega}}{\mathrm{D}t}-(\boldsymbol{\Omega}\cdot\nabla)\boldsymbol{v}+\boldsymbol{\Omega}(\nabla\cdot\boldsymbol{v})=\nabla\times\boldsymbol{f}-\nabla\times\left(\frac{1}{\rho}\nabla p\right)\tag{3-20}$$

这就是佛里德曼型的理想流体运动方程，或简称佛里德曼方程。它是欧拉方程的涡量形式。

若流体又是正压的，且质量力有势，则

$$\nabla\times\left(\frac{1}{\rho}\nabla p\right)=\boldsymbol{0}\qquad\nabla\times\boldsymbol{f}=\boldsymbol{0}$$

于是式（3-20）成为

$$\frac{\mathrm{D}\boldsymbol{\Omega}}{\mathrm{D}t}-(\boldsymbol{\Omega}\cdot\nabla)\boldsymbol{v}+\boldsymbol{\Omega}(\nabla\cdot\boldsymbol{v})=\mathbf{0} \tag{3-21}$$

该式就是亥姆霍兹方程。它描述了理想流体在流场正压及质量力有势的条件下的涡量的随体变化规律，又称作理想流体的涡量方程。

由亥姆霍兹方程可知，初始无旋（$\boldsymbol{\Omega}=\mathbf{0}$）的理想无黏流动，在流场正压及质量力有势的条件下仍保持为无旋，因为$\frac{\mathrm{D}\boldsymbol{\Omega}}{\mathrm{D}t}=\mathbf{0}$。但初始有旋的流动，其涡量在运动过程中可能会由于微团的拉压或弯曲而变化。这种变化与黏性无关，是惯性运动的产物。流动一旦由于某种原因成为有旋流后，拉伸和弯曲会进一步增加涡量。

上述三种不同类型的理想流体运动方程都是从欧拉法出发来研究流体运动的，应用时各有方便之处。

## 3.4　欧拉积分和伯努利积分

理想气体运动微分方程式，仅在某些简单的运动情况下才能进行积分。假设在流场中：

1）流动为定常流动，因此有

$$\frac{\partial v_x}{\partial t}=\frac{\partial v_y}{\partial t}=\frac{\partial v_z}{\partial t}=0$$

2）气体受有势的质量力作用，并具有力势函数 $U$，即

$$f_x=-\frac{\partial U}{\partial x},\ f_y=-\frac{\partial U}{\partial y},\ f_z=-\frac{\partial U}{\partial z}$$

3）正压气体，也就是密度 $\rho$ 仅是压强 $p$ 的函数，即 $\rho=f(p)$。这时，积分 $\int\frac{\mathrm{d}p}{\rho}=P(p)$ 仅是压强的函数，因此有

$$\frac{\partial P}{\partial x}=\frac{1}{\rho}\frac{\partial p}{\partial x},\ \frac{\partial P}{\partial y}=\frac{1}{\rho}\frac{\partial p}{\partial y},\ \frac{\partial P}{\partial z}=\frac{1}{\rho}\frac{\partial p}{\partial z}$$

在以上的假设下，式（3-17）变成

$$\nabla\left(\frac{v^2}{2}+P+U\right)=2\,\boldsymbol{v}\times\boldsymbol{\omega} \tag{3-22}$$

下面在两种情况下，对式（3-22）进行积分。

### 3.4.1　欧拉积分

欧拉积分是式（3-22）在无旋场中的积分，这是因为 $\boldsymbol{\omega}=\mathbf{0}$，所以方程（3-22）简化为

$$\nabla\left(\frac{v^2}{2}+P-U\right)=\mathbf{0} \tag{3-23}$$

也可写成

$$\left.\begin{aligned}\frac{\partial}{\partial x}\left(\frac{v^2}{2}+P+U\right)=0\\ \frac{\partial}{\partial y}\left(\frac{v^2}{2}+P+U\right)=0\\ \frac{\partial}{\partial z}\left(\frac{v^2}{2}+P+U\right)=0\end{aligned}\right\}$$

由式（3-23）可见$\frac{v^2}{2}+P-U$与空间点坐标（$x$，$y$，$z$）无关，也就是说在整个流场中有

$$\frac{v^2}{2}+P+U=C_1(\text{流场常数}) \tag{3-24}$$

式（3-24）就是欧拉积分。此式说明，气体在有势质量力作用下作定常无旋流动时，流场中任一点的单位质量流体质量力的位势能、压强势能和动能的总和保持不变（单位质量流体的总机械能在流场中保持不变），但这三者机械能可相互转换。积分常数$C_1$在整个流场中相同。

### 3.4.2 伯努利积分

伯努利（Bernoulli）积分是式（3-22）在流线上的积分，式（3-22）又可写成

$$\left.\begin{aligned}-\frac{\partial}{\partial x}\left(\frac{v^2}{2}+P+U\right)=2(v_z\omega_y-v_y\omega_z)\\ -\frac{\partial}{\partial y}\left(\frac{v^2}{2}+P+U\right)=2(v_x\omega_z-v_z\omega_x)\\ -\frac{\partial}{\partial z}\left(\frac{v^2}{2}+P+U\right)=2(v_y\omega_x-v_x\omega_y)\end{aligned}\right\} \tag{3-25}$$

在流线上取一微元 $dl$，其分量分别是 $dx$，$dy$，$dz$，由于是定常流动，流线与迹线重合，因此这段微元线段相当于经过 $dt$ 时间所走的位移，即

$$\left.\begin{aligned}dx=v_x dt\\ dy=v_y dt\\ dz=v_z dt\end{aligned}\right\} \tag{3-26}$$

将式（3-26）各式分别乘到（3-25）式的两端，再相加即可得到

$$\frac{\partial}{\partial x}\left(\frac{v^2}{2}+P+U\right)dx+\frac{\partial}{\partial y}\left(\frac{v^2}{2}+P+U\right)dy+\frac{\partial}{\partial z}\left(\frac{v^2}{2}+P+U\right)dz=0$$

即 $d\left(\frac{v^2}{2}+P+U\right)=0$

或

$$\frac{v^2}{2}+P+U=C_2(\text{流线常数}) \tag{3-27}$$

这就是伯努利积分。此式说明，气体在有势质量力作用下作定常有旋流动时，沿同一流线上各点单位质量流体质量力的位势能、压强势能和动能的总和保持常数值（单位质量流体的总机械能沿流线保持不变），但这三者机械能可相互转换。一般来说，在不同的流线上，该常数值是不相同的。

欧拉积分和伯努利积分具有相同的形式，但因积分条件不同，所以积分常数具有不同的物理意义。为了区别起见，欧拉积分常数称为流场常数，而伯努利积分常数称为流线常数。由上述推导可知，欧拉积分适用于理想流体定常无旋流动；伯努利积分适用于有旋流动的同一条流线。

### 3.4.3　伯努利方程

如果气体有势的质量力是重力，重力的力势函数 $U=gh$（$g$ 为重力加速度）。且当密度 $\rho$ = 常数（正压气体特例）时，

$$P=\int\frac{\mathrm{d}p}{\rho}=\frac{p}{\rho} \tag{3-28}$$

将 $U$ 和 $P$ 代入式（3-27）中，得

$$gh+\frac{p}{\rho}+\frac{v^2}{2}=C_2(\text{流线常数}) \tag{3-29}$$

$$h+\frac{p}{\rho g}+\frac{v^2}{2g}=C \tag{3-30}$$

这就是著名的伯努利方程。下面讨论其物理意义。式（3-29）中的每一项均表示单位质量气体所具有的能量：

第一项 $gh$：表示质量为 $\Delta m$ 的气体微团相对于某一基准面的高度为 $h$，它具有的位能是 $\Delta mgh$，对于单位质量气体的位能则为$\frac{\Delta mgh}{\Delta m}=gh$，它是由重力引起的势能。

第二项$\frac{p}{\rho}$：表示质量为 $\Delta m$ 的气体微团相对于真空，它具有的压强势能是 $\Delta m\frac{p}{\rho}$，对于单位质量气体的压强势能则为$\frac{\Delta mp/\rho}{\Delta m}=\frac{p}{\rho}$，它是由压强引起的势能。

第三项$\frac{v^2}{2}$：表示质量为 $\Delta m$ 的气体，当其流速为 $v$ 时它的动能是$\frac{1}{2}\Delta mv^2$，对于单位质量气体的动能是$\frac{\frac{1}{2}\Delta mv^2}{\Delta m}=\frac{1}{2}v^2$。

因此伯努利方程式表示，理想定密度气体，在重力作用下作定常流动时，沿着流线单位质量气体的总机械能是守恒的。所以这个方程式是机械能守恒定律在气体力学中的数学表达式。

在式（3-30）中每一项都具有长度的量纲，即具有高度的意义。其中 $h$ 表示所考虑的点对某一基准面的高度，称为位置能头。$\frac{p}{\rho g}$表示压强使气柱在真空中上升的高度，称为压强能头。而$\frac{v^2}{2g}$是为了达到速度 $v$ 所必须的自由降落高度，称它为速度能头。

所以式（3-30）表示沿着流线，气体的位置能头、压强能头和速度能头之和是不变的，是单位重量气体沿着流线总的机械能守恒的数学表达式。

**例题 3-1**　如图 3-3 所示，如果气体是定密度的，由伯努利方程求叶片截面上驻点 2 的

压强。

**解**：气流到达驻点 2 受到障碍物的阻滞而滞止，流速由原来的 $v_1$ 变为零，压强则增为 $p_2$。在 2 点前方的同一流线上未受障碍物干扰处取一点 1，列出 1 与 2 点的伯努利方程，即

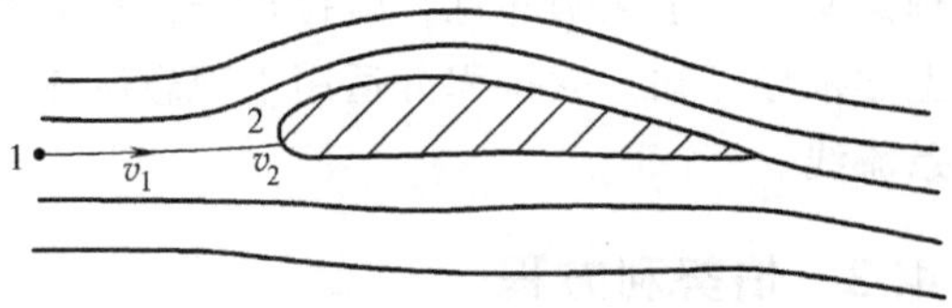


图 3-3　叶片截面

$$gh_1+\frac{p_1}{\rho}+\frac{v_1^2}{2}=gh_2+\frac{p_2}{\rho}+\frac{v_2^2}{2}$$

因为 $h_1=h_2$，$v_2=0$，可得

$$p_2=p_1+\frac{\rho v_1^2}{2} \tag{3-31}$$

由于流体中动能转换为压能，所以驻点 2 的压强比流体原来的压强 $p_1$ 高，为了区别起见，称流体原来的压强 $p_1$ 为静压强，由流速转换而增加部分 $\frac{\rho v_1^2}{2}$ 称为动压强，它们的总和称为总压强。

## 3.5　压缩性气体的伯努利方程

在重力场中，可压缩性气体的 $U$ 与 $\int\frac{\mathrm{d}p}{\rho}$ 及 $\frac{v^2}{2}$ 比较起来是小得可以忽略不计的，则在定常流动的条件下式（3-24）可写成

$$\int\frac{\mathrm{d}p}{\rho}+\frac{v^2}{2}=C \tag{3-32}$$

如果气体在运动时对外界没有能量交换，气体内也不存在剪切应力，则运动过程是可逆的绝热过程，即等熵过程，由此可得压强 $p$ 与密度 $\rho$ 的关系为 $\frac{p}{\rho^k}=\text{Const}$（$k$ 为绝热指数，空气 $k=1.4$）。

设物体远前方的运动参数为 $p=p_1$，$\rho=\rho_1$，$v=v_1$ 则对于流线上的另外一点

$$\rho=\rho_1\left(\frac{p}{p_1}\right)^{1/k} \tag{3-33}$$

由此可得

$$\int\frac{\mathrm{d}p}{\rho}=\frac{p_1^{1/k}}{\rho_1}\int p^{-1/k}\mathrm{d}p=\frac{p_1}{\rho_1}\frac{k}{k-1}\left(\frac{p}{p_1}\right)^{k-1/k}+C \tag{3-34}$$

代入式（3-32）得

$$\frac{p_1}{\rho_1}\frac{k}{k-1}\left(\frac{p}{p_1}\right)^{\frac{k-1}{k}}+\frac{v^2}{2}=C$$

或

$$\frac{k}{k-1}\frac{p_1}{\rho_1}\left[\left(\frac{p_2}{p_1}\right)^{\frac{k-1}{k}}-1\right]+\frac{v_2^2-v_1^2}{2}=0 \tag{3-35}$$

式（3-35）是理想可压缩气体定常流动的伯努利方程。现在来求叶片在气流中驻点2的压强如图3-2所示，在该点的速度 $v_2=0$。列出物体远前方1与驻点2压缩性气体的伯努利方程

$$\frac{k}{k-1}\frac{p_1}{\rho_1}\left[\left(\frac{p_2}{p_1}\right)^{\frac{(k-1)}{k}}-1\right]-\frac{v_1^2}{2}=0$$

由此得

$$\frac{p_2}{p_1}=\left[1+\frac{k-1}{k}\frac{\rho_1 v_1^2}{2p_1}\right]^{\frac{k}{k-1}}$$

设 $\sqrt{\dfrac{\rho_1 v_1^2}{kp_1}}=M$，则

$$\frac{p_2}{p_1}=\left[1+\frac{k-1}{2}M^2\right]^{\frac{k}{k-1}} \tag{3-36}$$

按二项式定理展开

$$\frac{p_2}{p_1}=1+\left(\frac{k}{k-1}\right)\left(\frac{k-1}{2}\right)M^2+\frac{\left(\frac{k}{k-1}\right)\left(\frac{k}{k-1}-1\right)}{2!}\left(\frac{k-1}{2}\right)^2M^4+\cdots$$
$$=1+\frac{k}{2}M^2+\frac{k}{8}M^4+\cdots$$
$$=1+\frac{\rho_1 v_1^2}{2p_1}+\left(\frac{\rho_1 v_1^2}{2p_1}\right)\frac{M^2}{4}+\cdots$$

如果 $M<1$，则可略去 $M$ 的高次方项，上式等号右边取三项已足够精确，则

$$p_2=p_1+\frac{\rho_1 v_1^2}{2}\left(1+\frac{M^2}{4}\right) \tag{3-37}$$

比较一下式（3-37）与式（3-31）可知两者的差值为 $\Delta p=\dfrac{\rho_1 v_1^2}{2}\left(\dfrac{M^2}{4}\right)$，

把 $\Delta p$ 与 $\dfrac{\rho_1 v_1^2}{2}$ 的比称为相对误差 $\varepsilon_p$，则

$$\varepsilon_p=\frac{\Delta p}{\frac{\rho_1 v_1^2}{2}}=\frac{M^2}{4} \tag{3-38}$$

$\varepsilon_p$ 与 $M$ 的关系见表3-1，当 $M=0.1$ 时，$\varepsilon_p=0.25\%$，当 $M=0.3$ 时，$\varepsilon_p$ 也仅为2.25%，由此可见，当 $M<0.3$ 时，把气体作为定密度气体来处理，误差是很小的。

**表3-1　$\varepsilon_p$ 与 $M$ 的关系**

| $M$ | 0.1 | 0.2 | 0.3 | 0.4 | 0.5 | 0.6 | 0.7 | 0.8 | 0.9 | 1.0 |
|---|---|---|---|---|---|---|---|---|---|---|
| $\varepsilon_p(\%)$ | 0.25 | 1 | 2.25 | 4 | 6.2 | 9.0 | 12.8 | 17.3 | 21.9 | 27.5 |

## 3.6　起始条件和边界条件

气体的力学问题往往可用微分方程式来表示，在求解这些微分方程时就要出现任意积分

常数，给定一个常数就可有一个解，所以微分方程给出的是普遍规律，它有无穷多的解，但对特定的气体运动现象，它受到具体的条件限制，只能有唯一的特定解，也就是所求的解。这种具体条件一般有两种，即起始条件和边界条件。

### 3.6.1 起始条件

起始条件就是在某一既定瞬时 $t=t_0$，气体的运动参数是给定的，它满足

$$v_x(x,y,z,t_0)=f_1(x,y,z)$$
$$v_y(x,y,z,t_0)=f_2(x,y,z)$$
$$v_z(x,y,z,t_0)=f_3(x,y,z)$$
$$p(x,y,z,t_0)=f_4(x,y,z)$$

如果是定常流动，流场中运动参数不随时间而变，因而不需要，也不可能预先给定流场的运动参数，只有在非定常流动时才需要起始条件。

### 3.6.2 边界条件

流场中气体可能与固体壁面接触，也可能与不同质的其他流体接触，接触界面即为边界，在边界上气体的运动参数受到边界的影响而具有确定的值，这就是边界条件，所求得的流场解必须满足边界条件，边界条件分为运动学条件和动力学条件两种，前者是确定气体在边界上速度值的条件，后者则确定气体在边界上的压强的大小。

**1. 运动学条件**

气体不能穿过边界，也不能脱离边界而形成空隙，因此在边界上的气体不可能有边界法线方向的相对分速度，即边界上气体的法向分速度 $v_n$ 应与边界上对应点的法向分速度 $(v_n)_b$ 相等，即

$$v_n=(v_n)_b$$

对于理想气体来说，由于没有黏性，气体质点不会黏附在壁面，因此气体与边界壁面可以有相对的切向速度，而实际气体由于具有黏性，壁面上的气体必将黏附于壁面，如果不考虑气体与壁面之间微小滑移，则气体与壁面之间的切向相对速度也必须为零，即气体只能与相应点的壁面具有相同的速度，如果边界壁面是静止的，那么边界上的流速也只能为零。

**2. 动力学条件**

根据作用力与反作用力相等的原理，由外界介质或壁面作用于气体上的压强 $p_b$ 与该处气体质点所受的压强 $p$ 相等，即

$$p=p_b$$

## 3.7 动量方程和动量矩方程

### 3.7.1 动量方程

将刚体的动量定理应用于取定的一块固定控制体中作定常流动的气体，即可导出气体的动量定理。刚体的动量定理可表述如下：当一质点系运动时，在时间间隔 d$t$ 内，其动量的矢量增量等于同一时间间隔内作用在该质点系上的总冲量。如以 d[$m\boldsymbol{v}$] 表示动量的增量。

以 $\boldsymbol{F}\mathrm{d}t$ 表示外力的总冲量，则有

$$\mathrm{d}[m\boldsymbol{v}]=\boldsymbol{F}\mathrm{d}t \tag{3-39}$$

将此定理应用于如图 3-4 所示的定常气流中取定的控制体 1、2 中的气体，经时间间隔 d$t$ 后体积 1、2 移动到1′、2′的位置，计算此二体积中的气体所具有的动量，可得

$$[m\boldsymbol{v}]_{1、2}=[m\boldsymbol{v}]_{1、1'}+[m\boldsymbol{v}]_{1'、2}$$

$$[m\boldsymbol{v}]_{1'、2'}=[m\boldsymbol{v}]_{1'、2}+[m\boldsymbol{v}]_{2、2'}$$

从而可得 d$t$ 时间内控制体中气体动量的增量为

$$\begin{aligned}\mathrm{d}[m\boldsymbol{v}]&=[m\boldsymbol{v}]_{1'、2'}-[m\boldsymbol{v}]_{1、2}\\&=[m\boldsymbol{v}]_{1'、2}+[m\boldsymbol{v}]_{2、2'}-[m\boldsymbol{v}]_{1、1'}-[m\boldsymbol{v}]_{1'、2}\\&=[m\boldsymbol{v}]_{2、2'}-[m\boldsymbol{v}]_{1、1'}=\rho q_V\,\alpha_2\boldsymbol{v}_2\mathrm{d}t-\rho q_V\,\alpha_1\boldsymbol{v}_1\mathrm{d}t\end{aligned}$$

代入式（3-39）得

$$\boldsymbol{F}=\frac{\mathrm{d}[mv]}{\mathrm{d}t}=\rho q_V\,\alpha_2\boldsymbol{v}_2-\rho q_V\,\alpha_1\boldsymbol{v}_1=\rho q_V(\alpha_2\boldsymbol{v}_2-\alpha_1\boldsymbol{v}_1) \tag{3-40}$$

式中　$\boldsymbol{F}$、$\boldsymbol{v}_1$、$\boldsymbol{v}_2$——矢量；

$\alpha_1$、$\alpha_2$——动量修正系数，对于空气可以取$\alpha_1=\alpha_2=1$。另外

$$q_V=A_1\boldsymbol{v}_1\cdot\boldsymbol{n}_1=A_2\boldsymbol{v}_2\cdot\boldsymbol{n}_2$$

式中　$\boldsymbol{n}_1$、$\boldsymbol{n}_2$——分别为$A_1$、$A_2$的方向矢量。

在应用式（3-40）时可根据问题的具体情况，将上式向指定方向上投影，即列出在该指定方向上的动量方程，从而可求出外力在该方向上的分量。

当空气做一维流动时，式（3-40）变成

$$F=\rho q_V(v_2-v_1)=q_m(v_2-v_1) \tag{3-41}$$

式中　$q_m$——质量流量，且有 $q_m=\rho A_d v_d$。$A_d$和 $v_d$是控制体任一断面上的面积和流速。

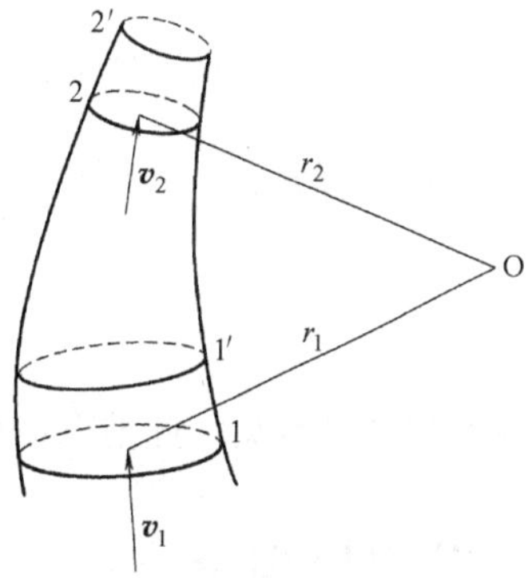

图 3-4　动量方程和动量矩方程

## 3.7.2　动量矩方程

如果将上述流入断面 1 的动量和流出断面 2 的动量对 $O$ 点取矩，如图 3-4 所示。则可得气体定常流动的动量矩方程如下

$$T=\rho q_V\alpha_2 v_{2u}r_2-\rho q_V\alpha_1 v_{1u}r_1 \tag{3-42}$$

式中，$v_{1u}$和 $v_{2u}$分别表示$\boldsymbol{v}_1$和$\boldsymbol{v}_2$在以$r_1$和$r_2$为半径的圆周方向上的分量。

当气体绕 $O$ 点做均匀流动时，式（3-42）变成

$$T=\rho q_V(v_2-v_1)r=q_m(v_2-v_1)r \tag{3-43}$$

使用动量和动量矩方程时应特别注意所取的控制体是否正确和恰当。控制体应恰好完全包含受所求总作用力影响的全部气体，且其流入和流出界面上的压强和速度应为已知。

**例题 3-2**　平行来流面积为 $A$ 的空气以速度$\boldsymbol{v}$垂直喷向竖直放置的平板 $CD$，如图 3-5 所示。试求平板所受到的空气流冲击力。

**解**：这是一个射流冲击平板的问题，不要求求解射流流域内部的流动细节，也不需求解平板上的压强分布，只需求解平板所受的冲击力，故是一个动量定理应用的典型问题。

第 1 步：选取控制体。

选取以 $ABCDEFA$ 所围区域为控制体，并选取沿射流轴向向右方向为 $x$ 轴正方向。

第 2 步：对控制体内的气体进行受力分析。

控制体内的气体所受的作用力如下：

1）通过各个控制面作用在气体上的大气压强，这部分力处于平衡状态，合力为零。

2）控制体内的气体所受重力，在 $x$ 轴上投影为零。

3）设平板对控制体内气体的作用力为 $\boldsymbol{F}$，假设为理想气体，故 $\boldsymbol{F}$ 方向垂直于平板，沿 $x$ 轴反方向。

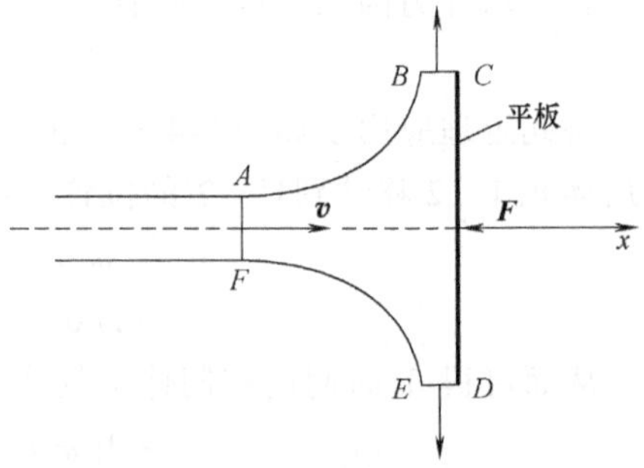

图 3-5　射流冲击平板

第 3 步：进行动量分析。

1）$AB$、$EF$ 为流线，没有质量的流入与流出，当然也就没有动量的交换。

2）$CD$ 为固壁，当然也就没有动量的交换。

3）经过 $BC$、$DE$ 流出的动量与 $x$ 轴垂直，在 $x$ 轴上的分量为零。

4）经 $AF$ 流入的速度为 $v$，单位时间流入的动量为 $\rho q_V v$。

第 4 步：列动量方程并求解。

沿 $x$ 方向列动量方程，有

$$-F=\rho q_V(0-v)$$

得到平板所受的气流冲击力为

$$F=\rho q_V v=\rho v^2 A \tag{3-44}$$

无量纲推力系数

$$C_F=\frac{F}{\frac{1}{2}\rho v^2 A}=2 \tag{3-45}$$

从物理意义可见，此推力系数（$C_F=2$）应该是风轮所承受的最大推力系数。

## 3.8　边界层理论

### 3.8.1　边界层及其特征

边界层又称附面层，是指贴近固壁附近的一部分流动区域，在这部分区域中，流动速度由固壁处的零，迅速发展到接近来流的速度。这部分区域的厚度很小，故速度急剧变化，沿壁面法线方向的速度梯度很大，流体的黏性效应也主要体现在这一区域中。在离壁面较远的地方，速度梯度很小，黏性力比惯性力小得多，黏性力可以略去不计，可看作是理想流体的无旋流动。而在边界层和尾涡区内，必须考虑流体的黏性力，这一区域应看作是黏性流体的有旋流动。实际上，边界层的内、外区域并没有明显的分界面，一般将边界层的厚度规定为在边界层的外边界上流速达到层外势流速度的 99%。

风平滑地绕流叶片形成的边界层如图 3-6 所示。

边界层很薄。由图 3-6 可以看出，流体在前驻点 $O$ 处速度为零，故边界层的厚度在驻点处等于零，然后沿着流动方向厚度逐渐增加。另外，边界层的外边界（虚线所示）和流线（实线所示）并不重合，流线伸入到边界层内，这是由于层外的流体质点不断地穿入到边界

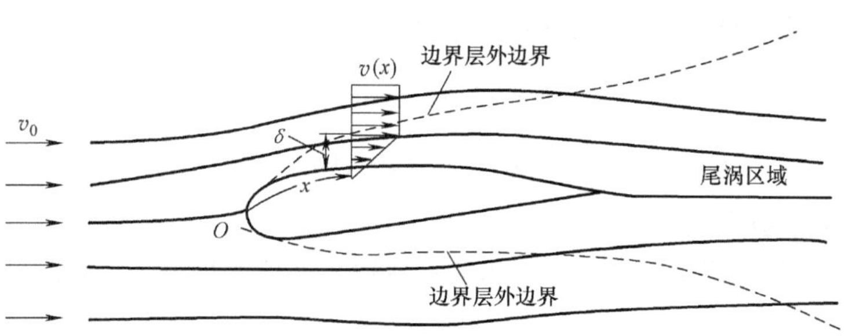


图 3-6　边界层

层内的缘故，边界层有如下基本特征：

1）与物体的长度相比，边界层的厚度很小。

2）边界层内沿壁面法线方向速度梯度很大。

3）边界层的厚度沿流体流动方向逐渐增大。

4）由于边界层很薄，故可近似认为层中各截面处的压强与相同截面上边界层边界处的压强相等。

5）边界层内黏性力与惯性力具有相同的数量级。

边界层内流体的流动也有层流和湍流两种流动状态。边界层内全都是层流的，称为层流边界层；边界层内全都是湍流的，称为湍流边界层。仅在边界层起始部分是层流，而在其他部分为湍流的，称为混合边界层。在层流与湍流之间还有一个过渡区；在湍流边界层内，紧靠壁面处总是存在着一层极薄的层流，称为层流底层，如图 3-7 所示。

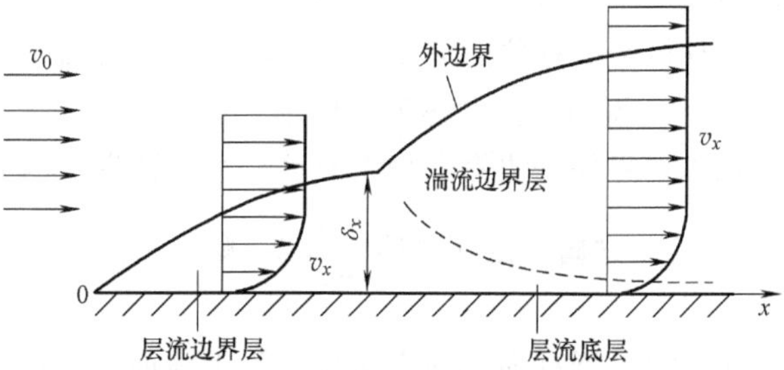


图 3-7　边界层的发展

判断边界层内的层流与湍流的准则仍然是雷诺数，雷诺数表达式中表征几何长度的是距截面前缘点的距离 $x$，特征速度可取作边界层外边界上的速度 $v$。临界雷诺数取决于层外势流的湍流度、物体表面的粗糙度等。实验证明，若增大来流湍流强度或增大物体表面粗糙度都会使临界雷诺数的数值降低，使层流提早转变为湍流。

### 3.8.2　边界层微分方程

由连续方程和运动方程，可以推导出定密度气体定常流动的二维层流边界层微分方程，通常称为普朗特边界层方程。即

$$\left.\begin{aligned} v_x\frac{\partial v_x}{\partial x}+v_y\frac{\partial v_x}{\partial y}=-\frac{1}{\rho}\frac{\partial p}{\partial x}+\nu\frac{\partial^2 v_x}{\partial y^2} \\ \frac{\partial p}{\partial y}=0 \\ \frac{\partial v_x}{\partial x}+\frac{\partial v_y}{\partial y}=0 \end{aligned}\right\} \tag{3-46}$$

该方程可用于求解壁面曲率不大的二维边界层问题。其边界条件为

$$在\ y=0\ 处, v_x=v_y=0$$

$$在\ y=\delta\ 处, v_x=v_e(x)$$

式中 $\delta$——边界层的厚度；

$v_e(x)$——边界层外边界上的速度，可由实验或边界层外的势流的计算而得到。

在壁面处的 $v_x$ 为零，由式（3-46），有

$$\frac{\partial^2 v_x}{\partial y^2}=\frac{1}{\mu}\frac{\mathrm{d}p}{\mathrm{d}x} \tag{3-47}$$

### 3.8.3 边界层的分离

当黏性流体绕流曲面物体时，边界层外边界上沿曲面方向的速度 $v$ 是随物体厚度的变化而变化的，故曲面边界层内的压强也将发生相应的变化，这种速度和压强的改变对边界层内的流动也会产生影响。

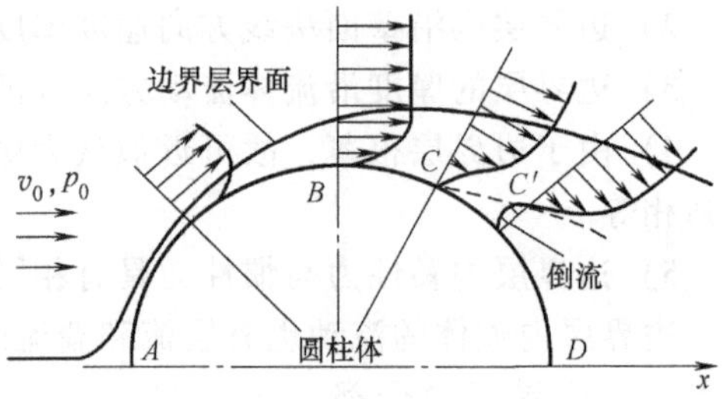


图 3-8 边界层的分离

气体流经圆柱体的流动如图 3-8 所示。以 $v_0$ 和 $p_0$ 表示来流所具有的速度和压强。

根据边界层外边界上势流流动，可将边界层内的流动划分为 3 种情况：

#### 1. 流动方向有压强降落 $\left(\frac{\mathrm{d}p}{\mathrm{d}x}<0，顺压梯度\right)$ 的情况

气体绕过圆柱面前驻点 $A$ 后，沿上表面的流速增加，此时 $\frac{\partial v_x}{\partial x}>0$，而且 $\frac{\partial^2 v_x}{\partial y^2}<0$（$0\leqslant y\leqslant\delta$），直到柱面上 $B$ 点，在 $B$ 点边界层外边界上的速度最大，而压强最低。边界层内的流体微团不但是全部沿流动方向向前进，而且边界层内的速度分布曲线沿流动方向向外凸出。

在此阶段，当黏性气体流经曲面时，边界层内的气体微团被黏性力所阻滞，耗损自身的动能，逐渐减速；越靠近物体壁面的微团，受黏性力的阻滞作用越大，动能的损耗也越大，减速也越快。在曲面的降压加速过程中（$B$ 点前的流动），由于气体的部分压能转换为气体的动能，微团虽然受到黏性力的阻滞作用，但仍有足够的动能，可继续向前流动。

#### 2. 压强达到最小值 $\left(\frac{\mathrm{d}p}{\mathrm{d}x}=0\right)$ 的情况

由式（3-47），此时 $\frac{\partial^2 v_x}{\partial y^2}=0$，即边界层内速度曲线在物体壁面上有一个转折点。

在曲面的升压减速过程中（$B$ 点后的流动），气体的部分动能不仅要转化为压能，而且还要克服黏性力的阻滞影响，从而使微团的动能损耗更大，流速迅速降低，使边界层厚度不断增大。当流动到曲面某点 $C$ 时，如果靠近物体壁面微团的动能已经被耗尽，则这部分微团便停滞不前，以致越来越多的气体微团在物体壁面和主流之间堆积。

**3. 流动方向有压强升高 $\left(\frac{\mathrm{d}p}{\mathrm{d}x}>0\right.$，逆压梯度$\left.\right)$ 的情况**

此时，$\left.\frac{\partial^2 v_x}{\partial y^2}\right|_{y=0}>0$，即边界层内速度曲线沿流动方向向内凹。但是，由于在边界层外边界上 $\frac{\partial v_x}{\partial x}\to 0$，所以在外边界附近 $\frac{\partial^2 v_x}{\partial y^2}<0$。显然，在 $y=0$ 和 $y=\delta$ 之间速度曲线应有一个转折点 $\left(\frac{\partial^2 v_x}{\partial y^2}=0\right)$。在 $\frac{\mathrm{d}p}{\mathrm{d}x}>0$ 的流动中，开始时，整个边界层内的流体微团还可以保持沿流动方向的运动，即 $\frac{\partial v_x}{\partial y}>0$，但随着 $x$ 的增加，在某一点处达到了 $\left.\frac{\partial v_x}{\partial y}\right|_{y=0}=0$，从 $C$ 点开始边界层就产生了分离。$x$ 再增加，就有 $\left.\frac{\partial v_x}{\partial y}\right|_{y=0}=0$，即壁面附近的流体存在着逆流现象。

在 $C$ 点之后，压强的继续升高将使这部分停滞的微团被迫产生反向的逆流，并迅速向外扩展。这样，主流被这股逆流排挤得离开了物体壁面。在 $CC'$ 线上的气体微团的速度等于零，称为主流和逆流之间的间断面。由于间断面的不稳定性，很小的扰动就会引起间断面的波动，并破裂成漩涡，造成边界层的分离。

$C$ 点称为边界层的分离点，分离时形成的漩涡被主流带走，在物体后部形成尾涡区。由以上分析可见，边界层的分离只能发生在有逆流存在的区域，在此区域内由于 $\frac{\mathrm{d}p}{\mathrm{d}x}>0$，压强梯度与流动方向相反，又称为逆压梯度区；另外，边界层分离发生在 $\left.\frac{\partial v_x}{\partial y}\right|_{y=0}=0$ 点处。

从以上的分析可得如下结论：黏性流体在压强降低区内流动（加速流动）时，不会出现边界层分离，只有在压强升高区内流动（减速流动）时，才有可能出现分离，形成旋涡。尤其在主流的减速足够大的情况下，边界层的分离就一定会发生。例如，在圆柱体和球这样的钝头体的后半部分，当流速足够大时，便会发生边界层的分离。这是由于在钝头体的后半部分有急剧的压强升高区，主流减速加剧的缘故。若将钝头体的后半部分改为充分细长形的尾部，成为圆头尖尾的所谓流线型物体（如叶片截面），就可使主流的减速大为减少，防止或减缓边界层内逆流的发生，避免或抑制边界层的分离。

边界层分离后的流动很复杂，尾涡中含有大量紊乱的漩涡，消耗大量的动能，这对流动来说是一种阻力作用。具体表现为作用在物体后部表面上的压强不能如同势流那样与前部压强相平衡了，而是形成了相当大的压差作用在物体上，一般称其为压差阻力或形状阻力。

### 3.8.4 再附现象

从分离点开始的一个区域中流体存在逆向流动，即回流，该区域也称为分离区。如图 3-9 所示，可能出现的分离一般在背风面，有时也可能出

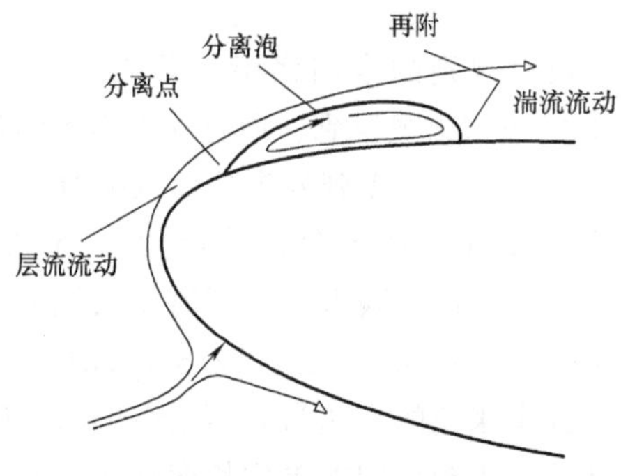

图 3-9 背风面分离与前缘分离泡

现前缘分离泡。逆向流动在壁面的起始点称为分离点，结束点（如果存在的话）称为再附点。从分离点发出的流线与固壁一起包含分离区，因此该流线也称为分割流线。观察表明，分离区的压力近似为常数。对于翼型，如果出现流动分离，要么是因为攻角太大，要么是因为翼型设计得不好。所谓流线型就是壁面流线总是顺着壁面走的翼型，即没有分离的翼型。如果分离，那么从分离点开始，流线就离开物面了。流动分离很容易将层流边界层转捩为湍流。

## 3.9 绕圆柱体流动——卡门涡街

为进一步说明边界层分离这一重要的现象，这里考虑黏性流体绕圆柱体的流动。

1）把一个圆柱体放在静止的流体中，然后使流体以很低的速度 $v$（雷诺数不大于 10）绕流此圆柱体。在开始时，流动与理想流体绕流一样，流体在前驻点速度为零，而后沿圆柱体左右两侧流动。流动在圆柱体的前半部分是降压增速，速度逐渐增大到最大值，在后半部分是升压降速，到后驻点重新等于零，如图 3-10a 所示。

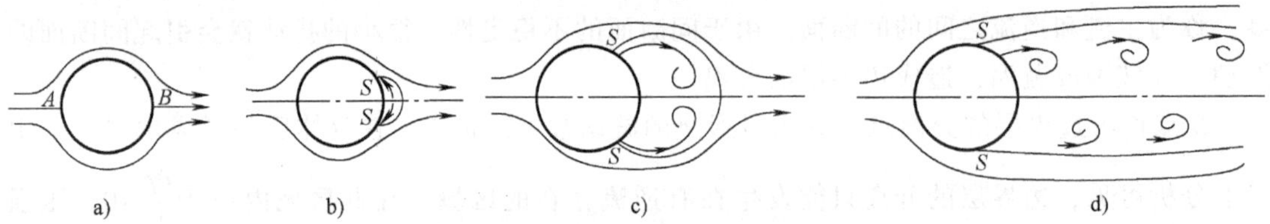


图 3-10 圆柱体后部尾涡的发展

2）逐渐增大来流速度，使圆柱体后部分的压强梯度增大，以致引起边界层的分离，如图 3-10b 所示。

3）随着来流雷诺数的不断增加，由于圆柱体后半部分边界层中的流体质点受到更大的阻滞，分离点 $S$ 不断向前移动。当雷诺数增大到约 40 时，在圆柱体的后面便产生一对旋转方向相反的对称漩涡，如图 3-10c 所示。

4）雷诺数超过 40 后，对称漩涡不断增长并出现摆动，直到 $Re\approx60$ 时，这对不稳定的对称漩涡分裂，最后形成有规则的、旋转方向相反的交替漩涡，称为卡门涡街，如图 3-10d 所示。

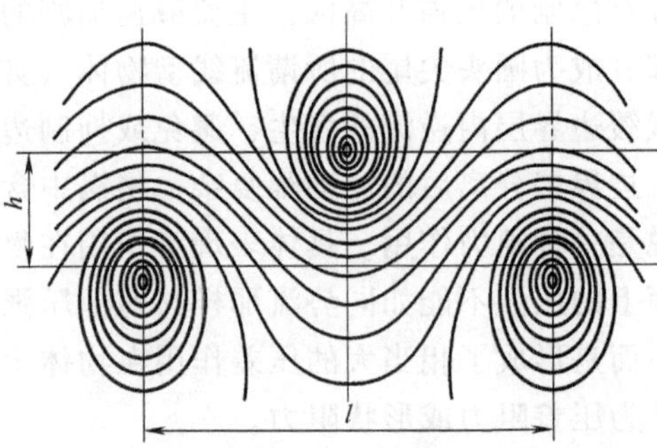


图 3-11 涡街图谱

对有规则的卡门涡街，只能在 $Re=60\sim5000$ 的范围内观察到，而且在大多数情况下涡街是不稳定的，受到外界扰动就破坏了。卡门的研究发现，对于圆柱体绕流，当 $Re\approx150$ 时，只有当两侧漩涡之间距离 $h$ 与同列中相邻两个漩涡间距离 $l$ 之比：$h/l=0.281$ 时，卡门涡街才是稳定的，涡街图谱如图 3-11 所示。

如果来流的流速为 $v$，涡街的运动速度为 $u$，根据动量定理对稳定时的卡门涡街进行理论计算，得到作用在单位长度圆柱体上的阻力为

$$F_D = \rho v^2 h \left[ 2.83 \frac{u}{v} - 1.12 \left( \frac{u}{v} \right)^2 \right] \tag{3-48}$$

式中，速度比 $u/v$ 可通过实验测得。

圆柱体后部的尾涡，其流动状态在小雷诺数下是层流，在较大雷诺数时形成卡门涡街。随着雷诺数的增加（$150<Re<300$），在尾涡中出现流体微团的横向运动，流动状态由层流过渡为湍流；到 $Re\approx300$ 时，整个尾涡区成为湍流，漩涡不断地消失在湍流中。

在圆柱体后尾涡的卡门涡街中，两列旋转方向相反的漩涡周期性的均匀交替脱落，使圆柱体发生振动。在自然界中常常可以见到卡门涡街现象，例如风力机的塔架，由于在塔架两侧不断产生新的漩涡，必然消耗流动的机械能，使塔架受到推力。当漩涡脱落频率接近于塔架的固有频率时，共振还会引起塔架的破坏。

## 3.10 湍流运动微分方程

忽略体积力，在直角坐标系中的不可压缩流动瞬时量的运动微分方程组可表示为

$$\frac{\partial(\rho v_i)}{\partial t} + \frac{\partial}{\partial x_j}(\rho v_i v_j) = -\frac{\partial p}{\partial x_i} + \mu \frac{\partial^2 v_i}{\partial x_j x_j} \tag{3-49}$$

$$(v_{i,j} = v_x,\ v_y,\ v_z,\ x_{i,j} = x,\ y,\ z)$$

在层流情况下，可以直接应用此方程组进行数值求解；在湍流情况下，通过各态遍历假设，对上式进行雷诺分解和时均运算后，可得平均量满足的方程，即湍流运动微分方程，又称雷诺平均方程。雷诺平均方程可表示为

$$\frac{\partial}{\partial t}(\rho\,\bar{v}_i) + \frac{\partial}{\partial x_j}(\rho\,\bar{v}_i\bar{v}_j) = -\frac{\partial \bar{p}}{\partial x_i} + \frac{\partial}{\partial x_j}\left(\mu \frac{\partial \bar{v}_i}{\partial x_j} - \rho\,\overline{v'_i v'_j}\right) \tag{3-50}$$

$$(\bar{v}_i, \bar{v}_j = \bar{v}_x, \bar{v}_y, \bar{v}_z, x_{i,j} = x, y, z$$

$$v_i', v_j' = v_x', v_y', v_z')$$

比较式（3-49）与式（3-50）可知：在形式上雷诺平均方程多一个未知项（$-\rho\,\overline{v'_i v'_j}$），此项一般称为雷诺应力或湍流应力。由推导过程可知，该项是由于动量守恒方程中的对流项（二次项）的非线性引起的，代表了湍流脉动对时均流动的影响。（$\rho\,\overline{v'_i v'_j}$）表示 6 个未知量，即

$$\rho\,\overline{v'_x v'_x}, \rho\,\overline{v'_y v'_y}, \rho\,\overline{v'_z v'_z}, \rho\,\overline{v'_x v'_y}, \rho\,\overline{v'_x v'_z}, \rho\,\overline{v'_y v'_z}$$

其中前 3 项表示湍流脉动所产生的附加法向应力；后 3 项表示湍流脉动所产生的附加切应力。

式（3-50）的未知量数多于方程数，故方程组是不封闭的。为了使湍流运动的方程组封闭可解，目前常用湍流黏性系数法。

### 3.10.1 湍流黏性系数模型

湍流黏性系数法是把湍流应力表示为湍流黏性系数的函数，这样计算的关键在于确定湍流黏性系数。早在 1877 年，布辛涅斯克（Boussinesq）针对二维边界层问题，就提出了雷诺应力的模型假设

$$\tau_t = -\rho \overline{v'_x v'_y} = \mu_t \frac{\partial v_x}{\partial y} \tag{3-51}$$

式中 $\tau_t$——雷诺应力；

$v_x$——主流方向平均速度；

$y$——与主流方向垂直的空间坐标；

$\mu_t$——湍流黏性系数。

为确定湍流黏性系数，又发展了一系列被广泛应用的半经验理论。

基于推广的布辛涅斯克假设来表示雷诺应力时，湍流应力可以类比流体本构方程的应力应变关系，而与时均运动应变率关联起来。对不可压缩层流流动，联系流体应力应变的本构方程可表示为

$$\tau_{i,j} = \mu\left(\frac{\partial v_i}{\partial x_j} + \frac{\partial v_j}{\partial x_i}\right) - \delta_{i,j} p$$

式中，$\delta_{i,j} = \begin{cases} 1 & 当\ j=i \\ 0 & 当\ j \neq i \end{cases}$

因此，雷诺应力可表示为（省略平均速度上标）

$$\tau'_{i,j} = -\rho \overline{v'_i v'_j} = \mu_t\left(\frac{\partial v_i}{\partial x_j} + \frac{\partial v_j}{\partial x_i}\right) - \delta_{i,j} p_t \tag{3-52}$$

式中 $p_t$——脉动速度所造成的压强，定义为

$$p_t = \frac{2}{3}\rho k \tag{3-53}$$

$k$——单位质量流体湍流脉动动能的时均值，定义为

$$k = \frac{1}{2}\overline{v'_i v'_j} \tag{3-54}$$

将式（3-52）代入式（3-50）后，雷诺平均方程可表示为

$$\left.\begin{aligned} &\frac{\partial v_j}{\partial x_j} = 0 \\ &\frac{\partial}{\partial t}(v_i) + \frac{\partial}{\partial x_j}(v_i v_j) = -\frac{1}{\rho}\frac{\partial p_{\text{eff}}}{\partial x_i} + \frac{1}{\rho}\frac{\partial}{\partial x_j}\left[\mu_{\text{eff}}\left(\frac{\partial v_i}{\partial x_j} + \frac{\partial v_j}{\partial x_i}\right)\right] \end{aligned}\right\} \tag{3-55}$$

式中 $p_{\text{eff}}$——有效压强，即

$$p_{\text{eff}} = p_t + p \tag{3-56}$$

$\mu_{\text{eff}}$——有效黏性系数，即

$$\mu_{\text{eff}} = \mu_t + \mu \tag{3-57}$$

式（3-57）中的$\mu_t$就是湍流黏性系数。试验表明，$\mu_t$不是一个物性参数，它的数值在时间和空间上都会有很大变化，完全取决于流动状态。而动力黏性系数$\mu$是流体的物性参数，与流体的物理性质有关。但是，湍流黏性系数$\mu_t$可以通过类比动力黏性系数$\mu$的方法来确定。因为$\mu_t$应与$\mu$的量纲相同，所以可通过量纲分析方法和试验方法来确定。下面介绍标准$k$-$\varepsilon$模型。

## 3.10.2 标准 $k$-ε 模型

类比动力黏性系数$\mu$，可用湍流的运动特征量$k$（又称湍动能）和特征长度$l$来表征湍

流黏性系数$\mu_t$。因为$\frac{\mu_t}{\rho}$的量纲为［$L \cdot L/T$］，故有

$$\frac{\mu_t}{\rho} \sim k^{1/2} l \tag{3-58}$$

湍流的特征长度 $l$ 又可用湍动能 $k$ 和湍流耗散率 $\varepsilon$ 来表征，即

$$l \sim k^{3/2}/\varepsilon \tag{3-59}$$

定义

$$\varepsilon = \nu \overline{\left(\frac{\partial v'_i}{\partial x_j}\right)^2} = C_\varepsilon \frac{k^{3/2}}{l} \tag{3-60}$$

则有

$$\frac{\mu_t}{\rho} = C_\mu k^2/\varepsilon \tag{3-61}$$

式中　$C_\mu$——经验常数，一般通过试验来确定。

若湍动能 $k$ 和湍流耗散率 $\varepsilon$ 可以通过对时均形式的 N-S 方程作一系列运算得到 $k$ 方程和通过假设与经验的方法得到 $\varepsilon$ 方程，就构成了二方程的湍流模型

湍动能 $k$ 方程可表示为

$$\frac{\partial(\rho k)}{\partial t} + \frac{\partial(\rho v_j k)}{\partial x_j} = \frac{\partial}{\partial x_j}\left[\left(\mu + \frac{\mu_t}{\sigma_k}\right)\frac{\partial k}{\partial x_j}\right] + G - \rho\varepsilon \tag{3-62a}$$

式（3-62a）中各项依次为非稳态项、对流项、扩散项、生成项和耗散项。$\sigma_k$称为 $k$ 的湍流普朗特数，其值近似为 1。通常把$\frac{\mu_t}{\sigma_k}$定义为$\Gamma_k$，称为 $k$ 的湍流交换系数。生成项可表示为

$$G = \tau^t_{i,j}\frac{\partial v_i}{\partial x_j} = \mu_t\left(\frac{\partial v_i}{\partial x_j} + \frac{\partial v_j}{\partial x_i}\right)\frac{\partial v_i}{\partial x_j}$$

湍流耗散率 $\varepsilon$ 方程可表示为

$$\frac{\partial(\rho\varepsilon)}{\partial t} + \frac{\partial(\rho v_j \varepsilon)}{\partial x_j} = \frac{\partial}{\partial x_j}\left[\left(\mu + \frac{\mu_t}{\sigma_\varepsilon}\right)\frac{\partial \varepsilon}{\partial x_j}\right] + \frac{\varepsilon}{k}(C_1 G - C_2 \rho\varepsilon) \tag{3-62b}$$

式（3-62b）中各项依次为非稳态项、对流项、扩散项、生成项和消失项。$\sigma_\varepsilon$ 称为 $\varepsilon$ 的湍流普朗特数。$\frac{\mu_t}{\sigma_\varepsilon}$定义为$\Gamma_\varepsilon$，称为 $\varepsilon$ 的湍流交换系数。

式（3-62）就是标准 $k$-$\varepsilon$ 模型，也是目前应用最广泛的湍流模型。该模型引入了湍动能方程和湍流耗散率方程的模化形式，从一定程度上反映了湍流的特性。标准 $k$-$\varepsilon$ 模型是通过假设雷诺应力与平均速度梯度的线性关系，而建立起来的湍流模型。因此，它是一种线性的湍流模型。它与湍流连续方程、运动方程联立，可以使方程组封闭。

## 习　题

3-1　了解 N-S 方程导出过程及各项的物理意义。

3-2　欧拉积分和伯努利积分有何联系和区别？

3-3　列出理想流体的伯努利方程，说明其适用条件、物理意义和几何意义。

3-4　试述边界层的分离现象产生的原因和过程。

3-5　已知$\boldsymbol{v}=xy^2\boldsymbol{i}+\frac{1}{3}y^3\boldsymbol{j}+xy\boldsymbol{k}$的流动。求（$x$，$y$，$z$）=（1，2，3）的加速度$\boldsymbol{a}$（1，2，3）。

$$\left[答案：\boldsymbol{a}\ (1,\ 2,\ 3)=\frac{16}{3}\ (5\boldsymbol{i}+2\boldsymbol{j}+2\boldsymbol{k})\right]$$

3-6　不可压缩理想流体平面射流（与纸面垂直的方向上参数不变），冲击如图 3-12 所示的挡板上。射流厚度为$d$，在挡板两端流出的两股分流厚度为$d_1$、$d_2$，射流速度为$v$，不计重力，求流体作用在平板上单位宽度的合力$F$及合力中心。[答案：$F=-\rho v^2 d\sin\alpha$；$e=\frac{1}{2}d\cot\alpha$]

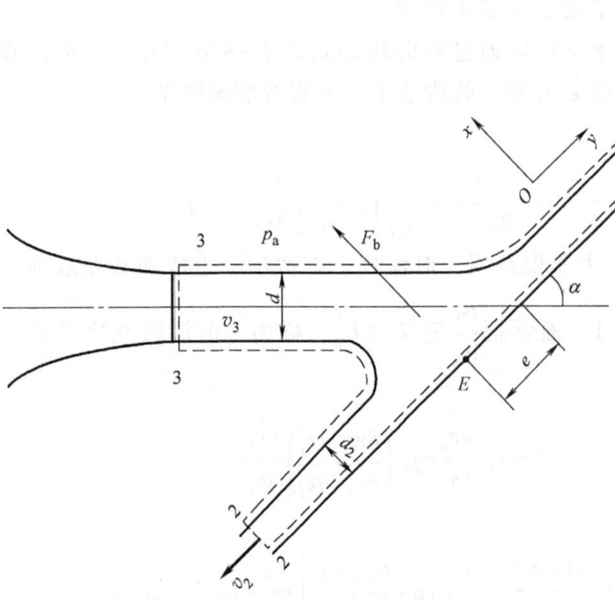


图 3-12　倾斜平面射流

# 第 4 章

# 水平轴升力型风力机概论

本章介绍了水平轴升力型风力机的各种结构、风轮、叶片与翼型、叶素以及风力机的运行及控制。是进一步研究了风力机动力学理论的基础。

## 4.1 水平轴升力型风力机综览

水平轴升力型风力机是最常见的机型，对各种具体结构进行了简要归纳见表 4-1。其中有的是主导机型，有的是新推出的机型，有的还在研究和开发当中，有一些类型虽然目前并不常用，但是也有一定的启发和参考作用。

表 4-1 水平轴升力型风力机

| 序号 | 形式 | 结构 | 说明 |
|---|---|---|---|
| 1 | 大型螺旋桨式 |  | 翼型类似飞机翼型，是并网发电主导机型 |
| 2 | 小型螺旋桨式 |  | 具有 3~5 个螺旋桨式叶片，以 3 叶片居多，是离网发电主导机型 |
| 3 | 扩散式 | 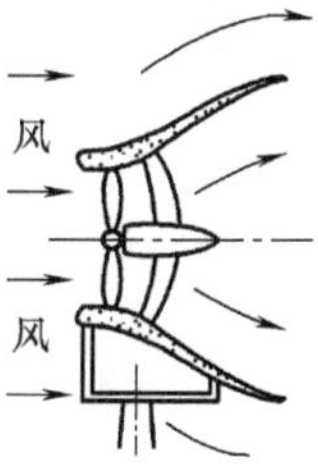 | 提高进入风轮扫掠面的风能密度，使风速均匀，增加功率输出 |

（续）

| 序号 | 形式 | 结构 | 说明 |
|---|---|---|---|
| 4 | 聚集式 | 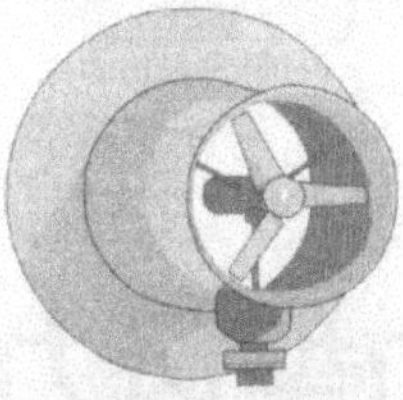 | 聚集正面来风，提高风能密度，增加功率输出 |
| 5 | 轮辐式 |  | 叶片放射形安装，由轮圈和辐条支撑叶片 |
| 6 | 无塔架式 |  | 用滚子支撑风轮周边。20 世纪 50 年代，曾建于英国某海岛，额定功率为 100kW |
| 7 | 帆翼式 | 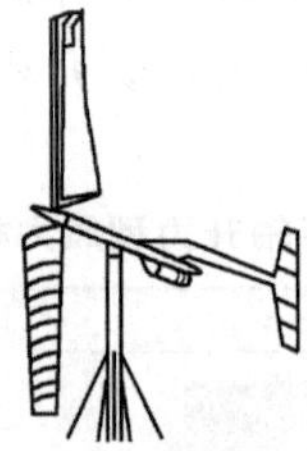 | 美国普林斯顿大学开发，叶片主体用帆布制成，加在叶尖上的配重控制桨距 |
| 8 | 扩压引射式 | 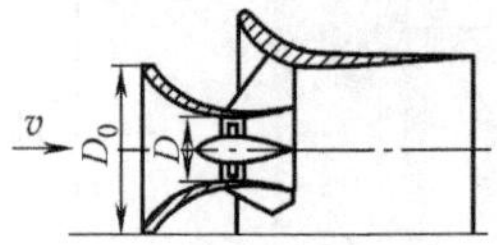 | 中国钱学森提出，风轮周边安装扩压引射器，通过扩压和引射提高风能密度 |
| 9 | 多风轮式 | 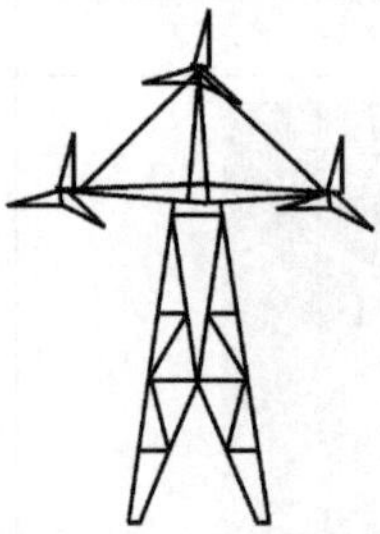 | 在一个塔架上安装多个风轮，以便在输出功率一定的条件下减少塔架的成本 |
| 10 | 动力导风轮式 |  | 在常规风力机叶尖处安装了“辅助翼”，作用是削弱叶尖紊流，提高转换效率 |

（续）

| 序号 | 形式 | 结构 | 说明 |
|---|---|---|---|
| 11 | 离心甩出式 | 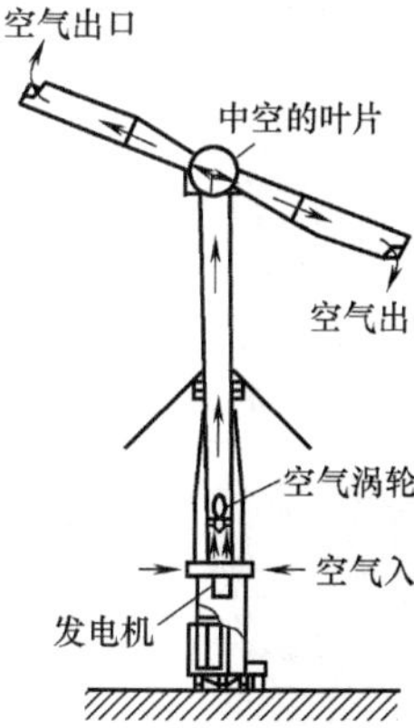 | 法国 J. Andreau 发明，风轮转动时，离心力使空气从空心叶片尖端开口处流出，从塔底进入的空气向上流动，带动塔筒内的涡轮机 |
| 12 | 双圈式 | 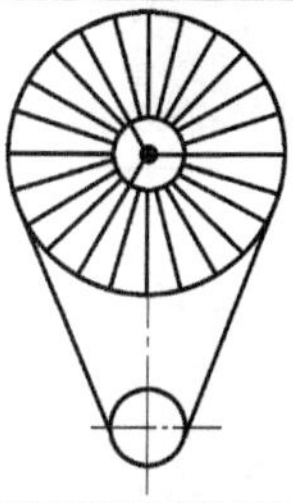 | 双轮用传送带连接，低速风轮可以直接得到高转速输出 |
| 13 | 万德尼科式 |  | 风力机与发电机集成，起动风速低，能适应比较宽的风速范围 |
| 14 | 河豚式 | 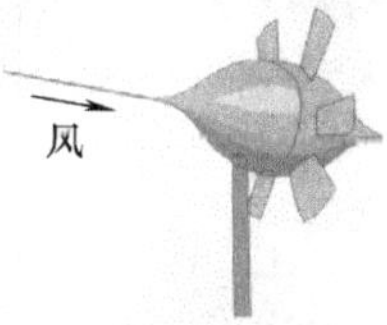 | 由于风在机身上被压缩，叶片短，但风轮直径并不小 |
| 15 | 涡轮式 |  | 由静叶片（定子）和动叶片（转子）构成，可耐 40～50m/s 大风雪。图为日本大学开发，用于南极 |
| 16 | 双风轮式 |  | 上风式辅轮直径约为主轮直径的 1/2，通过伞齿轮副将动力传到垂直轴 |

（续）

| 序号 | 形式 | 结构 | 说明 |
|---|---|---|---|
| 17 | 蝙蝠裙式 |  | 叶片前端是刚性的，后缘连接柔性部分，有一定适应全风速能力，提高风能利用系数 |
| 18 | 弧板叶片式 |   | 结构简单，可靠性好，已用于风光互补项目 |
| 19 | 核弹头式 |  | 效率高，起动风速低，宽变速范围内可高效运行 |
| 20 | 组合风轮 |  | 带有超越离合器的双风轮结构，微风条件下效率较高 |
| 21 | 双飞燕式 |  | 装有超越离合器，起动风速低，宽变速范围内可高效运行 |
| 22 | 能源球 |  | 荷兰国际家用能源公司开发一种功率为100～500W的**风力机**，它采用的是一种水平旋转轴，特点是低噪声。据称能源球的噪声要比当时的风声小一些。即使在风速下降至2m/s时，也能持续运行 |

（续）

| 序号 | 形式 | 结构 | 说明 |
|---|---|---|---|
| 23 | 双外壳式 |  | 2010 年美国 Clemson 大学开发的一种带集风罩的风力机 |
| 24 | 螺旋杆叶片 |  | 带螺旋的圆柱形“叶片”，机舱内置电动机使叶片旋转，应用麦格努斯效应（见 7.4.2 节）驱动风轮 |
| 25 | Noah 式 |  | 靠得很近的双风轮，按相反方向旋转。用于发电时，分别与发电机的转子和定子相连 |

## 4.2　风轮

风力机的核心部件是风轮。图 4-1 所示为待装的风轮。

### 4.2.1　几何定义

图 4-1　待装的风轮

1）旋转平面　与风轮轴垂直，由叶片上距风轮轴线坐标原点等距的旋转切线构成一组相互平行的平面。

2）风轮直径（$D$）　叶尖旋转圆的直径（见图 4-2），风轮直径的大小与风轮的功率直接相关。

3）风轮的轮毂比（$D_h/D$）　风轮轮毂直径（$D_h$）与风轮直径之比。

4）轮毂高度　轮毂高度指风轮旋转中心到基础平面的垂直距离（见图 4-2）。

5）风轮扫掠面积　风轮旋转时的回转面积。

6）风轮实度　风轮叶片投影面积的总和与风轮扫掠面积的比值。

7）风轮偏角　风轮轴线与气流方向的夹角在水平面的投影角。

8）风轮锥角　叶片轴线与旋转轴垂直的平面的夹角。对于上风向风力机，锥角的作用是在风轮运行状态下，防止叶尖与塔架碰撞（见图 4-3）；对于下风向风力机，可以减少叶根的弯曲应力。

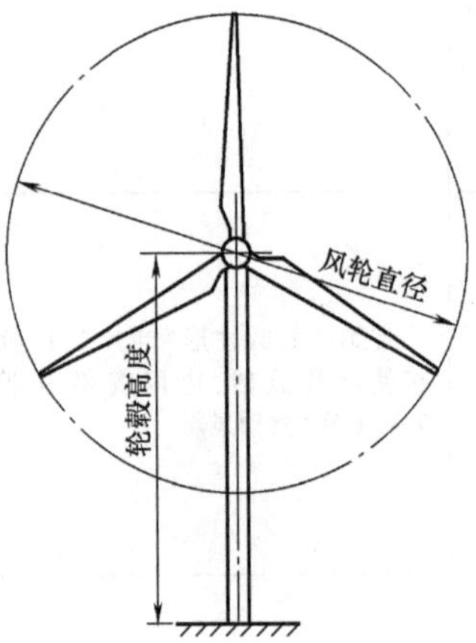


图 4-2　直径和轮毂高度

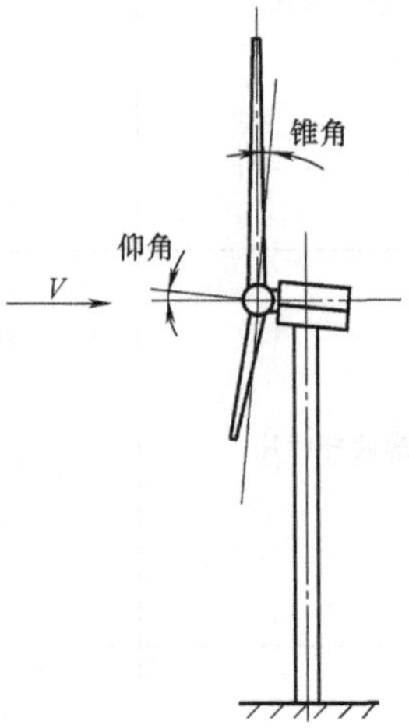


图 4-3　锥角和仰角

9）风轮仰角　风轮旋转轴与水平面的夹角。仰角的作用是防止叶尖与塔架碰撞（见图 4-3）。

10）挥向　风力机叶片偏离风轮旋转平面方向的振动称为挥舞，挥舞的方向称为挥向。

11）摆向　风力机叶片在风轮旋转平面方向内的振动称为摆振，摆振的方向称为摆向。

### 4.2.2　物理参数

1）风轮转速　风轮在风的作用下绕其轴旋转的速度，通常用角速度 $\Omega$（rad/s）表示；在输出额定功率时，风轮的转速称为额定转速；风力机处于正常状态下（空载或负载），风轮允许的最大转速称为最高转速。

2）叶尖速度比（简称尖速比）　风轮叶片叶尖线速度与风轮上游未受扰动的气流速度之比，用 $\lambda$ 表示

$$\lambda = \frac{\Omega R}{v_\infty} \tag{4-1}$$

式中　$\Omega$——风轮转动角速度，单位是 rad/s；

$R$——风轮半径，单位是 m；

$v_\infty$——风轮上游未受扰动的气流速度，单位是 m/s。

3）周速比（又称当地速度比）　与风轮轴距离 $r$ 处线速度与风轮上游未受扰动的气流速度之比，用 $\lambda_r$ 表示

$$\lambda_r = \frac{\Omega r}{v_\infty} \tag{4-2}$$

4）风能利用系数　风轮的输出功率与其扫掠面积对应的自由流束所具有的风功率之

比，用 $C_P$ 表示

$$C_P=\frac{P}{\frac{1}{2}\rho v_\infty^3 A_d} \tag{4-3}$$

式中　$P$——风轮的输出功率，单位为 W；

$\rho$——空气密度，单位为 $kg/m^3$；

$A_d$——风轮的扫掠面积，单位为 $m^2$。

5）推力系数　用 $C_F$ 表示

$$C_F=\frac{F}{\frac{1}{2}\rho A_d v_\infty^2} \tag{4-4}$$

式中　$F$——风轮所受的总轴向推力，单位为 N。

6）转矩系数　用$C_T$表示

$$C_T=\frac{T}{\frac{1}{2}\rho A_d R v_\infty^2} \tag{4-5}$$

式中　$T$——风轮轴上的总转矩，单位为 N · m。

风能利用系数、推力系数和转矩系数是风力机的基本性能参数，它们是风轮实度、偏角和叶片桨距角的函数。

7）特征风速与风轮运行相关的风速分别是

① 切入风速　风力机对额定负载开始有功率输出时，轮毂高度处的最小风速。

② 切出风速　由于控制器的作用使风力机对额定负载停止功率输出时，轮毂高度处的风速。

③ 工作风速范围　风力机对额定负载有功率输出的风速范围。

④ 额定风速　使风力机达到规定输出功率的最低风速。

⑤ 停车风速　控制系统使风力机风轮停止转动的最小风速。

## 4.3　叶片与翼型

叶片是风轮上的执行元件，用于捕获风能。

### 4.3.1　叶片的外部特征

如图 4-4 所示为大型水平轴升力型风力机螺旋桨式叶片。其外部结构特征主要有：

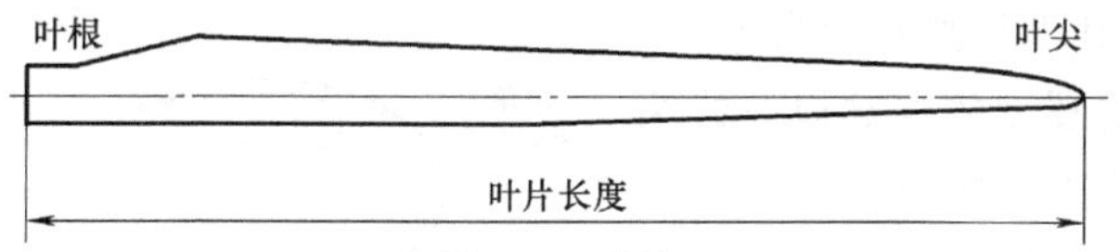


图 4-4　叶片

1）叶尖　叶片距离风轮回转轴线的最远点。

2）叶根　叶片与轮毂连接点，从叶根到叶尖的方向称为展向。

3）叶片长度　叶尖与叶根之间的距离。

4）叶片投影面积　叶片在风轮扫掠面上投影的面积。

### 4.3.2　翼型

翼型也称叶片剖面，它是指用垂直于叶片长度方向的平面去截叶片而得到的截面形状。叶片的翼型直接影响风力机的风能转换效率。

**1. 翼型几何定义**　翼型沿叶片的分布和几何特征如图 4-5 所示。

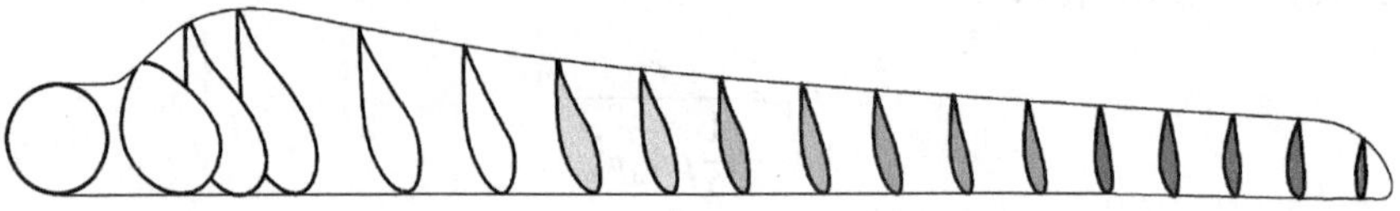

a)

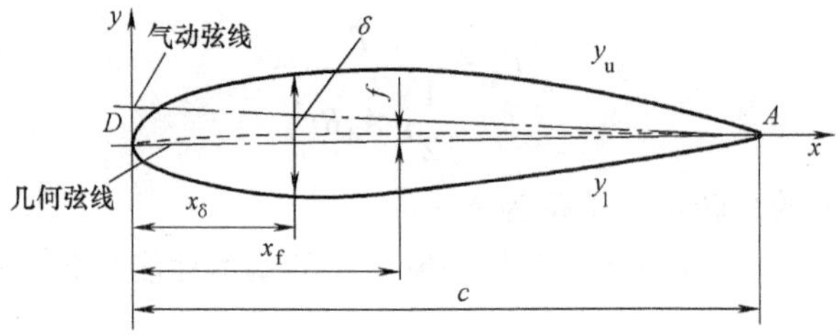


b)

图 4-5　叶片翼型

a）翼型沿叶片的分布　b）翼型几何定义

1）中弧线　翼型表面内切圆圆心光滑连接起来的曲线（图 4-5b 中的虚线）。

2）前缘　翼型中弧线的最前点（图 4-5b 中的 *D* 点），翼型前缘内切圆半径称为前缘半径。

3）后缘　翼型中弧线的最后点（图 4-5b 中的 *A* 点），翼型后缘上下翼面切线的夹角称为后缘角。

4）几何弦线　连接前缘与后缘的直线，其长度为几何弦长（简称弦长），通常用 $c$ 表示，叶片根部翼型弦长称根弦，叶片尖部翼型弦长称尖弦，几何弦线的方向称为弦向。

5）扭角　根弦与尖弦夹角，如图 4-6 所示。

6）平均几何弦长　叶片投影面积与叶片长度的比值。

7）气动弦线　通过翼型后缘的直线，如果相对气流方向与其平行则升力为零。

8）厚度　如果将翼型的轮廓以弦线为基准线（$x$ 轴）来描述，如图 4-5b 所示。上、下翼面型线的方程可分别写为

$$\left.\begin{aligned}&\text{上翼面}\quad y_u=y_u(x)\\&\text{下翼面}\quad y_l=y_l(x)\end{aligned}\right\}\qquad(4\text{-}6)$$

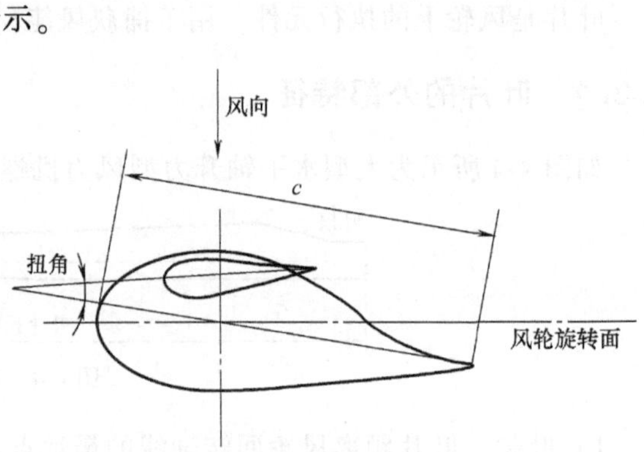


图 4-6　扭角

上、下翼面 $y$ 坐标之差的一半定义为翼型的厚度函数

$$y_{\delta}(x)=\frac{1}{2}(y_{u}-y_{l}) \tag{4-7}$$

$(y_{u}-y_{l})$ 的最大值 $\delta$ 称为翼型厚度。通常以弦长为基准度量厚度，即相对厚度

$$\bar{\delta}=\frac{\delta}{c}=\frac{2y_{\delta\max}}{c} \tag{4-8}$$

最大厚度点离前缘的距离用 $x_{\delta}$ 表示，通常采用其相对值 $\bar{x}_{\delta}=x_{\delta}/c$。

9）弯度　如果中弧线是一条直线（与弦线合一），这个翼型是对称翼型。如果中弧线是曲线，就说明此翼型有弯度。翼型的弯度函数，即中弧线 $y$ 坐标，为上下翼面 $y$ 坐标之和的一半

$$y_{f}(x)=\frac{1}{2}(y_{u}+y_{l}) \tag{4-9}$$

中弧线上最高点 $y$ 坐标称为翼型的弯度 $f$，也通常用其与弦长之比表示，即相对弯度

$$\bar{f}=\frac{f}{c}=\frac{y_{f\max}}{c} \tag{4-10}$$

最大弯度点离前缘的距离用 $x_{f}$ 表示，通常采用其相对值 $\bar{x}_{f}=x_{f}/c$。

翼型弦向有 4 条位置线，它们对于叶片的性能（静力学、振动、颤振等）分析很重要，如图 4-7 所示。分别是：①变桨距径向线，通过叶片连接法兰中心与风力机轴线垂直。②弹性线，是推力中心位置线。叶片的弹性变形（弯曲、扭转运动）以这一位置线为参考。③重心线，是叶片惯性力和重力的作用位置线。④压力线，是气动升力和阻力的作用位置线。当气流为附面流时，大约在叶片弦长的 30% 处。风力机达到额定功率后，定桨距风力机出现失速效应，压力线向叶片后缘移动。

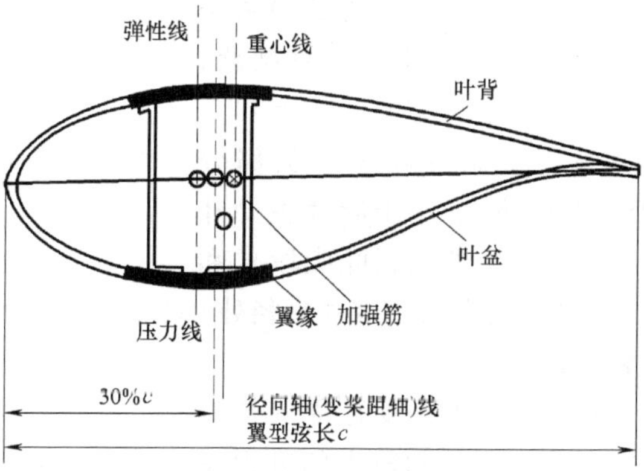


图 4-7　位置线

**2. 风力机翼型的特殊要求**

在 20 世纪 90 年代以前，风力机叶片设计通常使用已有的传统航空翼型，如 4 位数字 NACA44 系列和 NACA63 或 64 系列翼型，叶片中部和根部所需的厚翼型是通过将较薄的 NACA 翼型坐标线线性放大得到的。但是，与航空翼型相比，风力机翼型有许多专门的设计要求。例如，航空翼型的相对厚度一般为 4%～18%，而风力机翼型的相对厚度一般为 15%～53%，飞机一般要求在巡航马赫数和巡航升力下的翼型有高升阻比，而风力机要求翼型具有从小风速到大风速的所有速度范围内直到最大升力系数时有高升阻比；航空翼型在满足巡航设计要求的情况下，要求翼型具有尽可能高的最大升力，而对于失速控制类型的风力机则要限制翼型的最大升力；航空翼型主要要求在失速攻角附近具有和缓的失速特性，而风力机

翼型则必须在失速后的所有攻角下都具有和缓的升力变化；航空翼型按光滑表面设计，而风力机翼型设计必须考虑粗糙度的影响，要求所设计翼型的性能对粗糙度不敏感。另外，风力机翼型设计需要考虑动态失速问题等。因此，随着风力发电的快速发展，人们认识到已有的传统航空翼型除了不能满足大功率风力机叶片高风能利用系数和低载荷的需求外，还不能适应恶劣的环境。与航空翼型的工况条件相比，风力机翼型的工况条件更为恶劣。例如，风力机经常面临风速频繁变化的情况；经历着更多的、引起高疲劳载荷的湍流；由于昆虫和空气中的污染物会使翼型表面有很大的粗糙度，引起翼型气动性能的降低，因而降低发电功率；当运转在偏流、失速或湍流条件下时，叶片上的流动发生动态失速，可能会引发叶片气动失稳和自激摆振等；此外，随着叶片直径的不断增大，减小质量和疲劳载荷的需求使发展具有更大结构强度和刚度、同时气动性能优良的厚翼型成为必需，传统的航空翼型都比较薄，不能满足风力机的要求。因此，发展风力机叶片专用翼型是十分必要的。

**3. 风力机的专用翼型举例**

1）NREL 翼型系列　NREL 翼型系列是美国国家可再生能源实验室（NREL）研制，其前身为 SERI，即太阳能研究院，共包括薄翼型族和厚翼型族 9 个翼型族，包括 25 个翼型，分别用于大中型叶片。如图 4-8a 所示为其中两个翼型族，左边 3 种为薄翼型族，右边 3 种为厚翼型族，从上到下分别为用于靠近叶片叶尖部分（95%半径处）、用于叶片主要外部区域（75%半径到叶尖段）和用于靠近根部部分（40%半径处）的翼型。

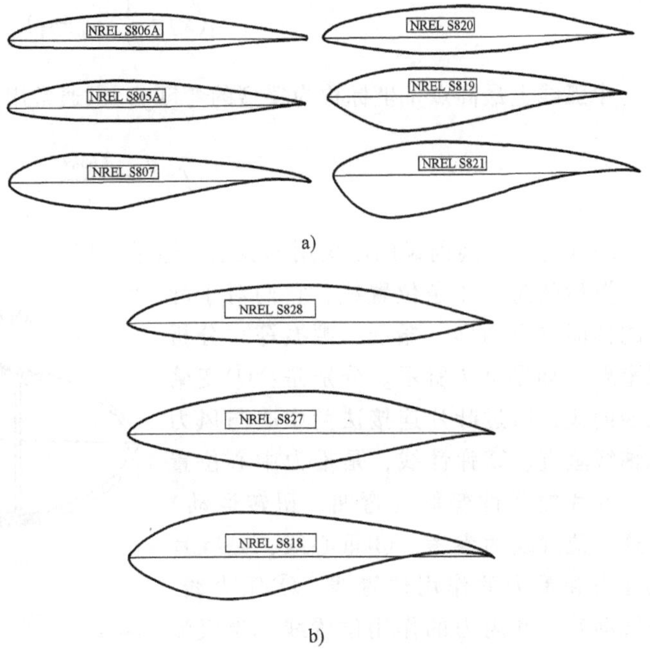


图 4-8　NREL 翼型系列外形

a）两种 NREL 翼型外形　b）NREL S828/S827/S818 翼型外形

NREL 系列翼型的特点是具有较高的升阻比和较大的升力系数，对翼型前缘粗糙度不敏感，使得因叶片长期工作造成表面“污染”引起的性能下降大大减少，因而风力机的年发电量显著提高。该系列翼型主要适用于失速调节型的风力机。

2）RIS$\phi$-A 翼型系列　RIS$\phi$-A 翼型系列由丹麦 RIS$\phi$ 国家实验室在 20 世纪 90 年代后期使用计算流体力学方法设计。包括 RIS$\phi$-A、RIS$\phi$-P 和 RIS$\phi$-B 三种翼型族：RIS$\phi$-A 翼型族适合于被动失速控制和主动失速控制风力机，相对厚度为 15%～30%。RIS$\phi$-P 翼型族用于变桨控制风力机，相对厚度为 15%～24%。RIS$\phi$-B 翼型族用于变速、变桨控制的大型兆瓦（MW）级风电机组，其相对厚度为 15%～53%，具有高的最大升力系数，从而使更细长的叶片能保持高的气动效率。

3）FFA-W 翼型系列　FFA-W 翼型系列由瑞典航空研究院研制，具有较高的最大升力系数和升阻比，且在失速工况下具有良好的气动性能。FFA-W 包括了 3 个翼型系列，分别为 FFA-W1、FFA-W2 和 FFA-W3。

FFA-W1 系列有 6 种翼型，相对厚度为 12.8%～27.1%。该翼型系列的升力系数较高，可以满足低叶尖速比风电机组的需求。翼型系列中，薄翼型在表面光滑和层流条件下具有高升阻比，同时对昆虫残骸或制造误差造成的前缘粗糙不敏感；较厚翼型在前缘粗糙情况下具有较高的最大升力系数和较大的升阻比。

FFA-W2 翼型系列含 2 种翼型，相对厚度分别为 15.2%和 21.1%。该翼型系列与 FFA-W1 翼型系列的设计要求和设计目标相同，只是升力系数稍低，以满足不同的使用要求。

FFA-W3 翼型系列包括 7 种翼型，相对厚度为 19.5%～36.0%。图 4-9 所示为 FFA-W3 系列 3 个典型的翼型外形。

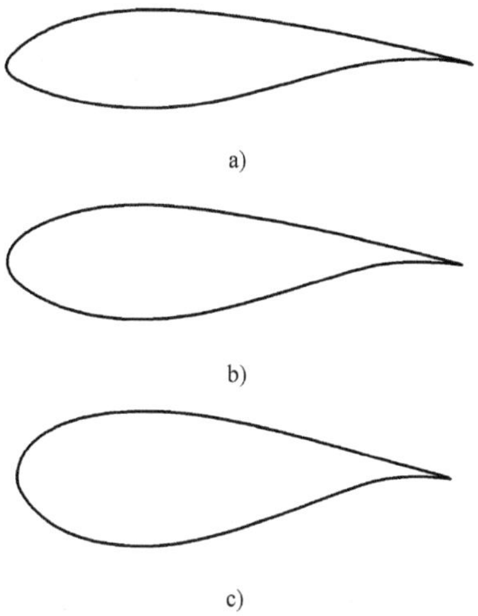


图 4-9　FFA-W3 翼型外形
a）FFA-W3-211　b）FFA-W3-241　c）FFA-W3-301

4）DU 翼型系列　20 世纪 90 年代，荷兰 Delft 科技大学先后发展了相对厚度从 15%～40%的 DU 翼型族，该系列包含约 15 种翼型。DU 翼型族使用广泛，风轮直径从 29m～100m 以上，功率从 350kW～3.5MW 的风力机上均有使用。DU 翼型族的设计注重外侧翼型的高升阻比、高的最大升力系数及和缓的失速特性、气动性能对前缘粗糙度不敏感和低噪声等，另外对内侧翼型也适当满足上述要求，并重点考虑几何兼容性及结构和强度要求，叶展中部的翼型兼顾气动和结构特性。与传统翼型相比，DU 翼型族具有限制的上表面厚度、较小的前缘半径。部分 DU 系列的几何外形如图 4-10 所示。

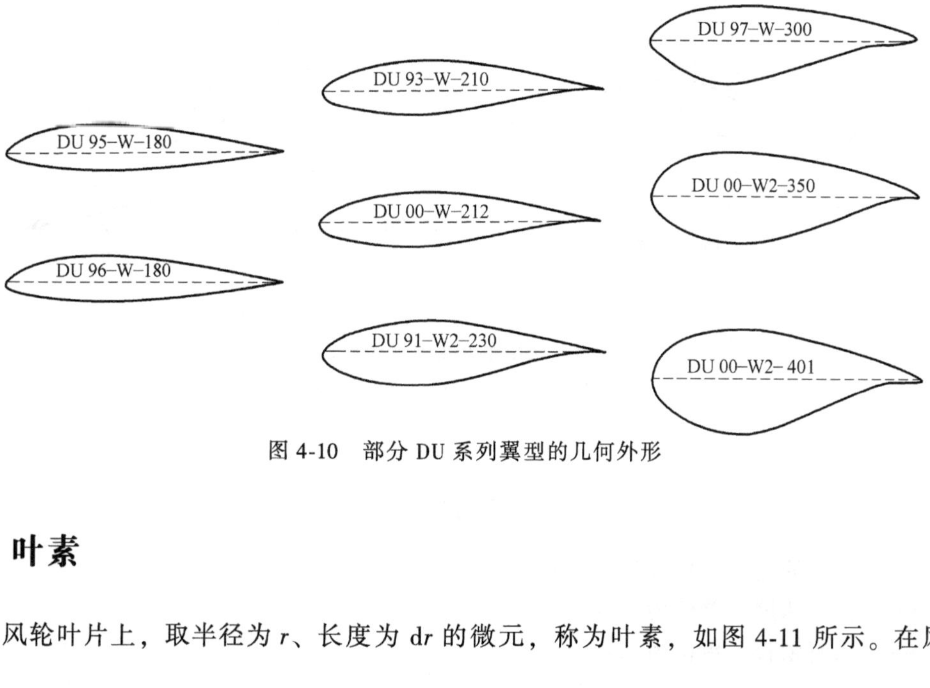


图 4-10　部分 DU 系列翼型的几何外形

## 4.4　叶素

在风轮叶片上，取半径为 $r$、长度为 $\mathrm{d}r$ 的微元，称为叶素，如图 4-11 所示。在风轮旋转过程中，叶素将扫掠出一个圆环。

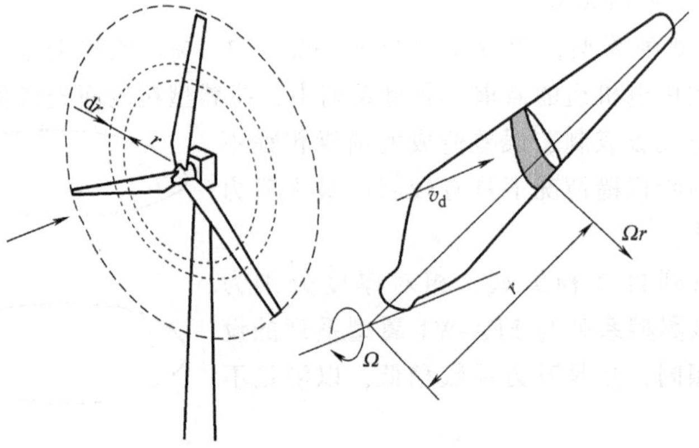


图 4-11 叶素扫出的圆环

a）风轮圆环 b）叶素

## 4.4.1 作用在叶素上的空气动力

升力和阻力：

伯努利方程表明，在空气的流场中，气流速度快的区域压力小，气流速度慢的区域压力大，如图 4-12a 所示。当叶素与大气存在相对运动时，气流在叶素上产生了升力 d$L$ 和阻力 d$D$，阻力与相对速度方向平行，升力与相对速度方向垂直。此外合力 d$R$ 对于叶素翼型前缘 $A$ 将有一个力矩 d$M$，称其为气动俯仰力矩。相对气流方向与叶素翼型几何弦的夹角称为攻角，用 $\alpha$ 表示，如图 4-12b 所示。

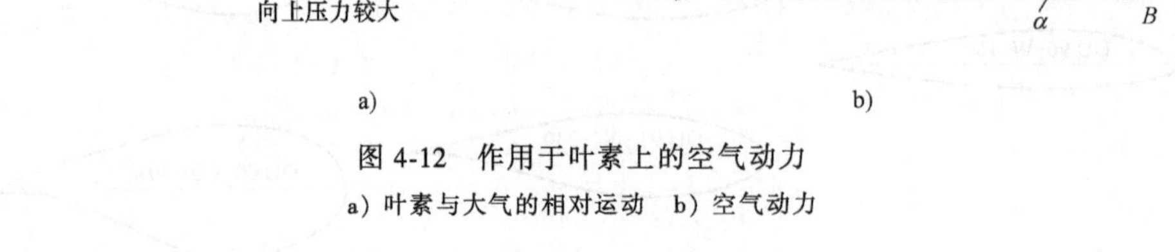

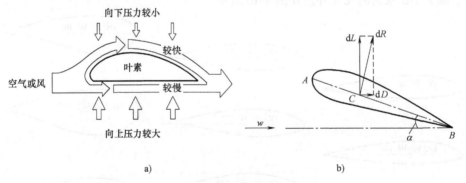

图 4-12 作用于叶素上的空气动力

a）叶素与大气的相对运动 b）空气动力

叶素上的升力

$$\mathrm{d}L=\frac{1}{2}\rho w^2 cC_1\mathrm{d}r \tag{4-11}$$

式中 $\rho$——空气的密度，单位为 kg/m$^3$；

$w$——相对速度，单位为 m/s；

$c$——几何弦长，单位为 m；

$C_l$——升力特征系数；

$\mathrm{d}r$——叶素的长度，单位为 m。

叶素上的阻力

$$\mathrm{d}D=\frac{1}{2}\rho w^2 c C_\mathrm{d}\mathrm{d}r \tag{4-12}$$

式中 $C_\mathrm{d}$——阻力特征系数。

气动俯仰力矩

$$\mathrm{d}T=\frac{1}{2}\rho w^2 c^2 C_\mathrm{T}\mathrm{d}r \tag{4-13}$$

式中 $C_\mathrm{T}$——气动俯仰力矩系数。

对于某一特定攻角，叶素翼型上总对应地有一特殊点 $C$，如图 4-12b 所示，空气动力 $\mathrm{d}R$ 对这个点的力矩为零，将该点称为压力中心点。空气动力在叶素上产生的力可由单独作用于该点的升力和阻力来表示。

升力特征系数 $C_l$、阻力特征系数 $C_\mathrm{d}$ 都与叶素翼型的形状以及攻角 $\alpha$ 有关。$C_l$、$C_\mathrm{d}$ 与 $\alpha$ 的关系曲线如图 4-13a 所示。在实用范围内，升力特征系数 $C_l$ 基本成一直线，但在较大攻角时，略向下弯曲。当攻角增大到 $\alpha_{\mathrm{cr}}$时，$C_l$ 达到其最大值 $C_{l\max}$，其后则突然下降，这一现象称为失速。它与叶素翼型上的表面气流在前缘附近发生分离的现象有关如图 4-14 所示，攻角 $\alpha_{\mathrm{cr}}$称为临界攻角。失速发生时，风力机的输出功率显著减小。

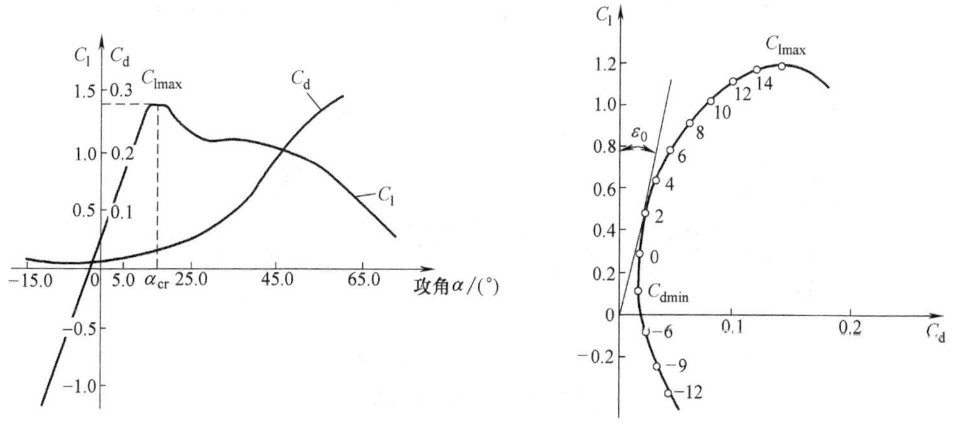


a) b)

图 4-13 $C_l$、$C_\mathrm{d}$ 与 $\alpha$ 的关系

a）直角坐标 b）极坐标（埃菲尔极线）

对一般的叶素而言，临界攻角 $\alpha_{\mathrm{cr}}$在 10°~20°范围内。这时的最大升力系数 $C_{l\max}$大约为 1.2~1.5。

阻力特征系数 $C_\mathrm{d}$ 与 $\alpha$ 关系曲线的形状有些与抛物线相近，一般在某一不大的负攻角时，有最小值 $C_{\mathrm{dmin}}$。此后，随着攻角的增加，阻力增加地很快，在到达临界攻角以后，增长率更为显著。

$C_l$ 与 $C_\mathrm{d}$ 的关系也可做成极坐标如图 4-13b 所示，以 $C_\mathrm{d}$ 为横坐标，$C_l$ 为纵坐标，对应于每一个攻角 $\alpha$，有一对 $C_\mathrm{d}$、$C_l$ 值，可以确定曲线上的一点，并在其旁标注出相应的攻角，连接所有各点即成为极曲线。该曲线包括了如图 4-13a 所示中两条曲线的全部内容。因升力与阻力本是作用于叶片上的合力在与速度 $w$ 垂直和平行方向上的两个分量，所以从原点 $O$ 到曲线上任一点的矢径，就表示了在该对应攻角下的总气动力系数的大小和方向。该矢径的斜率，就是在这一攻角下的升力与阻力之比，简称升阻比，用 $E$ 表示，即 $E=C_l/C_d$。过坐标原点做极曲线的切线，就得到叶片的最大升阻比 $E_{max}=\cot\varepsilon_0$。显然，这是风力机叶片最佳的运行状态。

图 4-14　大攻角绕流

## 4.4.2　叶素上的阻力源

叶素上阻力的主要由摩擦阻力和压差阻力构成。摩擦阻力是由于流体黏性造成的，压差阻力是由于边界层分离造成的。因此，叶素上的阻力将随着攻角和雷诺数发生显著变化。

很明显，边界层在翼型上的分离与翼型相关，且有如下不同的形式，如图 4-15 所示。

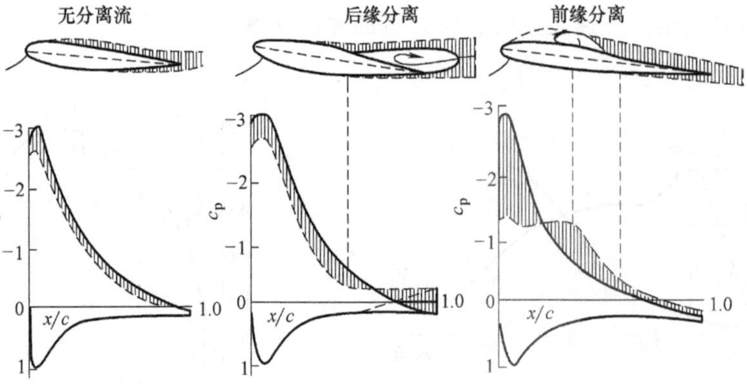


图 4-15　叶素压力分布

### 1. 薄翼分离

薄翼分离一般出现在相对厚度小于 6%的薄翼型上。在雷诺数较低时，薄翼型的前缘半径很小。在攻角不大时就可能在前缘附近发生层流分离，然后转捩成湍流再附着回翼型表面，在分离点和转捩点之间形成气泡。在小攻角时气泡很短，大约在弦长的 2%~3%，随着攻角的增加，气泡向后缘发展，到一定攻角时，气泡不再附着，变成完全分离。这种薄翼型升力系数较低，最大升力系数也仅 1.0 左右。

### 2. 前缘分离

前缘分离一般出现在相对厚度 9%~12%的翼型上，特别是在雷诺数较高时。在攻角不大时，靠近前缘形成气泡，气泡只有弦长的 0.5%~1%。这种气泡对翼型的气动性能影响很小。当攻角增加时，气泡越来越短，但是变厚。到一定攻角时，气泡突然破裂，气流从整个翼型表面分离，升力系数达到最大值后突然下跌，以后再增加攻角，升力系数又会随攻角略有回升。

**3. 后缘分离**

后缘分离一般发生在相对厚度大于 15%的厚翼型上。分离首先从翼型的后缘开始。随着攻角的增加，分离点逐渐向前缘方向移动，翼型上表面的分离区逐渐扩大，但是这时升力系数仍随攻角增加继续增加，直到超过临界攻角后，升力系数才逐渐变小。

**4. 混合分离**

混合分离是在翼型上同时发生前缘分离和后缘分离。一般出现在厚翼型低雷诺数情况下。混合分离与后缘分离之间没有严格界限。

当攻角超过一定数值时，通常为 10°~16°。(取决于雷诺数)，翼面的边界层会在上翼面发生完全分离，翼型升力系数陡然下降，造成失速。

在图 4-15 中，纵坐标为压强系数$c_p$，定义为

$$c_p = \frac{p - p_\infty}{\frac{1}{2}\rho v_\infty^2}$$

横坐标为弦向相对位置。

### 4.4.3 叶素气动特性影响因素

翼型参数和叶片表面状态是叶素空气动力特性的影响因素。其中的主要几何参数是翼型前缘半径、相对厚度、最大厚度的弦向位置、后缘厚度等。表面粗糙度和雷诺数也会影响叶素的空气动力特性。

1）前缘半径的影响　翼型前缘半径较大时，会有较大的升力系数。

2）相对厚度的影响　相对厚度的增加，升力系数和阻力系数都会有所增加，升阻比会有所下降。当最大厚度向后移时，可以减小叶素的最小阻力。

3）后缘厚度的影响　后缘厚度的增加，升力系数和阻力系数都会增加。在小攻角时会增加升阻比，大攻角时会降低升阻比。

4）弯度的影响　一般情况下，增加弯度可以增大翼型的最大升力系数，这一点对于前缘半径较小和较薄的翼型尤为明显，但随着弯度的增加，升力系数增加的程度逐渐减小，阻力系数同时增加，不同的翼型增加的程度也不同。另外，当最大弯度的位置靠前时，最大升力系数较大。

5）表面粗糙度的影响　叶片表面粗糙度对叶素气动性能的影响与粗糙位置、翼型几何参数、攻角等条件有关。一般来说，叶素前缘下表面粗糙度增加，在低攻角情况下，影响很小。前缘上表面粗糙度增加，在低攻角时会降低升力系数；在大攻角时，会提高升力系数，改善失速性能。下表面后缘增加粗糙度，会提高升阻比。对于叶片叶尖部分，在运行中受到污染导致前缘粗糙度增加时会降低风轮的出力。

6）雷诺数的影响　雷诺数较小时，由于叶素前缘分离气泡的存在、发展和破裂对雷诺数非常敏感，最大升力系数随雷诺数的变化规律有不确定性。当雷诺数较大时，叶素的失速攻角随雷诺数增大而增加，因此最大升力系数也相应增大。当雷诺数大于 $10^6$时，叶素的失速攻角和最大升力系数变得对雷诺数不敏感。图 4-16 所示为雷诺数和表面粗糙度对叶素气

动性能的影响。

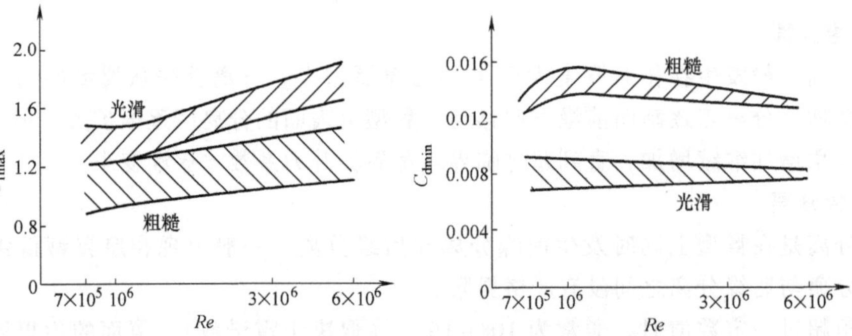


图 4-16 雷诺数和表面粗糙度对叶素气动性能的影响

a）升力系数 b）阻力系数

## 4.5 风力机的运行及控制

风轮的空气动力特性决定了风力机的运行规律。也决定了风力机的控制方式。

### 4.5.1 风轮所受的空气动力载荷

图 4-17 所示为风轮所受的空气动力载荷及结构应力。它可以看成诸多叶素所受的空气动力载荷的总和。

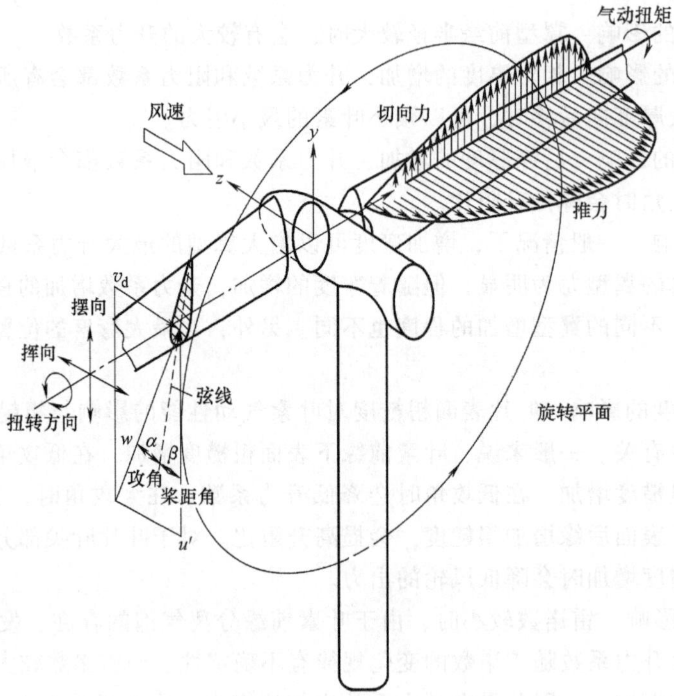


图 4-17 风轮所受的载荷和结构应力

## 4.5.2　叶片数

对于大型风力发电机组来说，从 1 叶片到 3 叶片的风力机都有，如图 4-18 所示，但 3 叶片居多。

a)

b)

c)

图 4-18　不同叶片数的风力机

a）单叶片　b）双叶片　c）3 叶片

不同用途的风力机，叶片数也有所不同。为了达到相对较好的风能利用系数，叶片数必须与尖速比相对应，风力机叶片数与尖速比的匹配关系见表 4-2。也就是说，在风速相同时，叶片数少的风力机转速应该快一些。

**表 4-2　风力机叶片数与尖速比的匹配**

| 尖速比 $\lambda$ | 叶片数 $N$ | 尖速比 $\lambda$ | 叶片数 $N$ |
|---|---|---|---|
| 1 | 32~8 | 4 | 5~3 |
| 2 | 12~4 | 5~8 | 4~2 |
| 3 | 8~3 | 8~15 | 2~1 |

叶片数多的风力机在低尖速比运行时有较高的风能利用系数，既有较大的转矩，而且起动风速低，因此适用于风力提水。而叶片数少的风力机则在高尖速比运行时有较高的风能利用系数，输出转矩小，但转速高，适用于风力发电。

风轮叶片数对风力机载荷有很大影响。3 叶片风轮使风力机运行平稳，基本上消除了系统的周期载荷，输出稳定的转矩，轮毂可以简单一些。2 叶片风轮的动态载荷比 3 叶片风轮的动态载荷大得多。另外，实际运行时，两叶片风轮的旋转速度要大于三叶片风轮。因此，在相同风轮直径时，由脉动载荷引起的风轮轴向力变化要大。

单叶片风轮通常比两个叶片风轮风能利用系数低。由于风轮动力学平衡的需要，单叶片风轮需要增加相应的配重和空气动力平衡措施，并且对结构动力学的振动控制要求非常高。单叶片和两个叶片风轮的轮毂通常比较复杂，为了限制风轮旋转过程中的载荷波动，轮毂具有跷跷板的特性（即采用铰链式轮毂）。叶片连接在轮毂上，允许叶片在旋转平面内向后或向前倾斜几度，这样可以明显地减少由于阵风和风剪切在叶片上产生的载荷。

从经济角度考虑，1~2 个叶片风轮可以节省材料，主传动机构的重量和费用也有降低，从而减轻了整机的重量。但由于解决结构振动问题所支出的费用增加，使得它们的优势并不突出。

为了控制风轮叶片空气动力噪声，通常要将风轮叶片的叶尖速度进行限制。由于两叶片风轮的旋转速度大于三叶片风轮，因此对噪声控制不利。从景观来考虑，三叶片风轮更容易为大众接受，除了外形整体对称性原因外，还与三叶片风轮旋转速度较低有关。

### 4.5.3 风力机的调节特性

风力机输出的转矩和功率均与风轮转速有关，也与风速有关。

**1. 转矩-转速特性**

风力机在不同风速下的转矩-转速特性如图 4-19a 所示。大型风力机的风轮均为高速风轮。

**2. 功率-转速特性**

风力机在不同风速下的功率-转速特性如图 4-19b 所示。

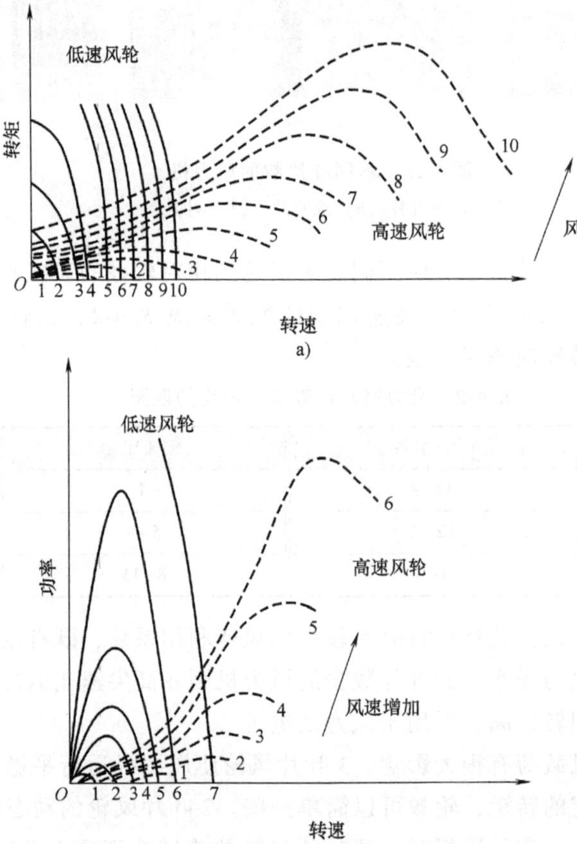


图 4-19 风力机的调节特性

a）转矩-转速特性 b）功率-转速特性

由图 4-19 可见，当风速不变时，调节风轮转速可以使其运行在最佳状态，当风速变化时，欲使风力机运行在最佳状态，需要进一步调节风轮转速。

### 4.5.4 风力机的控制目标和方式

风力机的控制目标除了正常的起动、关机等运行程序外，主要有如下两个方面：

**1. 最佳运行状态控制**

当风力机运行在额定风速以下时，希望有最多的能量输出，在风速变化时，需要改变风轮转速。小型风力机设有调速机构，大型风力发电机组，采用变速发电机实现这一要求。

**2. 额定功率控制**

当风速等于或大于额定风速时，希望风力机保持额定功率输出。定桨距风力机采用失速调节来实现；变桨距风力机采用变桨距调节来实现。

1）失速调节　定桨距风力机叶片的失速调节原理如图 4-20 所示。图中 d$R$ 为作用在叶素上的气动合力，该力可以分解成 d$F_t$、d$F_n$ 两部分；d$F_t$ 与风速垂直，称为驱动力，使叶片转动；d$F_n$ 与风速平行，称为轴向推力，通过塔架作用到地面上。当叶片的桨距角不变时，随着风速的增加攻角增大，达到临界攻角时，升力系数开始减小，阻力系数不断增大，造成叶片失速。失速调节叶片的攻角沿轴向由根部向叶尖逐渐减少，因而根部叶面先进入失速，随风速增大，失速部分向叶尖处扩展，原先已失速的部分，失速程度加深，未失速的部分逐渐进入失速区。失速部分使功率减少，未失速部分仍有功率增加，从而使输入功率保持在额定功率附近。

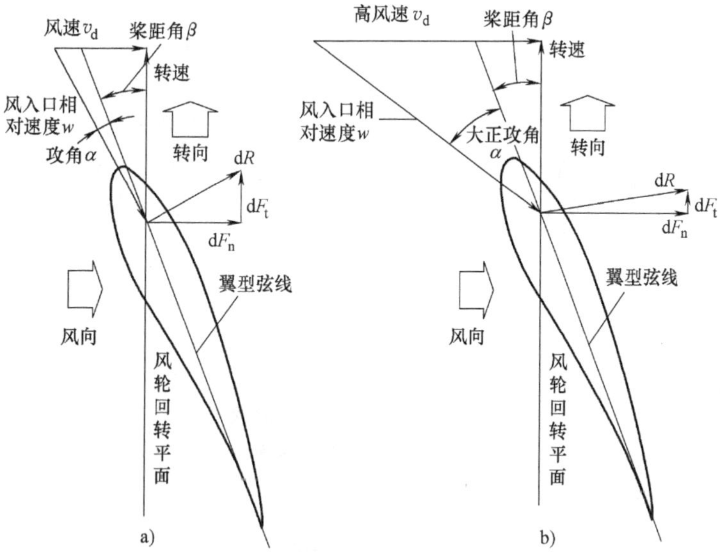


图 4-20　失速调节原理

a）小风速　b）大风速

2）变桨距调节　桨距是在半径 $r$ 处几何螺旋线的螺距，该螺旋线与风轮同轴并和半径 $r$ 处的翼型几何弦相切，如图 4-21 所示。翼型几何弦与风轮扫掠平面的夹角称为桨距角，用 $\beta$ 表示。从图 4-21 可见，桨距

$$H = 2\pi r\tan\beta$$

显然，当叶片存在扭角时，在叶片不同位置上的桨距角并不相同。通常将叶尖或某一特定位置的桨距角作为代表，称为叶片桨距角（或称安装角）。叶片桨距角在 0°附近时，叶片所受驱动力最大；而叶片桨距角在 90°附近时，叶片所受阻力最大，风轮将处于制动、空转或停止状态。改变叶片的桨距角称为变桨距（或简称变距）。

当风力机功率超过额定功率时，变桨距机构开始工作，调整桨距角，使叶片攻角不变，将风力机的输出功率限制在额定值附近，如图 4-22 所示。叶片受力定义与图 4-20 所示相同。

3）对风控制　对风控制是当风向改变时，希望风轮轴与来风方向平行。对于大型上风向风力机，要借助于偏航机构来完成。

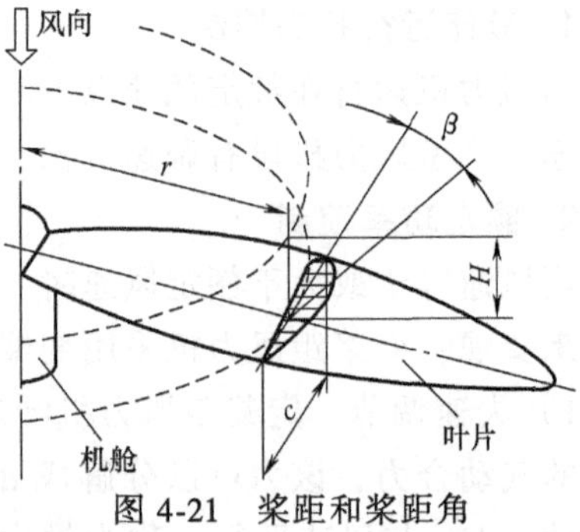


图 4-21　桨距和桨距角

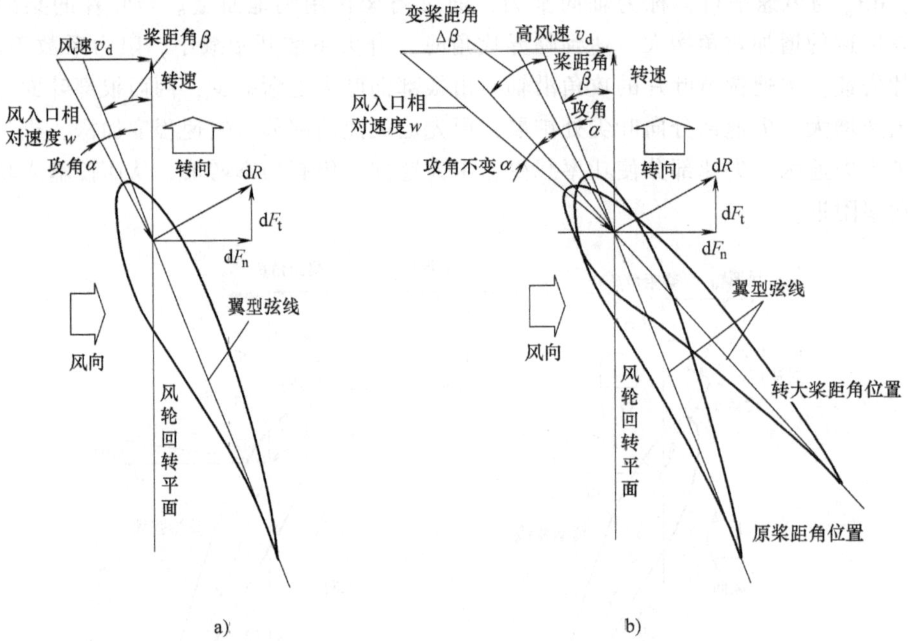


图 4-22　变桨距调节原理

a）小风速　b）大风速

## 习　　题

4-1　风能利用系数定义是什么？分子和分母各有什么物理意义？

4-2　叶素气动特性影响因素有哪些？

4-3　为什么风力机叶片数要与尖速比相匹配？高速风轮和低速风轮性能和用途有什么区别？

4-4　风力机输出功率 $P$ 与风轮直径 $D$ 有何关系？设风能利用系数 $C_P=0.45$，空气密度 $\rho=1.225\text{kg/m}^3$，风速 $v_\infty=10\text{m/s}$，不计机械损失，$P=3\text{MW}$ 的风轮直径 $D$ 是多少？（答案：$D=117.7\text{m}$）

# 第 5 章

# 风力机经典动力学理论

本章主要介绍了水平轴风力机动力学基本理论。包括一维动量理论与贝茨极限，旋转尾流模型，叶素-动量理论，风力机的能量损失及参数修正算法等。目的是应用动力学基本理论揭示水平轴风力机周围流场的特点，分析风力机受力，解决风力机捕获能量的能力问题等。

## 5.1　一维动量理论与贝茨极限

为了使问题得到简化，首先讨论一种理想风轮模型。可以将风轮看作一个平面桨盘，没有轮毂，而叶片数无穷多，这个平面桨盘被称为致动盘；致动盘旋转时不受摩擦阻力的影响；气流与致动盘相互作用后可以自由通过；致动盘前、致动盘扫掠面、致动盘后的气流都是均匀的定常流动，气流流动模型可简化成如图 5-1 所示的流管；致动盘前未受扰动的气流静压和致动盘后远方的气流静压相等；作用在致动盘上的推力是均匀的。

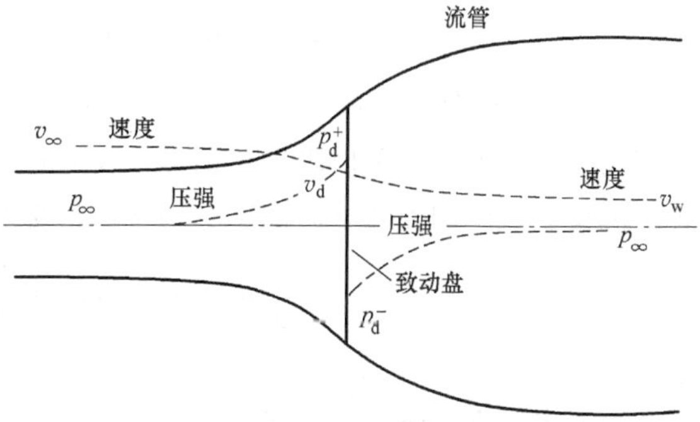


图 5-1　流经致动盘的流束

致动盘前部的远方来流通过致动盘时，受致动盘阻挡被向外挤压，绕过致动盘的空气能量未被利用。只有通过致动盘截面的气流释放了所携带的部分动能。致动盘上游流束的横截面积比致动盘面积小，而下游的则比致动盘面积大。流束膨胀是因为要保证每处的质量流量相等。从致动盘的前方到后方气流运动速度越来越小，而压强在致动盘处产生一个突变，致动盘前压强（$p_d^+$）高于大气压；致动盘后压强（$p_d^-$）低于大气压。在致动盘前后的远方气流的压强等于大气压。

如果忽略气流微团的径向运动，该模型简化成一维运动问题。同时，空气的压缩性也可忽略。

单位时间内通过特定截面的空气质量是 $\rho Av$，其中 $\rho$ 为空气密度（$kg/m^3$），$A$ 为横截面积（$m^2$），$v$ 为流体速度（m/s）。沿流束方向的质量流量 $q_m$ 处处相等，即

$$q_m = \rho A_\infty v_\infty = \rho A_d v_d = \rho A_w v_w \tag{5-1}$$

式（5-1）中下角符号∞代表上游无穷远处的参数；d 代表致动盘处的参数；w 代表在尾流远端的参数。

致动盘导致气流速度发生变化，速度变化量将叠加到自由流速率上。设该诱导气流在气流方向的分量为 $-av_\infty$，其中 $a$ 为轴向气流诱导因子。所以在致动盘上，气流方向的净速度为

$$v_d = v_\infty(1-a) \tag{5-2}$$

由此，在致动盘面处，轴向气流诱导因子

$$a = \frac{v_\infty - v_d}{v_\infty}$$

气流在经过致动盘时速度发生变化，总变化量为（$v_\infty - v_w$），气流所受的作用力等于动量变化率，动量变化率等于速度的变化乘以质量流量，即

$$F' = (v_\infty - v_w)q_m \tag{5-3}$$

式中 $F'$——气流所受的作用力，单位为 N。

由式（5-1），质量流量 $q_m = \rho A_d v_d$，代入式（5-3）可得

$$F' = (v_\infty - v_w)\rho A_d v_d \tag{5-4}$$

将式（5-2）代入式（5-4），可得

$$F' = (v_\infty - v_w)\rho A_d v_\infty(1-a) \tag{5-5}$$

引起气流动量变化的力 $F'$在数值上等于气流对制动盘的反作用力 $F$（即 $F=F'$），而 $F=(P_d^+ - P_d^-)A_d$，所以有

$$(p_d^+ - p_d^-)A_d = (v_\infty - v_w)\rho A_d v_\infty(1-a) \tag{5-6}$$

式中 $p_d^+$——致动盘前气流静压，单位为 Pa；

$p_d^-$——致动盘后气流静压，单位为 Pa。

使用伯努利方程，可以求得压力差（$p_d^+ - p_d^-$）。由于上、下游气体的总能量不同，所以需要对流束的上游剖面和下游剖面分别使用伯努利方程。对上游剖面气流有

$$\frac{1}{2}\rho v_\infty^2 + p_\infty + \rho g h_\infty = \frac{1}{2}\rho v_d^2 + p_d^+ + \rho g h_d$$

式中 $h$——高度，单位为 m。

在水平方向 $h_\infty = h_d$，那么有

$$\frac{1}{2}\rho v_\infty^2 + p_\infty = \frac{1}{2}\rho v_d^2 + p_d^+ \tag{5-7}$$

同样下风向气流有

$$\frac{1}{2}\rho v_w^2 + p_\infty = \frac{1}{2}\rho v_d^2 + p_d^- \tag{5-8}$$

式（5-7）和式（5-8）相减得到

$$(p_d^+ - p_d^-) = \frac{1}{2}\rho(v_\infty^2 - v_w^2) \tag{5-9}$$

将式（5-9）代入式（5-6）得到

$$\frac{1}{2}\rho(v_\infty^2 - v_w^2)A_d = (v_\infty - v_w)\rho A_d v_\infty(1-a) \tag{5-10}$$

化简得

$$v_w=(1-2a)v_\infty \tag{5-11}$$

联立式（5-2）和式（5-11）得到

$$v_d=\frac{v_\infty+v_w}{2} \tag{5-12}$$

式（5-12）表明致动盘处的气流速度等于上游未受扰动的气流速度和在尾流远端气流速度的平均值。

将式（5-11）代入式（5-5）得

$$F'=(p_d^+-p_d^-)A_d=2\rho A_d v_\infty^2 a(1-a) \tag{5-13}$$

气流的输出功率

$$P=F'v_d=2\rho A_d v_\infty^3 a(1-a)^2 \tag{5-14}$$

气流的输出功率也就是制动盘捕获功率。定义制动盘捕获功率与正面气流总功率之比为风能利用系数。用 $C_P$表示，可得

$$C_P=\frac{P}{\frac{1}{2}\rho v_\infty^3 A_d}=4a(1-a)^2 \tag{5-15}$$

若要求得 $C_P$的最大值，可以对式（5-15）求导，且设

$$\frac{dC_P}{da}=4(1-a)(1-3a)=0$$

由此得到，当 $a=\frac{1}{3}$时，$C_P$的值最大。将 $a=\frac{1}{3}$代入方程（5-15）得

$$C_{P\max}=\frac{16}{27}\approx 0.593 \tag{5-16}$$

这个值称为贝茨（Betz）极限。它是水平轴风力机风能利用系数的最大值。

由压力降产生的作用于致动盘的力可以由式（5-13）求得。量纲为 1 的推力系数

$$C_F=\frac{F}{\frac{1}{2}\rho v_\infty^2 A_d}=4a(1-a) \tag{5-17}$$

风能利用系数 $C_P$和推力系数 $C_F$随轴向气流诱导因子 $a$ 的变化曲线如图 5-2 所示。

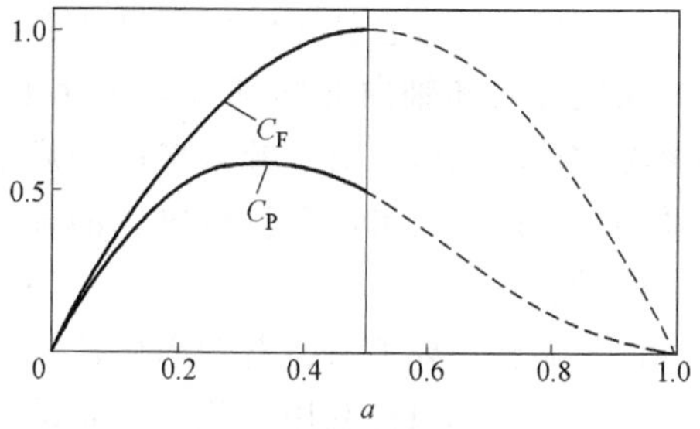

图 5-2　$C_P$、$C_F$随 $a$ 的变化曲线

上述理论称为一维动量理论，或称简单动量理论。

**例题 5-1**　如果将致动盘看成理想风轮，分析在最佳情况下，风能的分配规律。

**解**：将 $a=1/3$ 代入式（5-2）得

$$v_d=\frac{2}{3}v_\infty \tag{5-18}$$

将 $a=1/3$ 代入式（5-11）得

$$v_w = \frac{1}{3} v_\infty \tag{5-19}$$

由式（5-1）可得

$$A_d v_d = A_w v_w \tag{5-20}$$

将式（5-18）和式（5-19）代入式（5-20）得到

$$A_w = 2A_d \tag{5-21}$$

由于致动盘上游未受扰动的正面来风气流功率为

$$P_\infty = \frac{1}{2} \rho A_d v_\infty^3 \tag{5-22}$$

由式（5-19）、（5-21）和式（5-22）得

$$P_w / P_\infty = \frac{1}{2} \rho \times 2A_d \times \left( \frac{1}{3} v_\infty \right)^3 \bigg/ \left( \frac{1}{2} \rho A_d v_\infty^3 \right) = \frac{2}{27} \tag{5-23}$$

假定致动盘正面来风的总能量为 1，由式（5-16）可知，被致动盘捕获的能量为 16/27。由式（5-23）可知，有 2/27 通过了致动盘流向下游。

因为

$$1 - \frac{16}{27} - \frac{2}{27} = \frac{9}{27} \tag{5-24}$$

可见，剩余的 9/27 的空气能量绕过致动盘未被利用，如图 5-3 所示。

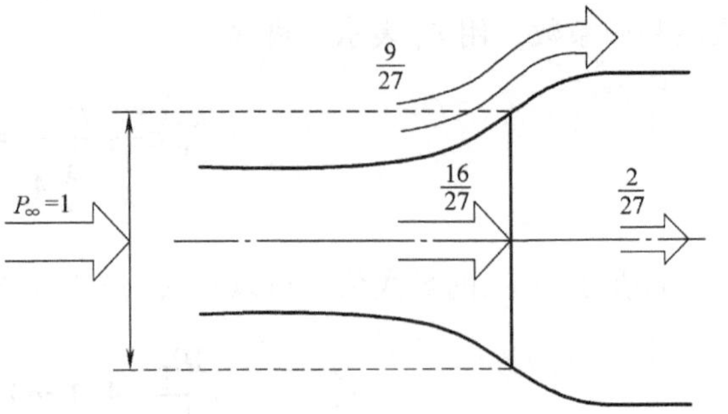


图 5-3　理想状态下的能量分配

## 5.2　简化旋转尾流模型

一维动量理论假定通过致动盘的流场只有轴向流动，没有考虑风轮下游尾流的旋转效应。实际上风轮下游风呈现与风轮转动方向相反的旋转，如图 5-4 所示。这是由于风驱动风轮转动产生力矩而叶片对气流的反转矩作用。反转矩作用的结果会使尾流中空气微粒在旋转面的切线方向和轴向方向都获得了速度分量。如果考虑旋转尾流，对于叶素来说变成了二维运动问题，即同时考虑气流沿风轮的轴向和切向的运动。

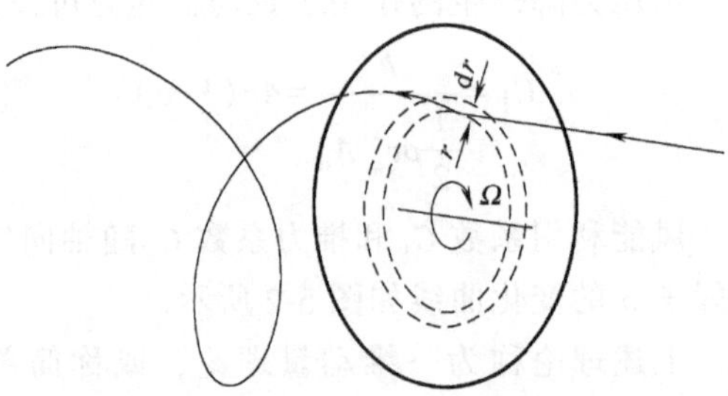


图 5-4　空气微粒经过风轮的运动轨迹

由于旋转需要能量，若考虑尾流旋转的影响，风力机实际风能利用系数比一维动量理论计算值要低。

通常情况下，风力机产生的转矩越大，其旋转尾流动能也越大。因此，对于低转速大转矩的风力机而言，伴随其尾流损失的动能就比较大。

首先考虑简化的旋转尾流模型。这种模型沿用致动盘的基本假设，同时考虑尾流旋转。并且忽略气流对风轮的阻力。对于设计优良的风轮，运行在接近最佳状态时，阻力与升力比

较很小，忽略气流阻力不会带来很大误差，却可以使问题得到简化。下面将介绍两种典型算法。

### 5.2.1　诱导速度最佳关系式

进入风轮的气流无任何转动，而离开风轮的气流是旋转的。转动传递发生在整个风轮的厚度处，如图 5-5 所示。切向速度的变化用切向气流诱导因子 $a'$表示。风轮上游气流的切向速度为零。设风轮下游在距旋转轴径向距离为 $r$ 的地方气流切向诱导速度为 $2\Omega ra'$。在风轮厚度中部切向诱导速度为 $\Omega ra'$（$\Omega$ 为风轮转动角速度）。

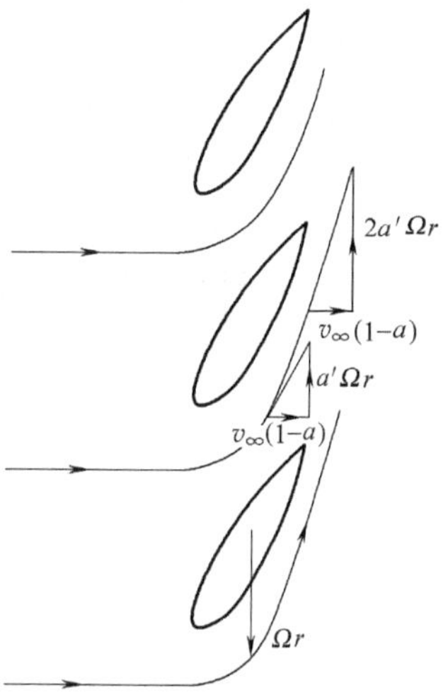

图 5-5　气流切向速度在通过风轮的变化

在风轮圆盘上截取宽度为 d$r$ 的微元如图 5-4 所示，由动量定理，作用于风轮平面 d$r$ 微元上的轴向力（推力）可表示为

$$dF=(v_\infty-v_w)dq_m \tag{5-25}$$

式中　$dq_m$——流经 d$r$ 微元的空气质量流量，且有

$$dq_m=\rho v_d dA_d \tag{5-26}$$

式中　$dA_d$——风轮平面 d$r$ 微元的面积。

假设式（5-2）和式（5-11）仍然成立，则将其带入式（5-25）和式（5-26），考虑到 d$r$ 微元的面积 $dA_d=2\pi r dr$，可得

$$dF=4\pi\rho v_\infty^2 a(1-a)rdr \tag{5-27}$$

忽略轮毂和叶尖等因素的影响，作用于整个风轮上的轴向力（推力）可表示为

$$F=\int dF=4\pi\rho v_\infty^2\int_0^R a(1-a)rdr \tag{5-28}$$

式中　$r$——风轮半径。

作用在风轮平面 d$r$ 微元上的转矩与微元反作用于空气的转矩大小相等，而作用于空气的转矩 d$T'$等于通过此环形区的空气的角动量的变化率，即

$$dT'=2a'\Omega r\times rdq_m \tag{5-29}$$

考虑到式（5-2）和式（5-26），可得作用在微元上的转矩 d$T$ 为

$$dT=4\pi\rho\Omega v_\infty(1-a)a'r^3dr \tag{5-30}$$

风轮平面 d$r$ 微元上输出的功率增量为

$$dP=\Omega dT=4\pi\rho\Omega^2 v_\infty(1-a)a'r^3dr$$

风轮平面 d$r$ 微元上的风能利用系数

$$C_P^r=\frac{dP}{\frac{1}{2}\rho v_\infty^3\times 2\pi rdr}=4\lambda_r^2(1-a)a' \tag{5-31}$$

作用于整个风轮上的转矩可表示为

$$T=\int dT=4\pi\rho\Omega v_\infty\int_0^R(1-a)a'r^3dr \tag{5-32}$$

整个风轮上输出的功率可表示为

$$P=\int \mathrm{d}P=4\pi\rho\Omega^2 v_\infty\int_0^R (1-a)\,a' r^3\mathrm{d}r \tag{5-33}$$

又可写成

$$P=\frac{1}{2}\rho A_\mathrm{d} v_\infty^3\frac{8\lambda^2}{R^4}\int_0^R (1-a)\,a' r^3\mathrm{d}r \tag{5-34}$$

式中 $A_\mathrm{d}$——风轮面积，且有 $A_\mathrm{d}=\pi R^2$；

$\lambda$——叶尖速度比，且有 $\lambda=\Omega R/v_\infty$。

这时，风轮风能利用系数可表示为

$$C_\mathrm{P}=\frac{8\lambda^2}{R^4}\int_0^R (1-a)\,a' r^3\mathrm{d}r \tag{5-35}$$

从式（5-35）可见，为了优化功率，需要对下述表达式求最大值

$$f(a,\ a')=a'(1-a) \tag{5-36}$$

即令

$$\frac{\mathrm{d}f}{\mathrm{d}a}=(1-a)\frac{\mathrm{d}a'}{\mathrm{d}a}-a'=0 \tag{5-37}$$

于是得

$$(1-a)\frac{\mathrm{d}a'}{\mathrm{d}a}=a' \tag{5-38}$$

实际上，轴向诱导因子 $a$ 和切向诱导因子 $a'$ 并不是相互独立的，这可以从图 5-6 中直接得到。在忽略阻力时，整个诱导速度 $\Delta w$ 必然同升力 $L$ 的方向相反，即与气流受力相同，因此也垂直于相对速度 $w$。

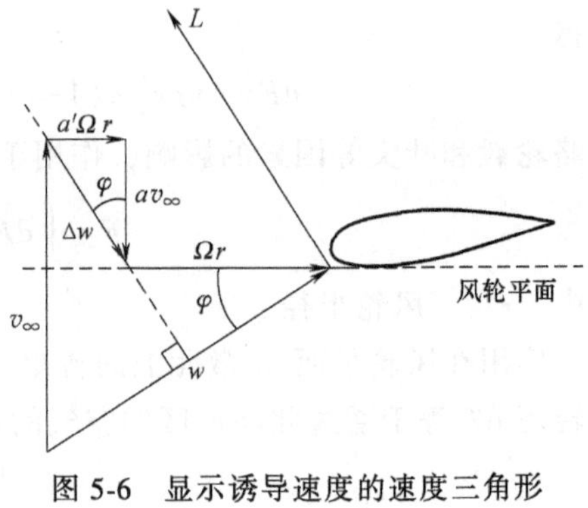


图 5-6　显示诱导速度的速度三角形

由图 5-6 可见

$$\tan\varphi=\frac{a'\Omega r}{a v_\infty} \tag{5-39}$$

并且

$$\tan\varphi=\frac{(1-a)v_\infty}{(1+a')\Omega r} \tag{5-40}$$

由式（5-39）和式（5-40）可得

$$\lambda_\mathrm{r}^2 a'(1+a')=a(1-a) \tag{5-41}$$

式中 $\lambda_\mathrm{r}^2=\Omega r/v_\infty$——周速比。

式（5-41）对 $a$ 微分，可得

$$(1+2a')\frac{\mathrm{d}a'}{\mathrm{d}a}\lambda_\mathrm{r}^2=1-2a \tag{5-42}$$

联立方程（5-38）、（5-41）和（5-42），可以得到 $a$ 和 $a'$ 之间的最优关系式

$$a'=\frac{1-3a}{4a-1} \tag{5-43}$$

式（5-43）就是局部风能利用系数最佳时轴向诱导因子 $a$ 和切向诱导因子 $a'$ 的关系式。

**例题 5-2**　比较轴向诱导因子 $a$ 和切向诱导因子 $a'$ 最佳关系式算法与一维动量理论计算结果。

解：对于特定轴向诱导因子 $a$，可以由式（5-43）求得对应的切向诱导因子 $a'$，然后根据轴向诱导因子 $a$ 和切向诱导因子 $a'$ 由式（5-41）求得周速比 $\lambda_r$。再由式（5-31）即可求得局部风能利用系数 $C_P^r$。轴向诱导因子 $a$ 和切向诱导因子 $a'$ 与周速比 $\lambda_r$ 的关系如图 5-7 所示。

将求得数值及风轮参数代入式（5-35）进行积分，就可以求得最优风能利用系数 $C_{Pmax}$。对于不同的叶尖速比 $\lambda$，将计算结果与一维动量理论得到的贝兹极限（16/27）进行比较，可以得到类似图 5-8 所示的结果。

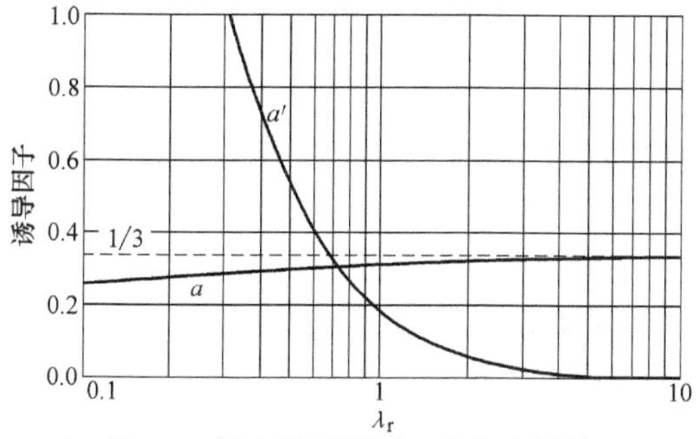


图 5-7　轴向诱导因子 $a$ 和切向诱导因子 $a'$ 与周速比 $\lambda_r$ 的关系

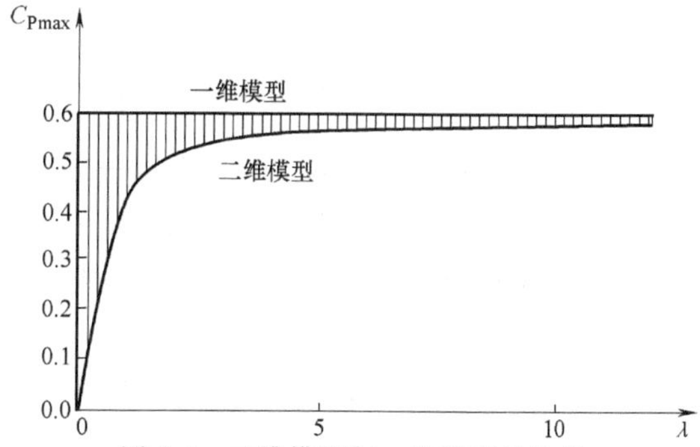


图 5-8　二维模型与一维模型的比较

由图 5-8 可知，当叶尖速比较小时，旋转尾流对风能利用系数 $C_{Pmax}$ 影响较大，但是当叶尖速比大于 6 时，由于旋转导致的损失就相对较小。

由图 5-7 和图 5-8 还可知，当风轮转速 $\Omega$ 增加时，也就是周速比 $\lambda$ 增加时，轴向气流诱导因子 $a$ 逐渐接近上限 1/3。而切向气流诱导因子 $a'$ 逐渐趋于 0。同时风能利用系数 $C_{Pmax}$ 逐渐趋于 16/27。这说明理想风轮的一维动量理论是诱导速度最佳关系式的极限特例。

## 5.2.2　最佳气流倾角

最佳气流倾角解法（又称施密茨（Schmitz）理论）考虑了由于尾流旋转产生的切向速度 $\Delta u$，在忽略气流阻力的条件下，直接通过求解最佳气流倾角，使风力机的计算和设计问题得以解决。

通过风力机的流管如图 5-9 所示。在图 5-9 中：$v_1 = v_\infty$；$v_2$ 为考虑尾流旋转的风轮处风速；$v_3$ 为考虑尾流旋转的下游风速。

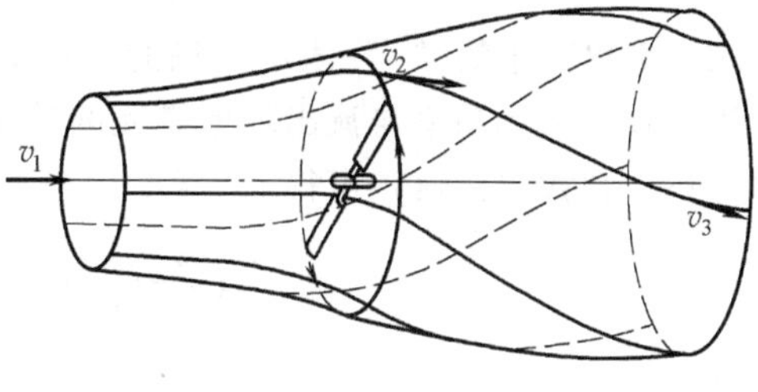


图 5-9　考虑尾流旋转的流速分布

类似于图 5-4，在风轮上截取环形微元。图 5-10 所示为环形微元上游、环形微元处、环形微元下游风速变化。其中：$\boldsymbol{w}_1$、$\boldsymbol{w}_2$、$\boldsymbol{w}_3$ 分别为环形微元上游、环形微元处、环形微元下游的合成风速矢量，$\alpha_1$ 为 $\boldsymbol{w}_1$ 与风轮平面的夹角；$\varphi$ 为 $\boldsymbol{w}_2$ 与风轮平面的夹角，称为环形微元气流倾角。

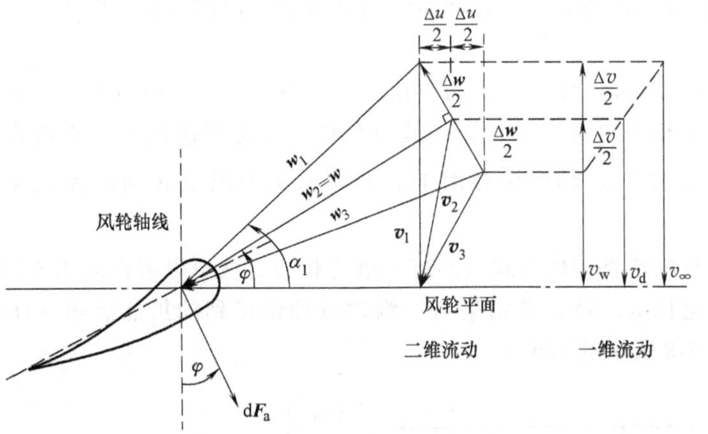


图 5-10 环形微元上游、环形微元处、环形微元下游风速变化

从图 5-10 中可以看出，由于作用于环形微元的升力 $d\boldsymbol{F}_a$应该与环形微元的相对风速 $\boldsymbol{w}_2$（$\boldsymbol{w}_2=\boldsymbol{w}$）垂直，而相对诱导风速 $\Delta\boldsymbol{w}$ 是由升力 $d\boldsymbol{F}_a$引起，所以两者平行，故有 $\Delta\boldsymbol{w}$ 与 $\boldsymbol{w}_2$垂直。另一方面，根据前文的假设，环形微元上的轴向诱导风速和切向诱导风速又分别为整个轴向诱导风速 $\Delta v$ 和切向诱导风速 $\Delta u$ 的一半，所以环形微元的相对诱导风速也是整个相对诱导风速 $\Delta\boldsymbol{w}$ 的一半。这样，$\boldsymbol{w}_1$、$\boldsymbol{w}_3$和 $\Delta\boldsymbol{w}$ 就构成了等腰三角形。因此有

$$\boldsymbol{w}_1=\boldsymbol{w}_3 \tag{5-44}$$

式（5-44）中，$\boldsymbol{w}_1$、$\boldsymbol{w}_3$表示相应矢量的模，后文以此类推。

单位质量气流流过环形微元所做的功是气流动能的消耗

$$\Delta e=\frac{1}{2}(\boldsymbol{v}_1^2-\boldsymbol{v}_3^2) \tag{5-45}$$

根据动量定理，作用在环形微元上的气动力为

$$d\boldsymbol{F}_a=dq_m(\boldsymbol{v}_1-\boldsymbol{v}_3) \tag{5-46}$$

式中 $dq_m$——通过环形微元的气体质量流量，其计算公式为

$$dq_m=2\pi\rho r v_d dr \tag{5-47}$$

式中 $v_d$——环形微元风速的轴向分量。

在环形微元所产生的功率为

$$dP_r=(\boldsymbol{v}_1-\boldsymbol{v}_3)\cdot\boldsymbol{v}_2 dq_m \tag{5-48}$$

式（5-48）中的“.”表示矢量的数量积。

流入环形微元功率与流出环形微元的功率之差应与气流在环形微元产生的功率相等，由式（5-45）和式（5-48）可得

$$\frac{1}{2}(v_1^2-v_3^2)dq_m=(\boldsymbol{v}_1-\boldsymbol{v}_3)\cdot\boldsymbol{v}_2 dq_m \tag{5-49}$$

因为

$$v_1^2-v_3^2=(\boldsymbol{v}_1-\boldsymbol{v}_3)\cdot(\boldsymbol{v}_1+\boldsymbol{v}_3)$$

于是得到

$$\boldsymbol{v}_2=\frac{1}{2}(\boldsymbol{v}_1+\boldsymbol{v}_3) \tag{5-50}$$

根据动量定理，作用在环形微元上的升力

$$\mathrm{d}\boldsymbol{F}_{\mathrm{a}}=(\boldsymbol{w}_1-\boldsymbol{w}_3)\mathrm{d}q_{\mathrm{m}}=\Delta\boldsymbol{w}\mathrm{d}q_{\mathrm{m}} \tag{5-51}$$

由图5-10可知，气流在环形微元所产生的切向力（忽略阻力）

$$\mathrm{d}F_{\mathrm{u}}=\sin\varphi\mathrm{d}F_{\mathrm{a}} \tag{5-52}$$

于是，在环形微元所产生的功率

$$\mathrm{d}P_{\mathrm{r}}=r\Omega\mathrm{d}F_{\mathrm{u}} \tag{5-53}$$

将式（5-52）代入式（5-53），得

$$\mathrm{d}P_{\mathrm{r}}=r\Omega\sin\varphi\mathrm{d}F_{\mathrm{a}} \tag{5-54}$$

从式（5-51）可知

$$\mathrm{d}F_{\mathrm{a}}=\Delta w\mathrm{d}q_{\mathrm{m}} \tag{5-55}$$

将式（5-55）代入式（5-54），得

$$\mathrm{d}P_{\mathrm{r}}=r\Omega\sin\varphi\Delta w\mathrm{d}q_{\mathrm{m}} \tag{5-56}$$

将式（5-47）代入式（5-56），得

$$\mathrm{d}P_{\mathrm{r}}=r\Omega\sin\varphi\Delta w\times2\pi\rho r v_{\mathrm{d}}\mathrm{d}r \tag{5-57}$$

由图5-10可知

$$\boldsymbol{v}_{\mathrm{d}}=w\sin\varphi=w_1\cos(\alpha_1-\varphi)\sin\varphi \tag{5-58}$$

$$\Delta w=2w_1\sin(\alpha_1-\varphi) \tag{5-59}$$

将式（5-58）、（5-59）代入式（5-57），得

$$\mathrm{d}P_{\mathrm{r}}=2\pi\rho r^2\Omega w_1^2\sin2(\alpha_1-\varphi)\sin^2\varphi\mathrm{d}r \tag{5-60}$$

对 $\mathrm{d}P_{\mathrm{r}}$关于 $\varphi$ 求导得

$$\frac{\partial(\mathrm{d}P_{\mathrm{r}})}{\partial\varphi}=4\pi\rho r^2\Omega w_1^2\sin\varphi\sin(2\alpha_1-3\varphi)\mathrm{d}r$$

令$\dfrac{\partial(\mathrm{d}P_{\mathrm{r}})}{\partial\varphi}=0$，得最佳气流倾角 $\varphi=\dfrac{2}{3}\alpha_1$。这表明，当风沿着最佳气流倾角吹向风轮时，环形微元获取的风功率最大。且有

$$\tan\alpha_1=\frac{\boldsymbol{v}_1}{r\Omega}=\frac{1}{r\Omega/\boldsymbol{v}_1}=\frac{R}{r\dfrac{R\Omega}{\boldsymbol{v}_1}}=\frac{R}{r\lambda}$$

将式 $\varphi=\dfrac{2}{3}\alpha_1$代入式（5-60），可得

$$\mathrm{d}P_{\mathrm{r\,max}}=2r^2\Omega\rho\pi w_1^2\sin^3\frac{2}{3}\alpha_1\mathrm{d}r \tag{5-61}$$

环形微元上，最佳风能利用系数

$$C_{\mathrm{P\,max}}^{\mathrm{r}}=\frac{\mathrm{d}P_{\mathrm{r\,max}}}{\dfrac{1}{2}\rho v_1^3\times2\pi r\mathrm{d}r}=\frac{2r\Omega w_1^2\sin^3\dfrac{2}{3}\alpha_1}{v_1^2}=\frac{2r\Omega[v_1^2+(\Omega r)^2]\sin^3\dfrac{2}{3}\alpha_1}{v_1^2}$$

$$=2\lambda_{\mathrm{r}}(1+\lambda_{\mathrm{r}}^2)\sin^3\frac{2}{3}\alpha_1$$

式中
$$\alpha_1=\arctan\frac{1}{\lambda_r}=\arctan\frac{R}{r\lambda}$$

对式（5-61）表示的环形微元功率在整个风轮上积分，并考虑到 $w_1=v_1/\sin\alpha_1$，就得到整个风轮的功率

$$P_{\max}=\int_0^R 2\rho\Omega\pi r^2 v_1^2\frac{\sin^3\left(\frac{2}{3}\alpha_1\right)}{\sin^2\alpha_1}\mathrm{d}r$$
$$=\frac{1}{2}\rho\pi R^2 v_1^3\int_0^1 4\lambda\left(\frac{r}{R}\right)^2\frac{\sin^3\left(\frac{2}{3}\alpha_1\right)}{\sin^2\alpha_1}\mathrm{d}\left(\frac{r}{R}\right)$$

最佳风能利用系数

$$C_{\mathrm{P\,max}}=\frac{P_{\max}}{\frac{1}{2}\rho v_1^3\pi R^2}=\int_0^1 4\lambda\left(\frac{r}{R}\right)^2\frac{\sin^3\left(\frac{2}{3}\alpha_1\right)}{\sin^2\alpha_1}\mathrm{d}\left(\frac{r}{R}\right)$$

进一步说明诱导因子的求法。

由图 5-10 和式（5-59）可得

$$\Delta v=2w_1\sin(\alpha_1-\varphi)\cos\varphi \tag{5-62}$$
$$\Delta u=2w_1\sin(\alpha_1-\varphi)\sin\varphi \tag{5-63}$$

式中　$\Delta v$、$\Delta u$——分别是 $\Delta\boldsymbol{w}$ 的轴向和切向分量。

$$w_1=\frac{v_1}{\sin\alpha_1}=\frac{\Omega r}{\cos\alpha_1} \tag{5-64}$$

将式（5-64）代入式（5-62）和式（5-63），并考虑到诱导因子的定义，可得轴向诱导因子

$$a=\frac{\Delta v}{2v_1}=\frac{\sin(\alpha_1-\varphi)}{\sin\alpha_1}\cos\varphi \tag{5-65}$$

切向诱导因子

$$a'=\frac{\Delta u}{2\Omega r}=\frac{\sin(\alpha_1-\varphi)}{\cos\alpha_1}\sin\varphi \tag{5-66}$$

若将最佳气流倾角 $\varphi=\frac{2}{3}\alpha_1$ 代入式（5-65），则有

$$a=\frac{\sin\left(\frac{\alpha_1}{3}\right)}{\sin\alpha_1}\cos\left(\frac{2\alpha_1}{3}\right)=\frac{1-2\sin^2\left(\frac{\alpha_1}{3}\right)}{3-4\sin^2\left(\frac{\alpha_1}{3}\right)}$$

于是可得
$$\lim_{\alpha_1\to 0}a=\frac{1}{3} \tag{5-67}$$

将最佳气流倾角 $\varphi=\frac{2}{3}\alpha_1$ 代入式（5-66），又有

$$a'=\frac{\sin\left(\frac{\alpha_1}{3}\right)}{\cos\alpha_1}\sin\left(\frac{2\alpha_1}{3}\right)$$

由式（5-67）可知，对于最佳气流倾角，当周速比 $\lambda_r\to\infty$（即 $\alpha_1\to 0$）时，轴向诱导因子 $a$ 的取值趋近贝兹极限所求出的 $a$ 值 1/3。由于最佳气流倾角算法与诱导速度关系式算法假设的前提是一致的，所得结果仅仅是形式上的差别，如图 5-7 所示。

## 5.3　叶素-动量理论——气流诱导因子算法

在第 5.2 节的讨论中，考虑到旋转尾流。当忽略气流阻力时，得到了二维流场的一些简单的关系式。以下的讨论，将以叶素为研究对象，在考虑气流阻力的条件下求解存在旋转尾流的问题。

对于一个叶片数为 $N$、叶片半径为 $R$、弦长为 $c$、叶素桨距角为 $\beta$ 的风力机，弦长和桨距角都沿着叶片轴线变化。令风轮旋转角速度为 $\Omega$，风速为 $v_\infty$。叶素的切向速度 $\Omega r$ 与风轮厚度中部气流的切向速度 $a'\Omega r$ 之和为二者相对切向流速度，其值为 $(1+a')\Omega r$。图 5-11 所示为在半径为 $r$ 处叶素上的速度和作用力。

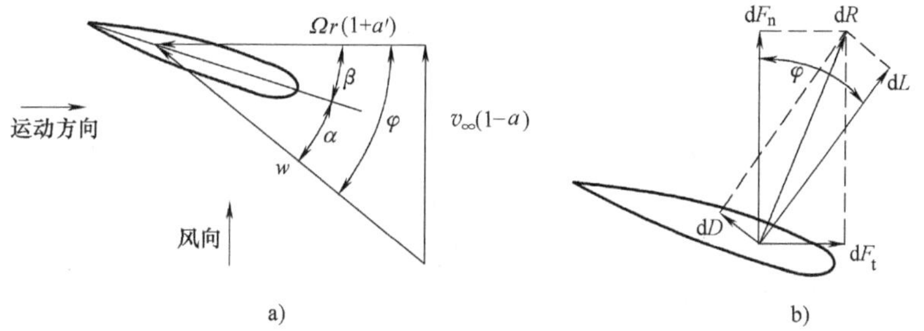


图 5-11　叶素上的速度和作用力

a）速度三角形　b）作用力

从图 5-11 中得到的叶片上的气流相对速度

$$w=\sqrt{v_\infty^2(1-a)^2+\Omega^2 r^2(1+a')^2}$$

相对气流速度与旋转面之间的夹角（称为气流倾角）是 $\varphi$，则

$$\sin\varphi=\frac{v_\infty(1-a)}{w},\tag{5-68}$$

$$\cos\varphi=\frac{\Omega r(1+a')}{w}\tag{5-69}$$

攻角 $\alpha$ 由式（5-70）给出

$$\alpha=\varphi-\beta\tag{5-70}$$

假定作用于叶素上的力仅与叶素扫过的气体的动量变化有关。而邻近叶素的气流之间不发生径向相互作用。

相对气流速度 $w$ 引起的作用在长度为 $\mathrm{d}r$ 叶素上的空气动力 $\mathrm{d}R$ 可以分解为法向力 $\mathrm{d}F_n$ 和切向力 $\mathrm{d}F_t$，$\mathrm{d}F_n$ 可以表示为

$$\mathrm{d}F_n=\frac{1}{2}\rho w^2 cC_n\mathrm{d}r \tag{5-71}$$

式中　$C_n$——法向力系数，且有

$$C_n=C_l\cos\varphi+C_d\sin\varphi \tag{5-72}$$

$\mathrm{d}F_t$ 可以表示为

$$\mathrm{d}F_t=\frac{1}{2}\rho w^2 cC_t\mathrm{d}r \tag{5-73}$$

式中　$C_t$——切向力系数，且有

$$C_t=C_l\sin\varphi-C_d\cos\varphi \tag{5-74}$$

这时，作用在风轮平面 $\mathrm{d}r$ 叶素上的轴向力（推力）可表示为

$$\mathrm{d}F=\frac{1}{2}\rho w^2 NcC_n\mathrm{d}r \tag{5-75}$$

作用在风轮平面 $\mathrm{d}r$ 叶素上的转矩可表示为

$$\mathrm{d}T=\frac{1}{2}\rho W^2 NcC_t r\mathrm{d}r \tag{5-76}$$

由式（5-27）和式（5-75）可得

$$a(1-a)=\frac{\sigma W^2}{4v_\infty^2}C_n \tag{5-77}$$

式中　$\sigma$——弦长实度。定义为给定半径下的总叶片弦长除以该半径的周长。即

$$\sigma=\frac{Nc}{2\pi r} \tag{5-78}$$

由式（5-68）和式（5-77）可得

$$\frac{a}{1-a}=\frac{\sigma C_n}{4\sin^2\varphi} \tag{5-79}$$

同样，由式（5-30）、式（5-76）和式（5-78）可得

$$a'(1-a)=\frac{\sigma W^2}{4v_\infty\Omega r}C_t \tag{5-80}$$

由式（5-69）和式（5-80）可得

$$\frac{a'}{1+a'}=\frac{\sigma C_t}{4\sin\varphi\cos\varphi} \tag{5-81}$$

由式（5-79）和式（5-81）组成方程组，利用迭代法可以求得气流诱导因子 $a$ 和 $a'$。

若给出风力机叶片具体技术参数，如叶片数、叶片长度、翼型特征，则可以根据翼型实验数据计算出该类型风力机在不同工况下功率输出和其他气动特性。另外，叶素-动量理论为初步设计不同功率级别的大型风力机叶片气动外形提供了较好的理论依据。

下面对动量-叶素理论具体实施步骤做简要说明。

1）将长度为 $R$ 的叶片分割成 $n$ 等份，形成 $n$ 份相互独立的叶素，并确定每份叶素所代表的翼型。

2）独立处理每一叶素，对轴向和切向诱导因子 $a$ 和 $a'$ 初始化，通常取 $a=a'=0$。

3）按式（5-68）确定各叶素气流倾角 $\varphi$。

4）按式（5-70）确定各叶素局部攻角 $\alpha$。

5）从实验数据表格中读取各叶素升力系数 $C_l$、阻力系数 $C_d$。

6）按式（5-72）、式（5-74）计算法向力系数 $C_n$ 和切向力系数 $C_t$。

7）利用式（5-79）、式（5-81）计算轴向和切向诱导因子 $a$ 和 $a'$。即

$$a=\frac{1}{\dfrac{4\sin^2\varphi}{\sigma C_n}+1}$$

$$a'=\frac{1}{\dfrac{4\sin\varphi\cos\varphi}{\sigma C_t}-1}$$

8）检验诱导因子 $a$ 和 $a'$ 的变化是否小于容许偏差，否则返回步骤 3）重新计算。

应该指出，叶素-动量理论与简化旋转尾流模型所得结果会略有不同。这是因为简化旋转尾流模型在推导式（5-43）时，忽略了气动阻力。但式（5-32）、式（5-34）和式（5-35）等对叶素-动量理论依然适用。

求得 $a$ 和 $a'$ 以后，进而可以应用式（5-32）求出作用于整个风轮上的转矩，应用式（5-34）可以求出整个风轮上输出的功率，应用式（5-35）可以求出整个风轮风能利用系数。

## 5.4　叶素-动量理论——气流干扰因子算法

气流干扰因子算法也考虑了由于尾流旋转产生的切向速度。出发点与气流诱导因子算法类似，所得计算结果是相同的。但气流干扰因子算法更常用于风轮设计。图 5-12 所示为叶素所受的空气动力。

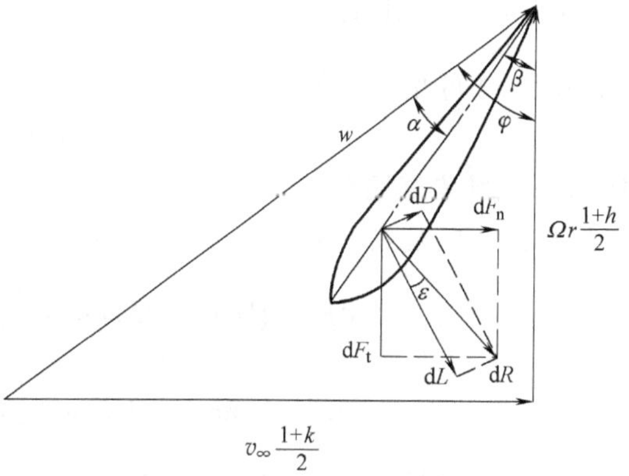


图 5-12　叶素受力

设在风轮后方的气流中，流体相对叶片旋转的角速度为

$$\Omega+\Delta\Omega=h\Omega \tag{5-82}$$

式中　$h$——切向干扰因子；

$\Delta\Omega$——气流旋转角速度，单位为 rad/s。

则

$$\Delta\Omega=(h-1)\Omega \tag{5-83}$$

根据以上条件，气流在叶素处的相对旋转角速度

$$\Omega+\frac{\Delta\Omega}{2}=\frac{\Omega(1+h)}{2} \tag{5-84}$$

在风轮［$r$，$r+dr$］区间的环域内，气流相对切线速度

$$u'=\Omega r\frac{1+h}{2} \tag{5-85}$$

根据第 5.2 节的假设，叶素的切向速度 $\Omega r$ 与风轮厚度中部气流的切向速度 $a'\Omega r$ 之和为

二者相对切向流速度 $u'$，其值为 $(1+a')\Omega r$。代入式（5-85）可得

$$(1+a')\Omega r=\Omega r\frac{1+h}{2} \tag{5-86}$$

由式（5-86）可以得到切向干扰因子 $h$ 和切向诱导因子 $a'$ 的关系，即

$$h=1+2a' \tag{5-87}$$

或者

$$a'=\frac{h-1}{2} \tag{5-88}$$

设风轮尾流远端的气流速度与上游未受扰动处的气流速度的关系为

$$v_w=kv_\infty \tag{5-89}$$

式中　$k$——轴向干扰因子。

比较式（5-11），可得轴向干扰因子 $k$ 和轴向诱导因子 $a$ 的关系，即

$$k=1-2a \tag{5-90}$$

或者

$$a=\frac{1-k}{2} \tag{5-91}$$

从图 5-12 可得该叶素内气流的相对速度

$$w=\frac{v_\infty(1+k)}{2\sin\varphi}=\frac{\Omega r(1+h)}{2\cos\varphi} \tag{5-92}$$

气流倾角 $\varphi$ 的余切

$$\cot\varphi=\frac{\Omega r}{v_\infty}\times\frac{1+h}{1+k}=\lambda_r\times\frac{1+h}{1+k} \tag{5-93}$$

式中　$\lambda_r=\dfrac{\Omega r}{v_\infty}$——周速比。

由图 5-12 可见，攻角

$$\alpha=\varphi-\beta \tag{5-94}$$

式中　$\beta$——叶素桨距角。

由图 5-12 以及式（5-71）、式（5-73）可得叶素所受的轴向分力 $dF_n$ 和切向分力 $dF_t$

$$dF_n=dL\cos\varphi+dD\sin\varphi=\frac{1}{2}\rho cw^2(C_l\cos\varphi+C_d\sin\varphi)dr \tag{5-95}$$

$$dF_t=dL\sin\varphi-dD\cos\varphi=\frac{1}{2}\rho cw^2(C_l\sin\varphi-C_d\cos\varphi)dr \tag{5-96}$$

由图 5-12 可见，$\tan\varepsilon=C_d/C_l$，则有

$$dF_n=\frac{1}{2}\rho cw^2C_l\frac{\cos(\varphi-\varepsilon)}{\cos\varepsilon}dr \tag{5-97}$$

$$dF_t=\frac{1}{2}\rho cw^2C_l\frac{\sin(\varphi-\varepsilon)}{\cos\varepsilon}dr \tag{5-98}$$

对于叶片数为 $N$ 的风轮，在 $[r,\ r+dr]$ 区间的环域内，气流所产生的轴向推力

$$dF_r=NdF_n=\frac{1}{2}N\rho cw^2C_l\frac{\cos(\varphi-\varepsilon)}{\cos\varepsilon}dr \tag{5-99}$$

气流对风轮 [$r$, $r+\mathrm{d}r$] 区间的转矩为

$$\mathrm{d}T=Nr\mathrm{d}F_{\mathrm{t}}=\frac{1}{2}\rho Ncrw^2C_1\frac{\sin(\varphi-\varepsilon)}{\cos\varepsilon}\mathrm{d}r \tag{5-100}$$

下面将分析风轮给予流过它的 [$r$, $r+\mathrm{d}r$] 区间空气的反作用力。由式 (5-13) 可得

$$\mathrm{d}F'_{\mathrm{r}}=2\rho v_\infty^2 a(1-a)\mathrm{d}A_{\mathrm{d}} \tag{5-101}$$

将式 (5-91) 代入式 (5-101)，并考虑到 $\mathrm{d}A_{\mathrm{d}}=2\pi r\mathrm{d}r$，轴向流过环形单元的空气在该方向所受的推力 $\mathrm{d}F'_{\mathrm{r}}$为

$$\mathrm{d}F'_{\mathrm{r}}=\rho\pi rv_\infty^2(1-k^2)\mathrm{d}r \tag{5-102}$$

再考虑流动空气角动量矩的变化，可得气流所受的转矩 $\mathrm{d}T'$

$$\mathrm{d}T'=r^2\Delta\Omega\mathrm{d}q_{\mathrm{m}} \tag{5-103}$$

由于

$$\mathrm{d}q_{\mathrm{m}}=2\pi\rho rv_{\mathrm{d}}\mathrm{d}r=\pi\rho rv_\infty(1+k)\mathrm{d}r \tag{5-104}$$

将式 (5-83) 和式 (5-104) 代入式 (5-103)，得

$$\mathrm{d}T'=\rho\pi v_\infty\Omega r^3(1+k)(h-1)\mathrm{d}r \tag{5-105}$$

由于 $\mathrm{d}F_{\mathrm{r}}=\mathrm{d}F'_{\mathrm{r}}$，由式 (5-99)、式 (5-102) 得到

$$C_1Nc=\frac{2\pi rv_\infty^2(1-k^2)\cos\varepsilon}{w^2\cos(\varphi-\varepsilon)}=\frac{8\pi r(1-k)\cos\varepsilon\sin^2\varphi}{(1+k)\cos(\varphi-\varepsilon)} \tag{5-106}$$

同样，由于 $\mathrm{d}T=\mathrm{d}T'$，由式 (5-100)、式 (5-105) 得到

$$C_1Nc=\frac{2\pi\Omega r^2v_\infty(1+k)(h-1)\cos\varepsilon}{w^2\sin(\varphi-\varepsilon)}=\frac{4\pi r(h-1)\sin2\varphi\cos\varepsilon}{(h+1)\sin(\varphi-\varepsilon)} \tag{5-107}$$

式 (5-106) 和式 (5-107) 又可写成

$$\frac{1-k}{1+k}=\frac{C_1Nc\cos(\varphi-\varepsilon)}{8\pi r\sin^2\varphi\cos\varepsilon} \tag{5-108}$$

$$\frac{h-1}{h+1}=\frac{C_1Nc\sin(\varphi-\varepsilon)}{4\pi r\cos\varepsilon\sin2\varphi} \tag{5-109}$$

对于已知的风轮，$C_1$、$N$、$\varepsilon$、$c$ 等参数已知，而 $\varphi=\varphi(k,\ h)$。由式 (5-108) 和式 (5-109) 用迭代法可以求得气流干扰因子 $k$ 和 $h$。

气流流过 [$r$, $r+\mathrm{d}r$] 区间的环域时，对风轮产生的功率

$$\mathrm{d}P_{\mathrm{r}}=\Omega\mathrm{d}T'=\rho\pi v_\infty\Omega^2r^3(1+k)(h-1)\mathrm{d}r \tag{5-110}$$

风轮 [$r$, $r+\mathrm{d}r$] 区间的风能利用系数

$$C_{\mathrm{P}}^{\mathrm{r}}=\frac{\mathrm{d}P_{\mathrm{r}}}{\rho\pi rv_\infty^3\mathrm{d}r}=\lambda_{\mathrm{r}}^2(1+k)(h-1) \tag{5-111}$$

整个风轮的风能利用系数

$$C_{\mathrm{P}}=\frac{\int_0^R\mathrm{d}P_{\mathrm{r}}}{\frac{1}{2}\rho v_\infty^3\pi R^2}=\frac{2\lambda^2}{R^4}\int_0^R(h-1)(1+k)r^3\mathrm{d}r \tag{5-112}$$

如果采用式 (5-87) 和式 (5-90)，用轴向诱导因子 $a$ 替换轴向干扰因子 $k$，用切向诱导因子 $a'$替换切向干扰因子 $h$，可见式 (5-112) 与简化旋转尾流模型得出的式 (5-35) 形

式上是相同的。

气流干扰因子算法还可以在不同条件下进行简化，简化解更为简单，也较为常用。

**1. $\varepsilon=0$ 的简化解**

为了获得气流干扰因子 $k$ 和 $h$ 的解析解，将式（5-108）和式（5-109）相除可得

$$\frac{(1-k)(h+1)}{(1+k)(h-1)}=\cot(\varphi-\varepsilon)\cot\varphi \tag{5-113}$$

在风轮正常运行时 $\tan\varepsilon=\mathrm{d}D/\mathrm{d}L=C_{\mathrm{d}}/C_{\mathrm{l}}$的值一般都很小，对于普通的叶素，攻角接近最佳之时，$\tan\varepsilon$ 大约是 0.02。忽略阻力，即认为图 5-12 中 $\varepsilon=0$，并且应用式（5-93），则有

$$\frac{(1-k)(h+1)}{(1+k)(h-1)}=\cot^2\varphi=\lambda_{\mathrm{r}}^2\frac{(1+h)^2}{(1+k)^2}$$

从而得

$$\lambda_{\mathrm{r}}^2=\frac{1-k^2}{h^2-1} \tag{5-114}$$

$$h=\sqrt{1+\frac{1-k^2}{\lambda_{\mathrm{r}}^2}} \tag{5-115}$$

将式（5-115）代入式（5-111）得

$$C_{\mathrm{P}}^{\mathrm{r}}=\lambda_{\mathrm{r}}^2(1+k)\left(\sqrt{1+\frac{1-k^2}{\lambda_{\mathrm{r}}^2}}-1\right) \tag{5-116}$$

最佳叶片应满足在叶片各处 $C_{\mathrm{P}}$都达到最大值，亦即对于给定的 $\lambda_{\mathrm{r}}$，使$\frac{\mathrm{d}C_{\mathrm{p}}^{\mathrm{r}}}{\mathrm{d}k}=0$。可得

$$4k^3-3k(\lambda_{\mathrm{r}}^2+1)+\lambda_{\mathrm{r}}^2+1=0 \tag{5-117}$$

为了求解上式，可令

$$k=\sqrt{\lambda_{\mathrm{r}}^2+1}\cos\psi \tag{5-118}$$

将式（5-118）代入式（5-117），并将各项除以（$\lambda_{\mathrm{r}}^2+1$）$^{3/2}$，得

$$4\cos^3\psi-3\cos\psi+\frac{1}{\sqrt{\lambda_{\mathrm{r}}^2+1}}=0 \tag{5-119}$$

即

$$\cos3\psi=-\frac{1}{\sqrt{\lambda_{\mathrm{r}}^2+1}} \tag{5-120}$$

从而可解得

$$\psi=\frac{1}{3}\arctan\lambda_{\mathrm{r}}+\frac{\pi}{3} \tag{5-121}$$

对于给定的 $\lambda_{\mathrm{r}}$，由式（5-121）求出 $\psi$，由式（5-118）求出 $k$，将求得的 $k$ 值代入式（5-116），即可得出 $C_{\mathrm{p\,max}}^{\mathrm{r}}$。

**2. $h=1$，$k=1/3$ 的简化解**

对于高速风轮，在最佳工作状态时，上述条件可以近似满足。将 $k=1/3$ 代入式（5-106）得

$$C_{\mathrm{l}}Nc=4\pi r\frac{\sin^2\varphi\cos\varepsilon}{\cos(\varphi-\varepsilon)} \tag{5-122}$$

将式（5-122）分母 $\cos(\varphi-\varepsilon)$ 展开，可得

$$C_l Nc = 4\pi r \frac{\tan^2\varphi\cos\varphi}{1+\tan\varphi\tan\varepsilon} \tag{5-123}$$

当 $h=1$，$k=1/3$ 时，由图 5-12 可得

$$\tan\varphi = \frac{v_d}{\Omega r} = \frac{2v_\infty}{3\Omega r} = \frac{2}{3\lambda_r} \tag{5-124}$$

又考虑到

$$\cos\varphi = \frac{1}{\sec\varphi} = \frac{1}{\sqrt{1+\tan^2\varphi}} \tag{5-125}$$

将式（5-124）和式（5-125）代入式（5-123），可以得到

$$C_l Nc = \frac{16\pi r}{9\lambda_r\sqrt{\lambda_r^2+\frac{4}{9}}\left(1+\frac{2}{3\lambda_r}\tan\varepsilon\right)} \tag{5-126}$$

如果忽略气流阻力，即令 $\tan\varepsilon=0$，式（5-126）变成

$$C_l Nc = \frac{16\pi r}{9\lambda_r\sqrt{\lambda_r^2+\frac{4}{9}}} \tag{5-127}$$

由于尖速比 $\lambda$ 和周速比 $\lambda_r$ 的关系为 $\lambda_r=\lambda r/R$，代入式（5-127），可得

$$C_l Nc = \frac{16\pi R}{9\lambda\sqrt{\lambda^2\frac{r^2}{R^2}+\frac{4}{9}}} \tag{5-128}$$

式（5-128）就是叶素在最佳状态运行时的参数关系。

叶素-动量理论也被称为葛劳渥特（Glauert）理论。

**例题 5-3**　试分别应用简化的叶素-动量理论和最佳气流倾角算法计算风轮 $[r, r+\mathrm{d}r]$ 区间的风能利用系数，并加以比较。设周速比 $\lambda_r=2.6$。

**解**：首先用简化的叶素-动量理论计算。

由式（5-121）可以得到

$$\psi = \frac{1}{3}\arctan\lambda_r + \frac{\pi}{3} = 82.9875°$$

由式（5-118）可以得到

$$k = \sqrt{\lambda_r^2+1}\cos\psi = 0.3401$$

由式（5-115）可以得到

$$h = \sqrt{1+\frac{1-k^2}{\lambda_r^2}} = 1.0634$$

由式（5-111）可以得到

$$C_P^r = \lambda_r^2(1+k)(h-1) = 0.5743$$

再用最佳气流倾角算法计算。可以得到

$$\alpha_1 = \arctan\frac{1}{r\Omega/v_1} = \arctan\frac{1}{\lambda_r} = 21.0375°$$

环形微元上最佳风能利用系数

$$C_{P\max}^{r} = 2\lambda_r(1+\lambda_r^2)\sin^3\frac{2}{3}\alpha_1 = 0.5743$$

以上计算可见，用简化的叶素-动量理论和最佳气流倾角算法计算风轮［$r$，$r+dr$］区间的风能利用系数结果相同，后者更为简便。

## 5.5 风轮整体参数

对所有的叶素都已经应用叶素-动量理论算法之后，就求得了法向和切向载荷分布，因此也能计算出风能利用系数、推力和叶根弯矩等整体参数。在半径 $r_i$ 处的叶片的每一部分的单位长度上的切向力 $F_{t,i}$ 已知，并且假设切向力在半径 $r_i$ 与半径 $r_{i,i+1}$ 之间线性变化，如图 5-13 所示。

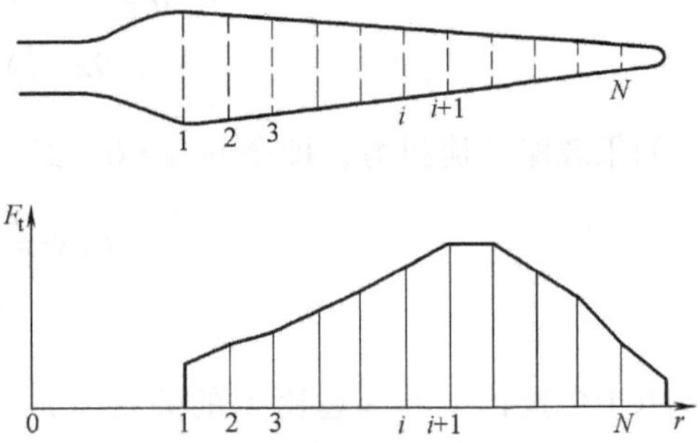


图 5-13 风轮整体参数计算

这样，半径 $r_i$ 与半径 $r_{i,i+1}$ 之间的载荷 $F_t$ 就是

$$F_t = A_i r + B_i$$

式中

$$A_i = \frac{F_{t,i+1} - F_{t,i}}{r_{i+1} - r_i}$$

$$B_i = \frac{F_{t,i} r_{i+1} - F_{t,i+1} r_i}{r_{i+1} - r_i}$$

叶片长度为 $dr$ 的微元部分上的转矩 $dT$ 为

$$dT = rF_t dr = (A_i r^2 + B_i r)dr$$

这样，半径 $r_i$ 与半径 $r_{i,i+1}$ 之间线性变化的切向载荷对整个轴转矩的贡献 $T_{i,i+1}$ 就是

$$T_{i,i+1} = \left[\frac{1}{3}A_i r^3 + \frac{1}{2}B_i r^2\right]_{r_i}^{r_{i+1}} = \frac{1}{3}A_i(r_{i+1}^3 - r_i^3) + \frac{1}{2}B_i(r_{i+1}^2 - r_i^2)$$

整个轴转矩 $T$ 就是单个叶片上的所有转矩贡献 $T_{i,i+1}$ 之和乘以风轮的叶片数 $N$

$$T = N\sum_{1}^{N-1} T_{i,i+1}$$

## 5.6 风力机经典动力学理论比较

风力机经典动力学理论的本质是确定诱导速度 $\Delta W$，进而求得局部攻角。然后，就可以求得法向和切向载荷分布，也可以计算推力、叶根弯矩和风能利用系数等参数。

一维动量理论仅考虑了气流的轴向运动，引入轴向诱导因子 $a$，求得了当 $a=1/3$ 时，风能利用系数 $C_P$ 的最大值为 $C_{P\max}=16/27$。

简化旋转尾流模型在考虑气流的轴向运动的同时，还考虑了由于尾流旋转产生的切向速度。诱导速度关系式算法通过求极值求得了轴向诱导因子 $a$ 和切向诱导因子 $a'$ 的关系式。最佳气流倾角算法引入气流倾角 $\varphi$ 为参变量，求得了当相对气流沿着最佳气流倾角 $\varphi=2\alpha_1/3$ 吹向叶片时，风轮获取的风功率最大。

叶素-动量理论也同时考虑气流的轴向运动和尾流旋转产生的切向速度，此外，还考虑了有限叶片数的影响。并以叶素为研究对象，同时引入参变量轴向诱导因子 $a$（或轴向干扰因子 $k$）和切向诱导因子 $a'$（或切向干扰因子 $h$）。并且，可以根据风轮的具体参数（$C_1$、$N$、$\varepsilon$、$c$ 等）求出 $a$ 值（或 $k$ 值）和 $a'$值（或 $h$ 值）。进而可以求出不同工况下气流对叶素的驱动力矩和推力。由于在一般情况下，求 $a$ 值（或 $k$ 值）和 $a'$值（或 $h$ 值）需要采用迭代法，问题的求解较为复杂。如果忽略叶素所受的阻力（令 $\varepsilon=0$），可以使问题得到简化。但是叶素-动量理论所求得的驱动力矩、推力和风能利用系数等工作参数局限于对象叶素所在圆环微元之上，如果要求整个风轮的工作参数，需要对所有圆环微元求和或积分。

实际上，简化旋转尾流模型与简化的叶素-动量理论是可以相互验证的。从图 5-9 可得

$$w_3=\sqrt{v_{\mathrm{w}}^2+(\Omega r+\Delta u)^2}=\sqrt{v_{\mathrm{w}}^2+(h\Omega r)^2} \tag{5-129}$$

将式（5-89）和式（5-115）代入式（5-129），化简得

$$w_3=\sqrt{v_\infty^2+(\Omega r)^2}=w_1 \tag{5-130}$$

这就是式（5-44）所示的最佳气流倾角算法的前提条件。

上述的风力机动力学理论都是以动量定理为核心的。差别是假设条件不同，由于限制条件的增加，所得结果也渐趋复杂。几种动力学理论的比较见表 5-1。

**表 5-1　风力机动力学理论比较**

| 名称 | 对象 | 尾流切向速度 $\Delta\Omega r$ | 叶片数 $N$ | 阻力系数 $C_{\mathrm{d}}$ | 最佳风能利用系数 $C_{\mathrm{Pmax}}$ | 最佳条件 |
|---|---|---|---|---|---|---|
| 一维模型 | 致动盘 | 0 | ∞ | 0 | 16/27 | $k=1/3$ |
| 诱导速度关系式算法 | 圆环微元 | >0 | ∞ | 0 | 式(5-35) | $a'=\dfrac{1-3a}{4a-1}$ |
| 最佳气流倾角算法 | 圆环微元 | >0 | ∞ | 0 | $2\lambda_{\mathrm{r}}(1+\lambda_{\mathrm{r}}^2)\sin^3\dfrac{2}{3}\alpha_1$ | $\varphi=2\alpha_1/3$ |
| 简化叶素-动量理论（$\varepsilon=0$） | 叶素 | >0 | 有限值 | 0 | 式(5-116) | $k=\sqrt{\lambda_{\mathrm{r}}^2+1}\cos\psi$ |
| 叶素-动量理论 | 叶素 | >0 | 有限值 | >0 | 式(5-112)取最大值 | — |

## 5.7　风力机的实际风能利用系数

图 5-14 所示为实际风力机的风能利用系数与叶尖速比的关系曲线。由图 5-14 可见，实际风力机的风能利用系数要低于理想风力机的风能利用系数。造成风能利用系数低于贝茨极限的原因主要有 3 点：1）考虑风力机尾流的实际角动量后，风轮风能利用系数为叶尖速比的函数，只有当叶尖速比变为无限大时，风能利用系数才接近于贝茨极限。2）在风轮运行中，叶片的气动阻力进一步降低了风能利用系数。3）风轮有限的叶片数是造成风能利用系

数低于贝茨极限的又一原因。

从图 5-14 的虚线还可以看到，对于特定风力机存在唯一的 $\lambda_{opt}$，当 $\lambda=\lambda_{opt}$ 时，风能利用系数 $C_P$ 取最大值 $C_{P\max}$。而 $\lambda_{opt}$ 的取值与叶片数相关。

这里将简要分析造成实际风力机的风能利用系数下降的各种主要影响因素。

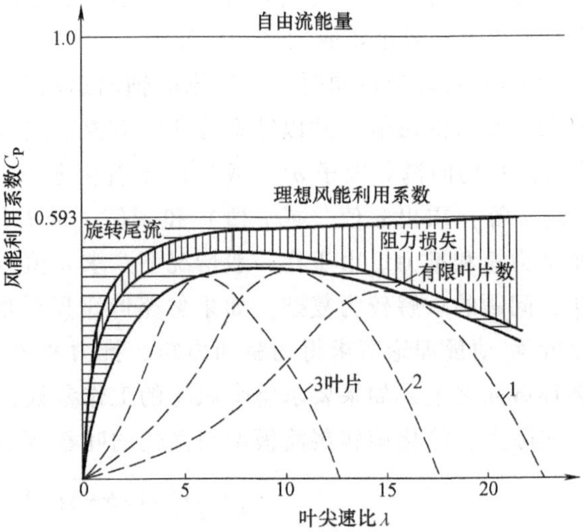


图 5-14　风力机的风能利用系数

## 5.7.1　空气阻力的影响

当图 5-12 中 $\varepsilon$ 角比较大时，即空气对叶片阻力较大，会使风能利用系数下降，这里作简要讨论。风轮 $[r, r+dr]$ 区间的功率

$$dP_r=\Omega dT \tag{5-131}$$

式中　$dT=NrdF_t$

由式（5-96）　$dF_t=\frac{1}{2}\rho cw^2(C_1\sin\varphi-C_d\cos\varphi)dr$

于是
$$dP_r=\Omega NrdF_t=\frac{1}{2}\rho\Omega Nrcw^2(C_1\sin\varphi-C_d\cos\varphi)dr \tag{5-132}$$

当不计气动阻力损失 $C_d=0$，此时风轮 $[r, r+dr]$ 区间的功率

$$dP_r^0=\frac{1}{2}\rho\Omega Nrcw^2C_1\sin\varphi dr \tag{5-133}$$

由式（5-132）和式（5-133）可得风轮 $[r, r+dr]$ 区间气动阻力影响的效率

$$\eta_d=1-\frac{C_d}{C_1\tan\varphi}=1-\frac{1}{\cot\varepsilon\tan\varphi} \tag{5-134}$$

式中　$\cot\varepsilon=\frac{C_1}{C_d}$——升阻比。

由图 5-11 可见

$$\tan\varphi=\frac{v_\infty(1-a)}{\Omega r(1+a')} \tag{5-135}$$

对于一维优化解，$a=1/3$，$a'=0$，代入式（5-135），得

$$\tan\varphi=\frac{2v_\infty}{3\Omega r} \tag{5-136}$$

将式（5-136）代入式（5-134）得

$$\eta_d=1-\frac{3r\lambda}{2R\cot\varepsilon} \tag{5-137}$$

假设叶片的翼型不变，攻角为常数，则升阻比与半径 $r$ 无关。则风轮总功率

$$P=\frac{16}{27}\times\frac{\rho}{2}v_\infty^3\int_0^R 2\pi\eta_{\mathrm{d}}r\mathrm{d}r=\frac{16}{27}\times\frac{\rho}{2}v_\infty^3\int_0^R 2\pi\left(1-\frac{3r\lambda}{2R\cot\varepsilon}\right)r\mathrm{d}r$$
$$=\frac{16}{27}\times\frac{\rho}{2}v_\infty^3\pi R^2\left(1-\frac{\lambda}{\cot\varepsilon}\right)$$

考虑阻力时风能利用系数

$$C_{\mathrm{P}}=\frac{P}{\frac{\rho}{2}v_\infty^3\pi R^2}=\frac{16}{27}\left(1-\frac{\lambda}{\cot\varepsilon}\right)\tag{5-138}$$

从式（5-138）可见，风能利用系数下降值大致与升阻比成反比，与尖速比成正比。

## 5.7.2　有限叶片数的影响

圆盘理论假定叶片数是无限的，实际上叶片是有限的。此时，由于有一较大的涡流汇集将造成能量损失，为了估计这些能量损失，引入一个有效直径 $D'$ 来替代真实的直径 $D$，且有

$$D'=D-0.44b\tag{5-139}$$

式中，$b$ 为叶尖处叶片距离在垂直来流方向上的投影，如图 5-15 所示。

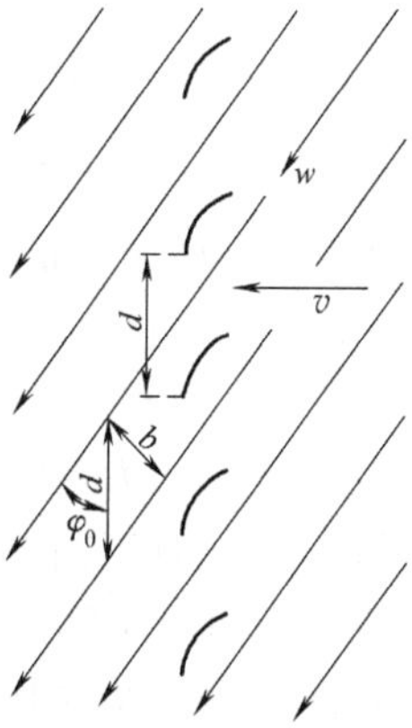

图 5-15　叶片间的气流分布

由图 5-15 可见，叶尖处叶片距离

$$d=\pi D/N\tag{5-140}$$

式中　$N$——叶片数。

于是

$$b=\frac{\pi D}{N}\sin\varphi_0\tag{5-141}$$

式中　$\varphi_0$——叶尖处的气流倾角。

沿用一维优化解，$w\sin\varphi_0=v_{\mathrm{d}}$，$w^2=v_{\mathrm{d}}^2+(R\Omega)^2$，且 $v_{\mathrm{d}}=\frac{2}{3}v_\infty$，故

$$b=\frac{\pi D v_{\mathrm{d}}}{N\ w}=\frac{\frac{2}{3}v_\infty\pi D}{N\sqrt{v_{\mathrm{d}}^2+(R\Omega)^2}}=\frac{\frac{2}{3}v_\infty\pi D}{N\sqrt{\left(\frac{2}{3}v_\infty\right)^2+(R\Omega)^2}}=\frac{2\pi D}{3N\sqrt{\frac{4}{9}+\lambda^2}}\tag{5-142}$$

将式（5-142）代入式（5-139），可得

$$D'=D-0.44\frac{2\pi D}{3N}\times\frac{1}{\sqrt{\frac{4}{9}+\lambda^2}}\tag{5-143}$$

由于功率与直径的平方成正比，故考虑有限叶片数后，效率为

$$\eta_{\mathrm{b}}=\frac{P'}{P}=\left(\frac{D'}{D}\right)^2=\left(1-\frac{0.92}{N\sqrt{\frac{4}{9}+\lambda^2}}\right)^2\tag{5-144}$$

当叶尖速比 $\lambda>2$ 时，效率可简化成

$$\eta_b = 1-\frac{1.84}{N\lambda} \tag{5-145}$$

可见有限叶片数的影响降低了风力机的效率，其下降值与叶片数目和叶尖速比乘积成反比。在一般情况下，叶片数和叶尖速比的数值应该相互匹配。当叶片数增加时，叶尖速比的值应该减小（见表 4-2），以便使风力机工作在最佳状态。故叶片数的影响使风力机的效率降低的幅度随尖速比的变化并不是很大。

**例题 5-4** 对于 3 叶片风力机，假设叶尖速比 $\lambda=7.5$，升阻比 $E=\cot\varepsilon=C_1/C_n=50$，分析 $r=\frac{3}{4}R$ 处空气阻力和叶片数对叶素风能利用系数的影响。

**解**：阻力的影响：由式（5-137）

$$\eta_d = 1-\frac{3r\lambda}{2R\cot\varepsilon} = 1-\frac{3\times\frac{2}{3}R\times7.5}{2R\times50} = 0.85$$

叶片数的影响：由式（5-145）

$$\eta_b = 1-\frac{1.84}{N\lambda} = 1-\frac{1.84}{3\times7.5} = 0.918$$

在计及空气阻力和叶片数对叶素风能利用系数的影响时，最大的风能利用系数

$$C_P = \frac{16}{27}\eta_d\eta_b = \frac{16}{27}\times0.85\times0.918 = 0.4624$$

图 5-16 所示为空气阻力和叶片数对风力机的影响。即不同叶片升阻比 $E$（$E=C_l/C_d$）、不同叶片数 $N$ 条件下风力机风能利用系数 $C_P$ 与叶尖速比 $\lambda$ 的关系。

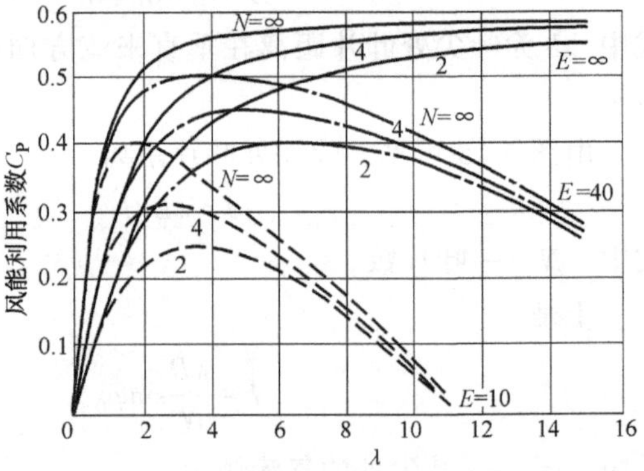


图 5-16 风能利用系数 $C_P$ 与叶尖速比 $\lambda$ 的关系

## 5.8 风力机动力学参数的修正

由于影响风力机的因素很多，理论分析不得不忽略一些次要因素，计算结果与实验结果存在某些误差。为解决此问题，研究者进行了大量试验，得出一些经验公式。这里仅介绍一些常用的例子。

### 5.8.1 应用叶尖和轮毂损失系数的修正

对于有限长的叶片，当气流以正攻角流过叶素时，叶片下表面的压力大于上表面的压力，压力高的下表面气体有流往低压的上表面的倾向。在无限长叶片情形下，叶片两端都延伸到无限远处，纵然有上述趋势，空气也无法从下表面流入上表面。而对于有限长叶片，则在上、下表面压力差的作用下，空气要从下表面绕过叶尖翻转到上表面，结果在叶片下表面产生向外的横向速度分量，在上表面则正好相反，产生向内的横向速度分量。因此，在这种流动的自然平衡条件下，在叶梢处的上、下表面的压力差被平衡为零，这使有限长叶片下表

面的压力形成了中间高而向两侧逐渐降低的分布；而在上表面则与此相反，压力由两端最高处向中心处降低。因此，上、下叶片面的压力差和升力沿长度的分布是变化的，由中间的最大值向两端逐渐降低，在叶尖处为零，这和无限长叶片升力均匀分布的情形很不相同。空气流从叶片下表面流向上表面，结果在叶尖和叶根产生旋涡，如图 5-17 所示。

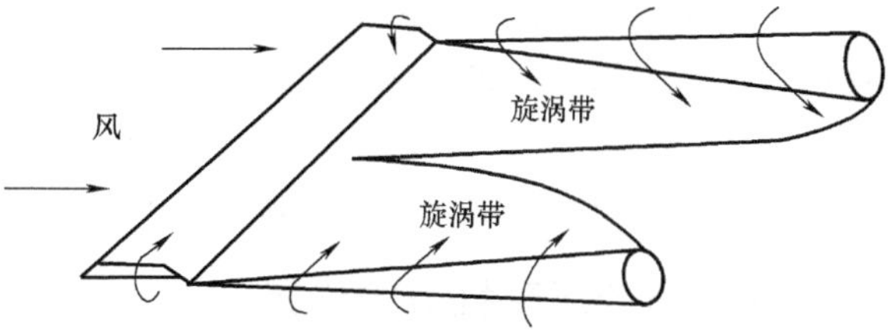

图 5-17 有限翼展形成的旋涡

由图 5-17 可见，在叶片中部的对称面两边的旋涡具有不同的旋转方向，并且在离开叶片后面不远的地方翻卷成两个孤立的大旋涡。随旋涡不断地形成以及叶片运动参数的变化，它们所需的能量供给必然减少气流对叶片所做的功。

沿用旋转尾流模型的假设，忽略阻力，即认为 $\varepsilon=0$，将式（5-27）和式（5-30）改写为

$$\mathrm{d}F=4\pi\rho v_{\infty}^{2}a(1-a)rF_{\mathrm{p}}\mathrm{d}r \tag{5-146}$$

$$\mathrm{d}T=4\pi\rho\Omega v_{\infty}(1-a)a'r^{3}F_{\mathrm{p}}\mathrm{d}r \tag{5-147}$$

式中 $F_{\mathrm{p}}$——叶尖损失系数，又称普朗特（Prandtl）叶尖损失因子，由下式计算

$$F_{\mathrm{p}}=\frac{2}{\pi}\arccos(\mathrm{e}^{-f}) \tag{5-148}$$

此处

$$f=\frac{N(R-r)}{2r\sin\varphi} \tag{5-149}$$

式中 $N$——风轮叶片数；

$R$——整个风轮半径；

$r$——局部半径；

$\varphi$——气流倾角。

使用式（5-146）和式（5-147）可以得到气流诱导因子的表达式为

$$a=\frac{1}{\dfrac{4F_{\mathrm{p}}\sin^{2}\varphi}{\sigma C_{\mathrm{n}}}+1} \tag{5-150}$$

$$a'=\frac{1}{\dfrac{4F_{\mathrm{p}}\sin\varphi\cos\varphi}{\sigma C_{\mathrm{t}}}-1} \tag{5-151}$$

在叶素-动量理论迭代算法（见 5.3 节）的第 7 步中应用式（5-150）和式（5-151）代替原来的气流诱导系数表达式，在第 3 步之后需要添加一步来计算叶尖损失系数 $F_{\mathrm{P}}$。

轮毂对风轮动力学参数的影响可以用轮毂损失系数 $F_{\mathrm{h}}$ 表示，且有

$$F_{\mathrm{h}}=\frac{2\arccos(\mathrm{e}^{-g})}{\pi} \tag{5-152}$$

$$g=\frac{N(r-r_{\mathrm{hub}})}{2r_{\mathrm{hub}}\sin\varphi}$$

式中 $F_h$——轮毂损失系数；

$r_{\mathrm{hub}}$——轮毂半径，单位为 m。

同时考虑叶尖损失和轮毂损失的影响，可以得到总的损失系数 $F_m$，且有

$$F_m=F_p\times F_h \tag{5-153}$$

在求解风轮动力学参数时，只需将式（5-150）和式（5-151）中的 $F_p$ 换成 $F_m$ 即可。

## 5.8.2 应用风轮所受推力的修正

由自由流在圆盘边缘处分离在其下游产生的低静压，以及在上游滞止点产生的高静压在圆盘上引起的巨大推力，比简单动量理论所预测的大很多。当轴向诱导因子约大于 0.4 时，简单的动量理论就不再适用，可以使用推力系数 $C_F$ 和轴向诱导因子 $a$ 之间存在不同经验关系式拟合测量的结果，常用直线和抛物线两种拟合方法。

**1. 直线拟合方法**

经验表明，可以给出一条合适的直线通过实验点。令 $C_{F1}$ 为 $C_F$ 在 $a=1$ 处的经验值，那么该直线必然是动量理论抛物线（见图 5-18）在转折点处的切线，故该直线方程为

$$C_F=C_{F1}-4(\sqrt{C_{F1}}-1)(1-a) \tag{5-154}$$

在转折点处轴向气流诱导因子的值为 $a_c$，则有

$$a_c=1-\frac{1}{2}\sqrt{C_{F1}} \tag{5-155}$$

这样，$C_F$ 的表达式可以写成

$$C_F=\begin{cases}4a(1-a)F_p & a\leqslant a_c\\ [C_{F1}-4(\sqrt{C_{F1}}-1)(1-a)]F_p & a>a_c\end{cases} \tag{5-156}$$

式中 $F_p$——叶尖损失系数。

由式（5-17）的定义，环形单元上的推力系数

$$C_F=\frac{\mathrm{d}F}{\frac{1}{2}\rho v_\infty^2\times 2\pi r\mathrm{d}r} \tag{5-157}$$

从式（5-68）和式（5-71）可得，在叶片数为 $N$ 时，环形单元上的推力

$$\mathrm{d}F=\frac{1}{2}\rho N\frac{v_\infty^2(1-a)^2}{\sin^2\varphi}cC_n\mathrm{d}r \tag{5-158}$$

将式（5-158）代入式（5-157），得

$$C_F=\frac{(1-a)^2\sigma C_n}{\sin^2\varphi} \tag{5-159}$$

由式（5-156）和式（5-159）可得

当 $a\leqslant a_c$ 时

$$4a(1-a)F_p=\frac{(1-a)^2\sigma C_n}{\sin^2\varphi} \tag{5-160}$$

于是有

$$a=\frac{1}{\dfrac{4F_p\sin^2\varphi}{\sigma C_n}+1} \tag{5-161}$$

式（5-161）正好与式（5-150）相同。

当 $a>a_c$ 时

$$[C_{F1}-4(\sqrt{C_{F1}}-1)(1-a)]F_p=\frac{(1-a)^2\sigma C_n}{\sin^2\varphi} \tag{5-162}$$

设

$$k=\frac{F_p\sin^2\varphi}{\sigma C_n} \tag{5-163}$$

将式（5-163）代入式（5-162），可得方程

$$a^2-[2+4k(\sqrt{C_{F1}}-1)]a+1-kC_{F1}+4k(\sqrt{C_{F1}}-1)=0 \tag{5-164}$$

解方程（5-164）则得出

$$a=\frac{1}{2}\left[2+4k(\sqrt{C_{F1}}-1)-\sqrt{[2+4k(\sqrt{C_{F1}}-1)]^2-4[1-kC_{F1}+4k(\sqrt{C_{F1}}-1)]}\right] \tag{5-165}$$

当 $a>a_c$ 时，应该用式（5-165）代替式（5-150）进行求取轴向气流诱导系数 $a$ 的计算。

威尔森（Wilson）修正方法是典型的直线拟合方法，其表达式为

$$C_F=0.587+0.96a \qquad (a>0.38) \tag{5-166}$$

类似于式（5-162）的处理方法，可以有

$$0.587+0.96a=\frac{(1-a)^2\sigma C_n}{\sin^2\varphi}$$

即

$$\frac{0.587+0.96a}{(1-a)^2}=\frac{\sigma C_n}{\sin^2\varphi} \tag{5-167}$$

当 $a>0.38$ 时，应该用式（5-167）代替式（5-150）进行求取轴向气流诱导系数 $a$ 的计算。比较式（5-154）和式（5-166），此时应有 $C_{F1}=1.547$。

实验表明，$C_{F1}$ 一般在 1.5～2 之间，由式（5-155）可得 $a_c$ 处于 0.388～0.293 范围之内。

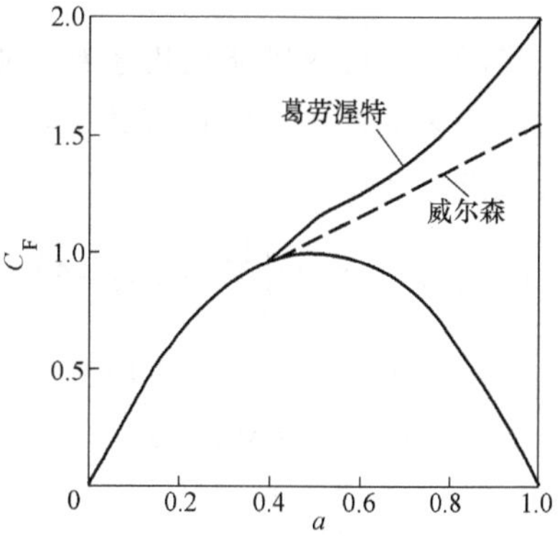


图 5-18　推力系数 $C_F$ 和轴向诱导因子 $a$ 之间的关系

**2. 抛物线拟合方法**

葛劳渥特（Glauert）给出的抛物线拟合方法 $C_F$ 的表达式可以写成

$$C_F=\begin{cases}4a(1-a)F_p & a\leqslant\dfrac{1}{3}\\[2ex] 4a\left[1-\dfrac{1}{4}(5-3a)a\right]F_p & a>\dfrac{1}{3}\end{cases} \tag{5-168}$$

在图 5-18 中，绘制了当 $F_p=1$ 时葛劳渥特抛物线拟合方法和威尔森直线拟合方法的计算结果。并与简

单动量理论进行了对照。

在 GH Bladed 软件包中采用的拟合方法中，$C_F$ 的表达式可以写成

$$C_F=\begin{cases}4a(1-a) & a\leqslant 0.3539\\ 0.6+0.61a+0.79a^2 & a>0.3539\end{cases}$$

### 5.8.3 存在风轮锥角的修正

前文在计算轴向诱导因子 $a$ 和切向诱导因子 $a'$ 时，都假设风轮的锥角 $\chi$ 为零，当风轮的锥角不为零时，则式（5-79）和式（5-81）可分别表示为

$$\frac{a}{1-a}=\frac{\sigma_\chi C_n\cos^2\chi}{4\sin^2\varphi} \tag{5-169}$$

以及

$$\frac{a'}{1+a'}=\frac{\sigma_\chi C_t}{4\sin\varphi\cos\varphi} \tag{5-170}$$

式（5-169）和式（5-170）中

$$\sigma_\chi=\frac{Nc}{2\pi r\cos\chi} \tag{5-171}$$

$$C_n=(C_d\sin\varphi+C_1\cos\varphi)\cos\chi \tag{5-172}$$

$$C_t=C_1\sin\varphi+C_d\cos\varphi \tag{5-173}$$

如果考虑普朗特叶尖损失修正因子 $F_P$，则式（5-169）和式（5-170）可分别表示为

$$\frac{a}{1-a}=\frac{\sigma_\chi C_n\cos^2\chi}{4F_P\sin^2\varphi} \tag{5-174}$$

以及

$$\frac{a'}{1+a'}=\frac{\sigma_\chi C_t}{4F_P\sin\varphi\cos\varphi} \tag{5-175}$$

根据上述关系式就可以用迭代方法求得风轮有锥角时的轴向诱导因子 $a$ 和切向诱导因子 $a'$。

## 5.9 实际风力机的功率特性

实际风力机的风能利用系数是叶尖速比 $\lambda$ 和桨距角 $\beta$ 的高阶非线性函数，可采用以下经验公式近似计算

$$\left.\begin{aligned}C_P(\beta,\lambda)&=0.22\left(\frac{116}{\lambda_i}-0.4\beta-5\right)e^{\frac{-12.5}{\lambda_i}}\\ \frac{1}{\lambda_i}&=\frac{1}{\lambda+0.08\beta}-\frac{0.035}{\beta^3+1}\end{aligned}\right\} \tag{5-176}$$

根据式（5-176），风能利用系数随叶尖速比变化的曲线如图 5-19 所示。

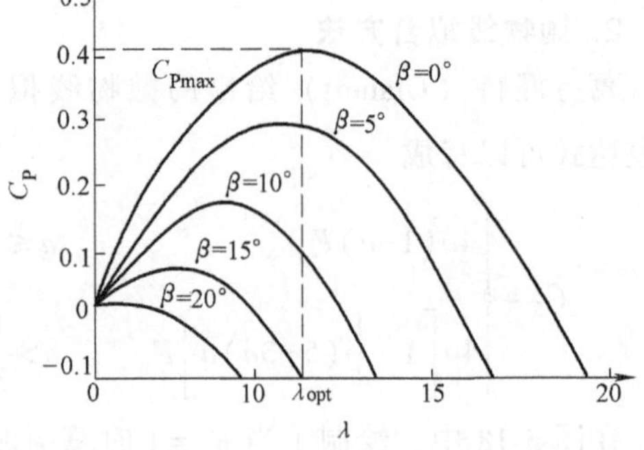


图 5-19 风力机的功率特性

## 习　　题

5-1　比较风力机各种经典动力学理论，说明各有什么前提条件?

5-2　简要说明利用动量-叶素理论求解风力机流场的具体实施步骤。

5-3　简要分析造成实际风力机的风能利用系数下降的各种主要影响因素。

5-4　如何用直线和曲线拟合方法修正轴向诱导因子的数值?

5-5　在符合轴向诱导因子 $a$ 和切向诱导因子 $a'$ 最佳关系式（5-43）时，$a$ 值的取值范围是多少？设 $a=0.3$，求切向诱导因子 $a'$、周速比 $\lambda_r$ 和局部风能利用系数 $C_P^r$。（答案：$1/4<a\leqslant 1/3$；$a'=0.5$，$\lambda_r=0.529$，$C_P^r=0.392$）

# 第 6 章

# 风力机典型动力学专题

第 5 章所描述的叶素-动量理论是目前工程上应用广泛的风力机动力学理论，具备计算效率高的优点。但该理论还局限于二维空间的定常流动，难以更精确地描述动态问题和更全面地反映风力机动力学特性。用这种方法计算的风轮功率特性和试验结果比较后，发现存在某些偏差。这是因为绕旋转风轮叶片上的流动是十分复杂的三维流动。旋转风轮叶片上的三维流动对风轮性能的影响可以归结为三个方面：1）叶片三维边界层的影响。2）风轮三维尾涡系的影响。3）叶片尖部三维流动的影响。

而采用计算流体力学（CFD）方法虽然能够较好地模拟风轮气动特性，但需要大量计算资源，计算效率低且影响因素多。

本章作为风力机动力学理论的扩展，将进一步介绍三维空间以及非定常算法，包括涡流理论、失速延迟、动态失速、动态入流和风轮偏航等典型动力学专题。是介于经典叶素-动量理论与计算流体力学之间的解决方案。

## 6.1 尾迹涡流理论

经典叶素-动量理论基于静态平衡尾迹假设，即假设叶素周围流场始终处于平衡状态。然而，实际运行中的风力机受到自由来流、风轮旋转及其诱导效应等因素影响，其尾迹通常呈现出相对滞后的非定常气动特性，因此叶素-动量理论计算存在误差。

事实上，风轮旋转时的各叶片后缘均会出现尾迹，来流风速与风向变化、叶片翼型结构、叶片表面附面层演化以及流动压力梯度变化等均会对尾迹涡流系结构产生影响，不但使得气流倾角瞬时变化，而且改变了叶片入流分布，从而导致了整个风轮流场的完全非定常特性。因此，对于风轮尾迹涡流结构及其演化规律进行研究与分析，可以较好地反映风轮非定常气动特性，称之为风力机尾迹涡流理论。该理论采用势流计算，最早应用于直升机旋翼分析，可直接对螺旋形尾迹涡结构进行计算，尤其是针对复杂动态来流时的非定常气动特性问题，可在计算效率和精度之间取得较好的平衡。

### 6.1.1 涡流模型

风轮叶片静止时，涡流系可视为由叶片上的附着涡和从风轮叶片后缘拖出的尾涡组成的马蹄涡系（见图 6-1）。从简化考虑，可将风轮叶片沿展向分成许多宽度很小的微段，如假设每个微段上的环量沿展向是个常量，则可用在每个微段上布置的马蹄涡系来描述风轮叶片。考虑到环量沿弦向是变化的，因此每个微段上布置的马蹄涡系是由许多个马蹄涡组成，每个马蹄涡由等强度的附着涡和尾涡组成。风轮叶片展向每个微段马蹄涡系的附着涡的总强度等于绕该微段叶片的环量 $\Gamma$。由于每个微段马蹄涡系的尾涡都与相邻微段的尾涡重合，但方向相反，因此从风轮叶片后缘拖出的尾涡的强度是相邻两微段叶片环量之差。

对长度较大的风轮叶片，上述模型还可以简化成用一个位于1/4弦线变强度 $\Gamma(z)$ 的附着涡线和从附着涡向下游拖出的尾涡系来代替，尾涡系由许多个与轴线平行的直涡线所组成。

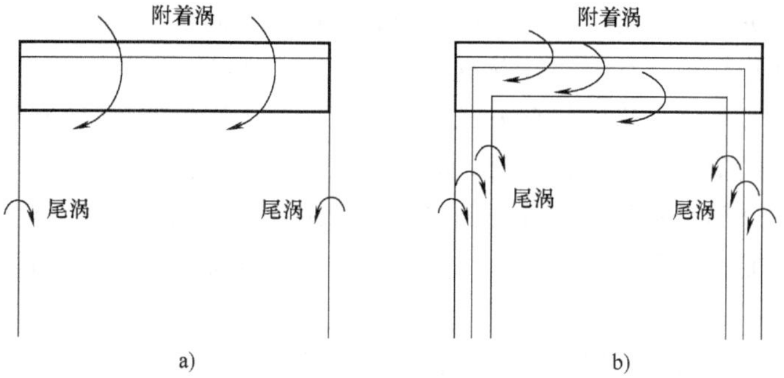


图 6-1 风轮叶片静止时的涡流系

a) 均匀环量分布 b) 非均匀环量分布

当风轮叶片旋转时，从叶片后缘拖出的尾涡系将变成一个由螺旋形涡面组成的复杂涡流系，而且由于涡与涡之间的相互干扰，涡流系还要不断地变形。图 6-2 是一个双叶片水平轴风力机风轮叶片旋转时沿展向等环量分布的涡流系，由图 6-2 可见，涡流系由叶片附着涡、叶尖螺旋形自由涡和叶根中心涡三部分组成。

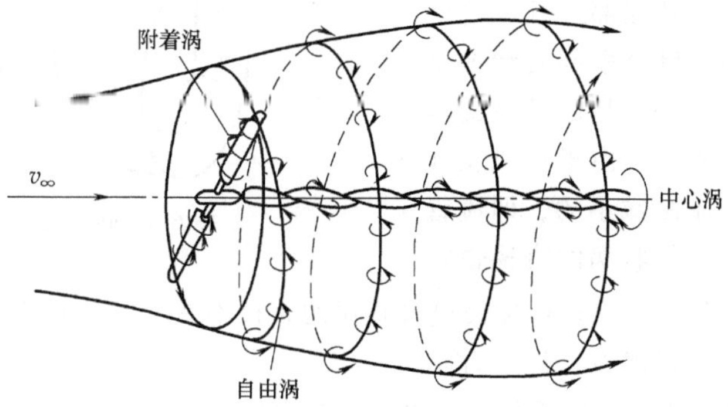


图 6-2 风轮叶片旋转时的涡流系

叶尖自由涡和叶根中心涡为叶尖及叶根处的脱落涡，其中单一叶片的叶尖涡和叶根涡的环量大小相等而方向相反，即

$$\Gamma_r = -\Gamma_t \tag{6-1}$$

式中 $\Gamma_r$、$\Gamma_t$——分别为叶根涡环量和叶尖涡环量。

对于多叶片情况，叶根涡沿风轮轴线分布，其环量为各叶片叶尖涡环量之和，即

$$\Gamma_r = -N\Gamma_t \tag{6-2}$$

式中　$N$——叶片数。

式（6-1）和式（6-2）描述了叶尖涡环量与叶根涡环量之间的关系，事实上，实际流场中沿叶片展向均有脱落涡，其分布与叶片展向位置有关。而且向叶尖方向形成更为集中的叶尖涡，沿叶片展向对环量进行微分，如果 $d\Gamma$ 足够小，则可视为连续函数，各展向位置脱落的涡线即形成涡面。

尾迹涡流理论的关键在于叶片涡模型和尾迹涡模型的建立和处理。对于风力机叶片而言，由于其厚度通常小于弦长，因此可按薄翼理论处理，将叶片简化为薄升力面，即首先认为叶片是一根环量大小沿翼展方向变化的涡线，称之为升力线法；由于升力线法无法体现叶片弦向气动特性，进而发展出了升力面法，同时考虑叶片涡量在展向和弦向的变化，从而可更加精确地描述叶片气动特性。对于旋转风轮而言，其尾迹涡线（面）形状通常呈不规则的复杂曲线，根据对尾迹涡流的处理方式不同，可区分为固定尾迹、预定尾迹和自由尾迹三类。其中固定尾迹模型使用没有任何变化的等半径等螺距刚性圆柱尾迹，这是一个简单的理想化模型；预定尾迹模型基于流动可视化实验总结出叶尖涡和内部涡面随转动叶片参数变化的半经验公式，只能应用于特定工况，在一定范围较为准确；自由尾迹模型计入尾流速度不均匀性，认为尾迹涡流系按照当地速度延伸，且允许涡线自由移动与变形，在此基础上得到畸变的尾迹涡流系，从而获取尾迹形状与诱导速度的分布规律。

### 6.1.2　固定尾迹涡模型

固定尾迹涡模型又称刚性尾涡模型，如图 6-3 所示。当风轮叶片旋转时，从每个叶片尖部后缘以当地流动速度向下游拖出的尾涡，形成一个螺旋形涡线。如果风轮叶片数无限多，但实度一定时，则叶片尖部后缘拖出的尾涡将形成一个管状的螺旋形涡面。另外，假设风轮叶片根部接近风轮旋转轴，这时从旋转风轮叶片根部后缘拖出的尾涡可认为形成一个绕风轮旋转轴旋转的中心涡。根据动量理论，由于在风轮叶片下游处轴向速度是不断减小的，即流管是扩张的，因此相应地管状涡的直径也随之扩张。为了简化计算，可以近似地假设管状涡的直径不变，即从叶片尖部后缘拖出的尾涡形成一个圆柱状的螺旋形涡面，称之为柱涡。

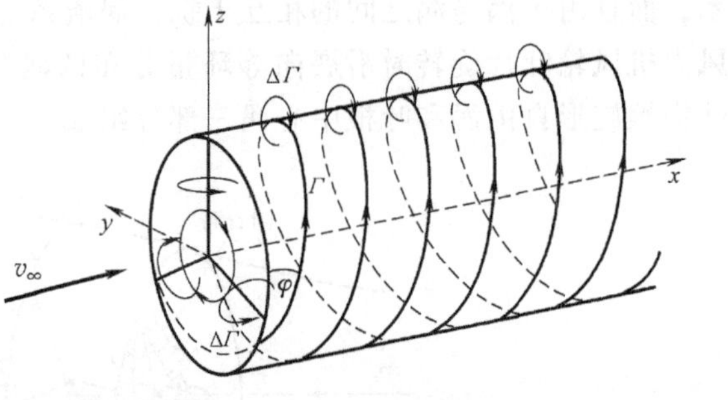

图 6-3　固定尾迹涡模型

图 6-3 中 $\varphi$ 是螺旋形涡线的螺旋角，它等于叶尖处的入流角（汽流倾角）$\varphi_t$，单位长度螺旋形涡线的环量为

$$g = \frac{d\Gamma}{dn} \tag{6-3}$$

式中　$dn$——涡柱表面 $\Delta\Gamma$ 的法线方向距离。

单位长度螺旋形涡线的环量在风轮叶片旋转平面平行方向上的分量为

$$g_\theta = g\cos\varphi_t = \frac{d\Gamma}{dn}\cos\varphi_t \tag{6-4}$$

假设在风轮叶片旋转平面上的轴向诱导速度是均匀的，则由毕奥—萨伐尔定律，在“半无限长”螺旋形涡线轴线上的端点处，其值可表示为

$$\Delta v_d = -\frac{g_\theta}{2} = -av_\infty \tag{6-5}$$

式中　$\Delta v_d$——旋转平面上的轴向诱导速度；

$v_\infty$——来流速度；

$a$——轴向气流诱导因子。

在柱涡内的远尾区，轴向诱导速度也是均匀的，其值可表示为

$$\Delta v_w = -g_\theta = -2av_\infty \tag{6-6}$$

式中　$\Delta v_w$——远尾区的轴向诱导速度。

式（6-5）和（6-6）与简单动量理论的结论是一致的。

假设风轮叶片旋转一圈时，从风轮叶片后缘拖出的旋涡强度是均匀的，则

$$g = \frac{\Gamma}{2\pi R\sin\varphi_t} \tag{6-7}$$

将式（6-7）代入式（6-4），且参照式（5-68）和式（5-69），对于叶尖可得

$$g_\theta = \frac{\Gamma\cos\varphi_t}{2\pi R\sin\varphi_t} = \frac{\Gamma\Omega R(1+a'_t)}{2\pi Rv_\infty(1-a)} \tag{6-8}$$

式中　$a'_t$——叶尖处切向气流诱导因子。

由式（6-6）和式（6-8）可得总环量 $\Gamma$ 与诱导速度的关系为

$$\Gamma = \frac{4\pi v_\infty^2 a(1-a)}{\Omega(1+a'_t)} \tag{6-9}$$

对于圆盘本身，附着涡和尾流柱都不诱导旋转，而仅有根涡诱导旋转流动且其值通常为尾流区总诱导量的一半。同时，对于单一叶片的叶尖涡和叶根涡的环量大小相等而方向相反，由毕奥—萨伐尔定律，可得切向诱导速度（见式 2-55）

$$a'r\Omega = \frac{\Gamma_r}{4\pi r} \tag{6-10}$$

即

$$a' = \frac{\Gamma_r}{4\pi r^2\Omega} \tag{6-11}$$

表达式（6-11）也可以由动量理论得到。由式（5-30）可知，作用在 d$r$ 微元上的转矩 d$T$ 为

$$dT = 4\pi\rho\Omega V_\infty(1-a)a'r^3dr$$

根据库塔—儒科夫斯基（Kutta-Joukowski）定理见 7. 5. 2 节，单位展长叶素上的升力 $L$ 可表示为

$$L = \rho w\Gamma_r$$

式中　$w$——气流相对速度。

对叶尖则有

$$\frac{\mathrm{d}T}{\mathrm{d}r}=Lr\sin\varphi_{\mathrm{t}}=\rho w\Gamma_{\mathrm{r}}r\sin\varphi_{\mathrm{t}} \tag{6-12}$$

由式（5-68）可得

$$w=\frac{v_{\infty}(1-a)}{\sin\varphi_{\mathrm{t}}}$$

代入式（6-12）有

$$\frac{\mathrm{d}T}{\mathrm{d}r}=\rho v_{\infty}(1-a)\Gamma_{\mathrm{r}}r \tag{6-13}$$

由式（5-30）和式（6-13）可得

$$a'=\frac{\Gamma_{\mathrm{r}}}{4\pi r^{2}\Omega} \tag{6-14}$$

由式（6-9）和式（6-14），风轮叶片尖部处的切向诱导速度可表示为

$$a'_{\mathrm{t}}=\frac{v_{\infty}^{2}a(1-a)}{\Omega^{2}R^{2}(1+a'_{\mathrm{t}})}=\frac{a(1-a)}{\lambda^{2}(1+a'_{\mathrm{t}})} \tag{6-15}$$

式中　$\lambda$——叶尖速比，$\lambda=\frac{\Omega R}{v_{\infty}}$。

将式（5-41）应用于叶尖，结果就与式（6-15）相同。

由于式（6-9）也仅适用于叶尖，根据刚性假设，对于圆盘上半径为 $r$ 处应将 $a'_{\mathrm{t}}$ 替换为 $a'$，将式（6-9）带入式（6-13）可得

$$\frac{\mathrm{d}T}{\mathrm{d}r}=\frac{1}{2}\rho v_{\infty}^{3}\times2\pi r\times\frac{4a(1-a)^{2}}{\Omega(1+a')} \tag{6-16}$$

将式（6-16）沿风轮半径积分，即可得整个风轮转矩

$$T=\int_{0}^{R}\frac{\mathrm{d}T}{\mathrm{d}r}\mathrm{d}r=\int_{0}^{R}\frac{1}{2}\rho v_{\infty}^{3}\times2\pi r\times\frac{4a(1-a)^{2}}{\Omega(1+a')}\mathrm{d}r \tag{6-17}$$

展向功率变化率可表示为

$$\frac{\mathrm{d}P}{\mathrm{d}r}=\Omega\frac{\mathrm{d}T}{\mathrm{d}r}=\frac{1}{2}\rho v_{\infty}^{3}\times2\pi r\times\frac{4a(1-a)^{2}}{1+a'} \tag{6-18}$$

整个风轮功率

$$P=\int_{0}^{R}\frac{\mathrm{d}P}{\mathrm{d}r}\mathrm{d}r=\int_{0}^{R}\frac{1}{2}\rho v_{\infty}^{3}\times2\pi r\times\frac{4a(1-a)^{2}}{1+a'}\mathrm{d}r \tag{6-19}$$

因此，整个风轮的风能利用系数可表示为

$$C_{\mathrm{P}}=\frac{P}{\frac{1}{2}\rho v_{\infty}^{3}A_{\mathrm{d}}} \tag{6-20}$$

当整个风轮诱导因子相同时，可得

$$C_{\mathrm{P}}=\frac{4a(1-a)^{2}}{1+a'_{\mathrm{t}}} \tag{6-21}$$

比较式（6-21）和式（5-15）可知，当考虑风轮尾流旋转时，需要消耗一部分能量，用以平衡旋转流动产生的离心力所引起的径向压力梯度而造成的静压损失。

**例题 6-1**　当风轮叶片尖部处的切向诱导因子 $a_t'$分别为 5.5 和 0.031，利用式（6-21）估计风能利用系数 $C_P$。

**解**：采用诱导因子关系式（5-43）计算，可以得到

当 $a_t'=5.5$ 时，$a=0.26$；当 $a_t'=0.031$ 时，$a=0.33$。

上述数值代入式（6-21）得

当 $a_t'=5.5$ 时，$C_P=0.0876$；当 $a_t'=0.031$ 时，$C_P=0.575$。

固定尾迹涡模型计算结果与二维流动计算结果相近。

## 6.1.3　预定尾迹涡模型

固定尾迹涡模型[17]假设风轮叶片旋转平面处的轴向诱导速度均匀分布，认为尾迹是简单的等半径螺旋线。而事实上，流经风轮旋转平面上的各点速度并非均匀，这使得叶片附着涡强度沿展向和周向均不相同，因此固定尾迹涡模型并不能完全真实地描述尾迹涡形态。为克服此缺陷，又提出了预定尾迹涡模型。该模型使用附着环量沿展向变化所产生的附着涡以及附着环量沿周向变化所产生的尾迹脱落涡来描述整个涡流系。其中尾迹脱落涡又可分为近尾迹涡和远尾迹涡两个区域，并随旋转频率呈周期性变化。该模型的特点是需要根据实验数据预先确定尾迹形状，即不再认为尾迹是简单的等半径螺旋线，而是采用预先设定（根据实验数据获得）的描述函数对尾迹螺旋线的轴向伸缩与径向膨胀进行描述，从而确定尾迹几何形状，并在此基础上获取诱导速度分布。

**1. 叶片模型**

由于叶片附着涡强度沿展向各不相同，因此首先需要建立叶片模型，用于描述附着涡强度沿叶片展向的分布规律。具体做法为将叶片沿展向分为 $N_E$个叶素，各叶素之间无相互干扰。各叶素中心点的 1/4 弦长处（气动中心）称为中心控制点，各叶素两端面 1/4 弦长处称为边界控制点。在各叶素中心控制点和边界控制点计算得到的诱导速度可分别用于确定叶片上的气动载荷与尾迹形状。

由于叶片由 $N_E$个叶素组成，且两相邻叶素的边界控制点重合，因此整个叶片包含 $N_E$个中心控制点和 $N_E+1$ 个边界控制点，其中第 1 个边界控制点位于叶片根部剖面，而第 $N_E+1$ 个边界控制点位于叶片尖部剖面。各边界控制点所处的相对半径 $\mu_i^b$ 可用以下规律划分

$$\mu_i^b=\frac{2}{\pi}\arccos\left(1-\frac{i-1}{N_E}\right)\quad(i=1,\ 2,\ \cdots,\ N_E+1)\tag{6-22}$$

在此基础上，可得各中心控制点所处的相对半径

$$\mu_i^c=\frac{1}{2}(\mu_i^b+\mu_{i+1}^b)\quad(i=1,\ 2,\ \cdots,\ N_E)\tag{6-23}$$

假设各叶素 1/4 弦长处附着一直线涡元，其强度由$\Gamma_i^b$表示，则根据库塔—儒科夫斯基定理可得各叶素升力

$$\mathrm{d}L_i^b=\rho\, w_i\Gamma_i^b\mathrm{d}\, r_i\quad(i=1,\ 2,\ \cdots,\ N_E)\tag{6-24}$$

同时，由叶素定理，各叶素升力$\mathrm{d}L_i^b$亦可描述为

$$\mathrm{d}L_i^b=\frac{1}{2}\rho\, w_i^2C_lc_i\mathrm{d}\, r_i\quad(i=1,\ 2,\ \cdots,\ N_E)\tag{6-25}$$

式（6-24）和式（6-25）联立，可得

$$\Gamma_i^{\mathrm{b}}=\frac{1}{2}w_i C_1 c_i \quad (i=1,\ 2,\ \cdots,\ N_{\mathrm{E}}) \tag{6-26}$$

式（6-26）即为附着涡强度（附着环量）沿叶片展向的分布规律。

**2. 尾迹模型**

假设尾迹涡可离散为一系列直线涡元，由各叶素端面后缘脱落并向下游延伸，则脱落涡强度可表示为相邻叶素的附着涡强度之差，即

$$\Gamma_i^w=\begin{cases}\Gamma_1^{\mathrm{b}}, & i=1,\\ \Gamma_i^{\mathrm{b}}-\Gamma_{i-1}^{\mathrm{b}}, & i=2,3,\cdots,N_{\mathrm{E}}\\ \Gamma_{N_{\mathrm{E}}}^{\mathrm{b}}, & i=N_{\mathrm{E}}+1\end{cases} \tag{6-27}$$

与远尾迹比较，近尾迹对于风轮旋转平面处的诱导速度影响较大，因此需要一个判别参数用于划分近尾迹区和远尾迹区。由于尾迹涡随旋转频率呈周期性变化，则可使用叶尖速比 $\lambda$ 的函数表示该判别参数，即

$$T_{\mathrm{fn}}=\frac{7\pi\lambda}{4\Omega} \tag{6-28}$$

式中　$T_{\mathrm{fn}}$——脱落涡由叶片流至近尾迹区与远尾迹区分界点所需的时间。

假设远尾迹由分界点延伸至下游无限远处，且流动条件在整个远尾迹区内保持不变，即整个远尾迹区可使用一个柱形轴对称流场进行描述。根据简单动量理论，远尾迹区轴向诱导速度 $\Delta v_{\mathrm{w}}$ 是风轮旋转平面处轴向诱导速度 $\Delta v_{\mathrm{d}}$ 的 2 倍

$$\Delta v_{\mathrm{w}}=2\Delta v_{\mathrm{d}} \tag{6-29}$$

式（6-29）在叶素之间无相互干扰的情况下可以成立。但实际上，在尾迹涡脱落与发展的过程中，各尾迹涡元之间必然相互干扰，使得尾迹流动存在较大的径向速度梯度，从而导致尾迹涡径向膨胀。因此，远尾迹区轴向诱导速度 $\Delta v_{\mathrm{w}}$ 不再是风轮旋转平面处轴向诱导速度 $\Delta v_{\mathrm{d}}$ 的 2 倍，而是需要定义一个远尾迹轴向诱导速度系数 $f_{\mathrm{e}}$ 用于表示 $\Delta v_{\mathrm{w}}$ 与 $\Delta v_{\mathrm{d}}$ 之间的相互关系，即

$$\Delta v_{\mathrm{w}}=f_{\mathrm{e}}\Delta v_{\mathrm{d}} \tag{6-30}$$

式（6-31）可以解释为，尾迹由风轮旋转平面处向分界点流动，并于 $t=T_{\mathrm{fn}}$ 时刻抵达分界点，在此过程中，尾迹轴向诱导速度由 $\Delta v_{\mathrm{d}}$ 增加至 $f_{\mathrm{e}}\Delta v_{\mathrm{d}}$，并在远尾迹区中保持不变直至无限远处；同时，径向诱导速度由风轮旋转平面处的 $\Delta u_{\mathrm{r}}$ 开始逐步减小，在分界点处降为零，并在远尾迹区中保持不变直至无限远处。远尾迹轴向诱导速度系数 $f_{\mathrm{e}}$ 可用下式表示

$$f_{\mathrm{e}}=1.1426+5.1906\mu-8.9882\mu^2+4.0263\mu^3 \tag{6-31}$$

在此基础上，整个尾迹区的轴向速度可描述为

$$\bar{v}_{\mathrm{w}}=\begin{cases}1-a-\dfrac{1}{2}a\,\bar{t}(f_{\mathrm{e}}-1), & \bar{t}\leqslant\dfrac{1}{7}\\ 1-\dfrac{1}{2}a(f_{\mathrm{e}}+1)-\dfrac{7}{10}a\,\bar{t}(f_{\mathrm{e}}-1), & \dfrac{1}{7}<\bar{t}\leqslant\dfrac{4}{7}\\ 1-a\dfrac{7+23f_{\mathrm{e}}}{30}-\dfrac{7}{30}a\,\bar{t}(f_{\mathrm{e}}-1), & \dfrac{4}{7}<\bar{t}\leqslant 1\\ 1-af_{\mathrm{e}}, & \bar{t}>1\end{cases} \tag{6-32}$$

式中　$a$——叶素端面处的轴向诱导因子；

$\bar{t}$——无因次时间，即$\bar{t}=t/T_{fn}$；

$\bar{v}_w$——无因次尾流轴向速度，即$\bar{v}_w=v_w/v_\infty$。

由式（6-32）可知，近尾迹区可分为三个部分，各部分的轴向尾流速度均为时间的线性函数，而远尾迹区轴向尾流速度则与时间无关。对式（6-32）进行时间积分，则可得尾迹轴向位移，即

$$\bar{s}_w=\begin{cases}\dfrac{7\pi}{4}\bar{t}(1-a)-\dfrac{147\pi}{40}a\,\bar{t}^2(f_e-1), & \bar{t}\leqslant\dfrac{1}{7}\\ \dfrac{\pi}{16}a(f_e-1)+\dfrac{7\pi}{4}\bar{t}\left(1-a\dfrac{f_e+1}{2}\right)-\dfrac{49\pi}{90}a\,\bar{t}^2(f_e-1), & \dfrac{1}{7}<\bar{t}\leqslant\dfrac{4}{7}\\ \dfrac{47\pi}{240}a(f_e-1)+\dfrac{7\pi}{4}\bar{t}\left(1-a\dfrac{23f_e+7}{30}\right)-\dfrac{49\pi}{240}a\,\bar{t}^2(f_e-1), & \dfrac{4}{7}<\bar{t}\leqslant1\\ \dfrac{2\pi}{5}a(f_e-1)+\dfrac{7\pi}{4}\bar{t}(1-af_e), & \bar{t}>1\end{cases}\tag{6-33}$$

式中　$\bar{s}_w$——无因次尾迹轴向位移，即$\bar{s}_w=s_w/R$。

同理，整个尾迹区的径向诱导速度可描述为

$$\overline{\Delta u}_r^w=\begin{cases}\overline{\Delta u}_r[1-\bar{t}(2-\bar{t})], & \bar{t}\leqslant1\\ 0, & \bar{t}>1\end{cases}\tag{6-34}$$

式中　$\overline{\Delta u}_r^w$——尾迹区中的无因次径向诱导速度，即$\overline{\Delta u}_r^w=\Delta u_r^w/v_\infty$；

$\overline{\Delta u}_r$——风轮旋转平面处的无因次径向诱导速度，即$\overline{\Delta u}_r=\Delta u_r/v_\infty$。

对式（6-34）进行时间积分，可得尾迹径向位移，即

$$\bar{r}_w=\begin{cases}\mu+\dfrac{7\pi}{4}\overline{\Delta u}_r\bar{t}\left[1-\bar{t}\left(1-\dfrac{\bar{t}}{3}\right)\right], & \bar{t}\leqslant1\\ \mu+\dfrac{7\pi}{4}\overline{\Delta u}_r, & \bar{t}>1\end{cases}\tag{6-35}$$

式中　$\bar{r}_w$——无因次尾迹径向位移，即$\bar{r}_w=r_w/R$。

由式（6-35）可知，计算尾迹径向位移需要已知尾迹径向诱导速度，而计算尾迹径向诱导速度需要已知尾迹几何形状。因此，采用与尾迹轴向位移相似的策略构建初始时刻的尾迹径向位移，即

$$\bar{r}_w=\begin{cases}\mu+\dfrac{21}{5}\bar{t}(\mu_c-\mu), & \bar{t}\leqslant\dfrac{1}{7}\\ \dfrac{1}{2}(\mu_c+\mu)+\dfrac{7}{10}\bar{t}(\mu_c-\mu), & \dfrac{1}{7}<\bar{t}\leqslant\dfrac{4}{7}\\ \dfrac{1}{30}(23\mu_c+7\mu)+\dfrac{7}{30}\bar{t}(\mu_c-\mu), & \dfrac{4}{7}<\bar{t}\leqslant1\\ \mu_c, & \bar{t}>1\end{cases}\tag{6-36}$$

式中　$\mu_c$——尾涡元的当地相对半径，可由连续性方程获得

$$\mu_c=\mu\sqrt{\frac{1-a}{1-f_ea}}\tag{6-37}$$

一旦利用式（6-36）获取起初始时刻的尾迹径向位移，即可结合式（6-33）得到初始时刻的尾迹几何形状，从而求取初始时刻的尾迹径向诱导速度。可利用式（6-35）获取后续时刻的尾迹径向位移。此外，由以上推导过程可知，尾迹诱导速度和尾迹几何形状并不是由自由来流速度$v_{\infty}$单独决定，也不是由风轮旋转速度 $\Omega$ 单独决定，而是两者共同作用的结果，即表现为叶尖速比 $\lambda$ 的函数。

还应该指出，以上由毕奥—萨伐尔定律推导出的尾迹涡元诱导速度方程在数学上存在奇点，当计算点趋近于涡元时，无法得出正确的诱导速度解。而在物理上，涡线的涡量总是分布于有限区域，该区域称为涡核。涡核内部的速度为有限值，其分布类似于固体旋转。为了消除奇点，需要针对根据涡元周向速度型指定的涡核模型进行修正。此外，流体黏性会引起尾迹中的耗散效应，具体表现为涡强度的逐步衰减以及涡核半径的逐步增大，从而影响到尾迹诱导速度的计算精度。为此，也有学者先后提出了涡耗散模型，用以考虑尾迹分析中的涡耗散效应。

### 6.1.4 自由尾迹涡模型

如前文所述，预定尾迹涡模型需要通过描述函数预先构建初始时刻的尾迹几何形状，从而限制了该模型的适应范围，无法预测尾迹几何尺寸的变形失真，以及叶尖涡的卷起和缠绕，亦无法预测风力机瞬态载荷与输出功率。为此，相关领域的专家学者进一步提出和改进了自由尾迹涡模型，并将其应用于风力机尾迹涡流的计算。该模型无需预先指定涡元位置，将尾流速度不均匀性以及叶片影响计入尾迹涡流的计算过程中，认为尾迹随时间发展且尾涡系统按照当地速度延伸（即尾迹自诱导作用），允许尾迹涡线的自由移动和变形，从而导致涡流系畸变，并在此基础上获取尾迹几何形状和诱导速度分布。该模型基本不受流场限制，可适用于较大的运行工况范围，具体求解方法有松弛尾迹法和时间推进法。其中松弛尾迹法假设尾迹涡稳定且呈周期性变化，可迅速获得收敛结果，但无法捕获瞬态尾迹气动力特性；而时间推进法虽然需要较长计算时间，但是可以针对非定常气动力进行建模，并可以获取瞬态气动力载荷。

**1. 尾迹涡线控制方程**

假设空气密度不变，流动无黏无旋，即有势流动；整个尾迹涡线使用若干直线涡段（涡元）代替，即使用离散涡元表示整个尾迹，并采用拉格朗日法追踪各涡元运动；尾迹涡线的涡量集中于各涡元内，其他区域均为无旋流动；并且忽略叶片变形，以及机舱、塔架等部件对尾迹涡线特性的影响。

在此基础上，采用亥姆霍兹方程（见式 3-21），并考虑到定密度气体连续方程，有

$$\frac{\mathrm{D}\boldsymbol{\Omega}}{\mathrm{D}t}-(\boldsymbol{\Omega}\cdot\nabla)\boldsymbol{v}=\boldsymbol{0} \tag{6-38}$$

式（6-38）表明：涡量与流体微团变形的相互作用导致了涡量变化以及涡线变形。

由亥姆霍兹第二定律可知，在无黏不可压无旋矢量场中，初始时刻组成涡线的流体质点，在其他任意时刻仍为涡线，即涡线随物质线在流场中自由运动。因此，式（6-38）等价于如下对流形式表示

$$\frac{\mathrm{D}\boldsymbol{r}}{\mathrm{D}t}=\boldsymbol{v},\ \boldsymbol{r}(t_0)=\boldsymbol{r}_0 \tag{6-39}$$

式中 $\boldsymbol{r}$——涡元控制点位置矢量；

$\boldsymbol{r}_0$——涡元控制点初始位置矢量；

$t_0$——初始时刻。

由于 $\boldsymbol{r}$ 可表示为叶片相位角 $\theta$ 和尾涡寿命角 $\vartheta$ 的函数，因此式（6-39）又可表示为

$$\frac{\mathrm{D}\boldsymbol{r}(\theta,\ \vartheta)}{\mathrm{D}t}=\boldsymbol{v}(\boldsymbol{r}(\theta,\ \vartheta),\ t),\boldsymbol{r}(t_0)=\boldsymbol{r}_0 \tag{6-40}$$

式（6-40）左侧全微分形式为

$$\frac{\mathrm{D}\boldsymbol{r}(\theta,\ \vartheta)}{\mathrm{D}t}=\frac{\partial\boldsymbol{r}(\theta,\ \vartheta)}{\partial\theta}\frac{\mathrm{d}\theta}{\mathrm{d}t}+\frac{\partial\boldsymbol{r}(\theta,\ \vartheta)}{\partial\vartheta}\frac{\mathrm{d}\vartheta}{\mathrm{d}t} \tag{6-41}$$

注意到$\frac{\mathrm{d}\theta}{\mathrm{d}t}=\frac{\mathrm{d}\vartheta}{\mathrm{d}t}=\Omega$，则式（6-41）可表示为

$$\frac{\mathrm{D}\boldsymbol{r}(\theta,\ \vartheta)}{\mathrm{D}t}=\Omega\left(\frac{\partial\boldsymbol{r}(\theta,\ \vartheta)}{\partial\theta}+\frac{\partial\boldsymbol{r}(\theta,\ \vartheta)}{\partial\vartheta}\right) \tag{6-42}$$

将式（6-42）代入式（6-40），可得

$$\frac{\partial\boldsymbol{r}(\theta,\ \vartheta)}{\partial\theta}+\frac{\partial\boldsymbol{r}(\theta,\ \vartheta)}{\partial\vartheta}=\frac{\boldsymbol{v}(\boldsymbol{r}(\theta,\ \vartheta),\ t)}{\Omega},\ \boldsymbol{r}(t_0)=\boldsymbol{r}_0 \tag{6-43}$$

式（6-43）即为全局坐标系下的尾迹涡线控制方程，其中$\boldsymbol{v}(\boldsymbol{r}(\theta,\ \vartheta),\ t)$ 由自由来流速度与尾迹诱导速度共同决定。显然，尾迹诱导速度的确定是求解尾迹涡线控制方程的关键。

**2. 诱导速度及其修正**

由于诱导速度 $\Delta w$ 本身具备高度非线性特征，因此求解比较复杂，这也是将整个尾迹涡线使用若干直线涡段（涡元）代替的原因。即首先将尾迹涡线离散成若干直线涡元，然后利用毕奥—萨伐尔定律计算各直线涡元对空间点的诱导速度，最后通过积分获取整个涡线对该空间点的诱导速度。

直线涡元诱导速度求法见图 2-24。

由图 2-24 可知，微元段 $\mathrm{d}l$ 可表示为

$$\mathrm{d}l=r\csc^2\theta\mathrm{d}\theta \tag{6-44}$$

根据毕奥—萨伐尔定律，可得

$$\mathrm{d}(\Delta w)=\frac{\Gamma}{4\pi r}\sin\theta\mathrm{d}\theta \tag{6-45}$$

积分式（6-45）可得直线涡元对 $P$ 点的诱导速度

$$\Delta w==\frac{\Gamma}{4\pi r}(\cos\theta_1-\cos\theta_2) \tag{6-46}$$

如果直线涡元两端都伸展到无限远，则

$$\Delta w=\frac{\Gamma}{2\pi\gamma} \tag{6-47}$$

应当注意到，基于初始假设，以上诱导速度的推导忽略了黏性扩散以及涡线拉伸、弯曲效应对于涡量的影响。事实上，在风轮处于阵风、偏航和风剪切等复杂来流工况下，尾迹涡向叶片靠近并相互干扰，导致诱导速度迅速增大；当计算点在尾迹涡线上时，由毕奥—萨伐尔定律推导出的尾迹涡元诱导速度方程在数学上存在奇点。这些现象需要通过涡核模型予以

修正。

（1）涡核模型

在忽略黏性的理想流体中，旋涡与其周围流体之间会形成流速间断性分界面。为弥补此缺陷，保证整个流场中流速的连续性，在尾迹涡模型分析时采用流速连续性假设取代黏性效应，即涡核模型。涡核模型在涡核以外区域近似按势流计算，而涡核内部则为黏性旋转流体。

最为简单的涡核模型是 Rankine 涡核模型。该模型假设涡核为处于涡中心的旋转刚性体，其半径为$r_{\Omega C}$，而涡核外均为势流涡。Rankine 涡旋转速度可表示为

$$\Delta w_{\Omega}(r_{\Omega})=\begin{cases}\dfrac{\Gamma}{2\pi r_{\Omega C}^{2}}r_{\Omega}, & 0<r_{\Omega}\leqslant r_{\Omega C}\\ \dfrac{\Gamma}{2\pi r_{\Omega}}, & r_{\Omega}>r_{\Omega C}\end{cases} \tag{6-48}$$

式中　$r_{\Omega}$——涡旋转半径。

如需求解涡诱导速度$\Delta w_{\Omega}$，必须首先获取涡核半径$r_{\Omega C}$。事实上，涡核半径$r_{\Omega C}$受流体黏性影响，在流体传输过程中逐渐增大，同时受到湍流影响使得涡核耗散效应增强。通常采用

$$r_{\Omega C}=\sqrt{4\sigma\xi v t} \tag{6-49}$$

式中　$\xi$——湍流黏性系数，用于表征由湍流黏性引起的涡核半径增长率。实验表明，对于小型风力机 $\xi=10$，而对于大型风力机 $\xi=100\sim1000$。

系数 $\sigma=1.26$

由式（6-49）可知，当 $t=0$ 时，涡核半径$r_{\Omega C}$为零，即叶片后缘点脱落涡的涡核半径为零，这显然不符合实际，因此需要针对上式进行修正

$$r_{\Omega C}=\sqrt{4\sigma\xi v(t+\Pi_{0})} \tag{6-50}$$

式中　$\Pi_{0}$——不为零的经验参数。

（2）涡管拉伸模型

根据亥姆霍兹第三定律，不可压缩理想流体任意涡管中的环量保持不变

$$\Gamma=\iint_{s}\boldsymbol{\Omega}\cdot\boldsymbol{n}\mathrm{d}s=常数 \tag{6-51}$$

由于下游尾迹的扩散行为，使得尾迹涡管得以拉伸，导致涡管横截面积减小。由式（6-51）可知，为了保持环量不变，涡量必然增大，从而影响到诱导速度场。

涡管拉伸模型的实质在于反映由于涡管拉伸效应而引起的涡核半径$r_{\Omega C}$变化

$$\zeta=\frac{l_{t+\Delta t}-l_{t}}{l_{t}} \tag{6-52}$$

式中　$\zeta$——涡管长度变化率；

$l_{t+\Delta t}$、$l_{t}$——分别表示 $t$ 时刻和 $t+\Delta t$ 时刻的涡管长度。

由连续性方程，可得

$$\pi r_{\Omega C}^{2}l_{t}=\pi(r_{\Omega C}-\Delta r_{\Omega C})^{2}(l_{t}+\Delta l_{t}) \tag{6-53}$$

式中　$\Delta r_{\Omega C}$——$\Delta t$ 时间内的涡核半径变化量；

$\Delta l_{t}$——$\Delta t$ 时间内的涡管长度变化量。

将式（6-53）变换形式，可得任意时刻的涡核半径变化率

$$\frac{r_{\Omega C}-\Delta r_{\Omega C}}{r_{\Omega C}}=\sqrt{\frac{l_t}{l_t+\Delta l_t}} \tag{6-54}$$

联立式（6-52）和式（6-54），可得任意时刻的涡核半径变化量 $\Delta r_{\Omega C}$

$$\Delta r_{\Omega C}=r_{\Omega C}\left(1-\frac{1}{\sqrt{1+\zeta}}\right) \tag{6-55}$$

结合式（6-50），可得考虑涡管拉伸效应后的任意时刻的涡核半径$r_{\Omega C}^{s}$

$$r_{\Omega C}^{s}=r_{\Omega C}-\Delta r_{\Omega C}=\frac{r_{\Omega C}}{\sqrt{1+\zeta}}=\sqrt{\frac{4\sigma\xi v(t+\Pi_0)}{1+\zeta}} \tag{6-56}$$

## 6.2　叶片的三维效应及动态绕流

### 6.2.1　失速延迟

当叶片旋转时，作用在叶片上的离心力，使叶片边界层中的气流向叶尖处流动，而作用在叶片上的科氏力，则使叶片产生一个附加的弦向压力梯度，使叶片边界层中的气流向后缘处流动。这样使叶片表面边界层减薄，分离点位置后移，使失速延迟，因此在叶片根部区域，由于叶片旋转产生的三维效应使那里的升力增加，阻力减小。这一现象称为失速延迟现象。

美国国家可再生能源实验室（NERI）C. P. Bufferfield 等在风场中对旋转的风力机叶片进行表面压力分布测量，并与风洞试验结果进行了比较。结果表明，在风场中测试的旋转叶片的失速攻角要比在风洞中试验的静止叶片的失速攻角大得多，当 $\alpha=18°$时，在旋转叶片前缘处还有吸力，而在静止叶片上已没有。

为了进一步研究风力机叶片三维效应，瑞典航空研究院（FFA）与中国空气动力研究与发展中心（CARDC）合作，在 CARDC 8m×6m/12m×16m 低速风洞中对直径 5.35m、两叶片的 5WPX 风轮叶片进行了系列的压力分布试验和表面流动显示试验。图 6-4 给出了叶片旋转时在相对展向位置 $r/R=0.30$ 处的升力曲线和叶片静止时由压力分布数据换算得到的升力曲线。

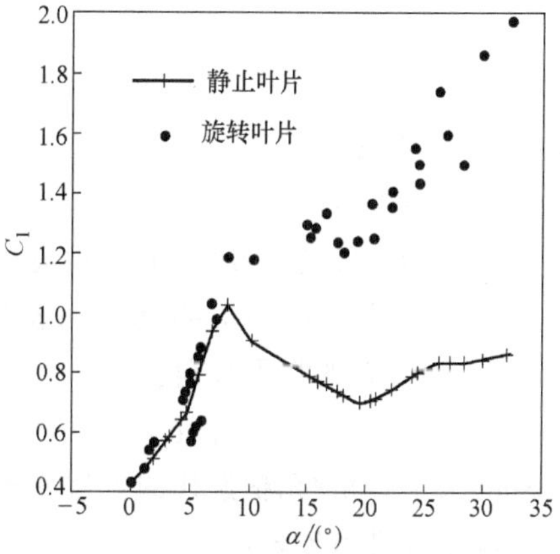


图 6-4　叶片旋转和静止时剖面处的升力曲线（$r/R=0.30$）

由图 6-4 可知，当攻角 $\alpha=25°$时，旋转叶片的升力系数还没有下降，而且继续增加，失速延迟现象明显；随着展向位置向叶尖处移动，失速延迟现象逐步减弱；从旋转状态下叶片表面压力分布测量结果与静止状态下叶片表面压力分布测量结果的比较中，也可以看到失速延迟现象。另外，试验结果还表明，失速延迟现象不仅与 $r/R$ 有关，还与叶尖速比 $\lambda$ 有关。

表面流动显示试验结果也表明，在失速延迟现象明显的区域流动是附着的，附着流区随相对展向位置 $r/R$ 与叶尖速比 $\lambda$ 而变化。

图 6-5 给出了风轮叶片由压力分布数据换算得到的剖面升力系数随展向相对位置的变化曲线，并和理论计算的二维叶素升力系数结果进行了比较。由此可知：由于失速延迟，使叶片根部的升力系数明显地大于理论计算结果，而叶片尖部则由于叶尖旋涡的影响使升力系数减小。

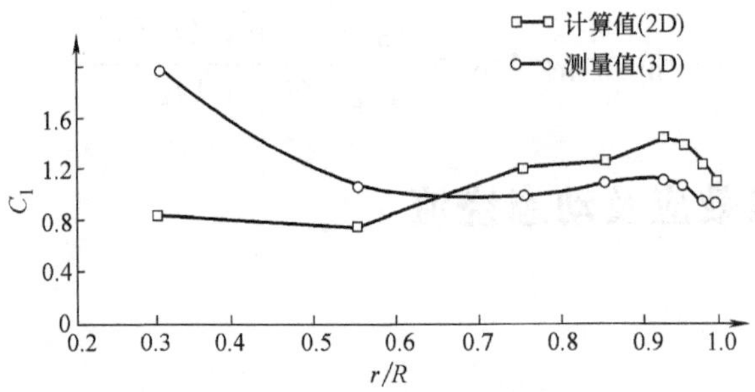


图 6-5　沿叶片不同展向位置处的剖面升力系数

对旋转叶片三维效应的理论研究是从 20 世纪 50 年代开始的。Banks 等在势流条件下通过求解旋转叶片三维积分边界层方程，从理论上解释了旋转对失速延迟的影响。Corrigan 在 Banks 的基础上给出了用于直升机旋翼三维失速延迟修正的公式为

$$\Delta\alpha=(\alpha_{cr}-\alpha_0)\left[\left(\frac{kc/r}{0.1267}\right)^n-1\right] \tag{6-57}$$

式中　$k$——系数；

$c$——弦长；

$r$——展向位置距风轮中心距离；

$n$——系数，$n=0.8\sim1.6$，一般取 1.0；

$\alpha_{cr}$——叶素的临界攻角；

$\alpha_0$——叶素的零升力攻角。

Snel 采用有粘/无粘迭代的方法求解旋转叶片上的准三维边界层积分方程，并与叶素的风洞试验结果进行比较后，得到了三维效应对升力系数的修正公式可表示为

$$(C_l)_{3D}=(C_l)_{2D}+3(c/r)^2[(C_l)_P-(C_l)_{2D}] \tag{6-58}$$

式中　$(C_l)_P=2\pi(\alpha-\alpha_0)$。

有文献在 Corrigan 与 Snel 模型的基础上通过数值求解三维边界层方程的积分形式，得到了一个新的失速延迟模型。该模型用于对升力系数和阻力系数进行三维效应修正时，可分别表示为

$$\left.\begin{aligned}(C_l)_{3D}&=(C_l)_{2D}+f_l[(C_l)_P-(C_l)_{2D}]\\(C_d)_{3D}&=(C_d)_{2D}+f_d[(C_d)_{2D}-(C_d)_{\alpha=0}]\end{aligned}\right\} \tag{6-59}$$

式中

$$
\left.\begin{aligned}
f_{\mathrm{l}} &= \frac{1}{2\pi}\left[\frac{1.6c/r}{0.1267}\,\frac{C_1-\left(\dfrac{c}{r}\right)^{\frac{C_3}{\Lambda\bar{r}}}}{C_2+\left(\dfrac{c}{r}\right)^{\frac{C_3}{\Lambda\bar{r}}}}-1\right] \\
f_{\mathrm{d}} &= \frac{1}{2\pi}\left[\frac{1.6c/r}{0.1267}\,\frac{C_1-\left(\dfrac{c}{r}\right)^{\frac{C_3}{2\Lambda\bar{r}}}}{C_2+\left(\dfrac{c}{r}\right)^{\frac{C_3}{2\Lambda\bar{r}}}}-1\right] \\
\Lambda &= \frac{\lambda}{\sqrt{1+\lambda^2}}
\end{aligned}\right\} \tag{6-60}
$$

式中　$\Lambda$、$C_1$、$C_2$、$C_3$——由试验确定的系数。

由此可知：失速延迟影响不仅取决于叶片弦长与其展向位置的比值 $c/r$，而且与叶尖速比 $\lambda$ 有关，这和试验结果是一致的。

### 6.2.2　动态失速

当叶素进行俯仰振荡运动时，其失速攻角比叶素静止时的失速攻角要大，另外叶素空气动力特性随攻角变化的曲线出现迟滞现象，这种现象称为动态失速。动态失速现象的产生与发展是叶素上非定常分离流与涡流之间的干扰所引起的。当水平轴风力机遇到阵风时或进行偏航运动时（对风向），以及当垂直轴风力机运行时，旋转叶片上的攻角会呈现突然变化或周期变化，从而产生动态失速的现象。由于动态失速会改变风力机叶片上的性能和载荷，因此需要考虑其影响。

图 6-6 给出了某叶素在动态失速过程中的法向力特性和俯仰力矩特性。当攻角增加达到静态失速攻角时，振荡叶素的绕流仍然保持附着流动；随着攻角增大，上翼面边界层内的气

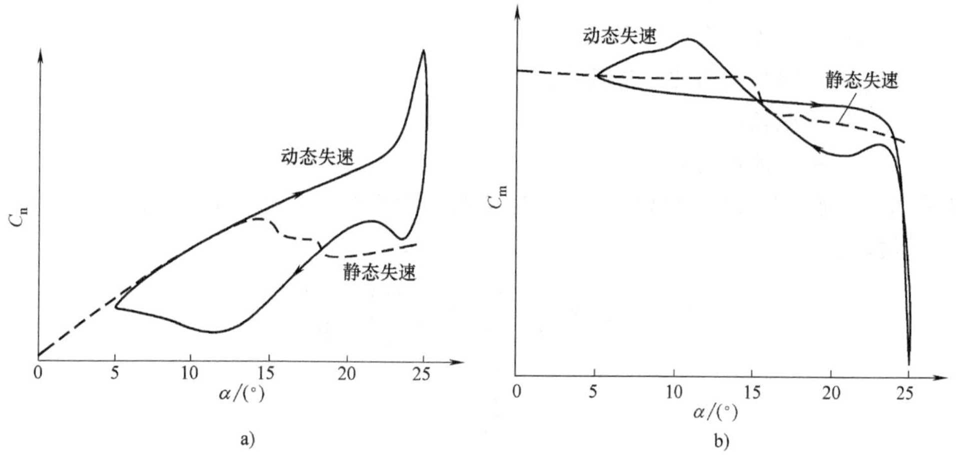


图 6-6　某叶素动态失速特性

a）法向力特性　b）俯仰力矩特性

流开始出现分离，然后分离区向前缘扩展，当达到一定攻角时，前缘处形成一个集中涡；当攻角进一步增大时，该旋涡增强并向下游运动，由于涡升力增大，使法向力系数急剧增大，而俯仰力矩系数则急剧减小；然后，法向力系数也急剧减小，法向力系数急剧减小的攻角称为法向力动态失速攻角。当攻角从动态失速攻角开始减小时，法向力系数和俯仰力矩系数又会出现一个峰值，随着攻角进一步减小，气流开始在前缘附着并逐渐向后缘发展，直到流动完全附着，附着攻角小于静态失速攻角。

由图 6-6 可知：出现动态失速后，叶素并不是在攻角小于动态失速攻角后立即恢复到静态失速时的流场，而是对攻角的反应有一个迟滞，即在空气动力特性曲线上表现为一个迟滞现象。动态失速时的空气动力特性曲线与静态失速时的空气动力特性曲线出现明显的区别，以升力曲线为例，在小攻角范围内静态和动态测量的差别不大，到失速区时，二者的差别变得明显。在攻角增大的过程中，最大升力系数大于静态值；而在攻角减小的过程中，则小于静态值。

升力系数与攻角之间的关系如图 6-7 所示。

动态失速特性除取决于叶素俯仰振荡的初始攻角、折算频率、俯仰中心的位置和攻角变化的幅值外，还与翼型形状、表面粗糙度、雷诺数、马赫数和三维效应有关。试验结果表明：一般情况下，随着折算频率、初始攻角和攻角变化的幅值的增大，使迟滞回路的面积增大，即动态失速效应增强；而当雷诺数增大时，则动态失速效应有所减弱。

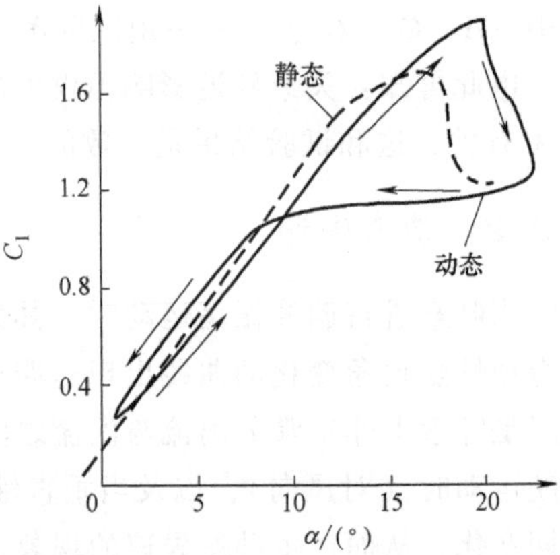

图 6-7　升力系数与攻角之间的关系

研究叶素动态失速方法很多，除了采用求解二维不可压非定常 N-S 方程外，还有采用求解三维边界层方程的方法和离散涡方法等。

丹麦国家实验室 RISΦ 提出用于辨识风力机叶片动态失速的 Fgh 模型。以 $C_n$ 为例，具体表达式为

$$C_n = C_{ns} + f\frac{c}{v_\infty}\frac{d\alpha}{dt} + g\left(\frac{c}{v_\infty}\right)^2\frac{d^2\alpha}{dt^2} + h\frac{c}{v_\infty^2}\frac{dw}{dt} \tag{6-61}$$

式中　$f$、$g$、$h$——与攻角有关的函数；

$C_{ns}$——空气动力的静态数据；

$c$——弦长；

$v_\infty$——入流速度。

如果在叶素俯仰振荡时的试验中，$w$ 为常数，因而式（6-61）的最后一项为零，则式（6-61）可简化为

$$\left.\begin{aligned} C_n &= C_{ns} + f\frac{c}{v_\infty}\frac{d\alpha}{dt} + g\left(\frac{c}{v_\infty}\right)^2\frac{d^2\alpha}{dt^2} \\ f &= \sum_{i=0}^{5} f_i\alpha^i \\ g &= \sum_{i=0}^{5} g_i\alpha^i \end{aligned}\right\} \tag{6-62}$$

利用最小二乘法对试验数据进行辨识，可优化出 $f_i$ 和 $g_i$。

### 6.2.3 动态入流效应

应用动量-叶素理论时，假设风轮上的诱导速度分布是均匀的，但是实际上风力机尾涡诱导的速度是不均匀的，即使来流是均匀定常流，流经风轮叶片的气流仍然是不均匀的非定常流。研究表明，在风力机叶片每个叶素上的攻角迅速变化时，如叶片变桨距、风轮偏航运动以及连续阵风等情况下，动态入流效应更为明显。

另外，自然风的速度大小和方向是随机变化的。一方面，风从上游远处到风轮平面以及从风轮平面到下游远处都需要一定的时间，在这段时间内，风速又发生了变化；另一方面，当作用在叶片上的载荷变化时，会影响风力机尾流中的旋涡状态，而这种变化也需要有一定的时间才能对风力机叶片上的诱导速度产生影响，因此是一个动态过程。这里介绍 Pitt 和 Peters 提出的动态入流模型。

Pitt 和 Peters 模型最初是针对桨盘提出的，需假设一个气流通过桨盘时的入流分布。当该模型用于旋转叶片时，可以不需要入流分布的假设。对于由半径 $r_1$ 和 $r_2$ 限定的叶素，当轴向均匀来流风速为 $v_\infty$ 时，则作用在叶素上的轴向力（推力）$\mathrm{d}F$ 可表示为

$$\mathrm{d}F=2v_\infty a\mathrm{d}q_m+v_\infty m_{\mathrm{A}}\frac{\mathrm{d}a}{\mathrm{d}t} \tag{6-63}$$

式中 $\mathrm{d}q_{\mathrm{m}}$——通过环形面上的质量流量；

$m_{\mathrm{A}}$——作用在圆环面上的视在质量；

$a$——轴向气流诱导因子。

通过环形面单元上的质量流量 $\mathrm{d}q_{\mathrm{m}}$ 可表示为

$$\mathrm{d}q_{\mathrm{m}}=\rho v_\infty(1-a)\mathrm{d}A \tag{6-64}$$

式中 $\mathrm{d}A$——环形微元的面积。

对于半径为 $R$ 的桨盘，其视在质量可以近似地表示为

$$m_{\mathrm{A}}=\frac{8}{3}\rho R^3 \tag{6-65}$$

因此，圆环面上的轴向力（推力）系数可表示为

$$C_{\mathrm{F}}=4a(1-a)+\frac{16}{3\pi v_\infty}\frac{(r_2^3-r_1^3)}{(r_2^2-r_1^2)}\frac{\mathrm{d}a}{\mathrm{d}t} \tag{6-66}$$

将式（6-66）引入动量-叶素理论并对每一个时间步长积分公式（6-66），则可以得到风力机叶片每个叶素上的轴向入流随时间的变化值。同理，可求得切向入流随时间的变化值。

## 6.3 风力机偏航的空气动力模型

通常，风力机的风轮转轴和风向并不都是平行的，因为风在连续地变化方向，而风轮不能及时跟踪风向，所以风轮在多数情况下都处于偏航状态（此处指存在风轮偏角）。即使是在稳定风速的情况下，由于叶片的旋转，偏航时每个叶片的攻角都是连续不断地变化着的，所以风轮叶片的载荷是波动的。偏航的风轮比没有偏航的风轮效率要低，为了进行电能输出评估，效率评估就显得至关重要。

当风轮转轴与稳定的风向平行时，在整个风轮圆盘上的诱导速度相同；一旦风轮偏离风向，诱导速度在方位角和径向上将发生变化，这会使对风轮特性估计更加困难。

### 6.3.1 固定偏航时的动量定理

1）致动盘假设的推广　如果假定作用在风轮圆盘上的力垂直于风轮圆盘是动量变化率引起的，那么平均诱导速度也一定在相对圆盘的直角方向上，即在轴向上。因此，由于受到在与风向垂直方向上的诱导速度的分量的影响，尾流偏离到了一侧。与没有偏航时的情况一样，在风轮圆盘上的平均诱导速度只有尾流区域处平均诱导速度的一半。

对于固定的风向，令转轴保持在相对风向的偏航角 $\gamma$ 如图 6-8 所示，然后假定在轴向上的动量变化率等于通过圆盘的质量流量乘以垂直于风轮平面的速度变化率，即

$$F=\rho A_{\mathrm{d}} v_{\infty}(\cos\gamma-a)2av_{\infty} \tag{6-67}$$

因此，推力系数为

$$C_{\mathrm{F}}=4a(\cos\gamma-a) \tag{6-68}$$

产生的功率为

$$P=Fv_{\infty}(\cos\gamma-a) \tag{6-69}$$

风能利用系数为

$$C_{\mathrm{P}}=4a(\cos\gamma-a)^2 \tag{6-70}$$

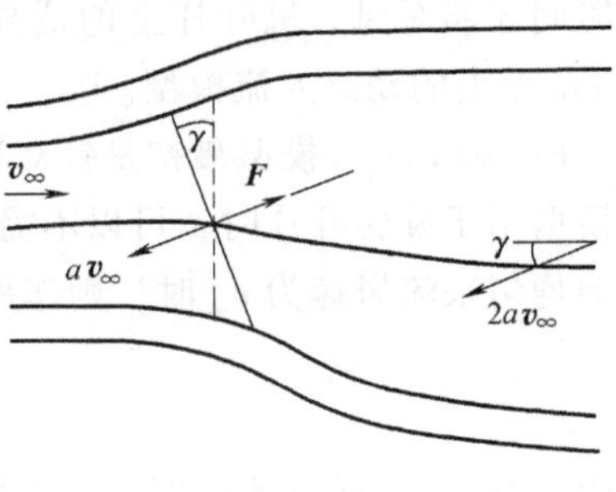


图 6-8　风力机偏航的偏移尾流和诱导速度

为了找到 $C_{\mathrm{P}}$ 的最大值，将式（6-70）对 $a$ 求导，并令其为零，因此有

$$a=\frac{\cos\gamma}{3} \tag{6-71}$$

$$C_{\mathrm{Pmax}}=\frac{16}{27}\cos^3\gamma \tag{6-72}$$

式（6-72）普遍用于偏航气流中的功率评价。图 6-9 显示了当偏航角增加的时候风能利用系数的减少。

2）叶素-动量定理的推广　在偏航状态下，流经叶素的速度三角形将如图 6-10 所示。

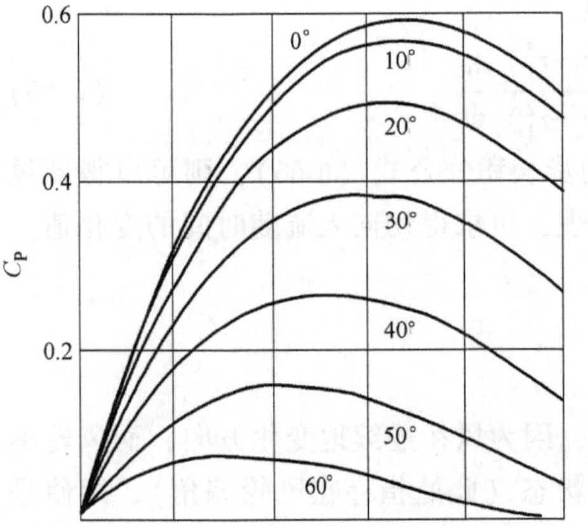


图 6-9　风能利用系数随偏航角和轴向气流因子的变化曲线

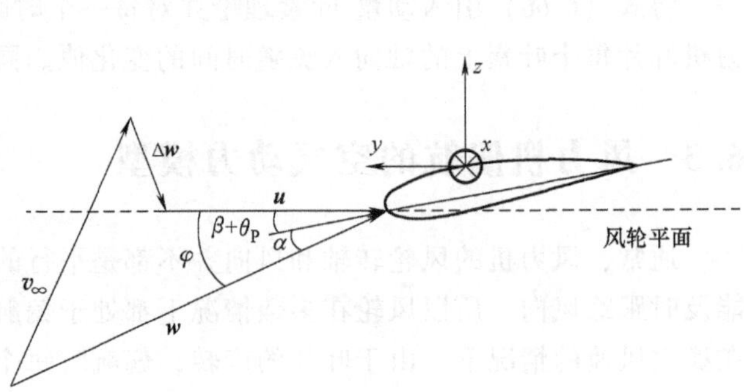


图 6-10　流经叶素的速度三角形

由图 6-10 可见，相对速度

$$\boldsymbol{w}=\boldsymbol{v}_{\infty}+\boldsymbol{u}+\Delta\boldsymbol{w}$$

即

$$\begin{pmatrix} w_{y} \\ w_{z} \end{pmatrix}=\begin{pmatrix} v_{\infty,y} \\ v_{\infty,z} \end{pmatrix}+\begin{pmatrix} -\Omega x \\ 0 \end{pmatrix}+\begin{pmatrix} \Delta w_{y} \\ \Delta w_{z} \end{pmatrix} \tag{6-73}$$

如果已经知道诱导速度 $\Delta w$，攻角 $\alpha$ 可以计算为

$$\alpha=\varphi-\beta=\varphi-(\beta_{0}+\theta_{P}) \tag{6-74}$$

式中　$\varphi$——气流倾角；

$\beta$——叶素桨距角；

$\beta_{0}$——叶素扭角；

$\theta_{P}$——桨距角。

此处，

$$\tan\varphi=\frac{w_{z}}{-w_{y}} \tag{6-75}$$

已知 $\alpha$，就可以通过查表求得升力系数和阻力系数。

叶素-动量方法的本质是确定诱导速度 $\Delta w$，然后求得局部攻角。

从整体考虑，风轮的作用就像一个圆盘，它上面是不连续的压力降。该压力降所产生的推力导致一个垂直于风轮平面的速度 $\Delta w_{n}$，就是这个速度使尾流产生如图 6-11 所示偏转。

从简单的动量理论已经知道，无穷远尾流中的诱导速度是风轮平面后的诱导速度的 2 倍。有关这个诱导速度与推力的关系表达式为

$$\Delta w_{n}=\boldsymbol{n}\cdot\Delta\boldsymbol{w}=\frac{F}{2\rho A_{d}\,|\boldsymbol{v}'|} \tag{6-76}$$

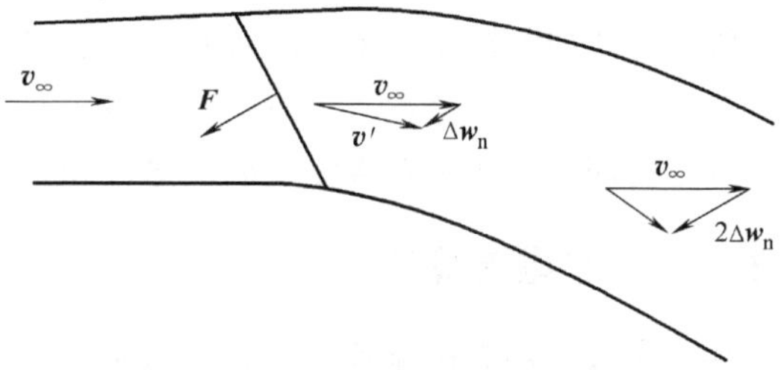


图 6-11　从上面看风轮圆盘后的尾流

式中　$\boldsymbol{n}$——推力方向的单位矢量；

$\Delta\boldsymbol{w}$——诱导速度矢量；

$|\boldsymbol{v}'|=|\boldsymbol{v}_{\infty}+\boldsymbol{n}(\boldsymbol{n}\cdot\Delta\boldsymbol{w})|$。

在零偏航角，即风向完全对准的情况下，方程式（6-76）就简化成传统的叶素-动量理论。

图 6-12 给出接近叶片截面的局部效应。假定只有升力的反作用引起诱导速度，而诱导速度与升力的方向相反。

假设在该径向位置来自于这个叶片的力只影响区域 $dA=2\pi r dr/N$ 里的气流，这样，所有 $N$ 个叶片就包括了在半径 $r$ 处风轮圆盘的整个环形区域，如图 6-13 所示。

从式（6-76）以及图 6-13 中，针对一个叶片上的叶素可得

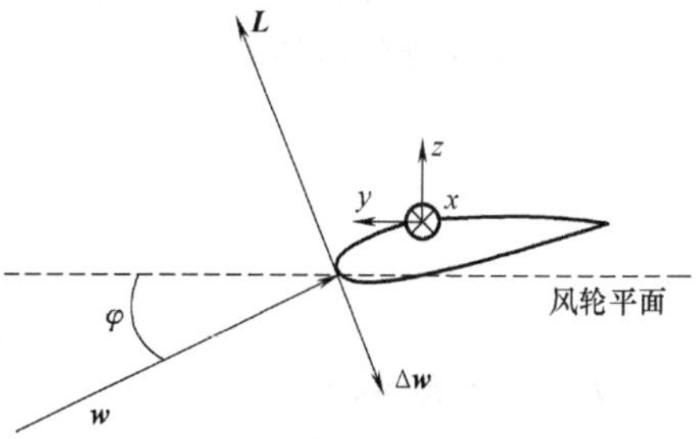


图 6-12　叶素上的局部效应

$$\Delta w_{n}=\Delta w_{z}=\frac{-L\cos\varphi\,dr}{2\rho\dfrac{2\pi r dr}{N}F_{P}\,|\boldsymbol{v}_{\infty}+f_{g}\boldsymbol{n}(\boldsymbol{n}\cdot\Delta\boldsymbol{w})|}$$

$$= \frac{-NL\cos\varphi}{4\pi\rho r F_P \left| \boldsymbol{v}_\infty + f_g \boldsymbol{n} \ (\boldsymbol{n} \cdot \Delta \boldsymbol{w}) \right|} \tag{6-77}$$

针对切向分量，可以设为

$$\Delta w_t = \Delta w_y = \frac{-NL\sin\varphi}{4\pi\rho r F_P \left| \boldsymbol{v}_\infty + f_g \boldsymbol{n}(\boldsymbol{n} \cdot \Delta \boldsymbol{w}) \right|} \tag{6-78}$$

实际上，零偏航角时诱导速度公式（6-77）、（6-78）与经典的叶素-动量定理是一致的，此时推力系数可表示为

$$C_F = 4aF_P(1-f_g a) \tag{6-79}$$

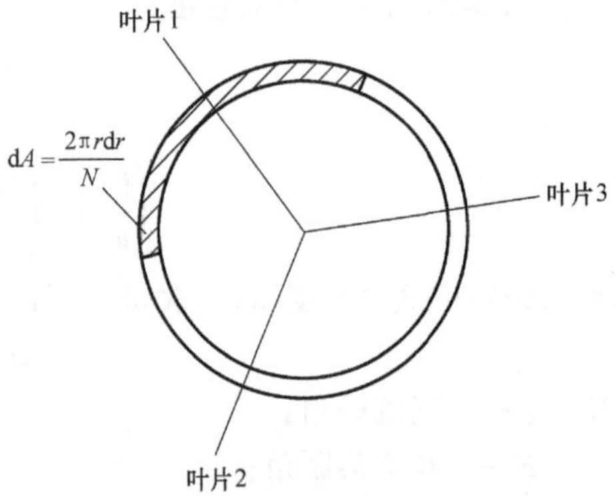


图 6-13　环形带

式中　$F_P$——普朗特叶尖损失因子；

$f_g$——葛劳渥特修正系数，它用于在湍流的尾流状态下，推力系数 $C_F$ 和轴向诱导因子 $a$ 的经验关系式。如果使用式（5-168），则有

$$f_g = \begin{cases} 1 & a \leqslant \frac{1}{3} \\ \frac{1}{4}(5-3a) & a > \frac{1}{3} \end{cases} \tag{6-80}$$

由于气流倾角也包含取决于诱导速度本身的攻角，方程组需要迭代求解。但是这里所描述的方法是非定常的，因此时间可以作为松弛因子。换言之，当求解诱导速度的新值 $\Delta \boldsymbol{w}$ 时，假定叶片向前转动一个时间步长即方位角变化 $\Delta\theta_{wing} = \Omega\Delta t$（时间步长 $\Delta t$ 足够小），从前一时间步得出的数值就可以应用到式（6-77）和式（6-78）的右端。由于动态尾流模型诱导速度在时间上变化相对缓慢，因而这样做是可行的。

### 6.3.2　动态尾流算法

进一步考虑动态尾流算法，在测试不同的工程模型并与试验结果对照的基础上，S. Φye 教授提出一个对诱导速度设置滤波器的模型，它由两个一阶微分方程组成

$$\Delta w_{int} + \tau_1 \frac{d\Delta w_{int}}{dt} = \Delta w_{qs} + k\tau_1 \frac{d\Delta w_{qs}}{dt} \tag{6-81}$$

$$\Delta w + \tau_2 \frac{d\Delta w}{dt} = \Delta w_{int} \tag{6-82}$$

$\Delta w_{qs}$是通过方程式（6-77）和方程式（6-78）求得的准静态解，$\Delta w_{int}$是中间值，而 $\Delta w$ 则是用作诱导速度的最终滤波值。$k=0.6$；使用简单的旋涡法对两个时间常数进行标定，即

$$\tau_1 = \frac{1.1}{(1-1.3a)} \frac{R}{v_\infty} \tag{6-83}$$

$$\tau_2 = \left[0.39 - 0.26 \times \left(\frac{r}{R}\right)^2\right] \tau_1 \tag{6-84}$$

式中　$R$——风轮半径；

$a$——轴向诱导因子，偏航角为零时定义为 $a = \Delta w_n / |\boldsymbol{v}_\infty|$，或者更一般的情况下，则使用下式估计

$$a=\frac{|\boldsymbol{v}_{\infty}|-|\boldsymbol{v}'|}{|\boldsymbol{v}_{\infty}|} \tag{6-85}$$

使用方程式（6-83）时，$a$ 不允许超过 0.5。可以运用不同的数值方法来求解方程式（6-81）和（6-82）。这里建议的方法是假定右端项是常数，这样就可以解析求解，因而得到下述算法：

1）使用方程式（6-77）和（6-78），计算 $\Delta w_{qs}^{i}$。

2）使用向后差分估计方程式（6-81）的右端项 $H=\Delta w_{qs}^{i}+k\tau_1\frac{\Delta w_{qs}^{i}-\Delta w_{qs}^{i-1}}{\Delta t}$。

3）解析求解方程式（6-81），$\Delta w_{int}^{i}=H+(\Delta w_{int}^{i-1}-H)\exp\left(\frac{-\Delta t}{\tau_1}\right)$。

4）解析求解方程式（6-82），$\Delta w^{i}=\Delta w_{int}^{i}+(\Delta w^{i-1}-\Delta w_{int}^{i})\exp\left(\frac{-\Delta t}{\tau_2}\right)$。

应该指出，上述动态尾流算法也可以用于解决其他动态问题，比如变桨距的动态过程。

### 6.3.3　偏航/倾斜模型

如果风轮已经偏航（和/或已经倾斜），如图 6-14 所示，则诱导速度将有一个方位角的变化，因此当叶片指向上游比同一个叶片转了半圈后指向下游时的诱导速度要小些。

这一点的物理解释是，指向下游的叶片比指向上游的叶片更深地进入尾流。这意味着指向上游的叶片比指向下游的叶片经历了更大的风速，因而产生更大的载荷，这样产生有益的偏航力矩，试图将风轮更多地对风或迎风，由此增强了偏航的稳定性。偏航模型描述了诱导速度的分布。如果没有包括偏航模型，叶素-动量方法将不能预测恢复偏航力矩。由葛劳渥特提出的偏航模型为

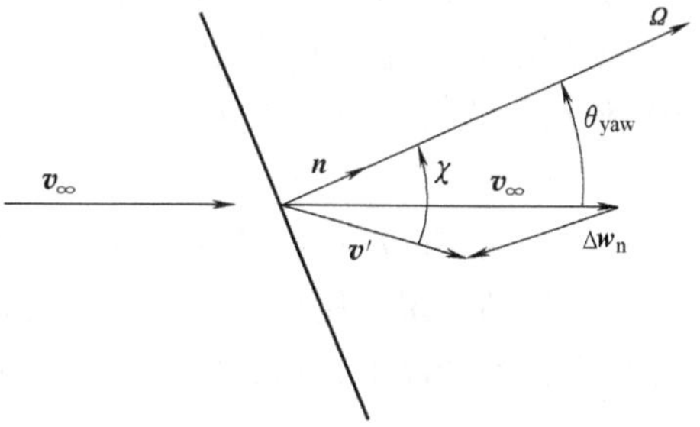


图 6-14　偏航的风轮

$$\Delta w=\Delta w_0\left[1+\frac{r}{R}\tan\left(\frac{\chi}{2}\right)\cos(\theta_{wing}-\theta_0)\right] \tag{6-86}$$

式中　$\chi$——尾流斜交角，定义为尾流中的风速与风轮转轴的夹角如图 6-14 所示；

$\Delta w_0$——将式（6-77）、式（6-78）、式（6-81）和式（6-82）联立求得的平均诱导速度；

$\theta_0$——叶片指向尾流最深处时的方位角。

斜交角 $\chi$ 通过下式求得

$$\cos\chi=\frac{\boldsymbol{n}\cdot\boldsymbol{v}'}{|\boldsymbol{n}||\boldsymbol{v}'|} \tag{6-87}$$

$\boldsymbol{n}$ 是一个法向量，指向旋转轴方向，如图 6-14 所示。假设斜交角沿半径方向是常数，可以在接近 $r/R=0.7$ 的径向位置处计算。

在 $t+\Delta t$ 时刻，叶片新的方位角 $\theta_{wing}(t+\Delta t)=\theta_{wing}(t)+\Omega\Delta t$ 处的诱导速度可求得。因此，可以通过式（6-74）计算攻角，同时升力系数、阻力系数和力矩系数也能通过查表求得。法向载荷 $dF_z$ 和切向载荷 $dF_y$ 可以通过下列等式求得

$$dF_z = \cos\varphi dL + \sin\varphi dD \tag{6-88}$$

$$dF_y = \sin\varphi dL + \cos\varphi dD \tag{6-89}$$

此处

$$dL = \frac{1}{2}\rho |w|^2 c C_l dr \tag{6-90}$$

$$dD = \frac{1}{2}\rho |w|^2 c C_d dr \tag{6-91}$$

偏航/倾斜模型求解过程如下：

1）读取几何尺寸并运行参数。

2）初始化叶片的位置和速度。

3）将叶片离散成 $n$ 个单元。

4）初始化诱导速度：

① 针对 $n=1$ 到最大时间步长（$t=n\Delta t$）；

② 针对每一个叶片；

③ 针对每一个单元 1 到 $n$。

5）使用诱导速度的原值，通过式（6-73）计算叶素相对速度。

6）使用式（6-75）和式（6-74）计算气流倾角以及攻角。

7）查表求得静态系数 $C_l$ 和 $C_d$。

8）使用动态失速模型确定动态叶素数据。

9）使用等式（6-90）计算升力。

10）使用式（6-88）和式（6-89）计算载荷 $dF_z$ 和 $dF_y$。

11）使用式（6-77）和式（6-78）计算诱导速度 $\Delta w_z$ 和 $\Delta w_y$ 的新的平衡值。

12）使用动态尾流模型求得非定常诱导速度 $\Delta w_z$ 和 $\Delta w_y$。

13）在偏航情况下，通过方程式（6-86）计算方位角变化，并计算每一个叶片的诱导速度。

## 习　题

6-1　风轮叶片上的三维流动对风轮性能有何影响？

6-2　根据对尾迹涡流的处理方式不同，涡流模型可区分为几种类型，各有什么特点？

6-3　叶片动态失速对其法向力特性和俯仰力矩特性有什么影响？

6-4　固定偏航时，根据致动盘假设的推广，轴向气流诱导因子 $a$ 和最佳风能利用系数 $C_{Pmax}$ 与简单动量理论的计算结果有何不同？当偏航角 $\gamma=0$，45°，90°时，计算 $a$ 和 $C_{Pmax}$ 各为多少？（答案：$a=\frac{1}{3}$，$a=\frac{\sqrt{2}}{6}$，$a=0$；$C_{Pmax}=\frac{16}{27}$，$C_{Pmax}=\frac{4\sqrt{2}}{27}$，$C_{Pmax}=0$）

# 第 7 章

# 风力机翼型绕流理论

风力机翼型绕流理论是建立在定密度理想气体平面无旋流动理论基础之上的。本章将系统地介绍风力机翼型绕流理论基础，物体绕流的保角变换方法和薄翼理论等内容。

## 7.1 定密度理想气体平面无旋流动的概述

在本书第 2.6 节已经系统地介绍了平面流动和流函数相关知识。这里对定密度理想气体平面无旋流动做进一步分析。

任一时刻，若流场中各点的气体速度都平行于某一固定平面，并且各物理量在此平面的垂直方向上没有变化，则称这种流动为平面流动。若取 $z$ 轴垂直于某一固定平面，则平面流动的任一物理量 $B$ 都应满足 $\frac{\partial B}{\partial z}=0$，并且 $v_z=0$。

在实际工程问题和自然现象中，并不存在严格的平面流动。但是，当流动的物理量在某一个方向（如 $z$ 轴方向）的变化相对于其他方向上的变化为小量，而且在此方向上的速度近于零时，则可以简化为平面流动问题。以大型风力机叶片为例，在弦长与翼展相比为小量的条件下，垂直于翼展的各平面上的流动状况差异甚微，尤其是在叶片的中段部分，就可以简化为平面流动。在平面流动中的“翼型”，实际上可以理解为单位长度的叶素。

在第 2 章中曾指出，对于定密度理想气体的无旋流动，可以将运动学问题与动力学问题分开讨论，即首先由连续方程和无旋条件确定速度场，再由欧拉日积分和伯努利积分确定压力场。

## 7.2 复势与复速度

### 7.2.1 复势与复速度定义

由第 2 章讨论可知，平面无旋流动的速度势 $\Phi$ 与流函数 $\Psi$ 是满足柯西-黎曼条件的两个调和函数，由它们可以构成一个解析复变函数 $X$，$X$ 的定义为

$$X(z)=\Phi+i\Psi \tag{7-1}$$

称 $X$ 为复势。显然，任何一种实际的定密度平面无旋流动必具有一个确定的复势 $X$。

反之，任何一个解析复变函数 X 也就代表一种定密度平面无旋流动。不过，有一些复势本身可能并没有什么物理上的意义。

复势的导数与速度的关系为

$$\frac{\mathrm{d}X}{\mathrm{d}z}=\frac{\partial\Phi}{\partial x}+i\frac{\partial\Psi}{\partial x}=v_x-iv_y \tag{7-2}$$

导数$\frac{\mathrm{d}X}{\mathrm{d}z}$的实部是 $x$ 轴方向上的速度分量，虚部是 $y$ 轴上的速度分量的负值。称$\frac{\mathrm{d}X}{\mathrm{d}z}$为复速度。复速度的共轭函数为

$$\overline{\frac{\mathrm{d}X}{\mathrm{d}z}}=v_x+iv_y \tag{7-3}$$

称为共轭复速度。显然，复速度的模就是速度的绝对值

$$\left|\frac{\mathrm{d}X}{\mathrm{d}z}\right|=\sqrt{v_x^2+v_y^2}=|\boldsymbol{v}|=v \tag{7-4}$$

因此复速度又可表示为

$$\frac{\mathrm{d}X}{\mathrm{d}z}=v\mathrm{e}^{-i\alpha} \tag{7-5}$$

式中　$\alpha=\arctan\frac{v_y}{v_x}=\arg\overline{\frac{\mathrm{d}X}{\mathrm{d}z}}$

arg 代表幅角。

共轭复速度可表示为

$$\overline{\frac{\mathrm{d}X}{\mathrm{d}z}}=v_x+iv_y=v\mathrm{e}^{i\alpha} \tag{7-6}$$

### 7.2.2　解的可叠加性

任意两个或两个以上的解析函数的线性组合仍然是解析函数，因此任意两个或两个以上的复势的线性组合仍然是代表某一种流动的复势。

正是由于复势的这种可叠加性，就有可能利用简单的复势进行线性组合以满足具体问题的边界条件获得问题的解。因为简单复势往往带有奇点，这种方法又称奇点叠加法，或简称奇点法。

## 7.3　典型的简单平面势流及其复势

现讨论一些在物理上有意义的简单流动的速度势和流函数及相应的复势。

### 7.3.1　均匀流

设流场为与 $x$ 轴成 $\alpha$ 角的均匀流，如图 7-1 所示。在整个流场中流速为 $\boldsymbol{w}$，则它的 $x$ 及 $y$ 向速度分量为 $w_x$ 及 $w_y$，$w_x=w\cos\alpha$，则$\frac{\partial w_x}{\partial y}=0$；$w_y=w\sin\alpha$，则$\frac{\partial w_y}{\partial x}=0$。

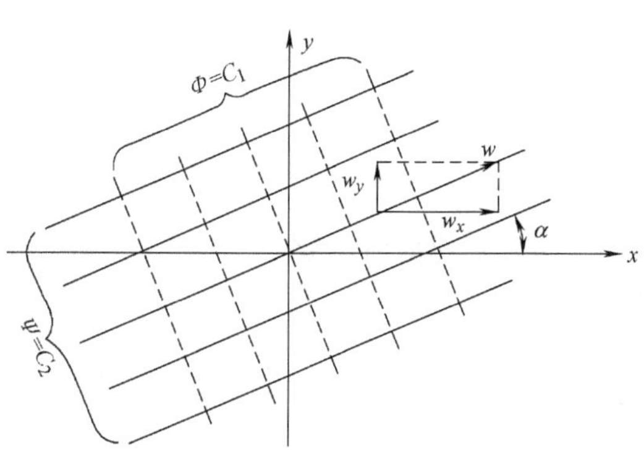


图 7-1　均匀流

由此 $\omega_z=\frac{1}{2}\left(\frac{\partial w_y}{\partial x}-\frac{\partial w_x}{\partial y}\right)=0$，所以流场是有势的，即存在 $\Phi$ 函数和 $\Psi$ 函数。因为

$$\mathrm{d}\Phi=\frac{\partial \Phi}{\partial x}\mathrm{d}x+\frac{\partial \Phi}{\partial y}\mathrm{d}y=w_x\mathrm{d}x+w_y\mathrm{d}y=w\cos\alpha\mathrm{d}x+w\sin\alpha\mathrm{d}y$$

积分得速度势函数 $\Phi$ 为

$$\begin{aligned}\Phi&=wx\cos\alpha+wy\sin\alpha+C_1\\&=w(x\cos\alpha+y\sin\alpha)+C_1\end{aligned}\tag{7-7}$$

同样方法可求得流函数 $\Psi$ 为

$$\Psi=w(y\cos\alpha-x\sin\alpha)+C_2\tag{7-8}$$

由于流场速度分量与势函数为偏导数关系，式（7-7）和式（7-8）中的积分常数 $C_1$ 和 $C_2$ 不起作用，所以可以弃去。由此得均匀流动时的 $\Phi$ 及 $\Psi$ 函数为

$$\left.\begin{aligned}\Phi&=w(x\cos\alpha+y\sin\alpha)\\\Psi&=w(y\cos\alpha-x\sin\alpha)\end{aligned}\right\}\tag{7-9}$$

上述的 $\Phi$ 函数和 $\Psi$ 函数都是单值的。

相应的复势 X 为

$$\begin{aligned}X&=\Phi+i\Psi\\&=w(x\cos\alpha+y\sin\alpha)+iw(y\cos\alpha-x\sin\alpha)\\&=w(\cos\alpha-i\sin\alpha)(x+iy)=wz\mathrm{e}^{-i\alpha}\end{aligned}\tag{7-10}$$

如果流动是平行于 $x$ 轴的，即 $\alpha=0$ 或 $\pi$，即 $w_x=w$ 及 $w_y=0$，则有

$$\left.\begin{aligned}\Phi&=\pm wx\\\Psi&=\pm wy\end{aligned}\right\}\tag{7-11}$$

### 7.3.2　源与汇

流体自一点径向均衡地向外出流称为源流，该点称为点源。如果流体径向均衡地向一点汇集，则称为汇流，该点则称为点汇。

若点源处于位置 $z_0=x_0+iy_0$，如图 7-2 所示，则此平面点源的速度势为

$$\Phi=\frac{q}{2\pi}\ln\sigma\tag{7-12}$$

式中　$q$——直线线源单位长度上的流量（源强），$q>0$ 为点源，$q<0$ 为点汇；

$\sigma$——任意点 $z=x+iy$ 到 $z_0$ 之间的距离，$\sigma=\sqrt{(x-x_0)^2+(y-y_0)^2}$。

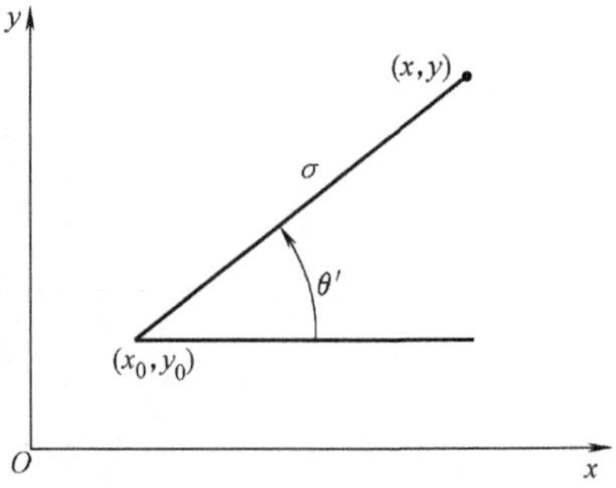


图 7-2　点源位置

根据流函数和速度势的定义确定相应流函数

$$\left.\begin{aligned} v_x&=\frac{\partial\Psi}{\partial y}=\frac{\partial\Phi}{\partial x}=\frac{q}{2\pi\sigma^2}(x-x_0)\\ v_y&=-\frac{\partial\Psi}{\partial x}=\frac{\partial\Phi}{\partial y}=\frac{q}{2\pi\sigma^2}(y-y_0)\end{aligned}\right\}\tag{7-13}$$

积分式（7-13）第一式

$$\begin{aligned}\Psi&=\int\frac{q(x-x_0)}{2\pi\sigma^2}\mathrm{d}y+f(x)\\ &=\frac{q}{2\pi}\int\frac{\mathrm{d}\left(\dfrac{y-y_0}{x-x_0}\right)}{1+\left(\dfrac{y-y_0}{x-x_0}\right)^2}+f(x)\\ &=\frac{q}{2\pi}\arctan\left(\frac{y-y_0}{x-x_0}\right)+f(x)\end{aligned}\tag{7-14}$$

此式对 $x$ 的偏导数为

$$\frac{\partial\Psi}{\partial x}=-\frac{q}{2\pi}\frac{y-y_0}{\sigma^2}+f'(x)\tag{7-15}$$

将式（7-15）与式（7-13）的第二式进行比较，可得

$$\frac{q(y-y_0)}{2\pi\sigma^2}+f'(x)=\frac{q}{2\pi\sigma^2}(y-y_0)$$

所以得 $f'(x)=0$

即 $f'(x)=C$

代入式（7-14）得

$$\Psi=\frac{q}{2\pi}\arctan\left(\frac{y-y_0}{x-x_0}\right)+C\tag{7-16}$$

式（7-16）中常数可任意给定，现令它为零，则流函数可写成

$$\Psi=\frac{q}{2\pi}\arctan\left(\frac{y-y_0}{x-x_0}\right)\tag{7-17}$$

或

$$\Psi=\frac{q}{2\pi}\theta'\tag{7-18}$$

式中　$\theta'$——$z-z_0$ 的幅角。

相应的复势为

$$X(z)=\Phi+i\Psi=\frac{q}{2\pi}\ln\sigma+i\frac{q}{2\pi}\theta'$$

$$=\frac{q}{2\pi}\ln\sigma+\frac{q}{2\pi}\ln e^{i\theta'}=\frac{q}{2\pi}\ln(\sigma e^{i\theta'})=\frac{q}{2\pi}\ln(z-z_0) \tag{7-19}$$

平面点源和点汇的流动图谱如图 7-3 所示。

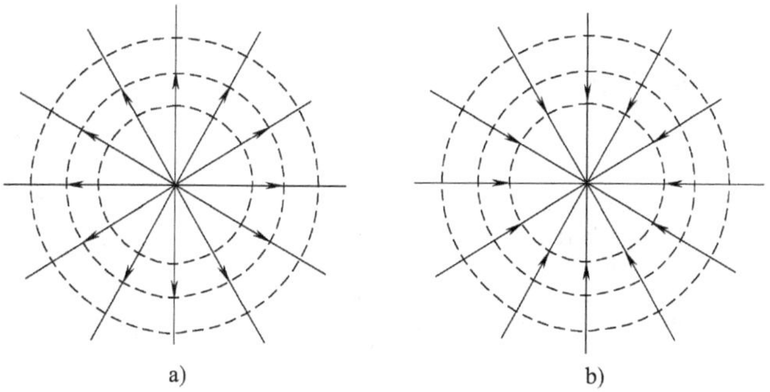

图 7-3　平面点源和点汇的流动图谱

a）源流　b）汇流

### 7.3.3　点涡

若流场中有一无限长的直涡线，在与涡线垂直的平面内可见涡强集中在一个点上，称为点涡，也称自由涡。点涡的诱导速度场与无限长直涡束的诱导速度场相同。假设点涡流动为等环量 $\Gamma$ 流动，即沿任一圆周上的速度环量都相等，若强度为 $\Gamma$ 的无限长直线涡过 $xoy$ 平面的（$x_0$，$y_0$）点，如图 7-4 所示，则相应的速度分量为

$$\left.\begin{aligned} v_x&=-v\sin\theta'=-\frac{\Gamma}{2\pi\sigma}\frac{y-y_0}{\sigma}\\ v_y&=v\cos\theta'=\frac{\Gamma}{2\pi\sigma}\frac{x-x_0}{\sigma}\end{aligned}\right\} \tag{7-20}$$

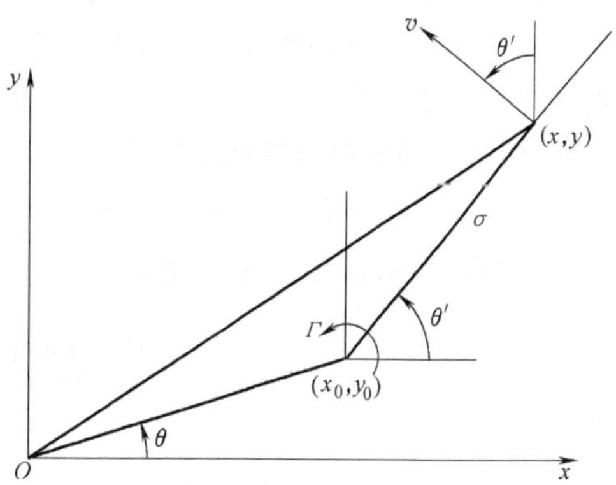


图 7-4　点涡位置

流函数的全微分为

$$d\Psi=\frac{\partial\Psi}{\partial x}dx+\frac{\partial\Psi}{\partial y}dy=-v_y dx+v_x dy$$

$$=-\frac{\Gamma}{2\pi}\frac{x-x_0}{\sigma^2}dx-\frac{\Gamma}{2\pi}\frac{y-y_0}{\sigma^2}dy$$

$$=-\frac{\Gamma}{2\pi}\frac{1}{2}\frac{d[(x-x_0)^2+(y-y_0)^2]}{\sigma^2}$$

$$=-\frac{\Gamma}{2\pi}\frac{1}{2}d(\ln\sigma^2)$$

积分得

$$\Psi=\int d\Psi+C=-\frac{\Gamma}{2\pi}\ln\sigma+C$$

令常数为零，则得流函数

$$\Psi=-\frac{\Gamma}{2\pi}\ln\sigma$$

用类似的方法可以求得速度势。

$$\Phi=\frac{\Gamma}{2\pi}\arctan\frac{y-y_0}{x-x_0}$$

或

$$\Phi=\frac{\Gamma}{2\pi}\theta'$$

相应的复势为

$$X(z)=\Phi+i\Psi=\frac{\Gamma}{2\pi}\theta'+i\left(-\frac{\Gamma}{2\pi}\ln\sigma\right)$$

$$=-\frac{i\Gamma}{2\pi}(\ln\sigma+\ln e^{i\theta'})=-\frac{i\Gamma}{2\pi}\ln(\sigma e^{i\theta'})=-\frac{i\Gamma}{2\pi}\ln(z-z_0) \tag{7-21}$$

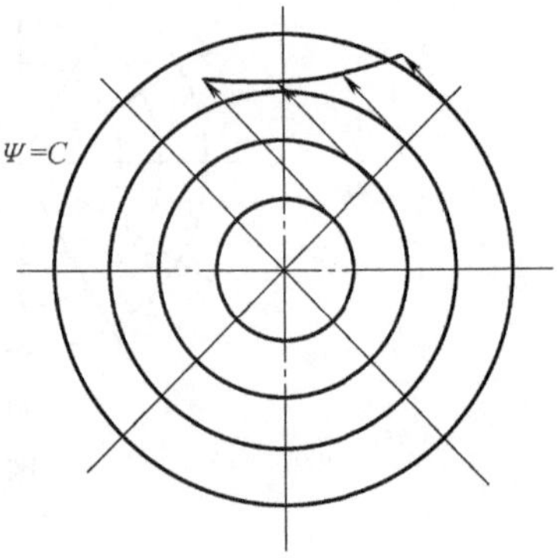

图 7-5　平面点涡（$\Gamma>0$）的流动图谱

平面点涡（$\Gamma>0$）的流动图谱如图 7-5 所示。

在图 7-5 中流动方向为逆时针方向。如果流动方向为顺时针方向时，用$-\Gamma$ 代替 $\Gamma$。

### 7.3.4　偶极流

现在讨论相距为 $\Delta h$ 强度相等的一对平面点源和点汇所组成的流场，且当 $\Delta h\to0$ 时

$$\lim_{\Delta h\to0}q\Delta h=m$$

式中，$m$ 为有限量。这样的一对源汇称作源偶极流，简称偶极流（又称偶极子），称 $m$ 为偶极流强度。当然，流场物理量与源汇布置的方位有关，因此偶极流是有方向的。规定由汇指向源的方向为正方向。

**1. 指向 x 轴方向的偶极流**

在（$x_0$，$y_0$）位置上有一汇，强度为 $q$，在（$x_0+\Delta h$，$y_0$）位置上有一源，强度也为 $q$，$\Delta h=\Delta x_0$ 如图 7-6a 所示。这一对源汇所对应的速度势由式（7-12）可知，应为

$$\Phi=\lim_{\Delta x_0\to0}\left(\frac{q}{2\pi}\ln\sigma'-\frac{q}{2\pi}\ln\sigma\right) \tag{7-22}$$

式中

$$\ln\sigma=\ln\sqrt{(x-x_0)^2+(y-y_0)^2}=f(x,y,x_0,y_0)$$

$$\ln\sigma'=\ln\sqrt{[x-(x_0+\Delta x_0)]^2+(y-y_0)^2}=f(x,y,x_0+\Delta x_0,y_0)$$

由于当 $\Delta h=\Delta x_0\to0$ 时，$q\Delta h=m$，因此速度势又可写成

$$\Phi=\lim_{\Delta x_0\to0}\frac{q\Delta x_0}{2\pi}\,\frac{\ln\sigma'-\ln\sigma}{\Delta x_0}$$

$$=\frac{m}{2\pi}\lim_{\Delta x_0\to0}\frac{f(x,y,x_0+\Delta x_0,y_0)-f(x,y,x_0,y_0)}{\Delta x_0}$$

$$=\frac{m}{2\pi}\frac{\partial f}{\partial x_0}=\frac{m}{2\pi}\frac{\partial}{\partial x_0}(\ln\sigma)=-\frac{m}{2\pi}\frac{1}{\sigma}\frac{1}{2}\frac{2(x-x_0)}{\sigma}$$

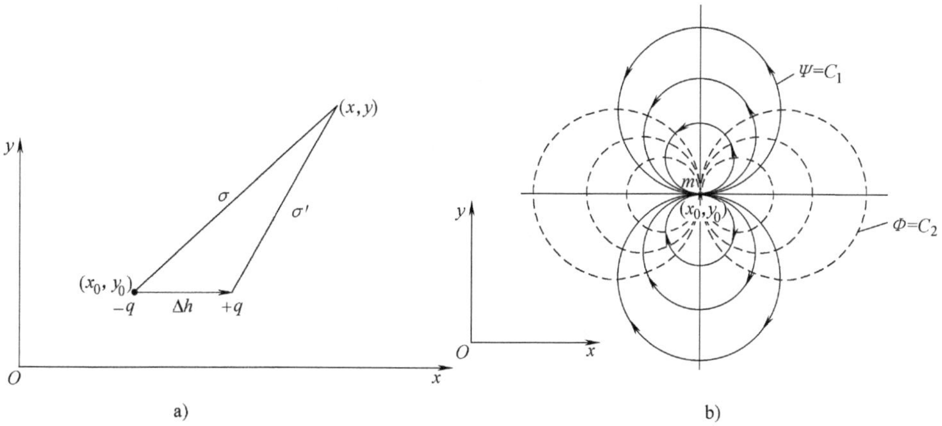


图 7-6　指向 $x$ 轴方向的偶极流

a）一对等强度源汇　b）流动图谱

所以这个偶极流的速度势可写成

$$\Phi=-\frac{m}{2\pi}\frac{(x-x_0)}{\sigma^2} \tag{7-23}$$

按类似步骤，可以确定偶极流所对应的流函数

$$\Psi=\lim_{\Delta x_0\to 0}\frac{q}{2\pi}\left[\arctan\frac{y-y_0}{x-(x_0+\Delta x_0)}-\arctan\frac{y-y_0}{x-x_0}\right]$$

$$=\lim_{\Delta x_0\to 0}\frac{q\Delta x_0}{2\pi}\frac{\arctan\frac{y-y_0}{x-(x_0+\Delta x_0)}-\arctan\frac{y-y_0}{x-x_0}}{\Delta x_0}$$

$$=\frac{m}{2\pi}\frac{\partial}{\partial x_0}\left(\arctan\frac{y-y_0}{x-x_0}\right)=\frac{m}{2\pi}\frac{y-y_0}{\sigma^2} \tag{7-24}$$

相应的复势为

$$X(z)=\Phi+i\Psi=-\frac{m}{2\pi}\frac{(x-x_0)}{\sigma^2}+i\frac{m}{2\pi}\frac{y-y_0}{\sigma^2}$$

$$=-\frac{m}{2\pi}\frac{(x-x_0)-i(y-y_0)}{\sigma^2}$$

$$=-\frac{m}{2\pi}\frac{(\bar{z}-\bar{z}_0)}{(z-z_0)(\bar{z}-\bar{z}_0)}=-\frac{m}{2\pi(z-z_0)} \tag{7-25}$$

相应的流动图谱如图 7-6b 所示。应该指出，若偶极流方向与 $x$ 轴方向相反，则式(7-25)右侧应为正号。

### 2. 指向任意方向的偶极流

如图 7-7a 所示，在 $z_0$ 位置上有一指向与 $x$ 轴成 $\alpha_1$ 角的强度为 $m$ 的偶极流。取新的坐标系 $x'oy'$，$x'$轴与 $x$ 轴成 $\alpha_1$ 角，在 $x'oy'$平面上与 $x'$轴平行的偶极流的复势为

$$X(z)=-\frac{m}{2\pi(z'-z_0')}$$

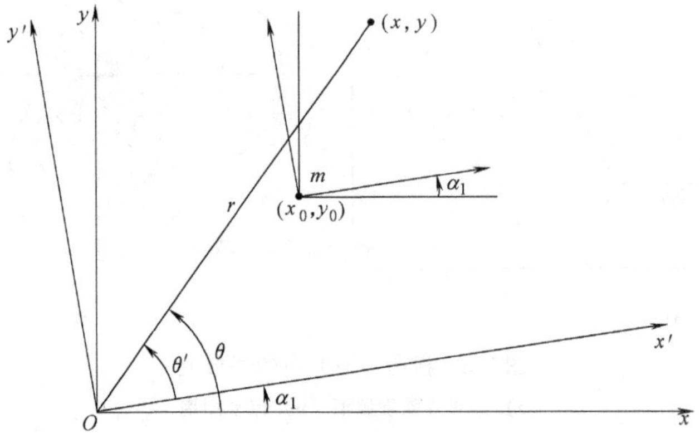


a)

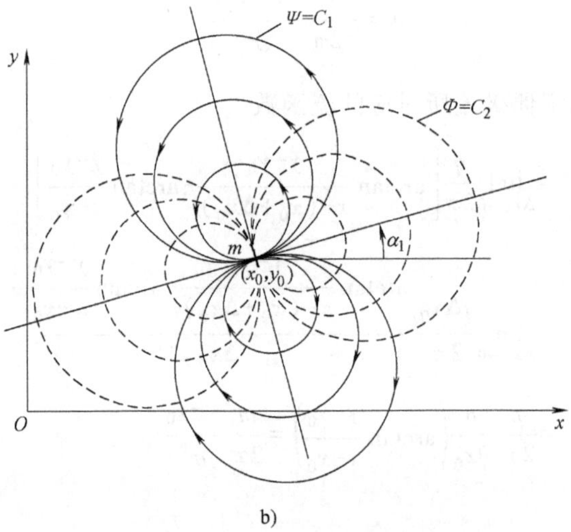


b)

图 7-7　指向任意方向的偶极流

a）偶极流位置　b）流动图谱

由 $x'oy'$与 $xoy$ 的关系可知

$$z'=ze^{-i\alpha_1}$$

$$z_0'=z_0e^{-i\alpha_1}$$

所以，在 $xoy$ 平面上的复势为

$$X(z)=-\frac{m}{2\pi}\frac{1}{ze^{-i\alpha_1}-z_0e^{-i\alpha_1}}$$

$$=-\frac{m}{2\pi}\frac{e^{i\alpha_1}}{z-z_0} \tag{7-26}$$

相应的速度势和流函数为

$$\Phi=-\frac{m}{2\pi}\frac{\cos\alpha_1(x-x_0)+\sin\alpha_1(y-y_0)}{\sigma^2}$$

$$\Psi=\frac{m}{2\pi}\frac{\cos\alpha_1(y-y_0)-\sin\alpha_1(x-x_0)}{\sigma^2}$$

相应的流动图谱如图 7-7b 所示。

## 7.4 圆柱绕流

### 7.4.1 无环量圆柱绕流

#### 1. 均匀流和偶极流的组合

在坐标原点，布置一个强度为 $m$，方向与 $x$ 轴相反的偶极流，再叠加一个沿 $x$ 轴的均匀流，如图 7-8 所示。

这个组合流场的复势由式（7-10）与式(7-25)叠加而成

$$X(z)=wz+\frac{m}{2\pi}\frac{1}{z}=wre^{i\theta}+\frac{m}{2\pi r}e^{-i\theta} \tag{7-27}$$

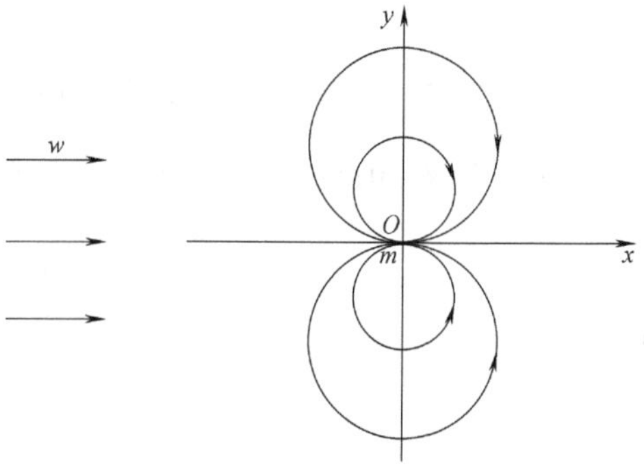

图 7-8 均匀流与偶极流

相应的速度势及流函数

$$\left.\begin{aligned}\Phi&=wr\cos\theta+\frac{m}{2\pi r}\cos\theta\\ \Psi&=wr\sin\theta-\frac{m}{2\pi r}\sin\theta\end{aligned}\right\} \tag{7-28}$$

利用 $\Psi=C$（即流线），可以给出这个流场的流动图谱，如图 7-9 所示。

现对此流场做进一步讨论。

1）零流线 首先观察 $\Psi=0$ 的流线

$$\Psi=\left(wr-\frac{m}{2\pi r}\right)\sin\theta=0$$

由 $\sin\theta=0$ 得

$$\theta=0$$

$$\theta=\pi$$

由

$$wr-\frac{m}{2\pi r}=0$$

得

$$r=\sqrt{\frac{m}{2\pi w}}$$

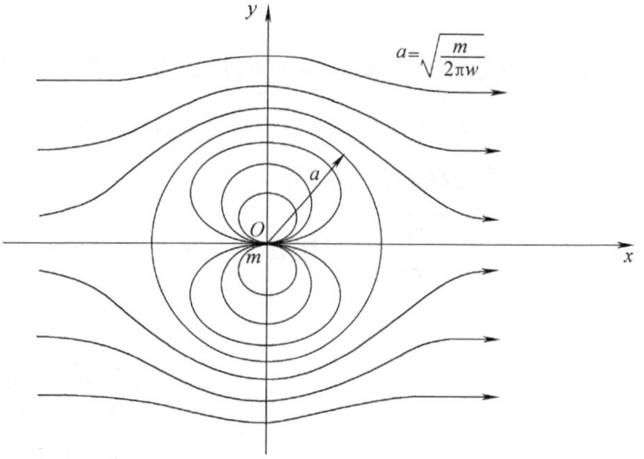

图 7-9 均匀流与偶极流组合

所以 $\theta=0$，$\theta=\pi$，$r=\sqrt{\dfrac{m}{2\pi w}}$ 为零流线方程。

令

$$a=\sqrt{\frac{m}{2\pi w}} \tag{7-29}$$

则零流线方程为

$$\left.\begin{aligned} y&=0\\ r&=a \end{aligned}\right\} \tag{7-30}$$

也就是说 $x$ 轴和 $r=a$ 的圆为零流线。

2）相应的流场　显然，这个流场在 $r=|z|\geqslant a$ 的区域中，相当于无界均匀来流对半径为 $a=\sqrt{\dfrac{m}{2\pi w}}$ 的圆柱绕流，如图 7-10 所示。因为此时流场的复势要求满足的条件是

$$(\boldsymbol{\Psi})_b=0$$

$$(v)_\infty=w\boldsymbol{i}$$

$$\Gamma=0$$

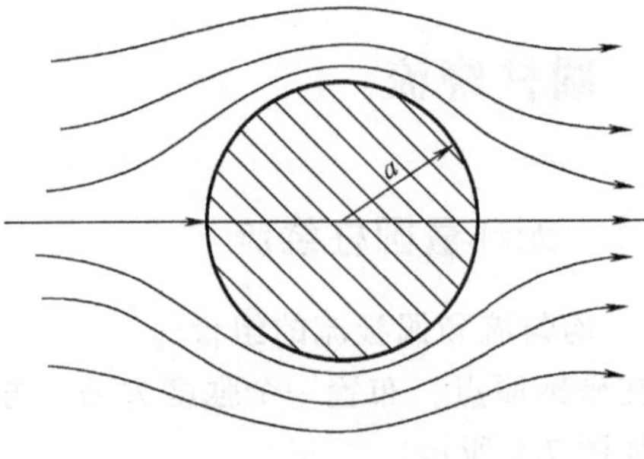


图 7-10　圆柱绕流

而式（7-27）的复势是能够满足这些条件的。可证明如下：$r=a=\sqrt{\dfrac{m}{2\pi w}}$ 代入式（7-28）的第二式可得 $\Psi=0$；由式（7-28）第一式求得复速度为

$$(v_x-iv_y)_{z\to\infty}=\left(\frac{\mathrm{d}X}{\mathrm{d}z}\right)_{z\to\infty}=w$$

因此

$$(\boldsymbol{v})_{r\to\infty}=w\boldsymbol{i}$$

而且

$$\begin{aligned}\Gamma &= \oint_{r=a}\boldsymbol{v}\cdot\mathrm{d}\boldsymbol{l}=\int_0^{2\pi}(v_\theta)_{r=a}a\mathrm{d}\theta\\ &=\int_0^{2\pi}-2w\sin\theta a\mathrm{d}\theta=0\end{aligned}$$

这个流场在 $r=|z|\leqslant a$ 的区域内，相当于半径为 $a=\sqrt{\dfrac{m}{2\pi w}}$ 的圆管内，圆心点有强度为 $m$，方向为负 $x$ 轴的偶极流的流场。流动图谱如图 7-11 所示。

**2. 无环量圆柱的外部绕流**

半径为 $a=\sqrt{\dfrac{m}{2\pi w}}$ 的圆柱在均匀流中的绕流速度势和流函数由式（7-28），式（7-29）可知：

$$\left.\begin{aligned}\Phi&=w\left(r+\frac{a^2}{r}\right)\cos\theta\\ \Psi&=w\left(r-\frac{a^2}{r}\right)\sin\theta\end{aligned}\right\} \tag{7-31}$$

由式（7-27）及式（7-29）可知，复势为

$$X(z)=w\left(z+\frac{a^2}{z}\right) \tag{7-32}$$

相应的速度场为

$$v_r=\frac{\partial \Phi}{\partial r}=w\left(1-\frac{a^2}{r^2}\right)\cos\theta \tag{7-33}$$

$$v_\theta=\frac{1}{r}\frac{\partial \Phi}{\partial \theta}=-w\left(1+\frac{a^2}{r^2}\right)\sin\theta \tag{7-34}$$

柱面上（$r=a$）的速度分布为

$$(v_r)_{\mathrm{b}}=0 \tag{7-35}$$

$$(v_\theta)_{\mathrm{b}}=-2w\sin\theta \tag{7-36}$$

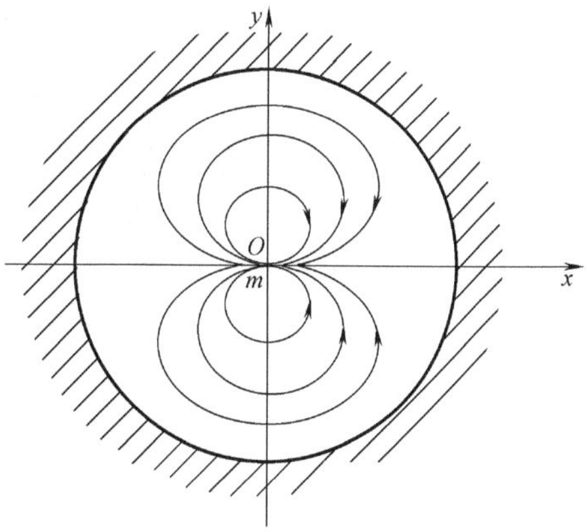

图 7-11　偶极流的流场

由此可见，柱面上的驻点发生在 $\theta=0$，$\theta=\pi$ 的位置上：柱面上的最大速度点发生在 $\theta=\pm\frac{\pi}{2}$ 的位置上，并且

$$v_{\mathrm{bmax}}=2w$$

由伯努利方程（3-30）可以求出压力场

$$p=p_\infty+\frac{1}{2}\rho(w^2-v^2) \tag{7-37}$$

将式（7-36）代入式（7-37），可得柱面上的压力分布

$$(p)_{\mathrm{b}}=p_\infty+\frac{1}{2}\rho w^2(1-4\sin^2\theta) \tag{7-38}$$

柱面所受的合力为 $\boldsymbol{F}$

$$\boldsymbol{F}=\oint(-p)_{\mathrm{b}}\boldsymbol{n}\mathrm{d}A=\oint\left[-p_\infty-\frac{1}{2}\rho w^2(1-4\sin^2\theta)\right]\boldsymbol{n}\mathrm{d}A$$

$$=\oint 2\rho w^2\sin^2\theta\boldsymbol{n}\mathrm{d}A=2\rho w^2 a\int_0^{2\pi}\sin^2\theta(\boldsymbol{i}\cos\theta+\boldsymbol{j}\sin\theta)\mathrm{d}\theta=\boldsymbol{0} \tag{7-39}$$

可见，柱体表面所受合力为零。将上述结果与实验结果进行比较可见。图 7-12 中的理论曲线Ⅰ，对应于图 7-12c 中的理想流动，显然在这样的流动中柱面上的合力为零。但是，真实流动并非如此，由于黏性的存在，真实流动往往如图 7-12a 或 7-12b 所示的那样，流动要产生脱体。相应的压强系数分布规律如图 7-12 中的Ⅱ、Ⅲ曲线所示。因此，在实际流动中，柱体所承受的合力并不等于零。

虽然如此，讨论理想流体的圆柱绕流仍然是有意义的，因为它是一种基本解，对于求解不脱体的非圆柱体绕流有重大价值。关于这一点，后文将进一步讨论。

## 7.4.2　有环量圆柱绕流

### 1. 复势

如果在上节讨论的无环量圆柱绕流的基础上再在原点放置一个环量为 $\Gamma$ 的平面点涡，

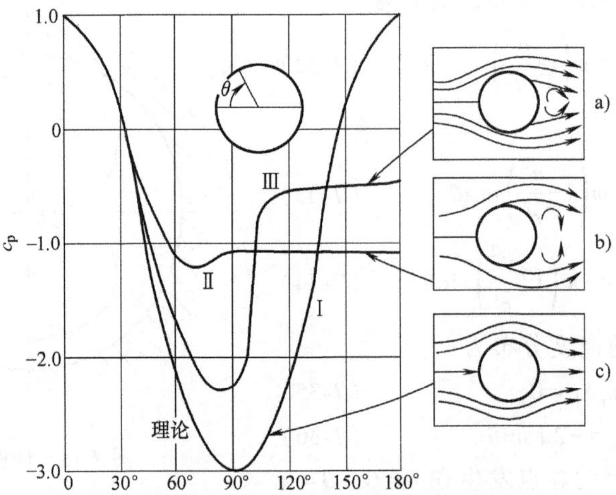


图 7-12　理论分析与实验结果的比较

这个流场的复势为

$$X(z)=w\left(z+\frac{a^2}{z}\right)-\frac{i\Gamma}{2\pi}\ln z \tag{7-40}$$

相应的速度势及流函数

$$\left.\begin{aligned}\Phi&=w\cos\theta\left(r+\frac{a^2}{r}\right)+\frac{\Gamma}{2\pi}\theta\\ \Psi&=w\sin\theta\left(r-\frac{a^2}{r}\right)-\frac{\Gamma}{2\pi}\ln r\end{aligned}\right\} \tag{7-41}$$

显然，$r=a$ 的圆柱面仍然是一条流线，因为

$$(\Psi)_{r=a}=\frac{\Gamma}{2\pi}\ln a=C$$

而且，处于原点的点涡不影响无穷远处来流条件。

相应的速度场为

$$\left.\begin{aligned}v_r&=\frac{\partial\Phi}{\partial r}=w\left(1-\frac{a^2}{r^2}\right)\cos\theta\\ v_\theta&=\frac{1}{r}\frac{\partial\Phi}{\partial\theta}=-w\left(1+\frac{a^2}{r^2}\right)\sin\theta+\frac{\Gamma}{2\pi r}\end{aligned}\right\} \tag{7-42}$$

**2. 驻点分析**

流场中的驻点由下式决定

$$\left.\begin{aligned}v_r&=w\left(1-\frac{a^2}{r^2}\right)\cos\theta=0\\ v_\theta&=-w\left(1+\frac{a^2}{r^2}\right)\sin\theta+\frac{\Gamma}{2\pi r}=0\end{aligned}\right\} \tag{7-43}$$

由式（7-43）第 1 式可以得到驻点

$$r_h=a \tag{7-44}$$

或

$$\theta_h=\frac{\pi}{2},\quad \frac{3}{2}\pi \tag{7-45}$$

将 $r_h=a$ 代入式（7-43）第 2 式可得

$$-2w\sin\theta_h+\frac{\Gamma}{2\pi a}=0$$

$$\theta_h=\arcsin\frac{\Gamma}{4\pi aw} \tag{7-46}$$

注意

$$\frac{\Gamma}{4\pi aw}\leqslant 1$$

可见，物面上的驻点发生在 $|\Gamma|\leqslant 4\pi aw$ 的条件下。当 $\Gamma>0$ 时，$\theta_h$ 在 $0\sim\pi$ 之间；当 $\Gamma<0$ 时，$\theta_h$ 在 $\pi\sim 2\pi$ 之间。

当 $|\Gamma|>4\pi aw$ 时，驻点不可能在圆柱表面上，这对应利用式（7-45），即 $\theta_h=\frac{\pi}{2},\ \frac{3}{2}\pi$，将它们代入式（7-43）第 2 式，求得相应的 $r_h$。这里直接给出计算结果。

在 $|\Gamma|>4\pi aw$ 的条件下，当 $\Gamma>0$ 时，有

$$\theta_h=\frac{\pi}{2}$$

$$r_h=\frac{\frac{\Gamma}{2\pi}+\sqrt{\left(\frac{\Gamma}{2\pi}\right)^2-4w^2a^2}}{2w} \tag{7-47}$$

在 $|\Gamma|>4\pi aw$ 的条件下，当 $\Gamma<0$ 时，有

$$\theta_h=\frac{3}{2}\pi$$

$$r_h=\frac{-\frac{\Gamma}{2\pi}+\sqrt{\left(\frac{\Gamma}{2\pi}\right)^2-4w^2a^2}}{2w} \tag{7-48}$$

现以 $\Gamma<0$ 的情况为例，给出下列三类情况下的流动图谱，如图 7-13 所示。

**3. 物面速度、压力分布及合力**

物面上的速度可以利用式（7-43）求得

$$\left.\begin{aligned}(v_r)_b&=0\\(v_\theta)_b&=-2w\sin\theta+\frac{\Gamma}{4\pi a}\end{aligned}\right\} \tag{7-49}$$

相应的压力分布为

$$(p)_b=p_\infty+\frac{1}{2}\rho w^2-\frac{1}{2}\rho\left(-2w\sin\theta+\frac{\Gamma}{4\pi a}\right)^2 \tag{7-50}$$

显然，在物面上，速度与压力不再对 $x$ 轴对称。

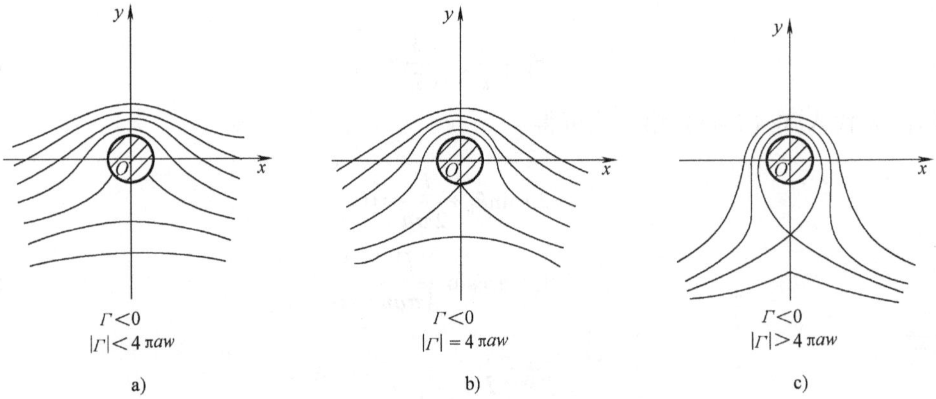


图 7-13　三类情况下的流动图谱

作用在物面上的合力为

$$\boldsymbol{F}=\oint(-p)_{\mathrm{b}}\boldsymbol{n}\mathrm{d}A=-\oint\left[p_{\infty}+\frac{1}{2}\rho w^{2}-\frac{1}{2}\rho\left(-2w\sin\theta+\frac{\Gamma}{4\pi a}\right)^{2}\right]\boldsymbol{n}\mathrm{d}A$$

$$=\frac{1}{2}\rho\int_{0}^{2\pi}\left(\frac{\Gamma}{4\pi a}-2w\sin\theta\right)^{2}(\boldsymbol{i}\cos\theta+\boldsymbol{j}\sin\theta)a\mathrm{d}\theta=-\boldsymbol{j}\rho w\Gamma \tag{7-51}$$

所以

$$\left.\begin{aligned}F_x&=0\\F_y&=-\rho w\Gamma\end{aligned}\right\} \tag{7-52}$$

显然，当 $\Gamma<0$ 时（即环量顺时针方向）物面的上表面压力减小，而下表面压力增大，因此合力向上。

有环量圆柱绕流，相当于均匀来流绕旋转圆柱的流动。柱体以 $\omega$ 角速度旋转时，由于黏性的作用，柱面的流体质点将随之一起转动。实验表明：当 $Re=\dfrac{wa}{\nu}\gg1$ 时，且当圆柱以高速转动，并满足 $\dfrac{\omega a}{w}\geqslant4$ 时，边界层内分离现象不明显，物面周围环量近似为 $2\pi\omega a^2$。在这样的情况下，边界层外部的流动可以近似地认为是有环量的圆柱绕流。旋转的圆柱体向前运动时，将会受到垂直于运动方向的横向力，因而产生横向运动，这种现象称作麦格努斯效应，产生麦格努斯效应的原因可解释如下：旋转的圆柱体，由于黏性作用，圆柱上、下表面速度不同，于是引起压力的不同，例如圆柱向左运动，同时又顺时针转动，此时上表面流体速度大，下表面速度小，由伯努利方程可知，上表面压力必然小于下表面上的压力，于是流体对圆柱有一个向上的合力。

## 7.5　定常绕流中的物体受力

现在讨论定密度理想流体定常无分离地绕过不动物体时单位长度物体上所受到的流体作用力和力矩，这里不考虑质量力。

### 7.5.1　勃拉休斯合力及合力矩公式

设 $l_b$ 为柱体的横截周线，由边界条件可知，在绝对坐标系（即坐标固结于不动物体）中，$l_b$ 为流线，如图 7-14 所示。

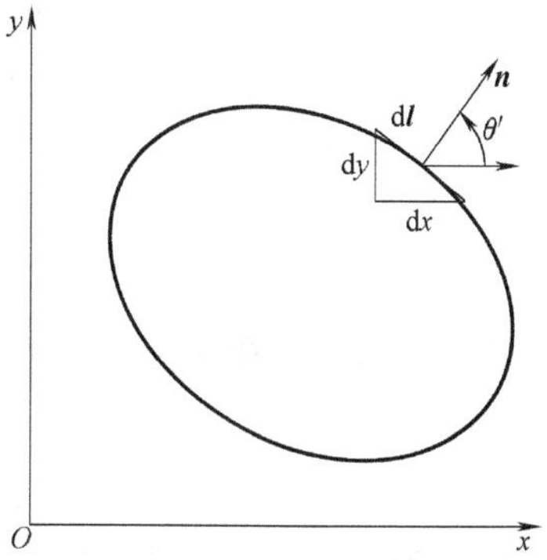

图 7-14　柱体的横截周线

为了确定柱体表面所承受的合力及合力矩，必须首先讨论流场中压力分布形式。

由伯努利方程可知

$$p = C - \frac{1}{2}\rho v^2 \tag{7-53}$$

式中，$C$ 为常数。而速度的平方可以用复速度与共轭复速度表示。

$$\frac{\mathrm{d}X}{\mathrm{d}z}\overline{\frac{\mathrm{d}X}{\mathrm{d}z}} = (v_x - iv_y)(v_x + iv_y) = v_x^2 + v_y^2 = v^2$$

代入式（7-53）可得

$$p = C - \frac{1}{2}\rho \frac{\mathrm{d}X}{\mathrm{d}z}\overline{\frac{\mathrm{d}X}{\mathrm{d}z}} \tag{7-54}$$

#### 1. 勃拉休斯合力公式

作用在物体上的合力为

$$\begin{aligned} \boldsymbol{F} &= -\oint_{l_b} \boldsymbol{n} p \mathrm{d}l = -\oint_{l_b} p(\boldsymbol{i}\cos\theta + \boldsymbol{j}\sin\theta)\mathrm{d}l \\ &= -\oint_{l_b} \boldsymbol{i} p \mathrm{d}y + \oint_{l_b} \boldsymbol{j} p \mathrm{d}x \end{aligned}$$

或可写成分量形式

$$F_x = -\oint_{l_b} p \mathrm{d}y$$

$$F_y = \oint_{l_b} p \mathrm{d}x$$

于是

$$\begin{aligned} F_x - iF_y &= -\oint_{l_b} p \mathrm{d}y - i\oint_{l_b} p \mathrm{d}x \\ &= -\oint_{l_b} p(\mathrm{d}y + i\mathrm{d}x) = -i\oint_{l_b} p \mathrm{d}\bar{z} \end{aligned} \tag{7-55}$$

将式（7-54）代入式（7-55），可得

$$\begin{aligned} F_x - iF_y &= -i\oint_{l_b}\left(C - \frac{1}{2}\rho \frac{\mathrm{d}X}{\mathrm{d}z}\overline{\frac{\mathrm{d}X}{\mathrm{d}z}}\right)\mathrm{d}\bar{z} \\ &= i\frac{\rho}{2}\oint_{l_b} \frac{\mathrm{d}X}{\mathrm{d}z}\overline{\frac{\mathrm{d}X}{\mathrm{d}z}}\mathrm{d}\bar{z} \end{aligned} \tag{7-56}$$

因 $l_b$ 是流线，即沿 $l_b$ 有 $d\Psi=0$，因此

$$\frac{dX}{dz}dz=dX=d\Phi+id\Psi=d\Phi$$

$$\frac{\overline{dX}}{d}d\bar{z}=\frac{\overline{dX}}{d\bar{z}}d\bar{z}=d\overline{X}=d\Phi-id\Psi=d\Phi$$

所以，在物面上

$$\frac{dX}{dz}dz=\frac{d\overline{X}}{d\bar{z}}d\bar{z} \tag{7-57}$$

将式（7-57）代入式（7-56）可得

$$F_x-iF_y=i\frac{\rho}{2}\oint_{l_b}\left(\frac{dX}{dz}\right)^2dz \tag{7-58}$$

这就是关于物面受力的勃拉休斯合力公式。

**2. 勃拉休斯合力矩公式**

作用在圆柱表面上的合力矩也可用复速度的形式来表示。

$$\boldsymbol{T}_0=T_0\boldsymbol{k}=-\oint_{l_b}\boldsymbol{r}\times\boldsymbol{n}p\,dl=-\oint_{l_b}p(\boldsymbol{i}x+\boldsymbol{j}y)\times(\boldsymbol{i}dy-\boldsymbol{j}dx)$$

$$=\oint_{l_b}p(xdx+ydy)\boldsymbol{k}$$

所以

$$T_0=\oint_{l_b}p(xdx+ydy)=\oint_{l_b}\left(C-\frac{\rho}{2}\frac{dX}{dz}\frac{d\overline{X}}{d\bar{z}}\right)\mathrm{Re}(zd\bar{z})$$

$$=-\frac{\rho}{2}\mathrm{Re}\left[\oint_{l_b}\frac{dX}{dz}\frac{d\overline{X}}{d\bar{z}}zd\bar{z}\right] \tag{7-59}$$

式中 Re 表示取实部。

将物面条件（7-57）代入式（7-59）可得

$$T_0=-\frac{\rho}{2}\mathrm{Re}\left[\oint_{l_b}\left(\frac{dX}{dz}\right)^2zdz\right] \tag{7-60}$$

这就是关于物面受力的勃拉休斯合力矩公式。

应当指出，勃拉休斯合力及合力矩公式（7-58）和式（7-60）都是对定常流而言的，因为压力是利用伯努利方程 $p=C-\frac{1}{2}\rho v^2$ 求得的。对于非定常流动，则应利用柯西-拉格朗日积分公式

$$p=C-\frac{d\Phi}{dt}-\frac{1}{2}\rho v^2$$

式中 $C$——以 $t$ 作为参数的常数。

可见，在非定常流中，物体所承受的力还应加上 $\oint_{l_b}\frac{d\Phi}{dt}\boldsymbol{n}dl$。

### 7.5.2 库塔-儒可夫斯基升力定理

对于无穷远均匀来流的物体绕流的问题，若在物体以外的域中没有奇点，则作用在物体上的合力及合力矩可以给出更为具体的形式。

**1. 绕流复速度的一般形式**

将坐标原点取在物体上，作 $l_1$ 圆周将物体包括在内。由于在物体外部的域中没有奇点，因此复势 $X(z)$ 与复速度$\frac{dX}{dz}$在圆周 $l_1$ 上及 $l_1$ 的外部是没有奇点的解析函数。因此总可以将它们展成罗朗级数。现以原点对复速度$\frac{dX}{dz}$展开

$$\frac{dX}{dz}=\cdots+\frac{c_{-n}}{z^n}+\cdots+\frac{c_{-1}}{z}+c_0+c_1z+c_2z^2+\cdots+c_nz^n+\cdots \tag{7-61}$$

式中系数为

$$c_m=\frac{1}{2\pi i}\oint_{l_1}\frac{\frac{dX}{dz}}{z^{m+1}}dz=\frac{1}{2\pi i}\oint_{l}\frac{\frac{dX}{dz}}{z^{m+1}}dz \tag{7-62}$$

$$m=0,\pm1,\pm2,\cdots,\pm n,\cdots$$

$l$ 是包围物体的任意封闭曲线，式中$\frac{dX}{dz}$和 $z^{m+1}$ 在物体外部都是解析函数。

例如，$c_{-1}$可写成

$$c_{-1}=\frac{1}{2\pi i}\oint_{l}\frac{dX}{dz}dz=\frac{1}{2\pi i}\oint_{l}(d\Phi+id\Psi)$$

$$=\frac{1}{2\pi i}(\Gamma+iq)=\frac{q}{2\pi}-i\frac{\Gamma}{2\pi}$$

利用无穷远处来流条件

$$\left(\frac{dX}{dz}\right)_{z\to\infty}=we^{-i\alpha}$$

代入式（7-61）可得

$$c_0=we^{-i\alpha}$$

$$c_1=c_2=\cdots=c_n=\cdots=0$$

如此，式（7-61）可改写成如下形式，为简单起见，并将 $c_{-n}$改写成 $a_n$

$$\frac{dX}{dz}=c_0+\frac{c_{-1}}{z}+\frac{c_{-2}}{z^2}+\cdots+\frac{c_{-n}}{z^n}+\cdots$$

$$\frac{dX}{dz}=we^{-i\alpha}+\frac{(q-i\Gamma)}{2\pi}\frac{1}{z}+\frac{a_2}{z^2}+\cdots+\frac{a_n}{z^n}+\cdots \tag{7-63}$$

式中

$$a_n=\frac{1}{2\pi i}\oint_{l}\frac{dX}{dz}z^{n-1}dz \tag{7-64}$$

应当指出，式（7-63）只适用于圆周 $l_1$ 及 $l_1$ 的外部流场。

对于物体绕流而言 $q=0$，因此复速度公式为

$$\frac{\mathrm{d}X}{\mathrm{d}z}=w\mathrm{e}^{-i\alpha}-\frac{i\Gamma}{2\pi}\frac{1}{z}+\frac{a_2}{z^2}+\cdots+\frac{a_n}{z^n}+\cdots \tag{7-65}$$

**2. 库塔-儒可夫斯基升力定理**

将绕流的复速度公式（7-65）代入勃拉休斯合力公式（7-58），考虑到 $l_b$ 与 $l_1$ 之间 $\frac{\mathrm{d}X}{\mathrm{d}z}$ 是解析的，因此得

$$\begin{aligned}F_x - iF_y &= i\frac{\rho}{2}\oint_{l_b}\left(\frac{\mathrm{d}X}{\mathrm{d}z}\right)^2\mathrm{d}z = i\frac{\rho}{2}\oint_{l_1}\left(\frac{\mathrm{d}X}{\mathrm{d}z}\right)^2\mathrm{d}z\\ &= i\frac{\rho}{2}\oint_{l_1}\left(w\mathrm{e}^{-i\alpha}-\frac{i\Gamma}{2\pi}\frac{1}{z}+\frac{a_2}{z^2}+\cdots+\frac{a_n}{z^n}+\cdots\right)^2\mathrm{d}z\\ &= i\frac{\rho}{2}\cdot 2\pi i\cdot 2w\mathrm{e}^{-i\alpha}\frac{i\Gamma}{2\pi}=\rho w(\cos\alpha+i\sin\alpha)(i\Gamma)\\ &=\rho w\Gamma\sin\alpha+i\rho w\cos\alpha\end{aligned} \tag{7-66}$$

也可写成分量形式

$$F_x=\rho w\Gamma\sin\alpha \tag{7-67}$$

$$F_y=-\rho w\Gamma\cos\alpha \tag{7-68}$$

由此可见，在定密度理想流体定常无旋流场中，物体所承受的力与 $\rho$、$w$ 和 $\Gamma$ 有关。

合力用向量 $\boldsymbol{F}$ 表示，于是

$$\begin{aligned}\boldsymbol{F}&=\boldsymbol{i}F_x+\boldsymbol{j}F_y=\boldsymbol{i}\rho w\Gamma\sin\alpha-\boldsymbol{j}\rho w\Gamma\cos\alpha\\ &=\rho w\Gamma(\boldsymbol{j}\times\boldsymbol{k}\sin\alpha-\boldsymbol{k}\times\boldsymbol{i}\cos\alpha)=\rho w\Gamma(\boldsymbol{j}\sin\alpha+\boldsymbol{i}\cos\alpha)\times\boldsymbol{k}\\ &=\rho w\times\Gamma\boldsymbol{k}\end{aligned} \tag{7-69}$$

与来流方向相垂直的合力即为升力。因此上式称作库塔-儒可夫斯基升力公式。

库塔-儒可夫斯基升力定理可叙述如下：对于定密度平面无旋定常绕流，若过物面的流量为零，则流体作用于物体单位长度上的合力只有升力，其数值为 $\rho w\Gamma$。由式（7-69）可见，由来流方向反环量方向转 90°即为受力方向。

**3. 力矩公式**

将绕流的复速度公式（7-65）代入勃拉休斯合力矩公式（7-60）可得

$$\begin{aligned}T_0 &= -\frac{\rho}{2}\mathrm{Re}\left[\oint_{l_b}\left(\frac{\mathrm{d}X}{\mathrm{d}z}\right)^2 z\mathrm{d}z\right]=-\frac{\rho}{2}\mathrm{Re}\left[\oint_{l_1}\left(\frac{\mathrm{d}X}{\mathrm{d}z}\right)^2 z\mathrm{d}z\right]\\ &=-\frac{\rho}{2}\mathrm{Re}\left[\oint_{l_1}\left(w\mathrm{e}^{-i\alpha}+\frac{i\Gamma}{2\pi}\frac{1}{z}+\frac{a_2}{z^2}+\cdots\right)^2 z\mathrm{d}z\right]=-\frac{\rho}{2}\mathrm{Re}\left\{i2\pi\left[2w\mathrm{e}^{-i\alpha}a_2+\left(\frac{-i\Gamma}{2\pi}\right)^2\right]\right\}\\ &=-\frac{\rho}{2}\mathrm{Re}\left[4\pi w(\mathrm{Re}a_2+i\mathrm{lm}a_2)i(\cos\alpha-i\sin\alpha)-\frac{i\Gamma^2}{2\pi}\right]\\ &=2\pi\rho w(\cos\alpha\,\mathrm{lm}a_2-\sin\alpha\,\mathrm{Re}a_2)\end{aligned} \tag{7-70}$$

式中 lm 表示取虚部。

显然，物体所受的合力矩 $T_0$ 不仅与 $\rho$、$w$ 和 $\Gamma$ 有关，而且与 $a_2$ 有关，而 $a_2$ 与物体的形状和方位有关。

# 7.6 物体绕流的保角变换方法

## 7.6.1 无分离流动保角变换方法的基本思想

对于理想定密度平面无旋流动问题，主要是寻求满足来流条件，物面条件和环量条件的复势 $X(z)$。一旦流场的复势被确定，则相应的速度场、压力场以及绕流物体的合力、合力矩就很容易确定。这属于直接方法。但是用直接方法要确定满足较复杂的物面条件的复势并不是一件容易的事。

现在讨论一种间接方法，即保角变换方法。这种方法是建立在解析复变函数的特性上的。无分离流动的保角变换方法的基本思想可简述如下：

1）通过一个解析变换 $z=f(\zeta)$，将物理平面 $z$ 上比较复杂的物面边界变成辅助平面 $\zeta$ 上的简单形状的边界，如变成无穷长直线、圆柱等，使 $z$ 平面上的流动域变为 $\zeta$ 平面上半平面或圆外域、圆内域等。显然对 $z=f(\zeta)$ 的变换要求是：开域内保角，边界上一一对应。

2）通过解析变换 $z=f(\zeta)$ 建立物理平面和辅助平面上对应的流动关系，其中最主要的关系是

$$X(z)=X[f(\zeta)]=X^*(\zeta) \tag{7-71}$$

即对应的辅助平面上 $X^*(\zeta)$ 仍然是一个解析函数，仍然代表一种流动。按通常习惯，仍将 $X^*(\zeta)$ 写成 $X(\zeta)$。

3）对于辅助平面 $\zeta$ 上相应的流动问题寻求复势 $X(\zeta)$。一般说来在 $\zeta$ 平面上的解是已知的，或是利用其他简单方法可以比较容易解决的。

由上可见，这个方法的关键在于寻求适当的解析变换 $z=f(\zeta)$ 将物面形状变成简单的物面形状。在讨论某些具体的变换之前，有必要对物理平面与辅助平面之间的对应的流动关系先进行一些分析。

## 7.6.2 物理平面与辅助平面上对应的流动关系

由于 z 平面与 $\zeta$ 平面之间存在单值解析关系，从而可以推论出这两个平面之间的一系列变换关系。

1）若已知 $\zeta$ 平面上的复势为 $X(\zeta)$，则 $X(\zeta)=X[f(\zeta)]=X(z)$ 必然是 $z$ 平面上的复势。因为 $X(\zeta)$ 是 $\zeta$ 的解析函数，而 $\zeta=f(z)$ 又是 $z$ 的解析函数，由复变函数论可知，$X(z)$ 仍然是解析函数，它代表的仍然是复势。

2）若在 $z$ 平面上 $X(z)$ 在。$z=z_i$ 点上有奇点，则在 $\zeta$ 平面上在对应点 $\zeta=\zeta_i$ 上 $X(\zeta)$ 也具有同样性质的奇点。

例如，在 $z$ 平面上 $z=z_0$ 点上有点源和点涡，则当 $z\to z_0$ 时，只有该奇点的复势起作用，即

$$X(z)\to\frac{q-i\Gamma}{2\pi}[\ln(z-z_0)] \tag{7-72}$$

已知变换关系为

$$z=f(\zeta)$$

因此

$$\left(\frac{\mathrm{d}z}{\mathrm{d}\zeta}\right)_{\zeta\to\zeta_0}=\lim_{\zeta\to\zeta_0}\frac{z-z_0}{\zeta-\zeta_0}$$

或

$$z-z_0=(\zeta-\zeta_0)\left(\frac{\mathrm{d}z}{\mathrm{d}\zeta}\right)_{\zeta=\zeta_0}$$

代入式（7-72）得

$$X(\zeta)\to\frac{q-i\Gamma}{2\pi}\ln\left[(\zeta-\zeta_0)\left(\frac{\mathrm{d}z}{\mathrm{d}\zeta}\right)_{\zeta=\zeta_0}\right] \tag{7-73}$$

或

$$X(\zeta)\to\frac{q-i\Gamma}{2\pi}\ln(\zeta-\zeta_0)+C \tag{7-74}$$

由此可见。在 $\zeta=\zeta_0$ 处 $X(\zeta)$ 具有同样性质同样强度的奇点。

又例如，在 $z$ 平面上 $z=z_0$ 点上有偶极流，则当 $z\to z_0$ 时

$$X(z)\to-\frac{m\mathrm{e}^{i\alpha}}{2\pi}\frac{1}{z-z_0} \tag{7-75}$$

将关系式

$$\begin{aligned}z-z_0&=(\zeta-\zeta_0)\left(\frac{\mathrm{d}z}{\mathrm{d}\zeta}\right)_{\zeta=\zeta_0}\\&=(\zeta-\zeta_0)\frac{1}{\left(\frac{\mathrm{d}\zeta}{\mathrm{d}z}\right)_{\zeta=\zeta_0}}\end{aligned}$$

代入式（7-75）可得

$$X(\zeta)\to-\frac{m\mathrm{e}^{i\alpha}}{2\pi}\left(\frac{\mathrm{d}\zeta}{\mathrm{d}z}\right)_{\zeta=\zeta_0}\frac{1}{\zeta-\zeta_0} \tag{7-76}$$

由此可见，在 $\zeta-\zeta_0$ 点上，$X(\zeta)$ 具有同样性质的奇点，即仍然是偶极流，但其强度为 $m\left|\left(\frac{\mathrm{d}\zeta}{\mathrm{d}z}\right)_{\zeta=\zeta_0}\right|$，其方向为 $a+\arg\left(\frac{\mathrm{d}\zeta}{\mathrm{d}z}\right)_{\zeta=\zeta_0}$。

偶极流的强度和方向的变化是由于在 $\zeta=\zeta(z)$ 的变换中在 $\zeta=\zeta_0$ 处线性尺度的放大和转动引起的。因为组成偶极流的源汇的强度 $q$ 虽然不变，但它们之间的距离 $\Delta h$ 变化了，$\Delta h$ 变成 $\Delta h\left|\left(\frac{\mathrm{d}\zeta}{\mathrm{d}z}\right)_{\zeta=\zeta_0}\right|$，因此偶极流的强度由 $m$ 变为 $m\left|\left(\frac{\mathrm{d}\zeta}{\mathrm{d}z}\right)_{\zeta=\zeta_0}\right|$，而且方向也发生了变化。

3）在 $\zeta$ 平面上的等势线与流线，对应于 $z$ 平面仍为等势线与流线。

证明如下

由于 $X(\zeta)=X(z)$

而 $X(\zeta)=\Phi(\xi,\eta)+i\Psi(\xi,\eta)$

$$X(z)=\Phi(x,y)+i\Psi(x,y)$$

所以

$$\Phi(\xi,\eta)=\Phi(x,y)$$
$$\Psi(\xi,\eta)=\Psi(x,y)$$

由此可见，在 $\zeta$ 平面上的等势线 $\Phi(\xi,\eta)=$ 常数也是 $z$ 平面上的等势线 $\Phi(x,y)=$ 常数。同理，在 $\zeta$ 平面上的流线 $\Psi(\xi,\eta)=$ 常数对应于 $z$ 平面上也是流线 $\Psi(x,y)=$ 常数。

顺便指出，由于变换的保角性质，$\zeta$ 平面上等势线与流线的正交性在 $z$ 平面上仍然保持。

4）$\zeta$ 平面与 $z$ 平面上的复速度存在下列关系

$$\frac{\mathrm{d}X(\zeta)}{\mathrm{d}\zeta}=\frac{\dfrac{\mathrm{d}X(z)}{\mathrm{d}z}}{\dfrac{\mathrm{d}\zeta}{\mathrm{d}z}}=\frac{\mathrm{d}X(z)}{\mathrm{d}z}\frac{\mathrm{d}z}{\mathrm{d}\zeta} \tag{7-77}$$

5）在 $\zeta$ 平面上的任一封闭曲线 $l$ 上的速度环量及流量等于 $z$ 平面上的相应封闭曲线 $l'$ 上的速度环量及流量。

证明如下：

利用关系式（7-77）有

$$\oint_l \frac{\mathrm{d}X}{\mathrm{d}\zeta}\mathrm{d}\zeta=\oint_l \frac{\mathrm{d}X}{\mathrm{d}z}\cdot\frac{\mathrm{d}z}{\mathrm{d}\zeta}\mathrm{d}\zeta=\oint_{l'}\frac{\mathrm{d}X}{\mathrm{d}z}\mathrm{d}z$$

或

$$\oint_l \mathrm{d}X(\zeta)=\oint_{l'}\mathrm{d}X(z)$$

或

$$\oint_l \mathrm{d}[\Phi(\xi,\eta)+i\Psi(\xi,\eta)]=\oint_{l'}\mathrm{d}[\Phi(x,y)+i\Psi(x,y)]$$

即

$$\Gamma_\zeta+iq_\zeta=\Gamma_z+iq_z \tag{7-78}$$

式（7-78）中角标“$\zeta$”表示 $\zeta$ 平面上的值，“$z$”表示 $z$ 平面上的值。由此可得

$$\Gamma_\zeta=\Gamma_z=\Gamma \tag{7-79}$$

$$q_\zeta=q_z=q \tag{7-80}$$

所以变换前后在相应的封闭曲线上环量及流量保持不变。

### 7.6.3　解析变换的唯一性定理

在讨论各种具体变换之前，有必要引用解析变换的唯一性定理，但在此不作证明。

如图 7-15 所示，在物理平面和辅助平面上任意给定两个闭区域 $D$ 和 $D'$，并任意给定 $z_0$，$\zeta_0(z_0\in D,\zeta_0\in D')$ 及实数值 $\alpha_0$，若满足下列给定的条件：两个区域的边界一一对应，且

$$\left.\begin{aligned}z_0&=f(\zeta_0)\\ \arg[f'(\zeta)]_{\zeta=\zeta_0}&=\alpha_0\end{aligned}\right\} \tag{7-81}$$

则必存在一个唯一的解析变换关系 $z=f(\zeta)$，它保角地将开区域 $D$ 变换为开区域 $D'$。

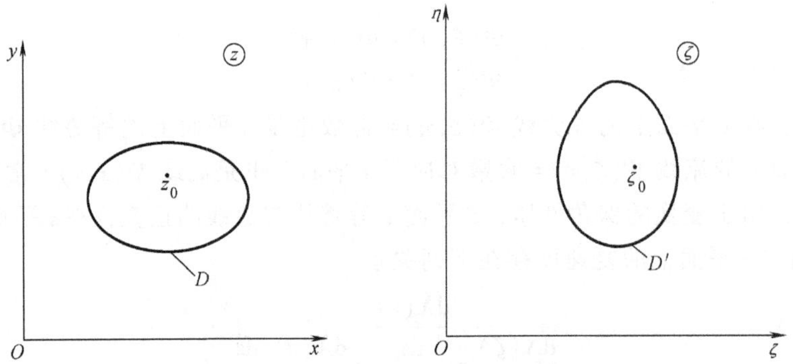


图 7-15　解析变换的唯一性定理

## 7.6.4　任意柱形物体绕流变换为圆柱绕流的一般形式

下面来寻找某种变换，将 $z$ 平面上的任意柱形物体在无界均匀来流中的绕流问题，变换为 $\zeta$ 平面上圆柱在无界均匀来流中的绕流问题。

令 $D$ 为 $z$ 平面上所研究的柱形物体周线 $l$ 外部的区域，包括无穷远处在内。令 $D^*$ 为 $\zeta$ 平面上以坐标原点为中心，半径为 $a$ 的圆柱周线 $l^*$ 的外部区域，也包括无穷远点。由于 $z=f(\zeta)$ 在 $D^*$ 域中是解析函数，因此可用罗朗级数，在 $\zeta=0$ 点展开。

$$z=f(\zeta)=\cdots+\frac{b_n}{\zeta^n}+\cdots+\frac{b_1}{\zeta}+b_0+c_1\zeta+c_2\zeta^2+\cdots+c_n\zeta^n+\cdots \tag{7-82}$$

根据解析变换的唯一性定理，只有当域中某一对对应点的 $z_0$ 与 $\zeta_0$ 及 $\arg\left(\frac{\mathrm{d}z}{\mathrm{d}\zeta}\right)_{\zeta=\zeta_0}$ 的值规定之后，这个变换才唯一地确定下来。

因此规定

$$\zeta_0=\infty$$

对应于

$$z_0=\infty$$

以及

$$\left(\frac{\mathrm{d}z}{\mathrm{d}\zeta}\right)_{\zeta=\infty}=m_\infty \tag{7-83}$$

式中　$m_\infty$——给定的非零实数。

这里应该说明：$\left(\frac{\mathrm{d}z}{\mathrm{d}\zeta}\right)_{\zeta\to\infty}=m_\infty$，$m_\infty$ 为给定的非零实数的条件，相当于 $\arg\left(\frac{\mathrm{d}z}{\mathrm{d}\zeta}\right)_{\zeta\to\infty}=\alpha_0=0$ 的条件。若在 $\zeta$ 平面上圆柱边界半径 $a$ 给定，则 $m_\infty$ 值不能任意给定，相反，如给定 $m_\infty$，则 $a$ 值就完全确定。

将上述条件用于式（7-82）即可得到

$$c_1=m_\infty$$

$$c_2=c_3=\cdots=c_n=\cdots=0$$

因此变换的一般形式可写成

$$z=f(\zeta)=m_\infty\zeta+b_0+\frac{b_1}{\zeta}+\frac{b_2}{\zeta^2}+\cdots+\frac{b_n}{\zeta^n}+\cdots$$

即

$$z=m_\infty\zeta+\sum_{n=0}^{\infty}\frac{b_n}{\zeta^n} \tag{7-84}$$

式中，$m_\infty$，$b_n$ 将由柱形物体周线 $l$ 和圆柱半径 $a$ 来确定。

因此，通过上述变换可以将 $z$ 平面上的任意柱形物体周线 $l$ 的外部域变换为 $\zeta$ 平面上圆柱周线 $l^*$ 的外部域，如图 7-16 所示。

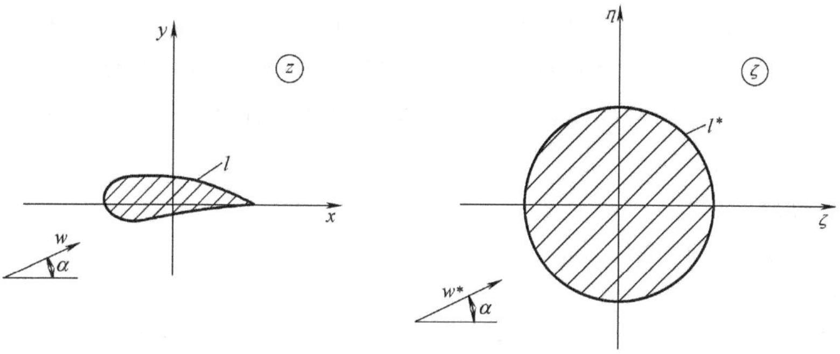


图 7-16　任意柱形物体绕流变换为圆柱绕流

无穷远来流条件也有相应变换。

在 $z$ 平面上

$$\left(\frac{dX}{dz}\right)_{|z|=\infty}=we^{-i\alpha}$$

在 $\zeta$ 平面上，应有

$$\left(\frac{dX}{d\zeta}\right)_{|\zeta|=\infty}=\left(\frac{dX}{dz}\cdot\frac{dz}{d\zeta}\right)_{|\zeta|=\infty}=\left(\frac{dX}{dz}\right)_{|z|=\infty}\left(\frac{dz}{d\zeta}\right)_{|\zeta|=\infty}$$
$$=m_\infty we^{-i\alpha}=w^*e^{-i\alpha}$$

可见，在 $\zeta$ 平面上的无穷远来流速度大小 $w^*$ 为 $z$ 平面上来流速度 $w$ 的 $m_\infty$ 倍，而方向不变。

于是在 $z$ 平面上任意柱形物体的绕流问题相应地化为 $\zeta$ 平面上圆柱绕流问题。而在 $\zeta$ 平面上对应的半径为 $a$ 的圆柱绕流的复势是已知的

$$X(\zeta)=w^*e^{-i\alpha}\zeta+\frac{w^*e^{i\alpha}a^2}{\zeta}-\frac{i\Gamma}{2\pi}\ln\zeta \tag{7-85}$$

而 $z=f(\zeta)$ 是已知的，可由式（7-84）给出，由此可以得到 $z$ 平面的复势 $X(z)$。

物理平面上的复速度可由下式求得

$$\frac{dX}{dz}=\frac{dX}{d\zeta}\Big/\frac{dz}{d\zeta}=\left[m_\infty we^{-i\alpha}-\frac{m_\infty we^{i\alpha}a^2}{\zeta^2}-\frac{i\Gamma}{2\pi}\frac{1}{\zeta}\right]\Big/\frac{dz}{d\zeta} \tag{7-86}$$

# 7.7 儒可夫斯基绕流变换[3]

## 7.7.1 儒可夫斯基变换

如果令式（7-84）中的 $m_\infty=\dfrac{1}{2}$，$b_1=\dfrac{1}{2}b^2$，$b_n=0(n\neq1)$，则可得到变换关系式

$$z=\frac{1}{2}\left(\zeta+\frac{b^2}{\zeta}\right) \tag{7-87}$$

式中 $b$——实常数。

这个变换可以将 $\zeta$ 平面上的圆变换为 $z$ 平面上的翼型，将 $\zeta$ 平面上的圆外域变换成 $z$ 平面上的翼型外的区域；将 $\zeta$ 平面上的圆柱绕流变换成 $z$ 平面上的翼型绕流。将这种变换称作儒可夫斯基变换。儒可夫斯基变换在理论上和实践上都具有重大价值。以下讨论这种变换的性质。

**1. 存在一阶分支点**

由儒可夫斯基变换（7-87）可知

$$\frac{\mathrm{d}z}{\mathrm{d}\zeta}=\frac{1}{2}\left(1-\frac{b^2}{\zeta^2}\right) \tag{7-88}$$

$$\frac{\mathrm{d}^2z}{\mathrm{d}\zeta^2}=b^2\zeta^{-3}$$

可见，在 $\zeta=\pm b$ 处（对应于 $z=\pm b$ 处）

$$\left(\frac{\mathrm{d}z}{\mathrm{d}\zeta}\right)_{\zeta=\pm b}=0$$

$$\left(\frac{\mathrm{d}^2z}{\mathrm{d}\zeta^2}\right)_{\zeta=\pm b}\neq0$$

因此 $\zeta=\pm b$ 是一阶分支点。

对应于式（7-87）的反函数可写成

$$\zeta=z\pm\sqrt{z^2-b^2} \tag{7-89}$$

显然，它是多值函数，$z$ 平面上的一个点对应于 $\zeta$ 平面上的两个点，但是在 $z=\pm b$ 的点上，它是单值的。所以 $z=\pm b$ 确是多值函数的分支点。

现在只讨论下列条件下的单值分支函数：$z\to\infty$，对应于 $\zeta\to\infty$，也就是要求 $z$ 平面上物体型线的外域，对应于 $\zeta$ 平面上的圆外域。根据这个条件，对应的单值分支函数只能是

$$\zeta=z+\sqrt{z^2-b^2} \tag{7-90}$$

由复变函数论可知，在分支点上，变换没有保角性。因为在分支点上 $\dfrac{\mathrm{d}z}{\mathrm{d}\zeta}=0$。

总之，变换关系式（7-87）或式（7-90）除在分支点 $\zeta=\pm b$ 外，处处存在导数，具有保角性。

**2. 圆变平板**

$\zeta$ 平面上的圆 $|\zeta|=b$，可以变换成 $z$ 平面上的平板，如图 7-17 所示。

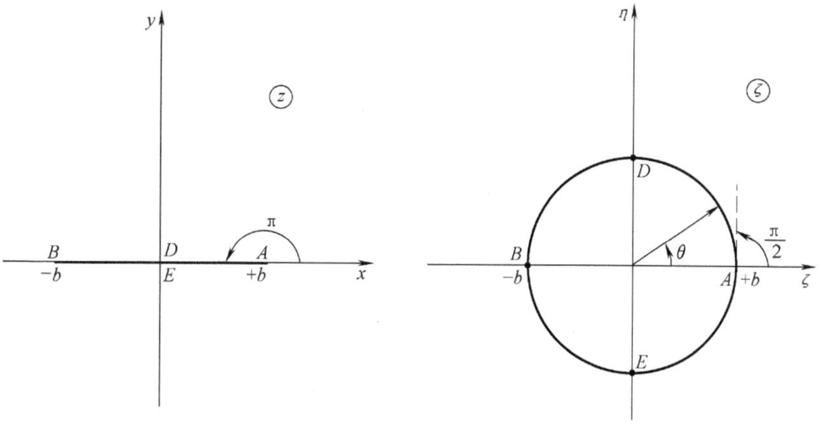


图 7-17　圆变平板

$|\zeta|=b$ 的圆方程为

$$\zeta=b\mathrm{e}^{i\theta}$$

将它代入式（7-87）可得 $z$ 平面上相应的方程

$$z=\frac{1}{2}\left(b\mathrm{e}^{i\theta}+\frac{b^2}{b}\mathrm{e}^{-i\theta}\right)=b\cos\theta \tag{7-91}$$

显然，这是 $z$ 平面上的一段直线 $AB$。可见，$\zeta$ 平面上的半径为 $b$ 的对称圆柱在 $z$ 平面上相当于 $AB$ 平板，圆外域变为平板外域。

前已指出，变换在 $A$、$B$ 点不具有保角性。确实，在 $\zeta$ 平面上，$A$ 点切线与 $\zeta$ 轴的夹角为 $\pi/2$，在 $z$ 平面上，$A$ 点切线与 $x$ 轴的夹角变为 $\pi$。

**3. 圆变椭圆**

$\zeta$ 平面上的圆 $|\zeta|=a(a>b)$，可以变成 $z$ 平面上的椭圆，如图 7-18 所示。

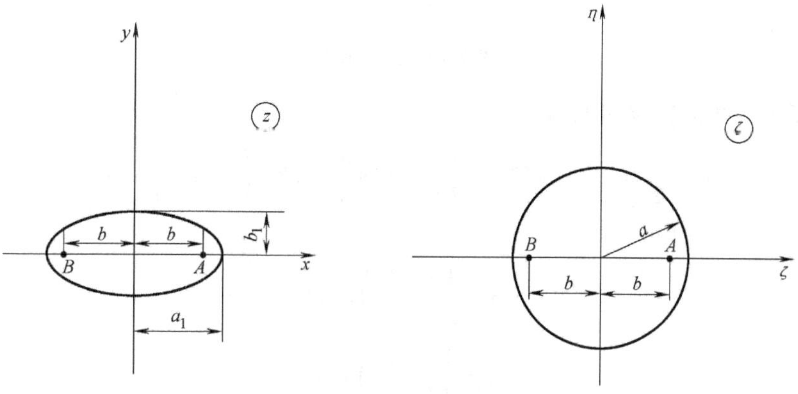


图 7-18　圆变椭圆

$|\zeta|=a$ 的圆方程为

$$\zeta=a\mathrm{e}^{i\theta}$$

代入式（7-87）得

$$z=\frac{1}{2}\left(a\mathrm{e}^{i\theta}+\frac{b^2}{a}\mathrm{e}^{-i\theta}\right)=\frac{1}{2}\left(a\cos\theta+\frac{b^2}{a}\cos\theta\right)+\frac{1}{2}i\left(a\sin\theta-\frac{b^2}{a}\sin\theta\right)$$

所以

$$x=\frac{1}{2}\left(a+\frac{b^2}{a}\right)\cos\theta$$

$$y=\frac{1}{2}\left(a-\frac{b^2}{a}\right)\sin\theta$$

于是

$$\frac{x^2}{\left[\frac{1}{2}\left(a+\frac{b^2}{a}\right)\right]^2}+\frac{y^2}{\left[\frac{1}{2}\left(a-\frac{b^2}{a}\right)\right]^2}=1 \tag{7-92}$$

这就是椭圆方程：其长轴为 $a_1=\frac{1}{2}\left(a+\frac{b^2}{a}\right)$，短轴为 $b_1=\frac{1}{2}\left(a-\frac{b^2}{a}\right)$，焦点在 $x=\pm b$ 点上。上述关系式可改写为 $a_1^2-b_1^2=b^2$，$a_1+b_1=a$。

**4. 圆变圆弧**

$\zeta$ 平面上的过 $A$、$B$ 点的偏心圆，$|\zeta-f_1|=\sqrt{f_1^2+b^2}$ 可以变换为 $z$ 平面上的圆弧。如图 7-19 所示。

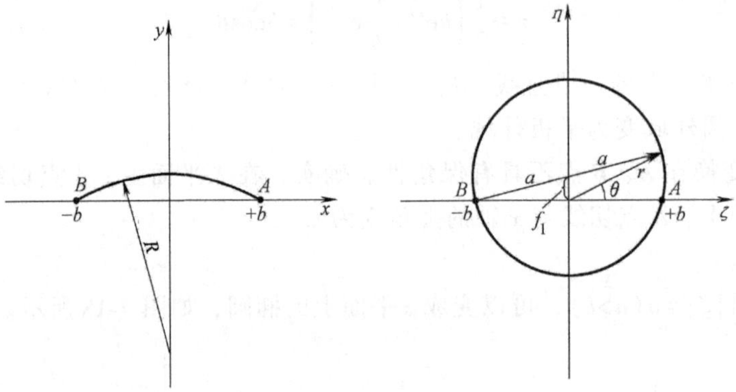


图 7-19　圆变圆弧

变换关系式（7-87）又可写成

$$x+iy=\frac{1}{2}\left(re^{i\theta}+\frac{b^2}{r}e^{-i\theta}\right)=\frac{1}{2}\left[r\cos\theta+\frac{b^2}{r}\cos\theta+i\left(r\sin\theta-\frac{b^2}{r}\sin\theta\right)\right]$$

因此

$$x=\frac{1}{2}\left(r+\frac{b^2}{r}\right)\cos\theta \tag{7-93}$$

$$y=\frac{1}{2}\left(r-\frac{b^2}{r}\right)\sin\theta \tag{7-94}$$

以 $\sin\theta$ 乘式（7-93），以 $\cos\theta$ 乘式（7-94），分别平方后相减得到

$$x^2\sin^2\theta-y^2(1-\sin^2\theta)=b^2\sin^2\theta(1-\sin^2\theta) \tag{7-95}$$

设法消去式中 $\sin^2\theta$ 就可得曲线方程。

因偏心圆 $|\zeta-f_1|=\sqrt{f_1^2+b^2}$ 的方程可以写为

$$r^2=a^2-f_1^2+2f_1r\cos\left(\frac{\pi}{2}-\theta\right)=b^2+2f_1r\sin\theta$$

即

$$2f_1\sin\theta=r-\frac{b^2}{r}$$

代入式（7-94）得

$$\sin^2\theta=\frac{y}{f_1} \tag{7-96}$$

将式（7-96）代入式（7-95）得 $z$ 平面上对应的曲线方程

$$x^2+\left[y+\frac{1}{2}\left(\frac{b^2}{f_1}-f_1\right)\right]^2=b^2+\frac{1}{4}\left(\frac{b^2}{f_1}-f_1\right)^2 \tag{7-97}$$

显然，这就是圆的方程。圆的半径为

$$R=\sqrt{b^2+\frac{1}{4}\left(\frac{b^2}{f_1}-f_1\right)^2}$$

圆心位于$\left[0,\ -\frac{1}{2}\left(\frac{b^2}{f_1}-f_1\right)\right]$点上。但是，由式（7-96）可知，$y>0$，因此偏心圆$|\zeta-f_1|=\sqrt{f_1^2+b^2}$对应在 $z$ 平面上的曲线只能是位于实轴以上的一段圆弧。

由式（7-96）可知 $y_{max}=f_1$，所以在 $b$ 值给定的条件下，$f_1$ 直接决定了 $z$ 平面上圆弧的弯曲程度。

**5. 圆变翼型**

$\zeta$ 平面上过点 $A$ 的圆

$$|\zeta-\zeta_0|=a$$

$$\zeta_0=b-a\mathrm{e}^{-i\beta}$$

$$a=\tau_1+\sqrt{b^2+f_1{}^2}$$

可以变为 $z$ 平面上的翼型，如图 7-20 所示。

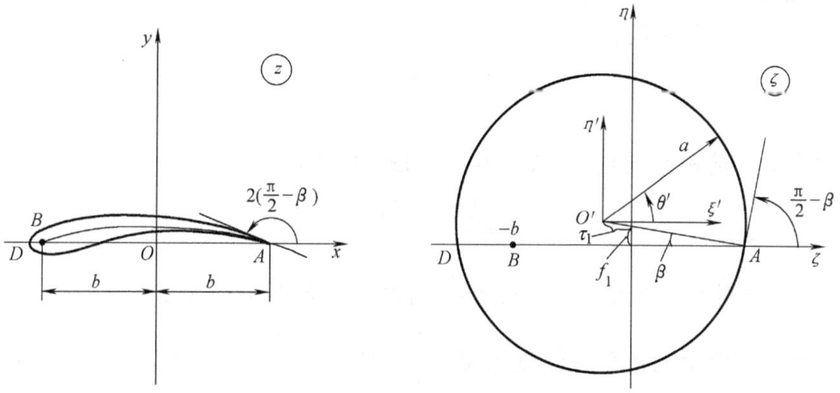


图 7-20　圆变翼型

以 $\zeta_0$ 为原点再做一坐标系（$\xi'$，$\eta'$），在 $\zeta'$平面上，圆的方程可写成

$$\zeta'=a\mathrm{e}^{i\theta'}$$

因此，在 $\zeta$ 平面上，圆的方程可写成

$$\zeta=\zeta_0+\zeta'=\zeta_0+a\mathrm{e}^{i\theta'}=b-a\mathrm{e}^{-i\beta}+a\mathrm{e}^{i\theta'}=b+a(\mathrm{e}^{i\theta'}-\mathrm{e}^{-i\beta})$$

$$=b+a(\cos\theta'-\cos\beta)+ia(\sin\theta'+\sin\beta) \tag{7-98}$$

代入式（7-87）得

$$z=\frac{1}{2}\left\{[b+a(\cos\theta'-\cos\beta)+ia(\sin\theta'+\sin\beta)]+\frac{b^2}{b+a(\cos\theta'-\cos\beta)+ia(\sin\theta'+\sin\beta)}\right\}$$

于是

$$x=\frac{1}{2}[b+a(\cos\theta'-\cos\beta)]\times\left\{1+\frac{1}{\left[1+\frac{a}{b}(\cos\theta'-\cos\beta)\right]^2+\frac{a^2}{b^2}(\sin\theta'+\sin\beta)^2}\right\} \tag{7-99}$$

$$y=\frac{1}{2}a(\sin\theta'+\sin\beta)\times\left\{1-\frac{1}{\left[1+\frac{a}{b}(\cos\theta'-\cos\beta)\right]^2+\frac{a^2}{b^2}(\sin\theta'+\sin\beta)^2}\right\} \tag{7-100}$$

上述方程为 $x$、$y$ 的参数方程，消去参数 $\theta'$就可得到

$$y=f(x) \tag{7-101}$$

这条曲线就是如图 7-20 所示的翼型的边界，这种翼型称作儒可夫斯基翼型。

在整个圆外域中，变换处处保角。但在边界点 $A$ 处，变换不能保角，因为 $A$ 点为分支点。在 $\zeta$ 平面的 $A$ 点上的切线与 $\zeta$ 轴的夹角为$\frac{\pi}{2}-\beta$，而在 $z$ 平面的 $A$ 点翼型后缘的切线与 $x$ 轴的夹角为 $2\left(\frac{\pi}{2}-\beta\right)$。

可以证明，儒可夫斯基翼型的前后缘距离主要与 $b$ 有关，翼型的弯曲程度与 $f_1$ 有关，翼型的厚度与 $\tau_1$ 有关（见图 7-20）。

这里，弦长

$$c=x_A-x_D$$

（$A$ 为翼型的后缘点，$D$ 为前缘点）；

最大相对弯度（简称弯度），由式（4-10）

$$\bar{f}=\frac{1}{2}\frac{(y_u+y_1)_{\max}}{c}$$

最大相对厚度（简称厚度），由式（4-7）和式（4-8）

$$\bar{\delta}=\frac{(y_u-y_1)_{\max}}{c}$$

式中　$y_u$、$y_1$——分别表示翼型上、下表面 $y$ 坐标值，$x$ 轴与翼弦重合。

对于小弯度，小厚度的儒可夫斯基翼型，$\frac{f_1}{b}=\bar{f}_1\ll1$，$\frac{\tau_1}{b}=\bar{\tau}_1\ll1$，可以忽略 $\bar{\tau}_1$、$\bar{f}_1$ 平方项，且 $c\approx2b$，则有关的几何关系可以做如下简化

$$\frac{a}{b}=\sqrt{1+\bar{f}_1^2}+\bar{\tau}_1\approx1+\bar{\tau}_1$$

$$\sin\beta=\frac{f_1}{\sqrt{b^2+f_1^2}}\approx\bar{f}_1$$

$$\cos\beta=\frac{b}{\sqrt{b^2+f_1^2}}\approx 1$$

代入式（7-101）可得

$$\bar{y}_u=\frac{y_u}{2b}=\bar{\tau}_1\sqrt{1-\bar{x}^2}\left(1-\bar{x}+\frac{\bar{f}_1}{\bar{\tau}_1}\sqrt{1-\bar{x}^2}\right)$$

$$\bar{y}_1=\frac{y_1}{2b}=-\bar{\tau}_1\sqrt{1-\bar{x}^2}\left(1-\bar{x}-\frac{\bar{f}_1}{\bar{\tau}_1}\sqrt{1-\bar{x}^2}\right)$$

式中

$$\bar{x}=\frac{x}{2b}$$

且有

$$\bar{\delta}=\frac{3}{2}\sqrt{3}\,\bar{\tau}_1=\frac{3}{2}\sqrt{3}\frac{\tau_1}{b}\quad\left(\bar{x}=-\frac{1}{2}\right)$$

$$\bar{f}=\bar{f}_1=\frac{f_1}{b}\qquad(\bar{x}=0)$$

由此可见，儒可夫斯基翼型的弯度取决于$f_1$，厚度取决于$\tau_1$。

## 7.7.2 儒可夫斯基翼型绕流

### 1. 复势与复速度

现在利用保角变换方法，确定无穷远来流为$we^{i\alpha}$，环量值为$\Gamma$的儒可夫斯基翼型绕流的复势$X(z)$和复速度$\frac{dX}{dz}$。

儒可夫斯基变换在无穷远处满足$z\to\infty$，$\zeta\to\infty$

$$\left(\frac{dz}{d\zeta}\right)_{\zeta=\infty}=\frac{1}{2}\left(1-\frac{b^2}{\zeta^2}\right)_{\zeta=\infty}=\frac{1}{2}$$

若在$z$平面上，无穷远处的条件为

$$\left(\frac{dX}{dz}\right)_{z=\infty}=we^{-i\alpha}$$

则在$\zeta$平面上，无穷远处条件应写成

$$\left(\frac{dX}{d\zeta}\right)_{\zeta=\infty}=\left(\frac{dX}{dz}\cdot\frac{dz}{d\zeta}\right)_{\zeta=\infty}=\frac{1}{2}we^{-i\alpha}\tag{7-102}$$

如此，在$z$平面上的无穷远来流$\left(\frac{dX}{dz}\right)_{|z|=\infty}=we^{-i\alpha}$的机翼绕流问题，变换为$\zeta$平面上无穷远来流$\left(\frac{dX}{d\zeta}\right)_{|\zeta|=\infty}=\frac{1}{2}we^{-i\alpha}$的偏心圆柱的绕流问题，如图7-21所示。

为了给出$\zeta$平面上的复势，可以做平移变换，以$\zeta_0$为原点，做$\zeta'$平面（见图7-21）。

$$\zeta'=\zeta-\zeta_0$$

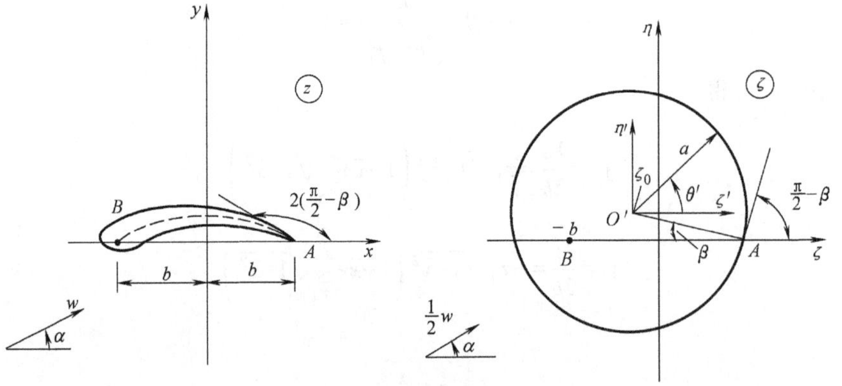


图 7-21　儒可夫斯基翼型绕流

在无穷远处满足

$$\zeta\to\infty \quad \zeta'\to\infty$$

$$\left(\frac{d\zeta}{d\zeta'}\right)_{\zeta=\infty}=1$$

$\zeta$ 平面上的无穷远条件式（7-102）可以变换为 $\zeta'$ 平面上无穷远处边界条件

$$\left(\frac{dX}{d\zeta'}\right)_{\zeta'=\infty}=\left(\frac{dX}{d\zeta}\cdot\frac{d\zeta}{d\zeta'}\right)_{\zeta'=\infty}=\frac{1}{2}we^{-i\alpha}$$

如此，在 $\zeta$ 平面上的无穷远来流为 $\left(\frac{dX}{d\zeta}\right)_{|\zeta|=\infty}=\frac{1}{2}we^{-i\alpha}$ 的偏心圆柱绕流问题，变换为 $\zeta'$ 平面上的无穷远来流为 $\left(\frac{dX}{d\zeta'}\right)_{|\zeta'|=\infty}=\frac{1}{2}we^{-i\alpha}$ 的圆心在原点的圆柱绕流问题。

由式（7-85）可知，在 $\zeta'$ 平面上圆柱绕流的复势是已知的

$$X(\zeta')=\frac{1}{2}w\left(e^{-i\alpha}\zeta'+\frac{a^2e^{i\alpha}}{\zeta'}\right)-\frac{i\Gamma}{2\pi}\ln\zeta' \tag{7-103}$$

将 $\zeta'=\zeta-\zeta_0$ 代入式（7-103）可得 $\zeta$ 平面上的复势

$$X(\zeta)=\frac{1}{2}w\left[e^{-i\alpha}(\zeta-\zeta_0)+\frac{a^2e^{i\alpha}}{\zeta-\zeta_0}\right]-\frac{i\Gamma}{2\pi}\ln(\zeta-\zeta_0) \tag{7-104}$$

相应的复速度为

$$\frac{dX(\zeta)}{d\zeta}=\frac{1}{2}w\left[e^{-i\alpha}-\frac{a^2e^{i\alpha}}{(\zeta-\zeta_0)^2}\right]-\frac{i\Gamma}{2\pi}\frac{1}{\zeta-\zeta_0} \tag{7-105}$$

由关系式（7-87）可得

$$\frac{dz}{d\zeta}=\frac{1}{2}\left(1-\frac{b^2}{\zeta^2}\right) \tag{7-106}$$

因此在 $z$ 平面上的复速度可写成

$$\frac{dX}{dz}=\frac{dX}{d\zeta}\Big/\frac{dz}{d\zeta}=\frac{\frac{1}{2}w\left[e^{-i\alpha}-\frac{a^2e^{i\alpha}}{(\zeta-\zeta_0)^2}\right]-\frac{i\Gamma}{2\pi}\cdot\frac{1}{\zeta-\zeta_0}}{\frac{1}{2}\left(1-\frac{b^2}{\zeta^2}\right)}$$

$$=\frac{w\left[e^{-i\alpha}-\frac{a^2e^{i\alpha}}{(\zeta-\zeta_0)^2}\right]-\frac{i\Gamma}{\pi}\cdot\frac{1}{\zeta-\zeta_0}}{1-\frac{b^2}{\zeta^2}} \tag{7-107}$$

式中 $\zeta=z+\sqrt{z^2-b^2}$

注意，实际计算时，$z$ 平面上的复势和复速度都习惯表示为 $\zeta$ 的函数。

由式（7-107）可以看出，当环量 $\Gamma$ 值一经确定，则整个流场就完全确定。而环量 $\Gamma$ 值将由库塔-儒可夫斯基条件来确定。关于库塔-儒可夫斯基条件将在下节讨论。

现在分析儒可夫斯基翼型绕流在翼型后缘（$A$ 点）上的情况。

由式（7-107）可知，在 $\zeta=b$ 点，也就是在 $z=b$ 点（即翼型后缘）复速度可能为无穷大，即可能 $(\mathrm{d}X/\mathrm{d}z)_{z=b}=\infty$，只有当式（7-107）中的分子 $\mathrm{d}X/\mathrm{d}\zeta$ 在 $\zeta=b$ 处满足 $(\mathrm{d}X/\mathrm{d}\zeta)_{\zeta=b}=0$ 时，复速度 $\mathrm{d}X/\mathrm{d}\zeta$ 才有可能为有限值。而由条件 $(\mathrm{d}X/\mathrm{d}\zeta)_{\zeta=b}=0$ 得

$$w\left[e^{-i\alpha}-\frac{a^2e^{i\alpha}}{a^2e^{-2i\beta}}\right]-\frac{i\Gamma}{\pi}\cdot\frac{1}{ae^{-i\beta}}=0$$

即

$$w\left[e^{-i(\alpha+\beta)}-e^{i(\alpha+\beta)}\right]-\frac{i\Gamma}{\pi a}=0$$

$$\Gamma=-2\pi aw\sin(\alpha+\beta)=\Gamma_0 \tag{7-108}$$

所以，儒可夫斯基翼型后缘上的速度，只有在 $\Gamma=\Gamma_0$ 的条件下，才可能为有限值。

**2. 不同环量的流谱**

下面给出不同 $\Gamma$ 值时的流动图谱。画图谱时，最重要的是确定驻点位置。由第 7.4 节的驻点分析可知，$\zeta$ 平面上的两个驻点的连线平行于来流方向。

1）$\Gamma>0$，$|\Gamma|<2\pi wa\sin(\alpha+\beta)$ 的情况，如图 7-22 所示。

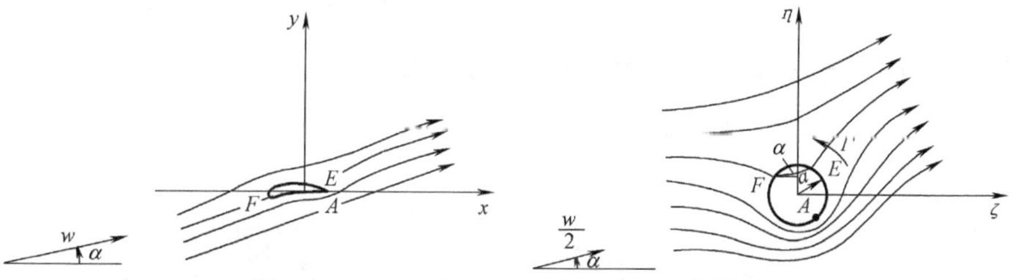


图 7-22　$\Gamma>0$，$|\Gamma|<2\pi wa\sin(\alpha+\beta)$ 的情况

2）$\Gamma=0$ 的情况，如图 7-23 所示。

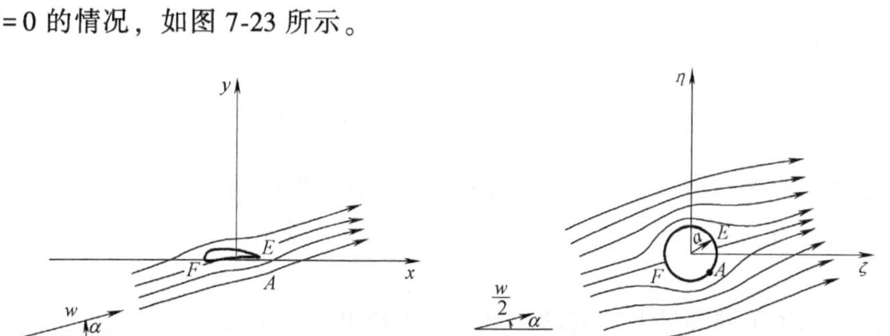


图 7-23　$\Gamma=0$ 的情况

3）$\Gamma<0$，$|\Gamma|<2\pi wa\sin(\alpha+\beta)$ 的情况，如图 7-24 所示。

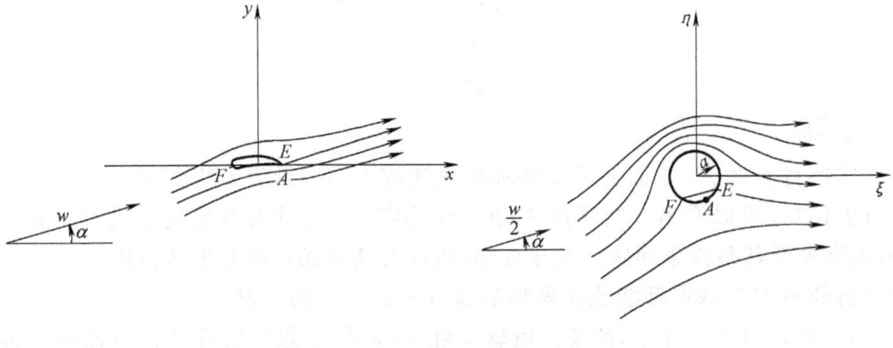


图 7-24 $\Gamma<0$，$|\Gamma|<2\pi wa\sin(\alpha+\beta)$

4）$\Gamma<0$，$|\Gamma|=2\pi wa\sin(\alpha+\beta)$ 的情况，如图 7-25 所示。

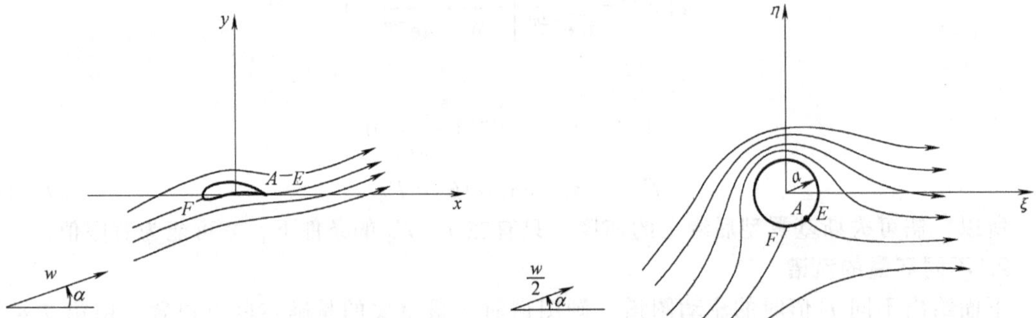


图 7-25 $\Gamma<0$，$|\Gamma|=2\pi wa\sin(\alpha+\beta)$

5）$\Gamma<0$，$|\Gamma|>2\pi wa\sin(\alpha+\beta)$ 的情况，如图 7-26 所示。

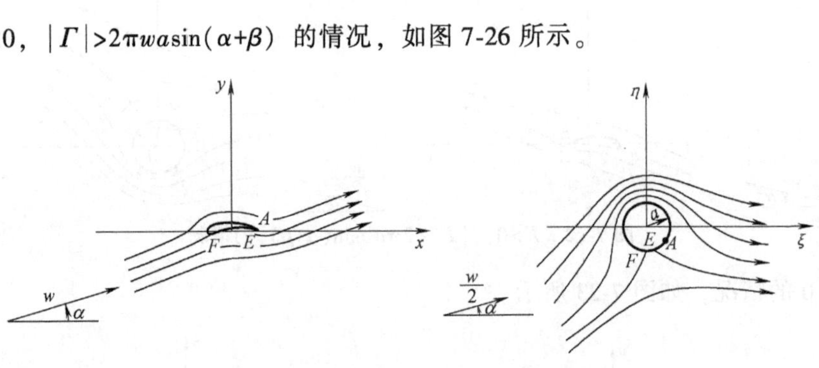


图 7-26 $\Gamma<0$，$|\Gamma|>2\pi wa\sin(\alpha+\beta)$

上述图中的 $F$ 点为前驻点，$E$ 点为后驻点，当 $\Gamma>0$ 或 $\Gamma=0$ 时，$E$ 点在翼型上表面，$F$ 点在翼型下表面，当 $\Gamma=-2\pi wa\sin(\alpha+\beta)$ 时，$E$ 点与 $A$ 点重合，当 $\Gamma<-2\pi wa\sin(\alpha+\beta)$ 时 $E$ 点在下表面。

这里虽然给出了不同环量下的流谱，但是应当指出，真实流动不可能产生如图 7-22、图 7-23、图 7-24、图 7-26 所示那样的流动。原因详见下节的分析。

# 7.8　库塔-儒可夫斯基假定

翼型绕流的环量最终将由物理条件来确定。而大量的真实翼型绕流的试验则是提出这些物理条件的依据。这里仍以一般的翼型作为研究的对象，首先讨论具有尖锐后缘的翼型，然后讨论具有小圆弧后缘的翼型。

## 7.8.1　库塔条件

在观察了大量具有尖锐后缘的翼型的定常绕流现象之后发现，只要在流动尚未严重脱体的条件下（通常严重脱体现象在大攻角时发生），翼型上、下两股气流总是在尖锐后缘上汇合。也就是说，下股气流不会绕过尖锐后缘到上侧，上股气流也不会绕过尖锐后缘到下侧。总之，汇合点总是落在后缘上，而且在尖锐后缘处的气流速度为有限值。这个结论就是库塔-儒可夫斯基假定的依据。于是，对于具有尖锐后缘的翼型，流线不能绕过尖锐后缘在尖锐后缘处速度为有限值就成了可以唯一地确定环量的条件。故将这个条件称作库塔-儒可夫斯基环量假定，又称库塔条件。

故可以利用这个条件确定具有尖锐后缘的翼型的环量值。由式（7-84）所表示的物理平面上的翼型绕流变换为辅助平面上圆柱绕流的变换关系见图 7-27。

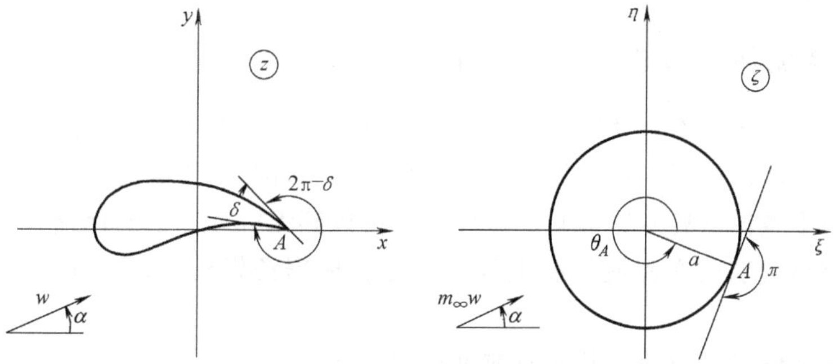


图 7-27　儒可夫斯基假定

由于在变换中要求将 $z$ 平面上的 $A$ 点 $z=z_A$ 变换到 $\zeta$ 平面上的 $A$ 点 $\zeta=\zeta_A=a\mathrm{e}^{i\theta_A}$，使夹角（$2\pi-\delta$）变为 $\pi$，这里的 $\delta$ 是后缘夹角（见图 7-27）。也就是说，这种变换在 $A$ 点不具有保角性。因此在，$A$ 点附近，变换一定具有下列形式

$$z-z_A=k(\zeta-\zeta_A)^{\frac{2\pi-\delta}{\pi}} \tag{7-109}$$

式中幂数$\dfrac{2\pi-\delta}{\pi}$表示角度的放大倍数。故可得

$$\left(\frac{\mathrm{d}z}{\mathrm{d}\zeta}\right)_{\zeta\to\zeta_A}=\left[k\,\frac{2\pi-\delta}{\pi}(\zeta-\zeta_A)^{\frac{\pi-\delta}{\pi}}\right]_{\zeta\to\zeta_A} \tag{7-110}$$

而

$$\left(\frac{\mathrm{d}X}{\mathrm{d}z}\right)_{z\to z_A}=\frac{\left(\dfrac{\mathrm{d}X}{\mathrm{d}\zeta}\right)_{\zeta\to\zeta_A}}{\left(\dfrac{\mathrm{d}z}{\mathrm{d}\zeta}\right)_{\zeta\to\zeta_A}}$$

由于 $\delta<\pi$，因此当 $\zeta\to\zeta_A$ 时，$(\zeta-\zeta_A)^{\frac{\pi-\delta}{\pi}}\to0$，由式（7-110）可得

$$\left(\frac{dz}{d\zeta}\right)_{\zeta\to\zeta_A}\to0$$

根据库塔-儒可夫斯基条件，在翼型后缘处的速度应为有限值，即要求 $(dX/dz)_{z\to z_A}$ 为有限值。为此，必须要求

$$\left(\frac{dX}{d\zeta}\right)_{\zeta\to\zeta_A}=0 \tag{7-111}$$

由式（7-85）已知在 $\zeta$ 平面上的圆柱绕流的复势为

$$X(\zeta)=m_\infty w\left(e^{-i\alpha}\zeta+\frac{a^2e^{i\alpha}}{\zeta}\right)-\frac{i\Gamma}{2\pi}\ln\zeta$$

相应的复速度为

$$\frac{dX(\zeta)}{d\zeta}=m_\infty w\left(e^{-i\alpha}-\frac{a^2e^{i\alpha}}{\zeta^2}\right)-\frac{i\Gamma}{2\pi}\frac{1}{\zeta} \tag{7-112}$$

将 $\zeta=\zeta_A=ae^{i\theta_A}$ 代入上式并利用条件（7-111）可得

$$\Gamma=-4\pi m_\infty wa\sin(\alpha-\theta_A) \tag{7-113}$$

当 $\Gamma$ 满足式（7-113）时，在翼型后缘速度为有限值。因此，这个结果也可看作是库塔-儒可夫斯基条件的数学表达式。

### 7.8.2 翼型绕流环量形成的物理过程

翼型绕流环量形成的物理过程是一个复杂的问题，在这里只能做一些简要解释。现在分析流场中的原静止叶片翼型在相对气流从零增至 $w$ 时，环量产生的过程。

首先在流场中做包围翼型的延伸足够远的（可以到无穷远）的封闭流体线 $CDFE$，如图 7-28 所示。在翼型起动前在此流体线上环量为零，根据汤姆逊定理，在此流体线上的环量将始终保持为零。

若气流开始环绕翼型流动，其相对速度很快达到 $w$，其时翼型的绕流是无环量绕流，对应的流动如图 7-29 所示。在翼型的后缘 $A$ 点，流动速度将达到很大，而压力将很低。显然，当翼型下面的流体绕过 $A$ 点流向 $B$ 点（驻点）时，流动是由低压区流向高压区，因此流动将与物面分离，从而产生图 7-29 所示的反时针方向的旋涡。它是不稳定的，随着气流向下游运动，旋涡将由尾部剥落。根据汤姆逊定理，沿流体线 $CDFE$ 的总环量应为零，则在翼型上必然同时产生一个与剥落的旋涡，强度相等方向相反的涡，使翼型成为有负环量的无旋流动。由于这个原因，后驻点 $B$ 将向后缘点推移。但是在 $B$ 点到达后缘点之前，上述过程将继续产生，也就是不断有反时针旋涡流向下游，因而翼型上涡的强度 $\Gamma$ 值也不断增大，驻点不断向后缘点推移，直到 $B$ 点推移到后缘点为止，这时上、下两股流体在翼型的后缘汇合，流动图案如图 7-30 所示。

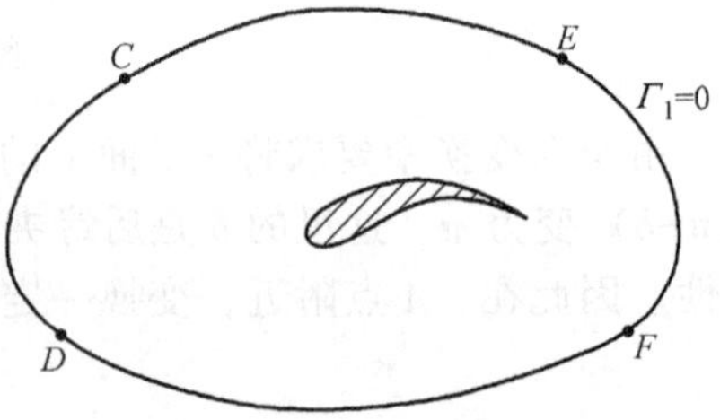

图 7-28　起动前状态

流向下游的涡称为起动涡，附着在翼型上的涡称为附着涡。附着涡的通量就是作用于翼型绕流上的环量。

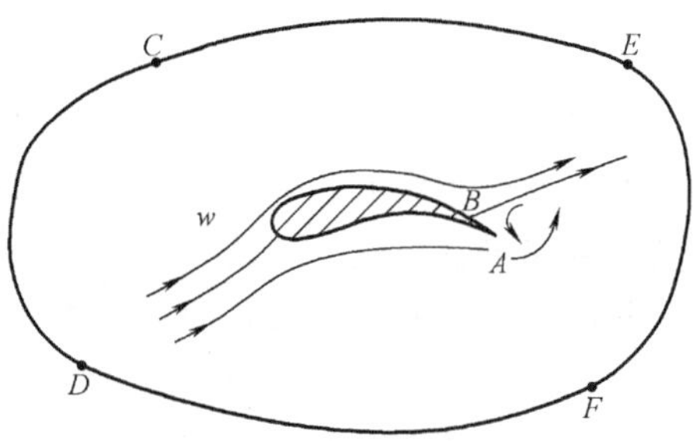


图 7-29　起动时刻

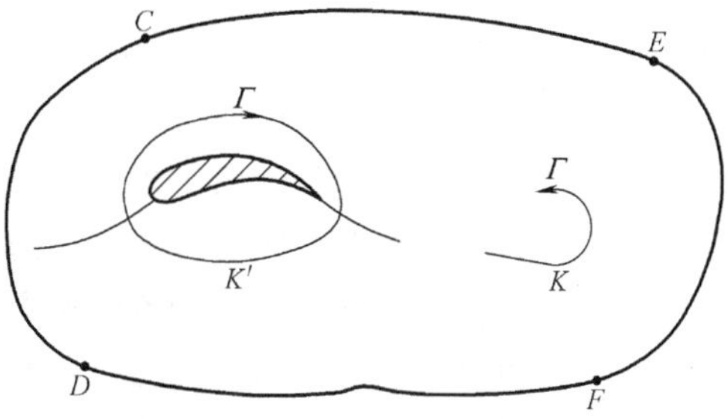


图 7-30　起动涡剥落

此时若气流速度 $w$ 保持不变，翼型尾缘不再有旋涡剥落。在翼型上的附着涡（或环量）将不再变化。这个环量 $\Gamma$ 值就是对应于无穷远均匀来流翼型绕流时的环量值。它与来流速度大小和方向以及翼型的形状有关，它可由式（7-113）求得。

如果气流速度有变化，即有加速或减速，则将产生加速涡或减速涡，于是附着于翼型的环量又产生变化。当来流速度增加，则必然要产生并剥落一个反时针方向的涡而在翼型上产生一个涡通量相同的顺时针方向的环量。反之，当来流速度降低时，则必然要产生并剥落一个顺时针方向的涡而在翼型上产生一个涡通量相同的反时针方向的环量。

### 7.8.3　推广的库塔-儒可夫斯基假定

真实的叶片翼型后缘并非尖角，而往往是由小圆弧构成，如图 7-31 所示。上述具有尖锐后缘的库塔-儒可夫斯基条件不再适用，虽然如此，但因圆弧很小，翼型下股气流不能绕过后缘到上侧。同样，翼型上股气流不能绕过后缘到下侧。真实流动往往是在尾部某两点 $M$、$N$ 上气流与翼型分离。$M$、$N$ 两点相当接近，上、下两股气流脱体后在尾部形成的尾流层很薄。实际量测表明，在接近尾后缘的尾流中压力为常数，也就是说

$$p_{\mathrm{M}} = p_{\mathrm{N}} \tag{7-114}$$

由伯努利方程知

$$p = C - \frac{1}{2}\rho v^2$$

因此

$$v_{\mathrm{M}} = v_{\mathrm{N}} \tag{7-115}$$

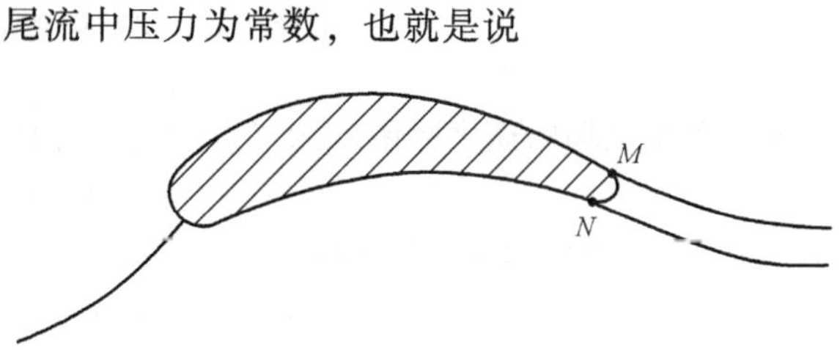


图 7-31　圆弧形后缘翼型

称式（7-115）为推广的库塔-儒可夫斯基假定。由式（7-115）也可以定出对应的环量值。

但是上述的脱体点 $M$、$N$ 事先是不知道的，它与翼型的形状及流动情况有关，然而对于良好翼型的绕流，脱体点总是很逼近尾缘处。为此，在数值计算时可近似认为脱体点就在尾缘上。

## 7.9　薄翼理论与气动特性

前文已经介绍了低速翼型绕流的特点，并通过将翼型绕流变换为有环量圆柱绕流，导出了翼型的升力和绕流环量之间的关系，即儒科夫斯基定理（见式 7-69）。绕翼型的环量取决

于翼型的几何形状和自由流速度，根据将翼型变换成圆的解析函数确定。但一般情况下，找到这样的解析函数并不容易。

本节介绍了另一种计算低速翼型气动特性的方法，它针对薄翼型，即厚度和弯度都很小的翼型。当理想不可压均匀流以小攻角绕流这样的翼型时，整个流场和均匀流场没有很大差别，可以将薄翼型的存在看成对均匀流场的小扰动，绕薄翼型的流场是在原均匀流场上叠加了一个小扰动的流场。低速翼型绕流的速度势函数满足拉普拉斯方程，线性可叠加；而小扰动情况下翼面边界条件也可以线性化，因而也具有叠加性，因此这时翼型的厚度、弯度、攻角三者的影响可以分开处理，然后叠加。这样，就将相对复杂的流动分解成更加简单的流动来分析。这种方法称为“薄翼理论”。相应地，用保角变换法计算翼型的气动特性时，是将翼型的厚度和弯度放在一起处理的，对翼型的厚度没有限制，称为“厚翼理论”。

## 7.9.1 薄翼型绕流的扰动速度势及其分解

### 1. 扰动速度势及其方程

如图 7-32 所示，将坐标原点置于翼型的前缘点，$x$ 轴置于翼型的弦线上，这样的坐标系称为体轴系。

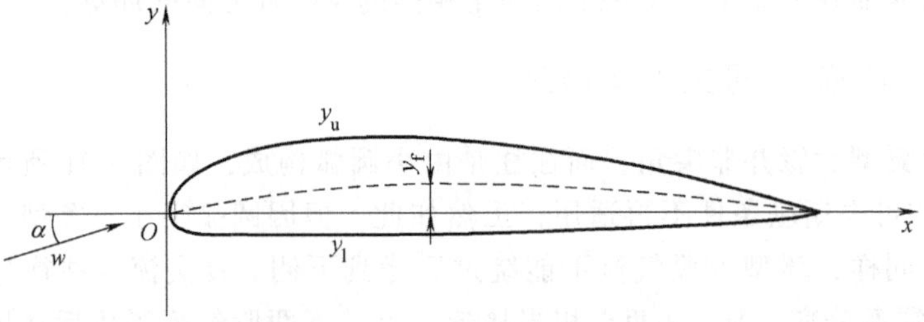


图 7-32 实际翼型（体轴系）

设翼型绕流场的速度势函数为 $\Phi$，可将其分解为

$$\Phi=\Phi_\infty+\varphi \tag{7-116}$$

式中 $\Phi_\infty$——速度为 $w$，与弦线成 $\alpha$ 角的均匀流的速度势函数

$$\Phi_\infty=(w\cos\alpha)x+(w\sin\alpha)y \tag{7-117}$$

$\varphi$——翼型绕流场速度势函数 $\Phi$ 与均匀流速度势函数 $\Phi_\infty$ 之差，称为翼型产生的（对均匀流的）扰动速度势。$\Phi$ 则简称为全速度势。

全速度势 $\Phi$ 满足拉普拉斯方程

$$\frac{\partial^2\Phi}{\partial x^2}+\frac{\partial^2\Phi}{\partial y^2}=0$$

即

$$\frac{\partial^2(\Phi_\infty+\varphi)}{\partial x^2}+\frac{\partial^2(\Phi_\infty+\varphi)}{\partial y^2}=0$$

而均匀流的速度势函数 $\Phi_\infty$ 也满足拉普拉斯方程，由此可推出

$$\frac{\partial^2\varphi}{\partial x^2}+\frac{\partial^2\varphi}{\partial y^2}=0 \tag{7-118}$$

即扰动速度势亦满足拉普拉斯方程。因而扰动速度势也具有可叠加性。

如果 $\varphi_f$、$\varphi_\delta$、$\varphi_\alpha$ 分别为无厚度弯板、有厚度对称翼型和有攻角的平板产生的小扰动速度势，它们均满足拉普拉斯方程。显然，它们的和也满足拉普拉斯方程。那么是否（$\varphi_f+\varphi_\delta+\varphi_\alpha$）就是具有同样弯度、厚度和攻角的一个薄翼型产生的扰动速度势 $\varphi$ 呢？还要继续考察（$\varphi_f+\varphi_\delta+\varphi_\alpha$）是否满足薄翼型的翼面边界条件。

**2. 翼面边界条件的线性化近似**

薄翼型绕流的速度为

$$\left.\begin{aligned} v_x&=\frac{\partial(\Phi_\infty+\varphi)}{\partial x}=w\cos\alpha+\frac{\partial\varphi}{\partial x}\\ v_y&=\frac{\partial(\Phi_\infty+\varphi)}{\partial y}=w\sin\alpha+\frac{\partial\varphi}{\partial y}\end{aligned}\right\}\tag{7-119}$$

即

$$\left.\begin{aligned} \frac{\partial\varphi}{\partial x}&=v_x'\\ \frac{\partial\varphi}{\partial y}&=v_y'\end{aligned}\right\}\tag{7-120}$$

为扰动速度。则在小攻角下，$\cos\alpha\approx1$，$\sin\alpha\approx\alpha$，速度为

$$\left.\begin{aligned} v_x&\approx w+v_x'\\ v_y&\approx w\alpha+v_y'\end{aligned}\right\}\tag{7-121}$$

理想无黏假设下，翼面的边界条件为翼面上流体速度与翼面相切，即

$$\frac{\mathrm{d}y_\mathrm{b}}{\mathrm{d}x}=\frac{v_{y\mathrm{b}}}{v_{x\mathrm{b}}}=\frac{w\alpha+v_{y\mathrm{b}}'}{w+v_{x\mathrm{b}}'}\tag{7-122}$$

式中，下标“b”代表壁面。式（7-122）整理为

$$v_{y\mathrm{b}}'=w\frac{\mathrm{d}y_\mathrm{b}}{\mathrm{d}x}+v_{x\mathrm{b}}'\frac{\mathrm{d}y_\mathrm{b}}{\mathrm{d}x}-w\alpha\tag{7-123}$$

对于薄翼型，翼型的厚度和弯度很小，式（7-123）只保留一阶小量后成为

$$v_{y\mathrm{b}}'=w\frac{\mathrm{d}y_\mathrm{b}}{\mathrm{d}x}-w\alpha\tag{7-124}$$

根据翼型上、下翼面 $y_\mathrm{u}(x)$、$y_\mathrm{l}(x)$ 的方程和翼型厚度函数 $y_\delta(x)$、弯度函数 $y_\mathrm{f}(x)$ 定义［详见式（4-6）、式（4-7）、式（4-9）］，可得

$$\left.\begin{aligned} y_{\mathrm{bu}}&=y_\mathrm{f}+y_\delta\\ y_{\mathrm{bl}}&=y_\mathrm{f}-y_\delta\end{aligned}\right\}\tag{7-125}$$

于是翼面边界条件可进一步写为

$$\left.\begin{aligned} v_{y\mathrm{bu}}'&=w\frac{\mathrm{d}y_\mathrm{f}}{\mathrm{d}x}+w\frac{\mathrm{d}y_\delta}{\mathrm{d}x}-w\alpha\\ v_{y\mathrm{bl}}'&=w\frac{\mathrm{d}y_\mathrm{f}}{\mathrm{d}x}-w\frac{\mathrm{d}y_\delta}{\mathrm{d}x}-w\alpha\end{aligned}\right\}\tag{7-126}$$

也可采用扰动速度势 $\varphi$ 的偏导数表达为

$$\left.\begin{aligned}\left.\frac{\partial\varphi}{\partial y}\right|_{y_u}&=w\left(\frac{\mathrm{d}y_f}{\mathrm{d}x}+\frac{\mathrm{d}y_\delta}{\mathrm{d}x}-\alpha\right)\\\left.\frac{\partial\varphi}{\partial y}\right|_{y_l}&=w\left(\frac{\mathrm{d}y_f}{\mathrm{d}x}-\frac{\mathrm{d}y_\delta}{\mathrm{d}x}-\alpha\right)\end{aligned}\right\}\tag{7-127}$$

**3. 薄翼型绕流的分解**

如图 7-33 所示，无厚度弯板 $y_f(x)$、有厚度对称翼型 $\pm y_\delta(x)$ 和攻角为 $\alpha$ 的平板产生的小扰动速度势 $\varphi_f$、$\varphi_\delta$、$\varphi_\alpha$ 在各自翼面的边界条件分别为

$$\left.\begin{aligned}\left.\frac{\partial\varphi_f}{\partial y}\right|_{y_f}&=w\frac{\mathrm{d}y_f}{\mathrm{d}x}\\\left.\frac{\partial\varphi_\delta}{\partial y}\right|_{\pm y_\delta}&=\pm w\frac{\mathrm{d}y_\delta}{\mathrm{d}x}\\\left.\frac{\partial\varphi_\alpha}{\partial y}\right|_{0}&=-w\alpha\end{aligned}\right\}\tag{7-128}$$

于是在 $y_f$、$y_\delta$、$\alpha$ 均为小量的条件下，$\varphi_f$、$\varphi_\delta$、$\varphi_\alpha$ 之和在 $y_u$ 和 $y_l$ 处满足

$$\left[\frac{\partial}{\partial y}(\varphi_f+\varphi_t+\varphi_\alpha)\right]_{\substack{y_u\\y_l}}=w\frac{\mathrm{d}y_f}{\mathrm{d}x}\pm w\frac{\mathrm{d}y_\delta}{\mathrm{d}x}-w\alpha\tag{7-129}$$

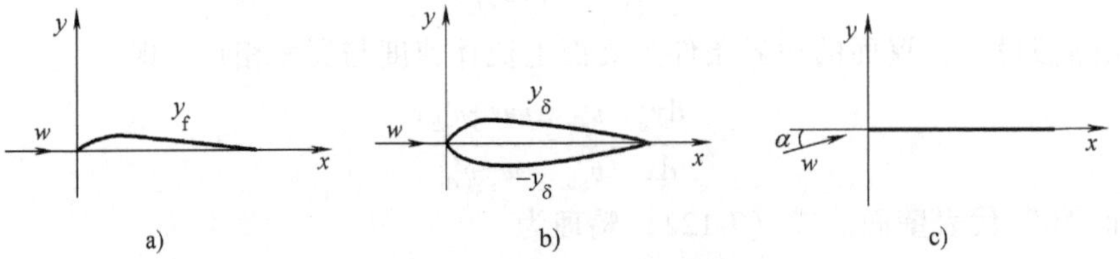


图 7-33　薄翼型绕流的分解

a）均匀流绕流无厚度弯板　b）有厚度对称翼型　c）有攻角平板

对比式（7-127）和式（7-129）可知，在薄翼型物面上，（$\varphi_f+\varphi_\delta+\varphi_\alpha$）和具有同样弯度、厚度和攻角的薄翼型如图 7-32 所示的扰动速度势 $\varphi$ 满足同样的条件，也就是说它满足薄翼型的物面边界条件。而前面已知（$\varphi_f+\varphi_\delta+\varphi_\alpha$）满足拉普拉斯方程，因此可知它就是薄翼型的扰动速度势，即

$$\varphi=\varphi_f+\varphi_\delta+\varphi_\alpha\tag{7-130}$$

这样，就将薄翼型绕流的扰动速度势分解成了无厚度弯板、有厚度对称翼型和有攻角的平板 3 个流动的扰动速度势的叠加。相应地，其扰动速度也分解成了 3 个流动扰动速度的叠加。

## 7.9.2　攻角-弯度问题及其求解

儒科夫斯基定理指出作用在翼型上的升力与翼型的绕流环量成正比，相反也说明，能够产生升力的翼型绕流，一定存在绕翼型的环量。环量是可以通过点涡来体现的，因此若采用基本解叠加法求解有升力的翼型绕流问题，可以通过若干点涡流场的线性叠加模拟翼型绕流场。

### 1. 求解方法

薄翼理论中，对能产生升力的弯板（有攻角或无攻角）或有攻角的平板，用连续分布在中弧线上的涡代替其作用，如图 7-34a 所示。记 $\gamma=\gamma(s)$ 为当地的单位长度上的涡强，ds 段上的环量为 $\gamma(s)\mathrm{d}s$。当中弧线的弯度很小时，在中弧线上分布涡可以认为和在弦线上分布涡的作用是一样的，如图 7-34b 所示。这样 $\gamma=\gamma(\xi)$，整个翼型的总环量为

$$\Gamma=\int_0^c\gamma(\xi)\mathrm{d}\xi \tag{7-131}$$

式中　$c$——翼型弦长。

确定环量后就可计算升力，可见关键的问题是确定涡强 $\gamma(\xi)$ 的分布。

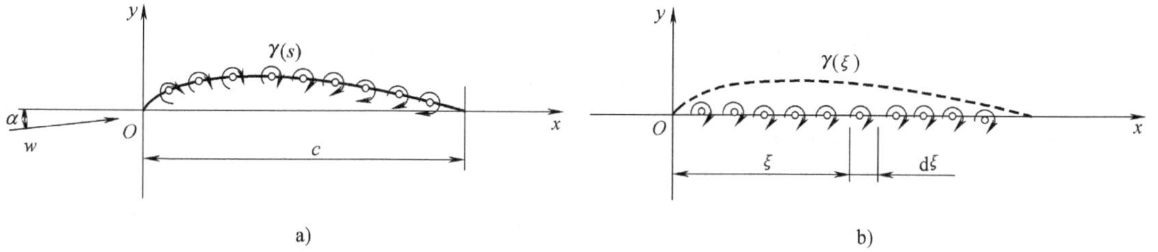


图 7-34　用连续分布涡代替实际翼型

a）中弧线分布　b）弦线分布

点涡的速度势函数是满足拉普拉斯方程的，上述分布涡 $\gamma(\xi)$ 势函数的积分也满足拉普拉斯方程。$\gamma(\xi)$ 的具体数值则通过满足翼型绕流的两个边界条件来确定：①翼面上流速与翼面相切；②库塔-儒科夫斯基后缘条件，即翼型上、下翼面的流动在尖后缘处平滑汇合。具体地说，就是要求弦线上分布的所有微元涡段 $\gamma(\xi)\mathrm{d}\xi$ 所产生的速度场（微元速度的积分）与自由来流速度叠加后满足这两个条件。

翼面上流速与翼面相切的条件可表述为

$$v'_{yb}=w\left(\frac{\mathrm{d}y_f}{\mathrm{d}x}-\alpha\right) \tag{7-132}$$

式中

$$v'_{yb}=\left(\frac{\partial\phi_f}{\partial y}\right)_b+\left(\frac{\partial\phi_\alpha}{\partial\alpha}\right)_b \tag{7-133}$$

是有攻角的中弧线弯板产生的扰动速度在中弧面上的值。翼型弯度很小时，中弧面上 $y$ 方向的扰动速度可近似用弦线上的值取代。这是因为

$$v'_{yb}=v'_{yb}(x,y_f)=v'_y(x,0)+\frac{\partial v'_y}{\mathrm{d}y}y_f+\cdots$$

略去高阶小量后可得

$$v'_y(x,y_f)=v'_y(x,0) \tag{7-134}$$

上、下翼面气流在尖后缘处平滑汇合，要求上、下翼面速度相等。绕任一微元涡段的环量和该微元涡段对应位置上、下翼面速度的关系为

$$\gamma(\xi)\mathrm{d}\xi=(v_h-v_l)\mathrm{d}\xi \tag{7-135}$$

式中　$v_h$——上翼面速度；

$v_l$——下翼面速度。

因此库塔-儒科夫斯基后缘条件要求后缘处涡强为零。

综上所述，在一级近似条件下，求解薄翼型的升力和力矩的问题，可归纳为在满足下列条件下，求涡强沿弦线的分布。

① 无穷远边界条件

$$v'_{x\infty}=0,\ v'_{y\infty}=0$$

② 翼面边界条件

$$v'_y(x,0)=w\left(\frac{\mathrm{d}y_f}{\mathrm{d}x}-\alpha\right) \tag{7-136}$$

③ 库塔-儒科夫斯基后缘条件

$$\gamma(c)=0$$

**2. 确定涡强 $\gamma(\xi)$ 分布的积分方程**

弦线上 $\mathrm{d}\xi$ 微段的环量为 $\gamma(\xi)\mathrm{d}\xi$，其在弦线上某点（$x$，0）处产生的“诱导”速度为

$$\mathrm{d}v'_y(x,0)=\frac{\gamma(\xi)\mathrm{d}\xi}{2\pi(\xi-x)} \tag{7-137}$$

则弦线上所有微元涡段在该点产生总的诱导速度为

$$v'_y(x,0)=\int_0^c\frac{\gamma(\xi)\mathrm{d}\xi}{2\pi(\xi-x)} \tag{7-138}$$

将式（7-138）代入翼面边界条件式（7-136），得

$$\int_0^c\frac{\gamma(\xi)\mathrm{d}\xi}{2\pi(\xi-x)}=w\left(\frac{\mathrm{d}y_f}{\mathrm{d}x}-\alpha\right) \tag{7-139}$$

即涡强 $\gamma(\xi)$ 的积分方程。

**3. 确定涡强 $\gamma(\xi)$ 分布的三角级数求解**

积分方程（7-139）可采用三角级数求解。首先做变量替换

$$\xi=\frac{c}{2}(1-\cos\theta) \tag{7-140}$$

相应地，$x$ 变换为

$$x=\frac{c}{2}(1-\cos\Theta) \tag{7-141}$$

于是 $\gamma(\xi)$ 的方程转换为 $\gamma(\theta)$ 的方程

$$-\int_0^\pi\frac{\gamma(\theta)\sin\theta\mathrm{d}\theta}{2\pi(\cos\theta-\cos\Theta)}=w\left(\frac{\mathrm{d}y_f}{\mathrm{d}x}-\alpha\right) \tag{7-142}$$

设 $\gamma(\theta)$ 可表示成一傅式级数

$$\gamma(\theta)=2w\left(A_0\cot\frac{\theta}{2}+\sum_{n=1}^{\infty}A_n\sin n\theta\right) \tag{7-143}$$

级数的第一项 cot（$\theta/2$）是为了表达前缘（$\theta=0$）处无限大的负压（对应于绕尖锐前缘的流速为无限大）所必需的。另外，级数要保证在后缘处（$\theta=\pi$），$\gamma(\pi)=0$，这是库塔-儒科

夫斯基后缘条件所要求的。

将 $\gamma(\theta)$ 级数表达式代入式（7-142）左端，亦即诱导速度（见式（7-138）），得

$$v'_y(\Theta)=\frac{w}{\pi}\int_0^{\pi}\left\{\frac{A_0(1+\cos\theta)}{\cos\Theta-\cos\theta}+\frac{\frac{1}{2}\sum\limits_{n=1}^{\infty}A_n[\cos(n-1)\theta-\cos(n+1)\theta]}{\cos\Theta-\cos\theta}\right\}\mathrm{d}\theta \quad (7\text{-}144)$$

应用定积分关系式

$$\int_0^{\pi}\frac{\cos n\theta}{\cos\theta-\cos\Theta}\mathrm{d}\theta=\pi\frac{\sin n\Theta}{\sin\Theta}$$

则式（7-144）成为

$$v'_y(\Theta)=w\left[-A_0+\frac{1}{2}\sum_{n=1}^{\infty}A_n\frac{\sin(n+1)\Theta-\sin(n-1)\Theta}{\sin\Theta}\right]=w\left(-A_0+\sum_{n=1}^{\infty}A_n\cos n\Theta\right) \quad (7\text{-}145)$$

将式（7-145）代入翼面边界条件式（7-136），得

$$\alpha-A_0+\sum_{n=1}^{\infty}A_n\cos n\Theta=\frac{\mathrm{d}y_f}{\mathrm{d}x} \quad (7\text{-}146)$$

式中，$\mathrm{d}y_f/\mathrm{d}x$ 是已知的。

在式（7-146）两边同乘以 $\cos n\Theta$ 后对变量 $\Theta$ 从 $0\sim\pi$ 积分，即可确定 $\gamma(\theta)$ 级数的各项系数$A_n$，$n=0$，1，2…，为

$$A_0=\alpha-\frac{1}{\pi}\int_0^{\pi}\frac{\mathrm{d}y_f}{\mathrm{d}x}\mathrm{d}\Theta \quad (7\text{-}147)$$

$$A_n=\frac{2}{\pi}\int_0^{\pi}\frac{\mathrm{d}y_f}{\mathrm{d}x}\cos n\Theta\mathrm{d}\Theta \quad (7\text{-}148)$$

这样就确定了给定翼型的涡强分布 $\gamma(\theta)$，即 $\gamma(\xi)$。

### 7.9.3　薄翼型的升力和力矩

给定一个薄翼的中弧线方程

$$y_f=y_f(x)$$

由式（7-143）、式（7-147）和式（7-148）即可求得涡强分布 $\gamma(\theta)$，并进一步计算翼型的升力和力矩特性。

**1. 根据环量求升力**

绕翼型的总环量为

$$\Gamma=\int_0^{c}\gamma(\xi)\mathrm{d}\xi=\pi wc\left(A_0+\frac{1}{2}A_1\right) \quad (7\text{-}149)$$

于是翼型的升力 $L$ 为

$$L=\rho w\Gamma=\pi\rho w^2c\left(A_0+\frac{1}{2}A_1\right) \quad (7\text{-}150)$$

翼型的升力系数$C_l$为

$$C_1=\frac{L}{\frac{1}{2}\rho\ w^2 c}2\pi\left(A_0+\frac{1}{2}A_1\right) \tag{7-151}$$

**2. 根据涡强分布求力矩**

翼型的每一个微元段 $d\xi$ 段上的环量为 $\gamma(\xi)d\xi$，它产生微元升力为 $\rho w\gamma(\xi)d\xi$。将所有的微元力对翼型前缘取矩并积分，得到对前缘的俯仰力矩（抬头为正）为

$$T_m=-\int_0^c \xi\rho w\gamma(\xi)d\xi=-\frac{\pi}{4}\rho w^2 c^2\left(A_0+A_1-\frac{1}{2}A_2\right) \tag{7-152}$$

俯仰力矩系数

$$C_T=-\frac{\pi}{2}\left(A_0+A_1-\frac{1}{2}A_2\right)$$

## 习　　题

7-1　无环量圆柱绕流和有环量圆柱绕流分别是由哪些简单平面势流合成的？

7-2　库塔-儒可夫斯基升力定理的内容是什么？

7-3　什么是麦格努斯效应？说明4. 1节列举的序号为24风力机的工作原理。

7-4　库塔-儒可夫斯基翼型绕流在不同环量时有多种流谱，为什么只有一种与实际相符？

7-5　薄翼理论是如何解决翼型扰流问题的？

7-6　在坐标原点叠加一强度为 $Q$ 的点源和一强度为 $\Gamma$ 的点涡，求复函数并画出流线，证明流线为如图7-35所示的螺旋线。并证明：各点速度与极半径之间的夹角为常数。

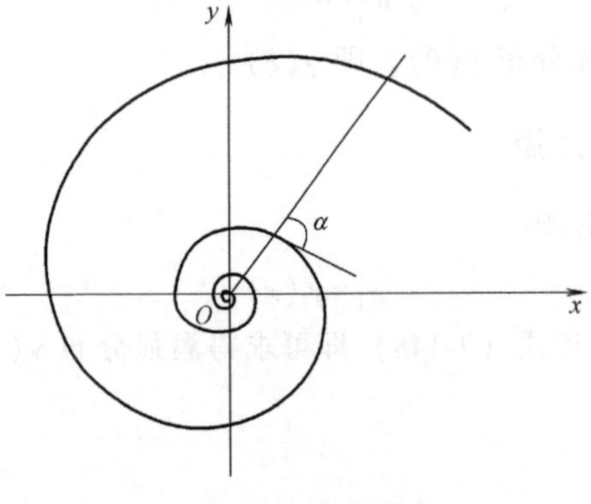


图 7-35　螺旋流线

# 第 8 章

# 风力机系统气动弹性耦合

随着风力机容量的增大，叶片的刚度越来越小，柔性越来越大。当风力机在自然风条件下运行时，作用在风力机上的空气动力、惯性力和弹性力等交变载荷会使结构产生变形或振动，叶片和塔架的柔性效应在设计和计算中不能忽略，必须采用气动弹性耦合（又称流固耦合）方法进行计算。气动弹性耦合的重要特征是两相介质之间的交互作用，即变形固体在流体载荷作用下产生变形或运动，而变形或运动又反过来影响流场，从而改变流体载荷的分布和大小，正是这种相互作用在不同条件下产生各种形式的气动弹性耦合现象。风力机涉及的气动弹性耦合作用仅仅发生在两相交界面上，在方程上的耦合由两相耦合面上的平衡及协调引入，由于流体力学和固体力学多分别采用欧拉方法和拉格朗日方法，因此风力机气动弹性耦合问题明显存在欧拉坐标和拉格朗日坐标在耦合界面上的变化问题。因此，对于解决小扰动问题和非线性问题，其保持耦合界面上的协调条件和平衡条件大不一样。

在风力机设计和计算中必须考虑系统的稳定性和在外载作用下的动力响应，包括机械振动稳定性和动力响应，以及气动弹性稳定性和动力响应，主要有：

1）风力机气动弹性稳定性和动力响应。

2）风力机机械传动系统的振动。

3）风力机控制系统（包括偏航系统和变桨距系统等）的稳定性和动力响应。

4）整个风力机系统的振动等。

本章主要介绍了风力机气动弹性稳定性和动力响应问题。包括风力机气动弹性现象及耦合原理，多体动力学基础，气动弹性耦合原理，风力机系统的动力学模型及稳定性分析，风力机系统动力学方程，气动弹性动力响应分析和气动弹性稳定性分析。

## 8.1 风力机气动弹性现象及耦合原理

### 8.1.1 叶片气动弹性稳定性

风力机叶片气动弹性稳定性问题可分为气动弹性静态稳定性和气动弹性动态稳定性两种。当风力机叶片旋转时不出现振动，这时只有弹性力和定常空气动力起作用，所发生的不稳定是气动弹性的静态不稳定，如扭转发散。当风力机叶片旋转时出现振动，这时，振动可能有三种形式：

1）挥舞方向振动，它是叶片在垂直于旋转平面方向上的弯曲振动。

2）摆振方向振动，它是叶片在旋转平面内的弯曲振动。

3）扭转方向振动，它是绕叶片变桨距轴的扭转振动。

在空气动力、惯性力和弹性力的耦合作用下，这三种形式的振动还会发生耦合，产生气动弹性的动态不稳定。一般风力机叶片气动弹性动态不稳定包括挥舞-摆振、扭转-摆振、经典颤振、失速颤振和失速诱导的摆振等。

1）扭转发散　扭转发散是风力机叶片气动弹性静态不稳定现象，它主要取决于叶片气动中心与弹性轴之间的相对位置。一般情况下，叶片叶素的气动中心在1/4弦线位置，位于弹性轴前，这时作用在叶素上的升力产生的扭转力矩会使叶素的攻角增大，其大小与气流速度平方成正比；而由叶片扭转刚度产生的恢复力矩则与速度无关，因此在一定的临界风速下叶片会发生扭转发散，直到结构破坏。

除了空气动力会产生扭转力矩外，对有扭角和锥角的风力机叶片在旋转时所引起的离心力也会产生扭转力矩，引起扭转发散。为了避免叶片产生扭转发散，要合理选用叶片的结构参数，尽量提高叶片的扭转刚度。

2）挥舞-摆振　挥舞-摆振不稳定是风力机单个叶片在挥舞运动与摆振运动耦合下产生的不稳定振动。叶片在挥舞运动时，挥舞速度在叶片摆振方向上会产生科氏力（力矩）；而叶片在摆振运动时，由于摆振速度在挥舞方向上的不同，会使离心力（力矩）在挥舞方向上的分量发生变化，这种相互作用使叶片出现不稳定。研究表明：当风力机叶片在载荷作用下产生大幅度挥舞运动和摆振运动时，叶片锥角或几何扭角较大时，以及叶片挥舞频率与摆振频率接近时，就容易发生挥舞-摆振不稳定。为了避免叶片产生挥舞-摆振不稳定性，要合理选用叶片的结构参数，使风力机叶片的挥舞频率远离摆振频率。另外，还要限制风轮叶片锥角和扭角的大小，并适当增加叶片的结构阻尼。

3）扭转-摆振　扭转-摆振不稳定可以认为是一种严重的挥舞-摆振不稳定性现象。在空气动力载荷作用下，风力机叶片在摆振方向和挥舞方向都要产生弯曲，特别是叶片变桨距时更是如此。当叶片扭转变形耦合到摆振运动中时，就可能造成这种不稳定。扭转-摆振不稳定一般在接近叶片摆振频率时发生，通常在风力机叶片设计时可以采用变刚度的方法来合理设计叶片的摆振频率，使叶片的扭转变形减小。除了叶片摆振方向刚度很小，叶片几何扭角或风轮锥角很大时，叶片一般不会发生扭转-摆振不稳定性。

4）经典颤振　经典颤振是飞行器机翼出现的典型的颤振现象。它是在空气动力、惯性力和弹性力耦合作用下发生的振动现象，这种现象表现在风力机叶片上主要是叶片挥舞-扭转不稳定。

当风力机叶片在某一个恒定转速下运转时，叶片挥舞角和扭转角平衡在某一个确定的位置上。当挥舞频率和扭转频率接近时，或者叶片剖面质心的位置位于气动中心之后时，叶片的扭转振动和挥舞振动会产生较强的耦合，在阵风等初始扰动的作用下就可能导致大幅度的叶片振动，导致叶片破坏。

颤振是一种自激振动，不仅与叶片的气动参数有关，而且与叶片的结构参数有关。通常通过适当提高叶片的扭转刚度，使一阶扭转频率高于一阶挥舞频率10倍以上，以及合理选择叶片剖面气动中心与质心之间的相对位置和叶片弹性轴与风轮旋转平面之间的相对位置，尽量使剖面质心靠近1/4弦点处，则可以避免颤振。

对于变桨距型风力机，除了提高叶片本身扭转刚度外，还要考虑变距系统的动力特性。

5）失速颤振　风力机叶片失速颤振是由叶片失速诱发的振动。当叶片发生失速时，在升力曲线和力矩曲线上出现迟滞现象，因此在临界区内，叶片的变矩阻尼是负值，当攻角减小时提供颤振所需的能量，形成失速颤振。

一般风力机叶片的扭转刚度比较大，因此不会发生失速颤振现象，但是，当叶片尺寸增加，特别是变桨距叶片，如果其变桨距系统是柔性的，扭转刚度较低，就有可能发生失速颤振，特别是在叶片出现动态失速时，会加剧失速颤振的发生。

对定桨距失速型风力机来说，在叶片没有扭转的情况下，如果叶片有挥舞运动也可能发生失速颤振。某失速型风力机在测试时，当风轮在额定功率附近接近完全失速运行时，叶根挥舞力矩出现大幅度的脉动，在叶片挥舞频率下叶尖出现挥舞振动。失速颤振不像经典颤振那样激烈，它是一种等幅值的谐振动。为了避免失速颤振，可以增加变矩阻尼，改善叶片失速特性和调节叶片挥舞频率，使叶片挥舞频率不要接近风轮旋转频率。

6）失速诱导的摆振　在高风速下，失速调节叶片的气动阻尼将减小，一般认为这将主要导致叶片挥舞方向的动力学问题。然而近年来，随着风力机风轮直径的增加，尤其是风轮直径大于 40m 以上时，越来越多的失速调节叶片在摆振方向发生了振动，使风力机非正常停机或导致叶片破坏。失速调节叶片在摆振方向的振动是由于在高风速下，失速调节时，叶片气动阻尼减小甚至变为负阻尼而产生的。如图 8-1 所示的是一台风轮直径为 43m 的 600kW 风力发电机组在一个叶片 85%展向位置处测量的摆振方向的加速度信号历程曲线。这种振动主要在叶片一阶摆振频率附近发生。

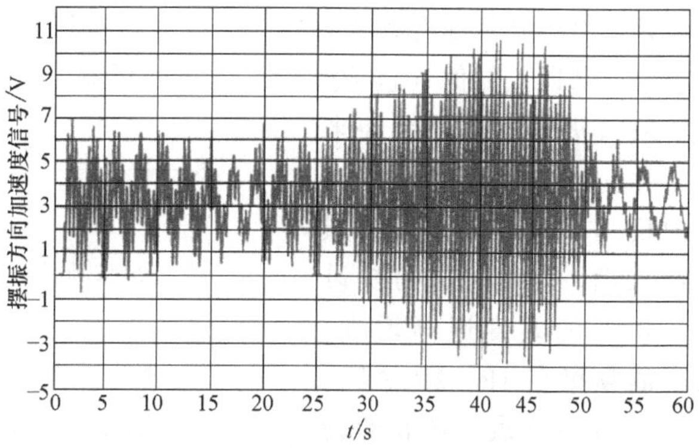


图 8-1　叶片摆振方向的加速度信号历程曲线

对三叶片风轮来说，在振动过程中，不同叶片的响应之间有 120°的相位差，这样没有振荡转矩作用在风轮旋转轴上，因此传动系统不可能提供阻尼来衰减这种振动，如图 8-2 所示。为了防止失速调节叶片在摆振方向上的振动，可以在叶片尖部内安装质量阻尼器，或在叶片上加失速条，以增加叶片弦向阻尼。

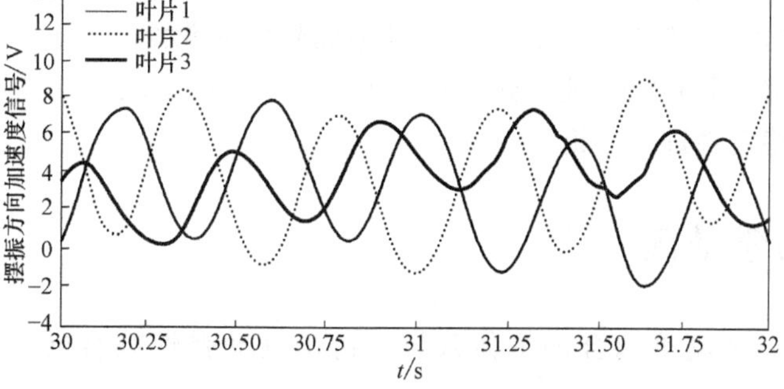


图 8-2　三个叶片摆振方向响应的相位差

### 8.1.2 整机振动和稳定性

风力机叶片是风力机系统的基本部件，如果塔架刚度很大时，风力机叶片的动力学特性可以基本反映风力机系统的动力学特性。但是，实际上风力机系统是一个多自由度系统，还必须研究风力机系统的振动和稳定性问题，特别是风力机系统的气弹稳定问题。风力机系统的振动和稳定性问题主要包括风轮叶片摆振与塔架侧向弯曲耦合振动，风轮叶片挥舞与塔架纵向弯曲耦合振动，风轮叶片挥舞与机舱俯仰耦合振动，风轮与偏航机构耦合振动等。

为了保证风力机这样一个多自由度系统的稳定性，在风力机设计时首先要对每个重要部件的固有特性进行分析，以辨别临界的振动模态。在一般风力机设计规范中都对风力机叶片和塔架等重要部件的固有特性提出了临界的要求，如风力机叶片在挥舞方向和摆振方向的一阶、二阶固有频率与风轮旋转频率的偏离值要大于±10%。对塔架来说，如采用柔性塔架，即塔架固有频率低于风轮旋转频率时，则塔架的固有频率一般要比风轮旋转频率低30%以上；如采用刚性塔架，即塔架固有频率高于风轮旋转频率时，则塔架的固有频率要比风轮旋转频率高20%以上。

计算风力机叶片固有频率时要考虑风力机运行和静止两种状态，计算塔架固有频率时要考虑塔架顶部以上部件（包括风轮）质量的影响。

就风力机系统振动特性来说，三叶片风力机要优于两叶片风力机，一般不会产生强烈的偏航振动。目前，风力机设计时，塔架的柔度逐渐增加，一般弯曲频率在1P~2P之间，或者低于1P（P表示风轮的旋转频率，对三叶片风力机来说，叶片通过塔架的频率为3P），其原因一方面是从经济性考虑，减轻重量；另一方面由于风轮变速范围变宽，对叶片的固有频率限制更严，以及考虑风轮超速运行时的安全性。图8-3给出了一台三叶片变速变距风力机的共振图。由图可知：在额定风速下塔架的一阶频率与2P相重合，这时将会使塔架产生弯曲振动，动态载荷相应增加。

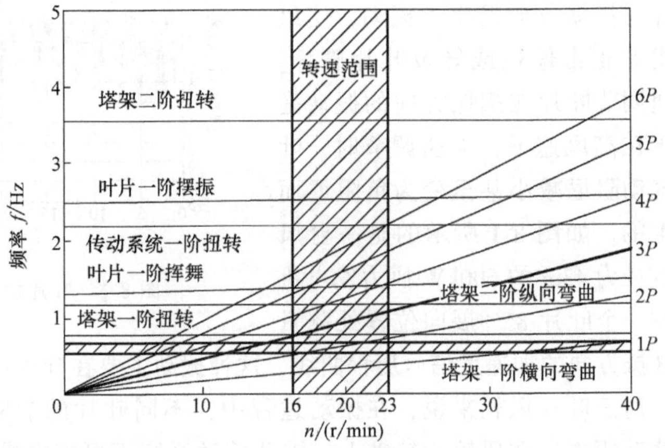

图8-3 三叶片风力机系统的共振图

除了对风力机部件固有特性进行分析外，还要对风力机系统，主要是风轮-机舱-塔架耦合系统的气动弹性稳定性进行分析。

## 8.2 多体动力学基础

风力机系统是一个刚柔耦合的多体系统，讨论气动弹性耦合问题，必须涉及多体动力学。

### 8.2.1　基本概念

1）拉格朗日（Lagrange）函数　拉格朗日函数是描述整体物理系统动力状态的函数，其在力学系统上，只有保守力的作用。保守力所做的功，只与起点和终点的位置有关，与物体运动路径无关，如重力。

2）刚性体（刚体）和柔性体（柔体）　刚体和柔体是对机构零件的模型化，刚体在仿真过程中几何或质量属性不变化，柔体一般用带质量矩阵和刚度矩阵的有限元模型表示，也可定义为梁的形式。

3）约束　对系统中某构件的运动或构件之间的相对运动所施加的限制称为约束。约束分为运动学约束和驱动约束，运动学约束一般是系统中运动副约束的代数形式，而驱动约束则是施加于构件上或构件之间的附加驱动运动条件。

4）铰　又称运动副，在多体系统中将物体之间的运动学约束定义为铰。铰约束是运动学约束的一种物理形式。

5）连体坐标系　固定在刚体上并随其运动的坐标系，用以确定刚体的运动。刚体上每一个质点的位置都可由其在连体坐标系中的不变矢量来确定。

6）广义坐标　唯一确定机构所有构件位置和方位即机构构形的任意一组变量。广义坐标可以是独立的（即自由任意地变化）或不独立的（即需要满足约束方程）。对于运动系统，广义坐标是时变量。

7）自由度数　确定一个物体或系统的位置所需要的最少的广义坐标数，称为该物体或系统的自由度数。

8）约束方程　对系统中某构件的运动或构件之间的相对运动所施加的约束用广义坐标表示的代数方程形式，称为约束方程。约束方程是约束的代数等价形式，是约束的数学模型。

### 8.2.2　多体动力学原理

1）虚位移原理　又称分析静力学原理，是研究刚性体和柔性体多体动力学的基本定律。虚位移是指系统在一定位置上的质点在系统的约束下假想的无限小的位移。如果用 $q$ 表示系统中质点的位置，那么质点的虚位移通常用 $\delta q$ 来表示。虚功 $\delta W$ 是指系统中所有的力包括惯性力在虚位移上所做的功。在这里虚功表示为

$$\delta W = \sum_{i=1}^{n} F_i \delta q_i \tag{8-1}$$

力矢量中第 $i$ 个分量 $F_i$ 可认为是第 $i$ 个虚位移 $\delta q_i$ 为 1 而其余虚位移分量 $\delta q_j$ 为 0（$j \neq i$）时的虚功。如果所研究的系统具有 $n$ 个自由度，那么虚位移原理就可以表示为

$$\delta W = \sum_{i=1}^{n} F_i \delta q_i = 0 \tag{8-2}$$

这意味着系统中所有的力所做的虚功必须为零。这里所说的力是指外力而不是内力，因为内力在系统中是成对产生、大小相等、方向相反的，从而不产生虚功。

虚位移原理也称虚功原理。

2）哈密顿（Hamilton）原理　如果所研究的系统具有 $n$ 个自由度 $q_j$（$j=1$，…，$n$），设

$L=T-V$ 为拉格朗日函数，其中 $T$ 和 $V$ 分别为系统的动能和势能，以及 $W_{nc}$ 为非保守力所做的功。哈密顿原理可叙述为拉格朗日函数和非保守力从时刻 $t_1$ 到 $t_2$ 的时间积分的变分等于零。它指出，受理想约束的保守力学系统从时刻 $t_1$ 的某一位形转移到时刻 $t_2$ 的另一位形的一切可能的运动中，实际发生的运动使系统的拉格朗日函数在该时间区间上的定积分取驻值，大多取极小值，即

$$\delta A=\int_{t_1}^{t_2}\delta L\mathrm{d}t+\int_{t_1}^{t_2}\delta W_{nc}\mathrm{d}t=0 \tag{8-3}$$

在多数情况下，为了表达式比较简洁，经常采用相关自由度定义系统的运动，而相关自由度之间是通过代数方程来约束的。假设一个系统采用具有 $n$ 个相关自由度的矢量 $\boldsymbol{q}$ 以及 $m$ 个约束方程 $\phi_k(q,\ t)=0$ $(k=1,\ 2,\ \cdots,\ m)$ 表示，哈密顿原理的表达形式为

$$\delta A=\int_{t_1}^{t_2}\delta L\mathrm{d}t+\int_{t_1}^{t_2}\delta W_{nc}\mathrm{d}t-\int_{t_1}^{t_2}\sum_{k=1}^{m}\sum_{i=1}^{n}\left(\delta q_i\frac{\partial\phi_k}{\partial q_i}\lambda_k\right)\mathrm{d}t=0 \tag{8-4}$$

式（8-4）中间的最后一项也可以用矩阵的形式表示为 $\delta\boldsymbol{q}^{\mathrm{T}}\boldsymbol{\Phi}_q^{\mathrm{T}}\boldsymbol{\lambda}$，其中 $\boldsymbol{\lambda}$ 是拉格朗日乘子矢量，$\boldsymbol{\Phi}_q$ 是约束函数的雅可比矩阵。

3）拉格朗日方程　根据哈密顿原理可以直接推导出拉格朗日方程。设动能 $T=T(q,\dot{q})$ 以及势能 $V=V(q)$，它们的变分为

$$\delta T=\sum_{i=1}^{n}\frac{\partial T}{\partial q_i}\delta q_i+\sum_{i=1}^{n}\frac{\partial T}{\partial\dot{q}_i}\delta\dot{q}_i=\delta\boldsymbol{q}^{\mathrm{T}}\frac{\partial T}{\partial\boldsymbol{q}}+\delta\dot{\boldsymbol{q}}^{\mathrm{T}}\frac{\partial T}{\partial\dot{\boldsymbol{q}}} \tag{8-5}$$

$$\delta V=\sum_{i=1}^{n}\frac{\partial V}{\partial q_i}\delta q_i=\delta\boldsymbol{q}^{\mathrm{T}}\frac{\partial V}{\partial\boldsymbol{q}} \tag{8-6}$$

$$\delta W_{nc}=\delta\boldsymbol{q}^{\mathrm{T}}\boldsymbol{F}_{ex} \tag{8-7}$$

式中，$\boldsymbol{F}_{ex}$ 是表示外力的矢量。直接应用哈密顿原理的表达式（8-4），有

$$\int_{t_1}^{t_2}\left[\delta\boldsymbol{q}^{\mathrm{T}}\left(\frac{\partial T}{\partial\boldsymbol{q}}-\frac{\partial V}{\partial\boldsymbol{q}}+\boldsymbol{F}_{ex}-\boldsymbol{\Phi}_q^{\mathrm{T}}\boldsymbol{\lambda}\right)+\delta\dot{\boldsymbol{q}}^{\mathrm{T}}\frac{\partial T}{\partial\dot{\boldsymbol{q}}}\right]\mathrm{d}t=0 \tag{8-8}$$

式（8-8）中左边最后一项应用分部积分法，可得

$$\int_{t_1}^{t_2}\delta\dot{\boldsymbol{q}}^{\mathrm{T}}\frac{\partial T}{\partial\dot{\boldsymbol{q}}}\mathrm{d}t=\left[\delta\boldsymbol{q}^{\mathrm{T}}\frac{\partial T}{\partial\dot{\boldsymbol{q}}}\right]_{t_1}^{t_2}-\int_{t_1}^{t_2}\left[\delta\boldsymbol{q}^{\mathrm{T}}\frac{\mathrm{d}}{\mathrm{d}t}\frac{\partial T}{\partial\dot{\boldsymbol{q}}}\right]\mathrm{d}t \tag{8-9}$$

因为物体运动在积分的两个时间点是确定的，它们的微分应该等于零，即 $\delta\boldsymbol{q}(t_1)=\delta\boldsymbol{q}(t_2)=0$，所以式（8-9）中右边第一项为零。将式（8-9）代入式（8-8），得

$$\int_{t_1}^{t_2}\delta\boldsymbol{q}^{\mathrm{T}}\left(\frac{\mathrm{d}}{\mathrm{d}t}\frac{\partial L}{\partial\dot{\boldsymbol{q}}}-\frac{\partial L}{\partial\boldsymbol{q}}-\boldsymbol{F}_{ex}+\boldsymbol{\Phi}_q^{\mathrm{T}}\boldsymbol{\lambda}\right)\mathrm{d}t=0 \tag{8-10}$$

通过选择 $m$ 个恰当的拉格朗日乘子，总可以使得式（8-10）积分符号中的括号项等于零，即

$$\frac{\mathrm{d}}{\mathrm{d}t}\frac{\partial L}{\partial\dot{\boldsymbol{q}}}-\frac{\partial L}{\partial\boldsymbol{q}}+\boldsymbol{\Phi}_q^{\mathrm{T}}\boldsymbol{\lambda}=\boldsymbol{F}_{ex} \tag{8-11}$$

如果系统质量不随事件而变化，那么式（8-11）可以写成传统形式如下

$$\boldsymbol{M}\ddot{\boldsymbol{q}}+\boldsymbol{K}\boldsymbol{q}+\boldsymbol{\Phi}_q^{\mathrm{T}}\boldsymbol{\lambda}=\boldsymbol{F}_{ex} \tag{8-12}$$

它们和 $m$ 个约束方程

$$\boldsymbol{\Phi}(\boldsymbol{q},t)=\boldsymbol{0} \tag{8-13}$$

一起组成了 n+m 个微分代数方程组。这个方程组就是表征系统动态响应的方程组。

尽管直接联立求解方程（8-12）和（8-13）在逻辑上比较简单，但是在实现上具有一定困难。为了避免直接求解微分代数方程组，一般将约束方程组（8-13）对时间 t 求二阶导数，即

$$\boldsymbol{\Phi}_q \ddot{\boldsymbol{q}} = -\dot{\boldsymbol{\Phi}}_t - \dot{\boldsymbol{\Phi}}_q \dot{\boldsymbol{q}} = \boldsymbol{c} \tag{8-14}$$

这样系统的状态方程就全部是微分方程。对于二阶微分方程的求解已经有了比较成熟的理论。

但是，这种直接联立求解方程组（8-12）和（8-14）的方法的缺点是：由于对约束代数方程求二阶导数，那么约束函数中的常数项将会消失，这样就失去了对变量的约束，从而使得约束方程失去了效用，导致微分方程组求解的不稳定和求解过程发散。

为了解决这个问题，将约束方程作为一个动态系统直接加入系统微分方程，然后给它们乘以一个巨大的系数 $\alpha$ 作为惩罚。惩罚系数越大，约束方程实现的效果就越好，同时又会带来一些数值稳定性和病态问题。因此，应选择恰当的惩罚因子。

$$(\boldsymbol{M}+\boldsymbol{\Phi}_q^{\mathrm{T}}\alpha\boldsymbol{\Phi}_q)\ddot{\boldsymbol{q}}+\boldsymbol{K}\boldsymbol{q}+\boldsymbol{\Phi}_q^{\mathrm{T}}\alpha(\ddot{\boldsymbol{\Phi}}+2\Omega\mu\dot{\boldsymbol{\Phi}}+\Omega^2\boldsymbol{\Phi})=\boldsymbol{F} \tag{8-15}$$

对于双精度计算，最大质量的 $10^7$ 倍就可以获得较好的计算结果。$\mu$ 和 $\Omega$ 是位于 1~20 区间的值，在这里起稳定的作用。研究表明，它们的具体数值的大小和方程的表现并没有太大的关系。通过比较可以发现，式（8-15）中的 $\alpha(\ddot{\boldsymbol{\Phi}}+2\Omega\mu\dot{\boldsymbol{\Phi}}+\Omega^2\boldsymbol{\Phi})$ 起到了和拉格朗日乘子 $\boldsymbol{\lambda}$ 类似的作用。

4）阻尼矩阵　在任何一个机械系统中总会有使得能量消耗的因素存在，它们是以阻尼的形式出现的。只不过在阻尼较小的情况下或只是求解系统的固有频率或远离共振区域的强迫振动时，可以忽略阻尼的作用。在一般情况下，为了方便求解方程，可以将阻尼表示成质量矩阵 $M$ 和刚度矩阵 $K$ 的线性组合，即

$$\boldsymbol{C}=k_1\boldsymbol{M}+k_2\boldsymbol{K} \tag{8-16}$$

式中，$k_1$ 和$k_2$ 是两个常系数，可以由两个不同振动频率对应的阻尼比来确定。考虑阻尼的系统微分方程变为

$$(\boldsymbol{M}+\boldsymbol{\Phi}_q^{\mathrm{T}}\alpha\boldsymbol{\Phi}_q)\ddot{\boldsymbol{q}}+\boldsymbol{C}\dot{\boldsymbol{q}}+\boldsymbol{K}\boldsymbol{q}+\boldsymbol{\Phi}_q^{\mathrm{T}}\alpha(\ddot{\boldsymbol{\Phi}}+2\Omega\mu\dot{\boldsymbol{\Phi}}+\Omega^2\boldsymbol{\Phi})=\boldsymbol{F} \tag{8-17}$$

5）纽马克（Newmark）方法　对于表征系统动态行为的偏微分方程，只有少数十分简单的形式能够用初等方法得到它们的解析解。由于计算机技术的推广和普及，偏微分方程的数值解法得到了长足的发展。纽马克方法就是其中一种得到广泛应用的数值方法，

首先以 $q_{n+1}$ 作为基本未知量，得到加速度$a_{n+1}$和速度$v_{n+1}$的表达式为

$$\boldsymbol{a}_{n+1}=\frac{1}{\beta\Delta t^2}(\boldsymbol{q}_{n+1}-\boldsymbol{q}_n)-\frac{1}{\beta\Delta t}\boldsymbol{v}_n-\left(1-\frac{\gamma}{2\beta}\right)\boldsymbol{a}_n \tag{8-18}$$

$$\boldsymbol{v}_{n+1}=\frac{\gamma}{\beta\Delta t}(\boldsymbol{q}_{n+1}-\boldsymbol{q}_n)-\left(\frac{\gamma}{\beta}-1\right)\boldsymbol{v}_n-\left(1-\frac{\gamma}{2\beta}\right)\Delta t\boldsymbol{a}_n \tag{8-19}$$

式中，下标 $n$ 和 $n+1$ 分别表示在时间被离散化后第 $n$ 个和第 $n+1$ 个时间点，$\Delta t$ 是离散的时间间隔，$\beta$ 和 $\gamma$ 为常系数。将式（8-18）和式（8-19）代入系统方程式（8-17），经过整理之后得

$$\left[\frac{1}{\beta\Delta t^2}(\boldsymbol{M}+\boldsymbol{\Phi}_q^{\mathrm{T}}\alpha\boldsymbol{\Phi}_q)+\frac{\gamma}{\beta\Delta t}\boldsymbol{C}+\boldsymbol{K}\right]\boldsymbol{q}_{n+1}$$

$$=\boldsymbol{F}-\boldsymbol{\Phi}_q^{\mathrm{T}}\alpha\ (\ddot{\boldsymbol{\Phi}}+2\Omega\mu\dot{\boldsymbol{\Phi}}+\Omega^2\boldsymbol{\Phi})\ +\boldsymbol{M}\left[\frac{1}{\beta\Delta t^2}\boldsymbol{q}_n-\frac{1}{\gamma\Delta t}\boldsymbol{v}_n+\left(1-\frac{1}{2\beta}\right)\boldsymbol{a}_n\right]$$
$$+\boldsymbol{C}\left[\frac{\gamma}{\beta\Delta t}\boldsymbol{q}_n+\left(\frac{\gamma}{\beta}-1\right)\boldsymbol{v}_n-\left(1-\frac{\gamma}{2\beta}\right)\Delta t\boldsymbol{a}_n\right] \tag{8-20}$$

纽马克方法中最为精确的算法是 A 稳定的梯形算法（$\beta=1/4$，$\gamma=1/2$）。对于线性系统，算法是能量守恒的，在积分过程中没有摒除任何次频成分。

## 8.3 气动弹性耦合原理

气动弹性耦合原理一般可描述为：在流场（如风、水流等）作用下，结构（特别是柔性结构）会产生较大的变形和振动，因此会对周围流场产生较大影响，而流场变化会进一步改变作用在结构表面上的压力大小，从而形成流体与结构的相互耦合作用，如图 8-4 所示。

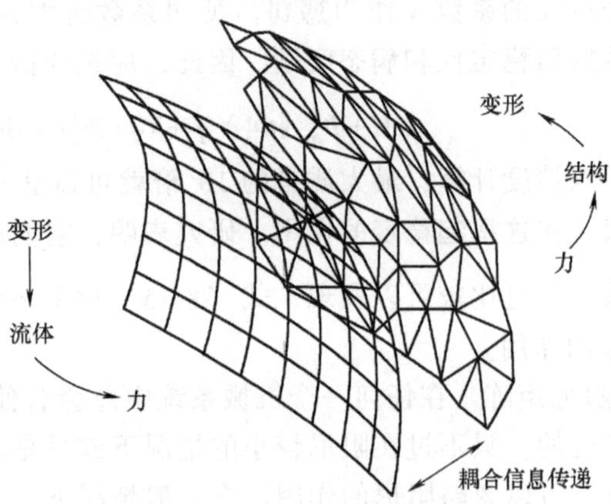


图 8-4 气动弹性耦合分析

### 8.3.1 运动学连续性条件

运动学连续性条件即在气动弹性耦合界面上流体、固体对应点位移、速度的一致性。

位移连续条件可表示为

$$\boldsymbol{d}_{\mathrm{f}}=\boldsymbol{d}_{\mathrm{s}} \tag{8-21}$$

写成分量形式

$$\begin{bmatrix} d_{\mathrm{f}x} \\ d_{\mathrm{f}y} \\ d_{\mathrm{f}z} \end{bmatrix}=\begin{bmatrix} d_{\mathrm{s}x} \\ d_{\mathrm{s}y} \\ d_{\mathrm{s}z} \end{bmatrix} \tag{8-22}$$

式（8-21）、式（8-22）中 $\boldsymbol{d}_{\mathrm{f}}$——流体在耦合边界上的位移；

$d_{\mathrm{f}x}$、$d_{\mathrm{f}y}$、$d_{\mathrm{f}z}$——分别为$\boldsymbol{d}_{\mathrm{f}}$在 $x$、$y$、$z$ 方向的位移分量；

$\boldsymbol{d}_{\mathrm{s}}$——结构在耦合边界上的位移；

$d_{\mathrm{s}x}$、$d_{\mathrm{s}y}$、$d_{\mathrm{s}z}$——分别为$\boldsymbol{d}_{\mathrm{s}}$在 $x$、$y$、$z$ 方向的位移分量。

速度连续条件可表示为

$$\boldsymbol{u}_{\mathrm{f}}=\boldsymbol{u}_{\mathrm{s}} \tag{8-23}$$

写成分量形式：

$$\begin{bmatrix} u_{\mathrm{f}x} \\ u_{\mathrm{f}y} \\ u_{\mathrm{f}z} \end{bmatrix}=\begin{bmatrix} u_{\mathrm{s}x} \\ u_{\mathrm{s}y} \\ u_{\mathrm{s}z} \end{bmatrix} \tag{8-24}$$

式（8-23）、式（8-24）中 $\boldsymbol{u}_{\mathrm{f}}$——流体在耦合边界上的速度；

$u_{\mathrm{f}x}$、$u_{\mathrm{f}y}$、$u_{\mathrm{f}z}$——分别为$\boldsymbol{u}_{\mathrm{f}}$在 $x$、$y$、$z$ 方向的速度分量；

$\boldsymbol{u}_s$——结构在耦合边界上的速度；

$u_{sx}$、$u_{sy}$、$u_{sz}$——分别为 $\boldsymbol{u}_s$，在 $x$、$y$、$z$ 方向的速度分量。

### 8.3.2 动力学连续性条件

动力学连续性条件即接触界面满足作用力守恒。

根据界面上任一点的力平衡条件，可得

$$\boldsymbol{\sigma}_f \cdot \boldsymbol{n}_f = \boldsymbol{\sigma}_s \cdot \boldsymbol{n}_s \tag{8-25}$$

式中 $\boldsymbol{\sigma}_s$、$\boldsymbol{\sigma}_f$——分别为结构、流体在耦合边界上的柯西应力张量；

$\boldsymbol{n}_s$、$\boldsymbol{n}_f$——分别为结构、流体在耦合边界上的外法线方向矢量。

对固体域而言，耦合边界作为结构的纽曼边界条件，式（8-25）可写成分量形式

$$\begin{bmatrix} f_x \\ f_y \\ f_z \end{bmatrix} = \begin{bmatrix} p_x \\ p_y \\ p_z \end{bmatrix} \tag{8-26}$$

式中 $f_x$、$f_y$、$f_z$——分别为固体在耦合边界上任一点沿 $x$、$y$、$z$ 方向的应力分量；

$p_x$、$p_y$、$p_z$——分别为流体在耦合边界上任一点沿 $x$、$y$、$z$ 方向的压强分量。

### 8.3.3 能量守恒条件

耦合界面的能量守恒条件是指在耦合作用过程中，耦合界面上流体载荷（外力）、固体力（内力）在界面位移上所做的虚功相等：

$$\delta W = \delta \boldsymbol{u}_s^{\mathrm{T}} \cdot \boldsymbol{f}_s = \delta \boldsymbol{u}_f^{\mathrm{T}} \cdot \boldsymbol{f}_f \tag{8-27}$$

式中 $\delta\boldsymbol{u}_s$、$\delta\boldsymbol{u}_f$——分别为耦合界面上固体、流体虚位移；

$\boldsymbol{f}_s$、$\boldsymbol{f}_f$——分别为耦合界面上固体、流体表面力；

T——矩阵转置。

耦合界面上流体、固体的虚位移之间关系可用下式表示

$$\delta \boldsymbol{u}_f = \boldsymbol{H} \delta \boldsymbol{u}_s \tag{8-28}$$

式中 $\boldsymbol{H}$——由不同耦合方法得到的传递矩阵。

将式（7-28）代入式（7-27）可得

$$\boldsymbol{f}_s = \boldsymbol{H}^{\mathrm{T}} \boldsymbol{f}_f \tag{8-29}$$

由式（8-27）和式（8-29）可知，传递矩阵 $\boldsymbol{H}$ 的求解至关重要，当传递矩阵 $\boldsymbol{H}$ 中行元素之和等于 1 时，可从能量守恒出发，导出界面力守恒。

## 8.4 风力机系统的动力学模型及稳定性分析

建立风力机系统的气动弹性模型以及进行气动弹性稳定性分析的目的是保证风力机在运行过程中不出现气动弹性不稳定。目前，风力机气动弹性稳定性的分析方法主要是特征值法和能量法。

特征值法是在求解弹性力学的基本方程中，考虑作用在风力机叶片上的非定常空气动力，建立离散的描述风力机叶片气动弹性运动的微分方程。并采用适当的方法求解，最后计算状态转移矩阵的特征值，从而判别系统的稳定性。

能量法是在求解描述风力机叶片非定常空气动力的基本方程中将描述风力机叶片的结构

动力特性，即叶片各阶振型和固有频率作为边界条件，建立描述风力机叶片气动弹性运动的微分方程。然后，根据叶片在一个振动周期内，由周围气流所获得的能量与由于机械阻尼而消耗的能量二者之和来判别风力机叶片的气动弹性稳定性。如果周围气流对叶片做负功或气流对叶片所做的功小于机械阻尼所消耗的功，则叶片振动逐渐衰减，即稳定；反之，则叶片振动逐渐发散，即不稳定。

随着计算机和计算技术的发展，研究气动弹性稳定性的方法也在发展。用计算空气动力学和计算结构力学相结合的方法求解气动弹性耦合的问题。由于气动弹性耦合作用带来的非定常流场的复杂性和求解方程需要很大的机时量，因此目前该方法还主要用于研究叶素的气动弹性耦合特性。下面介绍常用的特征值法。

### 8.4.1 坐标系

在建立风力机风轮/机舱/塔架系统的动力学方程时，应设定坐标系以及确定各坐标系之间的转换关系，坐标系的确定与具体问题相关，图 8-5 给出了建立风力机系统动力学方程时坐标系的例子。

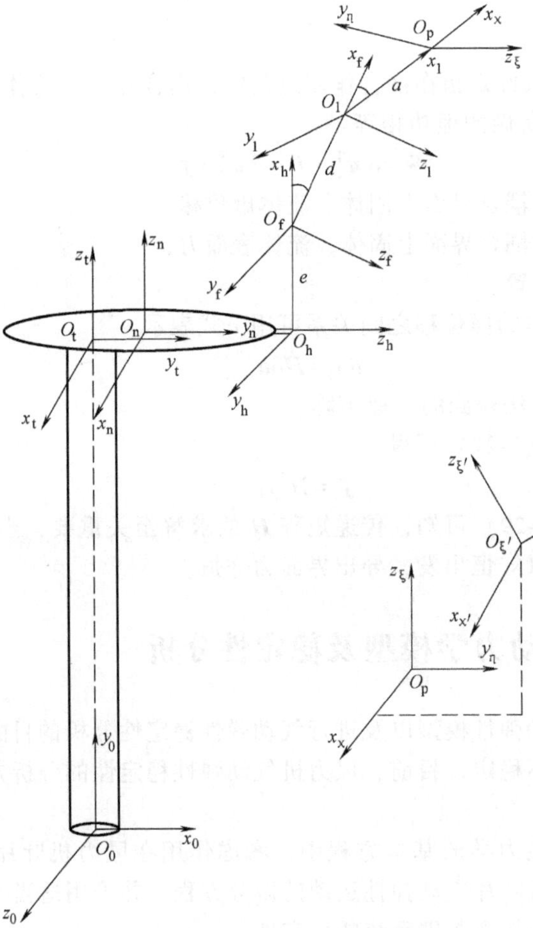


图 8-5 风力机系统坐标系

1）惯性坐标系$R_0(O_0\ x_0\ y_0\ z_0)$，坐标原点$O_0$位于塔架根部中心，基矢量为$[i_0\ j_0\ k_0]^{\mathrm{T}}$。

2）塔架坐标系$R_t(O_t x_t y_t z_t)$，与塔顶横截面固结，坐标原点$O_t$位于机舱/塔架连接面中点（塔顶中心），基矢量为$[i_t\ j_t\ k_t]^{\mathrm{T}}$。

3）机舱坐标系$R_n(O_n x_n y_n z_n)$，与机舱固结，坐标原点$O_n$位于机舱质心，$z_n$垂直于塔顶横截面，基矢量为$[i_n\ j_n\ k_n]^{\mathrm{T}}$。

4）旋转坐标系$R_h(O_h x_h y_h z_h)$，坐标原点$O_h$位于轮毂中心，相对机舱坐标系$R_n$绕$y_n$轴以风轮角速度$\Omega$做定轴转动，基矢量为$[i_h\ j_h\ k_h]^{\mathrm{T}}$。

5）挥舞坐标系$R_f(O_f x_f y_f z_f)$，坐标原点位于$O_f$挥舞铰处，相对旋转坐标系$R_h$绕$y_h$轴转动，用转角$(\chi_0+\chi_h)$表示，$\chi_0$为叶片预锥角，基矢量为$[i_f\ j_f\ k_f]^{\mathrm{T}}$。

6）摆振坐标系$R_l(O_l x_l y_l z_l)$，坐标原点$O_l$位于摆振铰处，相对挥舞坐标系$R_f$绕$z_f$轴转动，用转角$\xi$表示，基矢量为$[i_l\ j_l\ k_l]^{\mathrm{T}}$。

7）变矩坐标系$R_p(O_p x_\chi y_\eta z_\xi)$，坐标原点$O_p$位于变矩铰处，坐标轴$x_\chi$沿叶片的弹性轴方向，$y_\eta$，$z_\xi$为叶片变形前横截面上分别平行、垂直于叶片弦向的惯性主轴。它相对摆振坐标系$R_l$绕$x_l$轴转动，用转角$\theta_p$表示。基矢量为$[i_\chi\ j_\eta\ k_\zeta]^{\mathrm{T}}$。

8）弹性轴坐标系$R_r$（$O_r x_{\chi'} y_{\eta'} z_{\xi'}$），描述叶片弹性轴上任意一点$P$变形后的坐标系，坐标轴$x_{\chi'}$沿叶片的弹性轴方向，$y_{\eta'}$，$z_{\xi'}$为叶片变形后截面上分别平行、垂直于叶片弦向的惯性主轴。基矢量为$[i_{\chi'} j_{\eta'} k_{\xi'}]^{\mathrm{T}}$。

按上述规定，塔架坐标系$R_t$与机舱坐标系$R_n$的转换为

$$\begin{bmatrix} x_t \\ y_t \\ z_t \end{bmatrix} = \begin{bmatrix} \cos\gamma & -\sin\gamma & 0 \\ \sin\gamma & \cos\gamma & 0 \\ 0 & 0 & 1 \end{bmatrix} \begin{bmatrix} x_n \\ y_n \\ z_n \end{bmatrix} + \begin{bmatrix} x_{tn} \\ y_{tn} \\ z_{tn} \end{bmatrix} \tag{8-30}$$

式中　$\gamma$——偏航角；

$[x_{tn},\ y_{tn},\ z_{tn}]$——$O_n$在$R_t$中的坐标。

其他转换公式以此类推。

## 8.4.2 自由度数

在创建物体数学模型时，首先要选定自由度数。自由度数越大，每一时间步求解矩阵时花费的计算时间越多。首先，必须确定使用多少个自由度描述一台风力机系统的实际变形。例如在已经商业化的气弹仿真软件 FLEX4 中，使用 17~20 个自由度描述一台三叶片的风力机系统：每个叶片只使用 3 或者 4 个（2 个挥舞方向以及 1~2 个摆振方向）自由度；使用 4 个自由度描述主轴的变形（1 个用于扭转，2 个用于与转动刚度有关的就在第一个轴承之前的铰链以描述弯曲，1 个用于纯转动）；1 个自由度用于描述机舱的倾斜刚度；最后 3 个自由度用于塔架（1 个用于扭转，1 个用于风轮轴的法线方向，1 个用于风轮轴方向）。

这里再举一个具体的例子说明。在叶片有限单元的构造中，假设单元的弹性轴线为直线。单元两端以及单元内部具有可变化的预扭角，即在单元的每个截面上，其截面主轴可以是不平行的，另外每个截面的形心也可以不在一条直线上。为了描述离心惯性力沿轴线的二次变化，轴向位移采用三次插值函数，这样轴向应变沿轴向具有二次变化。为此，在单元两端以及内部均匀配置 4 个轴向位移节点。扭角沿轴向也有二次变化，因此在单元两端以及中

点配置 3 个扭转节点。对于横向位移则采用三次 Hermite 插值函数，为此，引入了$v_{y1}$、$v'_{y1}$、$v_{y2}$、$v'_{y2}$、$\omega_1$、$\omega'_1$、$\omega_2$、$\omega'_2$等 8 个自由度，最后总共集成为 15 个自由度。有限梁单元的 15 个自由度为$[v_{x1}, v_{y1}, \omega_1, \phi_1, \omega'_1, v'_{y1}, v_{x3}, \phi_3, v_{x4}, v_{x2}, v_{y2}, \omega_2, \phi_2, \omega'_2, v'_{y2}]$。图 8-6 给出了 5 节点单元的排列形式。再加上叶根铰 3 个刚体自由度 $\psi$、$\zeta$、$\phi$，机舱偏转自由度 $\alpha$，以及机舱塔架连接点等 6 个自由度，最终形成 5 节点 25 自由度梁单元模型。

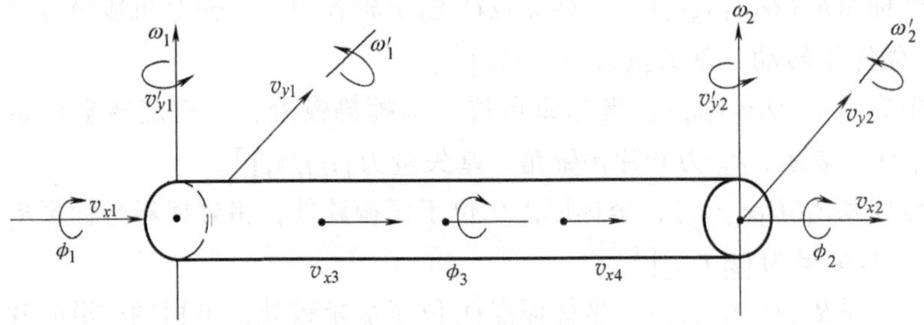


图 8-6 叶片有限元模型

## 8.4.3 质点相对运动动力学基本方程

作为动力学方程应在惯性坐标系中建立，由于风力机运动的复杂性，特别是叶片的运动，直接在惯性坐标系中建立动力学方程是非常困难的，因此可在非惯性坐标系中建立风力机动力学方程。在惯性坐标系中，根据牛顿第二定律，有

$$\boldsymbol{F}=m\boldsymbol{a} \tag{8-31}$$

根据牵连运动为定轴转动的加速度合成定理，上式可表示为

$$\boldsymbol{F}=m(\boldsymbol{a}_e+\boldsymbol{a}_r+\boldsymbol{a}_c) \tag{8-32}$$

或

$$\boldsymbol{F}-(m\boldsymbol{a}_e+m\boldsymbol{a}_c)=m\boldsymbol{a}_r \tag{8-33}$$

式中 $\boldsymbol{a}_e$——牵连加速度；

$\boldsymbol{a}_r$——相对加速度；

$\boldsymbol{a}_c$——科氏加速度。

这样，式 (8-33) 可写成与牛顿第二定律相类似的形式

$$\boldsymbol{F}+\boldsymbol{F}_e+\boldsymbol{F}_c=m\boldsymbol{a}_r \tag{8-34}$$

式中 $\boldsymbol{F}_e$——牵连惯性力，$\boldsymbol{F}_e=-m\boldsymbol{a}_e$；

$\boldsymbol{F}_c$——科氏力，$\boldsymbol{F}_c=-m\boldsymbol{a}_c$。

式 (8-34) 称为质点相对运动动力学基本方程。由式可知：当质点对非惯性坐标系运动时，只要在作用于质点的力之外，再增加牵连惯性力和科氏力，就可按牛顿第二定律的形式建立质点对非惯性系的动力学方程，并由此建立质点的相对运动微分方程。

## 8.4.4 风力机系统动力学方程

建立风力机系统气动弹性数学模型，特别是风力机叶片的气动弹性数学模型是进行风力机系统动力响应分析和气动弹性稳定性的基础。在建模时，一般将风力机系统分为叶片、机舱和塔架三部分，分别建立非定常动力学方程

1）叶片动力学方程　设风力机叶片坐标如图 8-7 所示，它可以作为悬臂梁来处理，受力分布参见图 8-8。

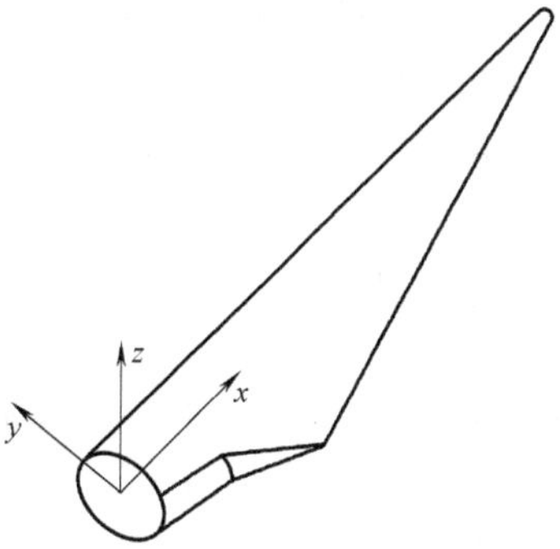


图 8-7　风力机叶片

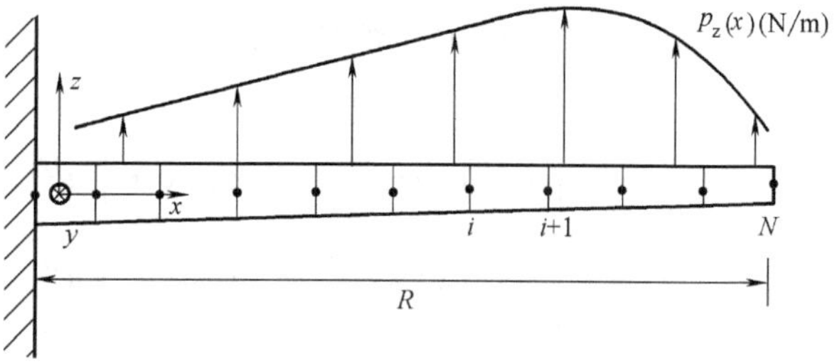


图 8-8　叶片受力分布

在应用虚功原理时，应注意广义力可能是力矩而位移可能是转角。必须包括所有的载荷，如重力、惯性载荷（比如科里奥利力、离心力）和回转载荷等。非线性的离心刚化可以通过计算局部离心力模拟成等效载荷。质量矩阵中的元素$m_{ij}$可以理解为使系统仅在第 $j$ 个自由度上产生单位加速度而相应于第 $i$ 个自由度上所需施加的广义力。刚度矩阵中的元素$k_{ij}$可以理解为使系统仅在第 $j$ 个自由度上产生单位位移而相应于第 $i$ 个自由度上所需施加的广义力。阻尼矩阵中的元素也可以类似求得。对链式系统而言，这里叙述的虚功原理给出的质量矩阵一般是满秩的，刚度矩阵和阻尼矩阵则是对角的。

假设知道了已经归一化的特征模态（所谓特征模态就是没有外力作用下的自由振动）。同时假定叶片的位移可以描述成三类模态，即一阶挥舞、一阶摆振和二阶挥舞的线性组合

$$u_z(x)=u_z^{1f}(x)q_1+u_z^{1e}(x)q_2+u_z^{2f}(x)q_3 \tag{8-35}$$

$$u_y(x)=u_y^{1f}(x)q_1+u_y^{1e}(x)q_2+u_y^{2f}(x)q_3 \tag{8-36}$$

式（8-35）和式（8-36）中，上角标 $1f$ 表示一阶挥舞模态，$2f$ 表示二阶挥舞模态，$1e$ 表示一阶摆振模态。

这样变形形状可以仅仅由三个参量描述，而这三个参量就是：$q_1$、$q_2$、$q_3$。由于模态都是常数，这样沿叶片长度方向的速度和加速度是

$$\dot{u}_z(x)=u_z^{1f}(x)\dot{q}_1+u_z^{1e}(x)\dot{q}_2+u_z^{2f}(x)\dot{q}_3 \tag{8-37}$$

$$\dot{u}_y(x)=u_y^{1f}(x)\dot{q}_1+u_y^{1e}(x)\dot{q}_2+u_y^{2f}(x)\dot{q}_3 \tag{8-38}$$

以及

$$\ddot{u}_z(x)=u_z^{1f}(x)\ddot{q}_1+u_z^{1e}(x)\ddot{q}_2+u_z^{2f}(x)\ddot{q}_3 \tag{8-39}$$

$$\ddot{u}_y(x)=u_y^{1f}(x)\ddot{q}_1+u_y^{1e}(x)\ddot{q}_2+u_y^{2f}(x)\ddot{q}_3 \tag{8-40}$$

每一阶模态对应的广义力，是在不考虑其他模态贡献的情况下，外力$p_z(x)$ 和 $p_y(x)$ 在该阶模态上做的功，即

$$F_{g,1}=\int p_z(x)\,u_z^{1f}(x)\,\mathrm{d}x+\int p_y(x)\,u_y^{1f}(x)\,\mathrm{d}x \tag{8-41}$$

$$F_{g,2}=\int p_z(x)\,u_z^{1e}(x)\,\mathrm{d}x+\int p_y(x)\,u_y^{1e}(x)\,\mathrm{d}x \tag{8-42}$$

并且

$$F_{g,3}=\int p_z(x)\,u_z^{2f}(x)\,dx+\int p_y(x)\,u_y^{2f}(x)\,dx \tag{8-43}$$

对应于第一个自由度具有单位加速度而其他自由度的加速度为零，即$(\ddot q_1,\ \ddot q_2,\ \ddot q_3)=(1,\ 0,\ 0)$的情况下的惯性力，通过计算产生于外力的广义力，可以求得质量矩阵的第一列。使用式（8-39）和式（8-40），惯性载荷变成$(p_y,\ p_z)=(m\ddot u_y,\ m\ddot u_z)=(mu_y^{1f},\ mu_z^{1f})$，于是有

$$\begin{bmatrix} m_{11}\\ m_{21}\\ m_{31}\end{bmatrix}=\begin{bmatrix}\int u_z^{1f}(x)m(x)\,u_z^{1f}(x)\,dx+\int u_y^{1f}(x)m(x)\,u_y^{1f}(x)\,dx\\ \int u_z^{1f}(x)m(x)\,u_z^{1e}(x)\,dx+\int u_y^{1f}(x)m(x)\,u_y^{1e}(x)\,dx\\ \int u_z^{1f}(x)m(x)\,u_z^{2f}(x)\,dx+\int u_y^{1f}(x)m(x)\,u_y^{2f}(x)\,dx\end{bmatrix}=\begin{bmatrix} GM_1\\ 0\\ 0\end{bmatrix} \tag{8-44}$$

第一个元素有时表示成第一个广义质量$GM_1$；其他两个积分为零是因为特征模态之间的正交性限制。

对应于第二个自由度具有单位加速度而其他自由度的加速度为零，即$(\ddot q_1,\ \ddot q_2,\ \ddot q_3)=(0,\ 1,\ 0)$的情况下的惯性力，通过计算产生于外力的广义力，可以求得质量矩阵的第二列。使用式（8-39）和式（8-40），惯性载荷变成$(p_y,\ p_z)=(m\ddot u_y,\ m\ddot u_z)=(mu_y^{1e},\ mu_z^{1e})$，于是有

$$\begin{bmatrix} m_{12}\\ m_{22}\\ m_{32}\end{bmatrix}=\begin{bmatrix}\int u_z^{1e}(x)m(x)\,u_z^{1f}(x)\,dx+\int u_y^{1e}(x)m(x)\,u_y^{1f}(x)\,dx\\ \int u_z^{1e}(x)m(x)\,u_z^{1e}(x)\,dx+\int u_y^{1e}(x)m(x)\,u_y^{1e}(x)\,dx\\ \int u_z^{1e}(x)m(x)\,u_z^{2f}(x)\,dx+\int u_y^{1e}(x)m(x)\,u_y^{2f}(x)\,dx\end{bmatrix}=\begin{bmatrix} 0\\ GM_2\\ 0\end{bmatrix} \tag{8-45}$$

第二个元素有时表示成第二个广义质量$GM_2$；其他两个积分为零是因为特征模态之间的正交性限制。

对应于第三个自由度具有单位加速度而其他自由度的加速度为零，即$(\ddot q_1,\ \ddot q_2,\ \ddot q_3)=(0,\ 0,\ 1)$的情况下的惯性力，通过计算产生于外力的广义力，可以求得质量矩阵的第三列。使用式（8-39）和式（8-40），惯性载荷变成$(p_y,\ p_z)=(m\ddot u_y,\ m\ddot u_z)=(mu_y^{2f},\ mu_z^{2f})$，于是有

$$\begin{bmatrix} m_{13}\\ m_{23}\\ m_{33}\end{bmatrix}=\begin{bmatrix}\int u_z^{2f}(x)m(x)\,u_z^{1f}(x)\,dx+\int u_y^{2f}(x)m(x)\,u_y^{1f}(x)\,dx\\ \int u_z^{2f}(x)m(x)\,u_z^{1e}(x)\,dx+\int u_y^{2f}(x)m(x)\,u_y^{1e}(x)\,dx\\ \int u_z^{2f}(x)m(x)\,u_z^{2f}(x)\,dx+\int u_y^{2f}(x)m(x)\,u_y^{2f}(x)\,dx\end{bmatrix}=\begin{bmatrix} 0\\ 0\\ GM_3\end{bmatrix} \tag{8-46}$$

第三个元素有时表示成第三个广义质量$GM_3$；其他两个积分为零是因为特征模态之间的正交性限制。

使第一个广义坐标获得单位静态位移而其他广义坐标的位移为零，即$(q_1,\ q_2,\ q_3)=(1,\ 0,\ 0)$的情况下必须施加的广义力，可以求得刚度矩阵的第一列。根据式（8-35）和式（8-36），这种情况下的变形等同于$u_y^{1f}$和$u_z^{1f}$。

由于对特征模态而言，位移具有 $u=A\sin(\omega t)$ 的形式，则加速度正比于位移，即

$$\ddot{u}=-\omega^2 u \tag{8-47}$$

式中 $\omega$——有关的特征频率。

所以，产生该变形的载荷是 $(p_y,\ p_z)=(m\omega_1^2\ u_y^{1f},\ m\ \omega_1^2 u_z^{1f})$，此处 $\omega_1$ 是与第一阶挥舞特征模态对应的特征频率，在广义力方程式组（8-41）~（8-43），得到

$$\begin{bmatrix} k_{11} \\ k_{21} \\ k_{31} \end{bmatrix}=\begin{bmatrix} \int \omega_1^2\ u_z^{1f}(x)m(x)\ u_z^{1f}(x)\,\mathrm{d}x+\int \omega_1^2\ u_y^{1f}(x)m(x)\ u_y^{1f}(x)\,\mathrm{d}x \\ \int \omega_1^2\ u_z^{1f}(x)m(x)\ u_z^{1e}(x)\,\mathrm{d}x+\int \omega_1^2\ u_y^{1f}(x)m(x)\ u_y^{1e}(x)\,\mathrm{d}x \\ \int \omega_1^2\ u_z^{1f}(x)m(x)\ u_z^{2f}(x)\,\mathrm{d}x+\int \omega_1^2\ u_y^{1f}(x)m(x)\ u_y^{2f}(x)\,\mathrm{d}x \end{bmatrix}=\begin{bmatrix} \omega_1^2 GM_1 \\ 0 \\ 0 \end{bmatrix} \tag{8-48}$$

最后两个积分为零是因为特征模态之间的正交性限制。类似地可以得到

$$\begin{bmatrix} k_{12} \\ k_{22} \\ k_{32} \end{bmatrix}=\begin{bmatrix} 0 \\ \omega_2^2 GM_2 \\ 0 \end{bmatrix} \tag{8-49}$$

$$\begin{bmatrix} k_{13} \\ k_{23} \\ k_{33} \end{bmatrix}=\begin{bmatrix} 0 \\ 0 \\ \omega_3^2 GM_3 \end{bmatrix} \tag{8-50}$$

$\omega_2$ 和 $\omega_3$ 分别是与第一阶摆振特征模态和第二阶挥舞特征模态对应的特征频率。

忽略结构阻尼，一个叶片的运动方程变为

$$\begin{bmatrix} GM_1 & 0 & 0 \\ 0 & GM_2 & 0 \\ 0 & 0 & GM_3 \end{bmatrix}\begin{bmatrix} \ddot{q}_1 \\ \ddot{q}_2 \\ \ddot{q}_3 \end{bmatrix}+\begin{bmatrix} \omega_1^2 GM_1 & 0 & 0 \\ 0 & \omega_2^2 GM_2 & 0 \\ 0 & 0 & \omega_3^2 GM_3 \end{bmatrix}\begin{bmatrix} q_1 \\ q_2 \\ q_3 \end{bmatrix}=\begin{bmatrix} F_{g,1} \\ F_{g,2} \\ F_{g,3} \end{bmatrix} \tag{8-51}$$

结构阻尼项可以模拟为

$$\boldsymbol{C}=\begin{bmatrix} \omega_1 GM_1\dfrac{\delta_1}{\pi} & 0 & 0 \\ 0 & \omega_2 GM_2\dfrac{\delta_2}{\pi} & 0 \\ 0 & 0 & \omega_3 GM_3\dfrac{\delta_3}{\pi} \end{bmatrix} \tag{8-52}$$

此处 $\delta_i$ 是与第 $i$ 阶模态有关的对数衰减率。方程式（8-51）里的梁系统由三个已经解耦的微分方程组成。这是使用的特征模态具有正交性限制的结果，它不是虚功原理的通常结论。例如，当该方法运用于整个风力机结构时，运动方程就是完全耦合的。

方程式（8-51）推广到更一般的情况，写成矩阵和矢量的形式，有

$$\boldsymbol{M}_i\ \ddot{\boldsymbol{q}}_i+\boldsymbol{C}_i\ \dot{\boldsymbol{q}}_i+\boldsymbol{K}_i\ \boldsymbol{q}_i=\boldsymbol{F}_i \tag{8-53}$$

式中 $\boldsymbol{M}_i$——叶片单元的质量矩阵；

$\boldsymbol{C}_i$——阻尼矩阵；

$\boldsymbol{K}_i$——刚度矩阵；

$\boldsymbol{F}_i$——载荷矢量；

上述矩阵和矢量考虑了风轮的动能、应变能、惯性力、重力和空气动力等因素的影响；

$\boldsymbol{q}_i$——位移矢量。

2）机舱动力学方程　风力机机舱运动可看成是三维刚体运动。从动力学分析的角度可将它分解成跟随质心的运动和相对质心（平移坐标）的运动，前者可用质心运动定理描述，后者可用相对质心的动量矩定理描述。假设：$A$ 点为机舱与塔架连接面的中点，$B$ 点为轮毂中心，$C$ 点为机舱质心，则根据质心运动定理和欧拉动力学方程，机舱动力学方程可表示为

$$\boldsymbol{J}_{\mathrm{n}}\boldsymbol{\varepsilon}_{\mathrm{n}}+\widetilde{\boldsymbol{\omega}}_{\mathrm{n}}\boldsymbol{J}_{\mathrm{n}}\boldsymbol{\omega}_{\mathrm{n}}=(m_{\mathrm{n}}\boldsymbol{a}_{\mathrm{n}}-\boldsymbol{F}_{\mathrm{B}})\times\boldsymbol{R}_{\mathrm{CA}}+(\boldsymbol{F}_{\mathrm{B}}+\boldsymbol{F}_{\mathrm{un}})\times\boldsymbol{R}_{\mathrm{CB}}+\boldsymbol{T}_{\mathrm{A}}+\boldsymbol{T}_{\mathrm{B}} \tag{8-54}$$

式中　$\boldsymbol{J}_{\mathrm{n}}$——机舱对中心惯性主轴的主转动惯量阵列；

$\boldsymbol{\varepsilon}_{\mathrm{n}}$——机舱对中心惯性主轴的角加速度；

$\widetilde{\boldsymbol{\omega}}_{\mathrm{n}}$——机舱对中心惯性主轴的角速度叉乘阵；

$\boldsymbol{\omega}_{\mathrm{n}}$——机舱对中心惯性主轴的角速度阵列；

$m_{\mathrm{n}}$——机舱质量；

$\boldsymbol{a}_{\mathrm{n}}$——机舱质心加速度；

$\boldsymbol{F}_{\mathrm{B}}$——轮毂对机舱的作用力；

$\boldsymbol{F}_{\mathrm{un}}$——叶片静不平衡产生的离心惯性力；

$\boldsymbol{T}_{\mathrm{A}}$——$A$ 点处转矩；

$\boldsymbol{T}_{\mathrm{B}}$——$B$ 点处转矩；

$\boldsymbol{R}_{\mathrm{CA}}$——$C$ 点到 $A$ 点的矢径；

$\boldsymbol{R}_{\mathrm{CB}}$——$C$ 点到 $B$ 点的矢径。

3）塔架动力学方程　塔架动力学方程是直接在惯性坐标系$R_0$ 中建立。它可表示为

$$\boldsymbol{M}_{\mathrm{t}}\ddot{\boldsymbol{q}}_{t}+\boldsymbol{C}_{\mathrm{t}}\dot{\boldsymbol{q}}_{t}+\boldsymbol{K}_{\mathrm{t}}\boldsymbol{q}_{\mathrm{t}}=\boldsymbol{F}_{\mathrm{t}}+\boldsymbol{F}_{\mathrm{A}} \tag{8-55}$$

式中　$\boldsymbol{M}_{\mathrm{t}}$——塔架单元的质量矩阵；

$\boldsymbol{C}_{\mathrm{t}}$——塔架单元的阻力矩阵；

$\boldsymbol{K}_{\mathrm{t}}$——塔架单元的刚度矩阵；

$\boldsymbol{q}_{\mathrm{t}}$——塔架的位移矢量；

$\boldsymbol{F}_{\mathrm{A}}$——机舱作用在与塔架相连处的力；

$\boldsymbol{F}_{\mathrm{t}}$——作用在塔架上的其他外力。

4）风轮/机舱/塔架耦合系统动力学方程　由上述叶片、机舱和塔架动力学方程，可得到风轮、机舱和塔架耦合系统的动力学方程

$$\boldsymbol{M}_{oij}\ddot{\boldsymbol{q}}_{i}+\boldsymbol{C}_{oij}\dot{\boldsymbol{q}}_{i}+\boldsymbol{K}_{oij}\boldsymbol{q}_{i}=\boldsymbol{0}\quad(i=1,2,\cdots,TF) \tag{8-56}$$

式中　$\boldsymbol{M}_{oij}$、$\boldsymbol{C}_{oij}$、$\boldsymbol{K}_{oij}$——分别为耦合系统的质量矩阵、阻尼矩阵和刚度矩阵，可表示为

$$\left.\begin{aligned}\boldsymbol{M}_{oij}&=\boldsymbol{M}_{bij}^{T}+\boldsymbol{M}_{ij}^{c}+\boldsymbol{M}_{ij}^{t}\\\boldsymbol{C}_{oij}&=\boldsymbol{C}_{bij}^{T}+\boldsymbol{C}_{bij}^{A}+\boldsymbol{C}_{ij}^{c}+\boldsymbol{C}_{ij}^{t}\\\boldsymbol{K}_{oij}&=\boldsymbol{K}_{bij}^{U}+\boldsymbol{K}_{bij}^{T}+\boldsymbol{K}_{bij}^{A}+\boldsymbol{K}_{ij}^{G}+\boldsymbol{K}_{ij}^{c}+\boldsymbol{K}_{ij}^{t}\end{aligned}\right\} \tag{8-57}$$

式中　$\boldsymbol{M}_{bij}^{T}$——风轮动能所对应的质量矩阵；

$\boldsymbol{C}_{bij}^{T}$、$\boldsymbol{C}_{bij}^{A}$——分别表示风轮动能、空气动力所对应的阻尼矩阵；

$K_{bij}^{U}$、$K_{bij}^{T}$、$K_{bij}^{A}$、$K_{ij}^{G}$——分别表示风轮应变能、动能、空气动力、重力所对应的刚度矩阵；

$M_{ij}^{c}$、$C_{ij}^{c}$、$K_{ij}^{c}$——分别表示机舱结构所对应的质量矩阵、阻尼矩阵和刚度矩阵；

$M_{ij}^{t}$、$C_{ij}^{t}$、$K_{ij}^{t}$——分别表示塔架结构所对应的质量矩阵、阻尼矩阵和刚度矩阵，其中 $C_{ij}^{t}=\alpha M_{ij}^{c}+\beta K_{ij}^{c}$，$\alpha$ 和 $\beta$ 为阻尼比例系数；

$TF$——系统总的自由度数。

### 8.4.5 气动弹性动力响应分析

用风轮/机舱/塔架耦合系统的非线性动力学方程进行气动弹性动力响应分析时，采用子空间迭代方法，即对于每个子系统而言具有独立性，通过各个子系统连接面上的位移和力平衡的协调，耦合成整个系统。然后求解单独叶片、机舱和塔架在一个旋转周期内的动力响应。求解时，非线性方程采用拟线性法，线性方程采用数值积分法。由于各叶片的结构相同，因此在同一个旋转周期内，其受力状态有一个固定的相位差，于是在一个旋转周期内得到一个叶片的解后，就可以得到风轮的解。具体的求解步骤如下：

1）在旋转坐标系 $R_{\mathrm{h}}$ 中建立叶片动力学方程，求解轮毂中心处的速度和加速度。

2）在给定的轮毂位移和叶片初始受力的条件下，求解叶片动力学方程，得到叶片的动力响应和叶片根部传递给轮毂的力。

3）根据给定的塔架初始运动状态和风轮传递给机舱的力，建立机舱动力学方程，求解得到机舱的动力响应和机舱传递给塔架的力。

4）根据机舱传递给塔架的力，求解塔架动力学方程，得到塔架的动力响应。

5）根据求得的塔架动力响应和风轮传递给机舱的力，求解机舱动力学方程，得到机舱的动力响应和轮毂的位移及作用力。

6）根据轮毂的位移和作用力再求解叶片动力学方程，得到新的叶片的动力响应，并和前一次计算结果比较，进行精度验算，如没有达到精度要求，再重复上述计算过程，直至前后两次迭代的周期响应满足精度的要求。

### 8.4.6 气动弹性稳定性分析

风力机系统气动弹性稳定性分析是在求解稳态动力响应之后进行的，并假设系统相对于稳态动力响应解具有小扰动。系统初始摄动时间为零，并假设系统在弹性力、惯性力和空气动力载荷的相互作用下自由运动。因此，可以将风轮/机舱/塔架耦合系统动力学方程的解表示为稳态解 $\widetilde{\boldsymbol{q}}_i(t)$、$\widetilde{\dot{\boldsymbol{q}}}_i(t)$、$\widetilde{\ddot{\boldsymbol{q}}}_i(t)$ 和增量解 $\Delta\boldsymbol{q}_i(t)$、$\Delta\dot{\boldsymbol{q}}_i(t)$、$\Delta\ddot{\boldsymbol{q}}_i(t)$ 之和。

代入运动方程中，则可得到耦合系统的运动方程的增量形式

$$\boldsymbol{M}_{oij}\Delta\ddot{\boldsymbol{q}}_i+\boldsymbol{C}_{oij}\Delta\dot{\boldsymbol{q}}_i+\boldsymbol{K}_{oij}\Delta\boldsymbol{q}_i=\boldsymbol{0}\qquad(i=1,2,\cdots,TF)\tag{8-58}$$

上述耦合系统摄动方程综合后的总体质量矩阵、阻尼矩阵和刚度矩阵中，风轮、机舱和塔架子结构之间通过 $\alpha$，$x_{\mathrm{h}}$，$y_{\mathrm{h}}$，$z_{\mathrm{h}}$，$\theta_x$，$\theta_y$，$\theta_z$ 共 7 个自由度耦合在一起，叶片上的每一自由度与这 7 个自由度之间都存在耦合关系。

由风轮的运动特性可知，单片叶片的运动方程是周期为 $T_0=2\pi/\Omega$ 的时变常微分方程。由于假设各片叶片具有相同的结构以及受力状态，于是，经过 $T=2\pi/(\Omega\times N)$ 时刻后，耦合系统的运动状态与初始状态完全相同，因此系统摄动方程也是一个周期为 $T$ 的时变常微分

方程。方程式（8-58）是二阶常微分方程，根据 Floguet 理论，引入状态矢量

$$[u]=[q_1,q_2,\cdots,q_N,\dot{q}_1,\dot{q}_2,\cdots,\dot{q}_N] \tag{8-59}$$

后，可以将式（8-59）转换成如下的一阶微分方程组

$$[\dot{u}]=[F(t)]_{2N\times 2N}[u] \tag{8-60}$$

式中

$$[F(T+t)]=[F(t)] \tag{8-61}$$

假设$[u(t)]$为方程式（8-60）的一组基本解系，即满足

$$[\dot{u}(T+t)]=[F(t)][u(t)] \tag{8-62}$$

由式（8-62）可知，$[u(T+t)]$也为方程的一组基本解系，即满足

$$[\dot{u}(T+t)]=[F(t)][u(T+t)] \tag{8-63}$$

所以两组基本解系之间必然存在一种线性关系

$$[u(T+t)]=[A][u(t)] \tag{8-64}$$

式中　$[A]$——转换矩阵，其特征值$\lambda_k$可表示为

$$\lambda_k=\lambda_k^R+i\,\lambda_k^I,(k=1,2,\cdots,2N) \tag{8-65}$$

当$\Lambda_i=(\lambda_k^R)^2+(\lambda_k^I)^2\leqslant 1$时，系统是稳定的。因此，系统稳定性的判断归结为转换矩阵［$A$］的求解。为了求得转换矩阵［$A$］，可取

$$[u(0)]=I \tag{8-66}$$

式中　$I$——单位矩阵。

由式（8-64）可知

$$[A]=[u(T)] \tag{8-67}$$

为了求解$T$时刻方程式（8-58）的响应，采用纽马克隐式积分方法，它具有较好的收敛性。相应的初始条件变为

$$[q(0)]=I_{N\times N},[\dot{q}(0)]=\mathbf{0}_{N\times N} \tag{8-68}$$

$$[q(0)]=\mathbf{0}_{N\times N},[\dot{q}(0)]=I_{N\times N} \tag{8-69}$$

然后，将求解得到的两个初始条件下，$T$时刻系统的位移以及速度集成为转换矩阵［$A$］

$$[A]_{2N\times 2N}=\begin{bmatrix} q(T)\\ \dot{q}(T)\end{bmatrix} \tag{8-70}$$

由于转换矩阵［$A$］具有非对称满秩性，因此，可采用 QR（正交三角）分解法求解转换矩阵特征值，并对系统运动稳定性进行判断。

## 习　题

8-1　风力机叶片气动弹性动态不稳定包括哪些内容？如何避免？

8-2　气动弹性耦合边界条件是什么？

8-3　质点相对运动动力学基本方程是什么？说明各项的物理意义。

8-4　在创建物体数学模型时，自由度数的多少有何影响？

8-5　如何进行气动弹性稳定性分析？

8-6　使用虚功原理构建图 8-9 所示系统的微分方程。

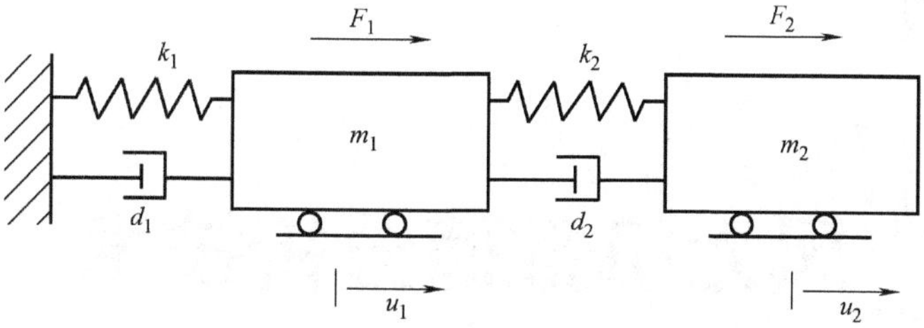


图 8-9　两自由度系统

$$\left\{\text{答案：}\begin{bmatrix} m_1+m_2 & m_2 \\ m_2 & m_2 \end{bmatrix}\begin{bmatrix} \ddot{x}_1 \\ \ddot{x}_2 \end{bmatrix}+\begin{bmatrix} d_1 & 0 \\ 0 & d_2 \end{bmatrix}\begin{bmatrix} \dot{x}_1 \\ \dot{x}_2 \end{bmatrix}+\begin{bmatrix} k_1 & 0 \\ 0 & k_2 \end{bmatrix}\begin{bmatrix} x_1 \\ x_2 \end{bmatrix}=\begin{bmatrix} F_1+F_2 \\ F_2 \end{bmatrix}\right\}$$

# 第 9 章

# 风力机数值分析技术

本章将介绍计算流体力学（Computational Fluid Dynamics，CFD）方法。包括采用 CFD 方法对风力机周围流体流动进行数值模拟时所采用的步骤。应用 CFD 方法研究的内容及常用的 CFD 软件。

## 9.1 计算流体力学概述

严格地讲，风力机流场是一个可压缩、有黏性、非定常、低速、低温空气流场。流场的数值解可通过求解流体力学的控制方程组完成。流体力学的控制方程包括连续方程、动量方程和能量方程，它们是三个基本物理定律——质量守恒定律、牛顿第二定律和能量守恒定律针对流体的数学描述。在风力机数值分析中研究的流动不涉及温度场的问题，故本书对能量方程未加介绍。

目前，已经越来越多地采用计算流体力学（CFD）方法，对风力机进行数值分析和设计。CFD 是在流动基本方程控制下对流动过程进行数值模拟。通过这种模拟，可以得到复杂流场内各个位置上基本物理量（如速度、压力、温度、比重等）的分布，以及这些物理量随时间的变化情况。

风满足流体力学中不可压缩流动的假设，因此风力机数值分析的任务是，用计算机和数值方法求解满足定解条件的描述不可压缩流动现象的流体动力学方程组，或其他各种简化方程组来研究风力机的问题。由于风力机位于大气边界层中，而且属于钝体绕流，因此流动一般为湍流，这就给数值计算增加了困难。尽管如此，近年来由于计算流体力学的发展和计算机技术的进步，使风力机数值分析得到了很快的发展，并逐步进入了实用的阶段。

风力机数值分析与理论分析相比，前者给出的是流动区域内的离散解，而不是解析解，因此它可以求解复杂的流动，但是必须与物理分析相结合，才能揭示流动的机理和特征。数值模拟与物理模拟（主要是风洞试验）相比，它具有费用低、周期短、便于模拟真实环境、描述流场细节和给出流场定量结果的优点，但是由于目前工程上还不能通过直接数值模拟研究复杂的湍流流动，因此如何根据不同的研究对象选择湍流模型是一个难题。另外，由于在求解复杂的多维非线性偏微分方程组时，还缺乏严格的稳定性分析、误差估计、收敛性和惟一性理论。因此，数值模拟要与理论分析和物理模拟相互结合、相互补充，才能共同促进风力机数值分析技术的发展。

下面介绍采用 CFD 方法对风力机周围流体流动进行数值模拟时所采用的步骤。

## 9.2　建立数学模型

建立数学模型包括建立控制方程和确立边界条件及初始条件两个方面。

### 9.2.1　建立控制方程

控制方程如流体连续性方程（第 2.2 节）、N-S 方程（第 3.2 节）等；在研究湍流时应用湍流模型，例如标准 $k$-$\varepsilon$ 模型（第 3.10.2 节）。

为便于编程，可将各类控制方程变成通用形式，即

$$\frac{\partial \rho \phi}{\partial t}+\operatorname{div}(\rho \boldsymbol{v} \phi-\Gamma_{\phi} \operatorname{grad} \phi)=q_{\phi}$$

对连续性方程，则

$$\phi=1 \quad \Gamma_{\phi}=0 \quad q_{\phi}=0$$

对 $x$ 方向动量方程，则

$$\phi=v_{x} \quad \Gamma_{\phi}=\mu_{\mathrm{eff}} \quad q_{\phi}=-\frac{\partial p_{\mathrm{eff}}}{\partial x}+\operatorname{div}\left(\mu_{\mathrm{eff}} \frac{\partial \boldsymbol{v}}{\partial x}\right)$$

对 $y$、$z$ 方向动量方程具有类似的表达式。

则对湍流动能方程，当采用标准 $k$-$\varepsilon$ 模型时，则

$$\phi=k \quad \Gamma_{\phi}=\frac{\mu_{\mathrm{eff}}}{\sigma_{\mathrm{k}}} \quad q_{\phi}=G-\rho \varepsilon$$

对湍流耗散率方程，当采用标准 $k$-$\varepsilon$ 模型时，则

$$\phi=\varepsilon \quad \Gamma_{\phi}=\frac{\mu_{\mathrm{eff}}}{\sigma_{\varepsilon}} \quad q_{\phi}=\frac{\varepsilon}{k}(C_{1} G-C_{2} \rho \varepsilon)$$

其中，有效粘性系数$\mu_{\mathrm{eff}}$为

$$\mu_{\mathrm{eff}}=\mu+\mu_{\mathrm{t}} \quad \mu_{\mathrm{t}}=C_{\mu} \rho k^{2} / \varepsilon$$

湍流动能生成项$G$为

$$G=\mu_{\mathrm{t}}\left(\frac{\partial v_{i}}{\partial x_{j}}+\frac{\partial v_{j}}{\partial x_{i}}\right) \frac{\partial v_{i}}{\partial x_{j}}$$

各常数为

$C_{1}=1.44$，$C_{2}=1.92$，$C_{\mu}=0.09$，$\sigma_{\mathrm{k}}=1.0$，$\sigma_{\varepsilon}=1.22$

### 9.2.2　确立边界条件及初始条件

边界条件是在求解区域的边界上所求解的变量或其导数随地点和事件的变化规律，对任何问题都需要给定边界条件。

初始条件是所研究风力机和其周围流场计算域在过程开始时刻各个求解变量的空间分布情况。对瞬态（非定常）问题，必须给定初始条件；对稳态（定常）问题，则不需要初始条件。

## 9.3 确定离散化方法

确定离散化方法包括划分计算网格，建立离散方程和离散边界条件及初始条件三个方面。

### 9.3.1 划分计算网格

采用数值方法求解控制方程时，首先将控制方程在空间区域进行离散，然后对得到的离散方程组进行求解。在空间域上离散控制方程必须使用网格技术。不同问题采用不同数值解法时，所需网格形式有一定的区别。网格划分分为结构网格和非结构网格两大类，如图 9-1 所示。

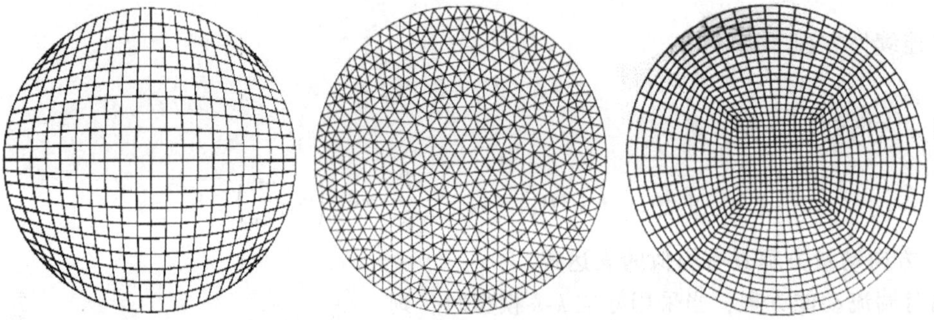


图 9-1 网格形式

a）结构网格 b）非结构网格 c）结构 H 型网格

图 9-1a 为结构网格，即每一个网格都有固定数量的相邻节点。图 9-1b 为非结构网格，每一个网格的相邻节点数量不确定。图 9-1c 为混合型网格，兼具结构网格和非结构网格的特征。非结构网格比结构网格建立起来更加快捷方便，特别是在针对附面层流时效果尤为明显，但仍然在一些特定的场合需要使用结构网格。

图 9-2 为某一水平轴风力机叶片的结构化网格划分效果图。

### 9.3.2 方程离散

用数值方法解决空气动力学问题需要将微分方程组离散成代数方程，然后进行求解。由于所引入的应变量之间的分布假设及推导离散化方程的方法不同，形成了有限差分法、有限元法、有限体积法等离散化方法。

有限差分法（finite difference method，FDM）是计算机数值模拟偏微分方程最早采用的方法，至今仍被广泛运用。该方法将求解域划分为结构网格，用有限个网格节点（网格线交点）集合代替连续的求解域。有限差分法以 Taylor 级数展开等方法，把控制方程中的导数用网格节点上的函数值的差商代替进行离散，从而建立以网格节点上的值为未知数的代数方程组。该方法是一种直接将微分问题变为代数问题的近似数值解法，数学概念直观，表达简单，是发展较早且比较成熟的数值方法。

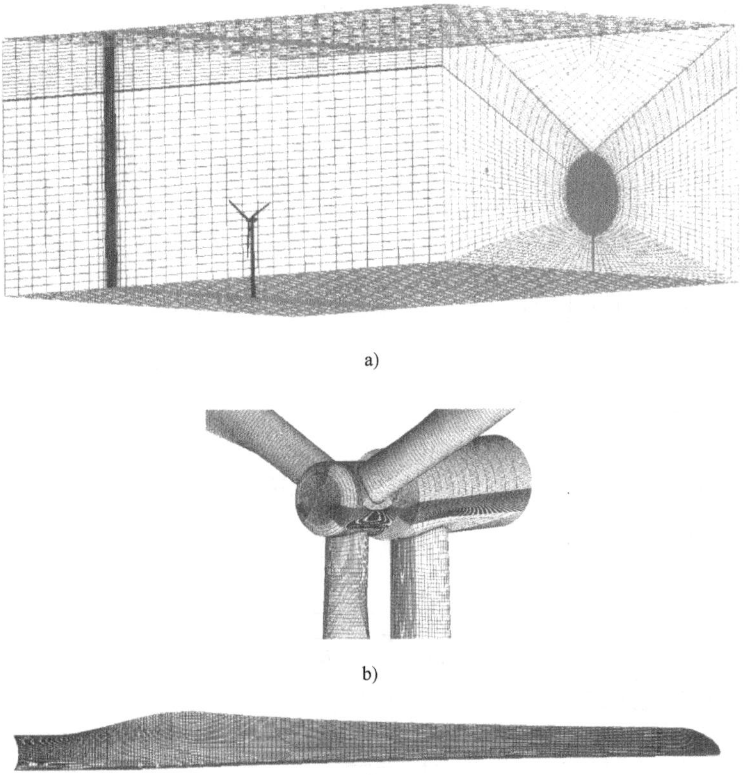

a)

b)

c)

图 9-2　风力机计算域网格划分效果图

a）风力机流场域网格　b）风力机机身网格　c）叶片网格

有限元方法（finite element method，FEM）的基本求解思想是将计算域划分为有限个单元，计算单元原则上可以采用任意形状，在每个单元内选择基函数，用单元基函数的线性组合逼近单元中的真解，整个计算域上总体的基函数可以看为由每个单元基函数组成的，则整个计算域内的解可以看作是由所有单元上的近似解构成。

有限体积法（finite volume method，FVM）又称为控制体积法。其基本思路是：将计算区域通过网格划分为一系列控制体积，并将网格中心（称为内节点法）或网格点（称为外节点法）设定为控制点，并使每个控制点周围有一个控制体积；其中的未知量即是控制点上的因变量的数值，将待解的守恒型控制方程对每一个控制体积分。对 N-S 方程，一般首先应用高斯定理将体积分转换为面积分，并假定因变量值在控制点之间的变化规律，即假设值的分段的分布剖面，从而给出控制体单元面上未知量及未知导数与控制点值的关系式，最终得出关于控制点值的一组离散代数方程。

下面以二维流动有限差分法为例，介绍方程离散的基本做法。把给定边界和初始条件的函数 $v=f(x, y)$ 的微分方程的定义域分为由间距为 $h$($x$ 方向）和 $k$($y$ 方向）所组成的正交网格如图 9-3 所示。

1）泰勒级数表达式　导数的有限差分表达式是以泰勒级数展开式为基础的。如果$v_{i,j}$表示点（$i$，$j$）上速度的 $x$ 分量，那么在点（$i+1$，$j$）上的速度$v_{i+1,j}$可用泰勒级数表达为

$$v_{i+1,j}=v_{i,j}+\left(\frac{\partial v}{\partial x}\right)_{i,j}h+\left(\frac{\partial^2 v}{\partial x^2}\right)_{i,j}\frac{h^2}{2}+\left(\frac{\partial^3 v}{\partial x^3}\right)_{i,j}\frac{h^3}{6}+\cdots \quad (9\text{-}1)$$

忽略$h^3$项和更高阶项，方程式（9-1）简化为二阶精度的方程式

$$v_{i+1,j}\approx v_{i,j}+\left(\frac{\partial v}{\partial x}\right)_{i,j}h+\left(\frac{\partial^2 v}{\partial x^2}\right)_{i,j}\frac{h^2}{2} \quad (9\text{-}2)$$

类似一阶精度方程式为

$$v_{i+1,j}\approx v_{i,j}+\left(\frac{\partial v}{\partial x}\right)_{i,j}h \quad (9\text{-}3)$$

方程式（9-3）的截断误差是

$$\sum_{n=2}^{\infty}\left(\frac{\partial^n v}{\partial x^n}\right)_{i,j}\frac{h^n}{n!}$$

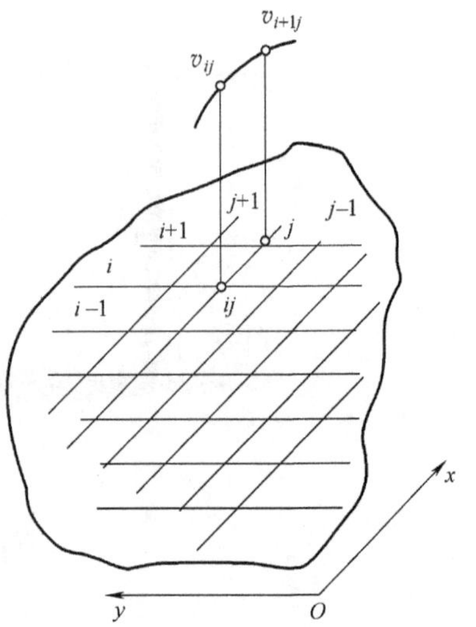


图 9-3　正交网格

2）导数的有限差分表达式　在点（$i$，$j$）处各次微分可近似地表示如下：

① 一阶向前差分表达式

$$\left(\frac{\partial v}{\partial x}\right)_{i,j}=\frac{v_{i+1,j}-v_{i,j}}{h} \quad (9\text{-}4)$$

② 一阶向后差分表达式

$$\left(\frac{\partial v}{\partial x}\right)_{i,j}=\frac{v_{i,j}-v_{i-1,j}}{h} \quad (9\text{-}5)$$

③ 二阶中心差分表达式

$$\left(\frac{\partial v}{\partial x}\right)_{i,j}=\frac{v_{i+1,j}-v_{i-1,j}}{2h} \quad (9\text{-}6)$$

④ 二阶偏导数$\left(\frac{\partial^2 v}{\partial x^2}\right)_{i,j}$的有限差分表达式

$$\left(\frac{\partial^2 v}{\partial x^2}\right)_{i,j}=\frac{v_{i+1,j}-2v_{i,j}+v_{i-1,j}}{h^2} \quad (9\text{-}7)$$

如将以上各式中的$h$换成$k$，$i$换成$j$并互换位置，即可获得$\left(\frac{\partial v}{\partial y}\right)_{i,j}$和$\left(\frac{\partial^2 v}{\partial y^2}\right)_{i,j}$的表达式。

⑤ 混合导数$\frac{\partial^2 v}{\partial x\partial y}$的差分表达式。因为$\frac{\partial^2 v}{\partial x\partial y}=\frac{\partial}{\partial x}\left(\frac{\partial v}{\partial y}\right)$，可将$x$的导数写作$y$的导数的中心差分，然后对$y$的导数进行中心差分，得到混合导数$\frac{\partial^2 v}{\partial x\partial y}$的差分表达式

$$\begin{aligned}\frac{\partial^2 v}{\partial x\partial y}&=\left[\left(\frac{v_{i+1,j+1}-v_{i+1,j-1}}{2k}\right)-\left(\frac{v_{i-1,j+1}-v_{i-1,j-1}}{2k}\right)\right]\frac{1}{2h}\\&=\frac{1}{4hk}(v_{i+1,j+1}+v_{i-1,j-1}-v_{i+1,j-1}-v_{i-1,j+1})\end{aligned} \quad (9\text{-}8)$$

将以上诸关系代入原微分方程式，则原方程式化为代数方程式并可逐点求解。

N-S方程为二阶偏微分方程。二维二阶偏微分方程之标准形式为

$$a\frac{\partial^2 v}{\partial x^2}+2b\frac{\partial^2 v}{\partial x\partial y}+c\frac{\partial^2 v}{\partial y^2}=F\left(x, y, v, \frac{\partial v}{\partial x}, \frac{\partial v}{\partial y}\right)$$

在 $v$ 的定义域中，当判别式 $\Delta=ac-b^2=0$ 时，方程为抛物线型。当 $\Delta>0$ 时，方程为椭圆型。当 $\Delta<0$ 时，方程为双曲线型。在不同的流动场合 N-S 方程可以化为以上三种形式中的一种。例如层流流动，层流边界层流动方程式为抛物线型，有势流动方程式为椭圆型，二维超音速流动方程式为双曲线型等等，这三种类型的方程式离散形式各有不同。

**例题 9-1**：设抛物线型方程式形式为

$$\frac{\partial^2 v}{\partial x^2}=\frac{\partial v}{\partial y} \tag{9-9}$$

试将其离散化。

**解**：给定边界和初始条件后，用间距为 $h$（$x$ 方向）和 $k$（$y$ 方向）所组成的正交网格覆盖全区。将式（9-9）左边用式（9-7）作差分近似，右边的$\frac{\partial v}{\partial y}$近似式为

$$\left(\frac{\partial v}{\partial y}\right)_{i,j}=\frac{v_{i,j+1}-v_{i,j}}{k} \tag{9-10}$$

将式（9-7）与式（9-10）代入式（9-9），可得

$$\frac{v_{i,j+1}-v_{i,j}}{k}=\frac{v_{i+1,j}-2v_{i,j}+v_{i-1,j}}{h^2} \tag{9-11}$$

即

$$v_{i,j+1}=\gamma v_{i+1,j}+(1-2\gamma)v_{i,j}+\gamma v_{i-1,j}$$

此处 $\gamma=\frac{k}{h^2}$

利用式（9-11）即可从流域的已知部分例如：$v_{i+1,j}$、$v_{i,j}$、$v_{i-1,j}$和更多的其他已知点逐点求值推向未知部分而最后解得全流场。此例求解方法称为正面前进法。

## 9.4　对流场进行求解

流场计算包括给定求解控制参数、求解离散方程和判断解的收敛性三个方面。

在离散空间建立离散化的代数方程组，并施加离散化的初始条件和边界条件后，还需要给定流体的物理参数和湍流模型经验系数等。此外，还要给定迭代计算的控制精度、瞬态问题的时间步长和输出频率等。

对于稳态问题的解，或瞬态问题在某个特定时间步长的解，往往要通过多次迭代才能得到。有时因为网格形式或网格大小，对流项的离散插值格式等原因，可能导致解的发散。对于瞬态问题，若采用显示格式进行时间域上的积分，当时间步长过大时，也可能造成解的振荡或发散。因此，在迭代过程中，要对解的收敛性随时进行监视，并在系统达到指定精度后结束迭代。

## 9.5　显示计算结果

通过上述求解得出各计算节点上的数值解后，需要通过适当的方式将整个计算域上的结

果表示出来。具体可采用线值图、矢量图、等值线图、流线图和云图等方式对计算结果进行表示。图 9-3 为某一风力机尾流速度等值面图。

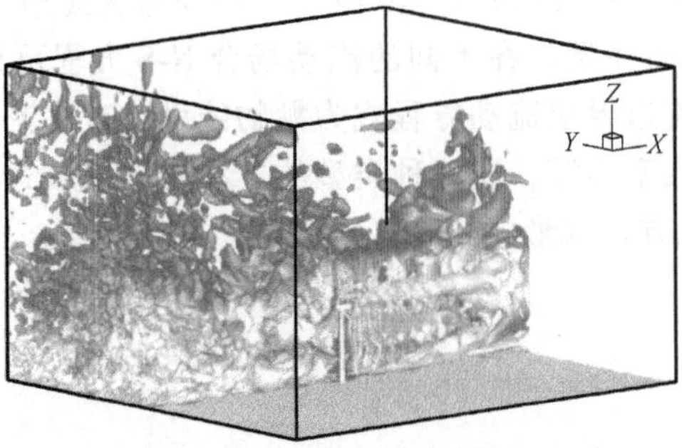


图 9-4 风力机尾流速度等值面图

以上介绍的就是 CFD 方法的解题步骤。

## 9.6 应用 CFD 方法的研究内容

### 9.6.1 对翼型气动性能的研究

在风力机叶片设计中，准确掌握翼型的气动特性对设计者而言非常重要，错误的气动力系数分布导致风力机性能的错误预测。然而很难准确、全面地获得全部实验数据，这时必须依赖于数值计算。数值计算方法从早期的势流和边界层耦合方法发展到现在求解 N-S 方程的全湍流计算方法。目前，依然是需要深入研究的领域，还没有一种模型能够真实地反映各种翼型气动特性。

目前，关于采用求解 N-S 方程的 CFD 方法研究翼型气动性能的主要工作集中在翼型边界层转捩、动态失速方面。但在这两方面 CFD 计算值与实验值还存在差距，具体表现在流体未分离时大部分的气动计算结果和实验测试值吻合良好。而当流动分离时，模拟结果就不理想。针对这一点，研究者在各自的研究中通过各种方法进行了分析计算，但大部分都在影响流动分离的湍流模型上进行研究工作。

### 9.6.2 对风轮气动性能的研究

随着计算机技术和空气动力数值方法的不断发展，CFD 方法在风力机气动性能分析和优化设计中发挥着日益重要的作用，并正成为国内外风电领头企业整机产品研发中不可或缺的工具。同时，CFD 方法还可以用于包含整机的复杂地形风资源模拟及风电场的模拟。但就目前的计算机水平而言，仍达不到准确预测的效果。而且在风切变、塔影及偏航等非定常流动现象的模拟时对计算资源需求量大，另一方面流场区域的网格划分质量仍存在一定的随机性，并且现在还没有比较准确的模拟旋转机械运动时出现的动态失速湍流模型。

在 CFD 方法中，风力机叶片数值模型的研究现状主要包括湍流和转捩模型、计算域尺度、网格尺寸和风轮模型等。

**1. 湍流和转捩模型**

现已建立的具体湍流模型虽有多种，然而当流动发生失速后，大部分湍流模型均不能很好地对气动性能进行预测。对此，较为先进的直接数值模拟（DNS）可获得对流场精确的描述，但需要很小的时间和空间步长，对计算机的运算速度和内存容量要求很高，目前 DNS 的计算只能应用于层流和较低雷诺数的湍流流动的求解，尚不能模拟高雷诺数的流动。

叶片运行环境复杂，叶片边界层时刻发生转捩。由于转捩能够显著影响边界层增长和流动作用力，忽略转捩作用，失速前通常会低估升力系数、高估阻力系数，并计算出错误的失速攻角。对于分离型转捩，甚至会忽略整个流动分离的过程。因此，在风力机气动性能计算中准确预估转捩，对于计算精度的提高至关重要。

**2. 计算域尺度和网格尺寸**

目前，人们对于 CFD 结果可信性的评估常常采用验证和确认的方法。验证是指评估计算模拟是否精确地表示了概念模型，或者确定是否正确地求解了数学模型。常用的方法是检测当网格尺寸趋于零时，由求解离散方程的程序所得到的解是否与微分方程所得到的解一致，即把数值计算值与解析解对比。确认是指检测计算模拟是否描述了真实的物理问题，或者检测是否求解了合适的方程组，常用的方法是与实验数据进行比较。

对于 CFD 技术的运用，除了要了解数值解的离散误差、收敛误差、截断误差和编程错误外，还要熟知所采用的软件中数学模型是否与所研究的物理模型一致。例如有黏/无黏、定常/非定常、湍流模型等。特别是由于计算机的限制，人们在进行数值计算时常常对所研究的问题进行简化，例如几何模型的简化、物理模型的简化以及边界条件近似都会带来模型误差。实验数据往往是在一台模型机或实验机器上得到的，原则上，其计算域要尽可能与实际机器一致。对风力机进行 CFD 数值模拟时，工程师们往往对整机的一部分，如用一只叶片模拟整个风轮。这样的简化会减少计算网格数目和计算时间，但是在做这些简化时必须慎重地选取和设计计算域，清楚这些简化所带来的影响。

**3. 风轮计算模型**

目前，大部分的叶片气动性能计算和分析是在忽略了机舱的完全叶片模型基础上进行的。这是因为风力机叶片根部通常采用圆柱段向翼型部分过渡的型式。尽管已经出现了由轮毂直接连接翼型部分的叶片设计，但由于连接尺寸和刚度的限制，目前这一设计还没有得到广泛应用。这样，来流风在绕流圆柱段时产生大尺度的流动分离，使得根部对风轮功率的贡献很小。同时，通常认为风力机机舱主要影响叶片根部流动，因而对于气动功率和载荷计算的影响可以忽略。事实上，机舱的存在不仅影响根部流动，根部流动分离的发展和向上传递可能对整个叶片的流场和气动载荷产生影响。

## 9.7　常用的 CFD 软件

目前，CFD 软件已成为解决各种流体流动与传热问题的强有力工具。过去只能依靠实验手段才能获取的某些结果，现在已经完全可以借助 CFD 软件的模拟计算准确获得。

CFD 的实际求解过程比较复杂，为方便用户使用 CFD 软件处理不同类型的工程问题，软件通常将复杂的 CFD 过程集成，通过一定的接口，让用户快速地输入问题的有关参数。所有的 CFD 软件均包括前处理、求解和后处理三个基本环节。

为了完成 CFD 计算，过去用户多是自己编写计算程序，但是由于 CFD 的复杂性及计算机软、硬件的多样性，用户各自的应用程序往往缺乏通用性，而 CFD 本身具有其鲜明的系统性和规律性，因此比较适合于被制成通用的商业软件。

1. PHOENICS

PHOENICS 是世界上第一套计算流体动力学与传热学的商用软件，它是 Parabolic Hyperbolic or Elliptic Numerical Integration Code Series 的缩写，由研究 CFD 的著名学者 D. B. Spalding 和 S. V. Patankar 等提出，PHOENICS 最大限度地向用户开放了程序，用户可以根据需要任意修改添加用户程序、用户模型。第一个正式版本于 1981 年开发完成。目前，PHOENICS 主要由 Concentration Heat and Momentum Limited（CHAM）公司开发。

2. CFX

CFX 是全球第一个通过 ISO 9001 质量认证的大型商业 CFD 软件，是英国 AEA Technology 公司为解决其在科技咨询服务中遇到的工业实际问题而开发，诞生在工业应用背景中的 CFX 一直将精确的计算结果、丰富的物理模型、强大的用户扩展性作为其发展的基本要求，并以其在这些方面的卓越成就，作为世界上唯一采用全隐式耦合算法的大型商业软件。算法上的先进性、丰富的物理模型和前后处理的完善性使 ANSYS CFX 在结果精确性、计算稳定性、计算速度和灵活性上都有优异的表现，引领着 CFD 技术的不断发展。

3. STAR-CD

STAR-CD 是由英国帝国学院提出的通用流体分析软件。由 1987 年成立于英国的 CD-adapco 公司开发。STAR-CD 这一名称的前半段来自于 Simulation of Turbulent Flow in Arbitrary Regin。该软件基于有限体积法，适用于不可压缩流和可压缩流（包括跨音速流和超音速流）的计算、热力学的计算及非牛顿流的计算。它具有前处理器、求解器、后处理器三大模块。以良好的可视化用户界面将建模、求解及后处理与全部的物理模型和算法结合在一个软件包中。

4. FIDIP

FIDIP 是由英国 Fluid Dynamics International（FDI）公司开发的计算流体力学与数值传热学软件。1996 年，FDI 被 FLUENT 公司收购，目前 FIDAP 软件属于 FLUENT 公司的一个 CFD 软件。与其他 CFD 软件不同的是，该软件完全基于有限元方法。FIDIP 可用于多领域中出现的各种层流与湍流的问题。它对涉及流体流动、传热、传质、离散相流动自由表面、液固相交、流固耦合等问题都提供了精确而有效的解决方案。FIDAP 提供了广泛的物理模型，不仅可以模拟非牛顿流体、辐射传热、多孔介质中的流动，而且对于质量源项、化学反应及其他复杂现象都可以精确模拟。

5. FLUENT

FLUENT 是由美国 FLUENT 公司于 1983 年推出的 CFD 软件，它是继 PHOENICS 软件之后的第二个投放市场的基于有限体积法的软件。FLUENT 是目前功能最全面、适用性最广、国内使用最广泛的 CFD 软件之一。FLUENT 提供了非常灵活的网格特性。让用户可以使用非结构网格，包括三角形、四边形、四面体、六面体和金字塔形网格解决具有复杂外形的流动，甚至可以用混合型非结构网格，允许用户根据解的具体情况对网格进行修改（细化或极化）。

6. FloEFD

FloEFD 是由 1988 年成立于英国的 Flomerics 公司开发的流动与传热分析软件。属于新一代的 CFD 软件。FloEFD 能够帮助工程师直接采用三维 CAD 模型进行流动与换热分析，不需对原始 CAD 模型进行格式转换。FloEFD 和传统的 CFD 软件一样基于流体动力学方程求解。但其关键技术使得 FloEFD 不同于传统 CFD 软件，使用 FloEFD 分析问题更快，鲁棒性更好，结果更准确，并且更容易掌握。

CFD 也存在一定的局限性。其最终结果不能提供任何形式的解析表达式，只是有限个离散点上的数值解，且有一定的计算误差。程序的编制及资料的收集、整理与正确利用，在很大程度上依赖于经验和技巧。由于涉及大量的数值计算，常需要较高的计算机软、硬件配置。

CFD 有自己的原理、方法和特点，数值计算与理论分析、实验观测相互联系、相互促进但不能完全代替。在利用 CFD 进行风力机分析时，应该注意三者的有机结合，以做到取长补短。

## 习　　题

9-1　风力机的 CFD 常用的控制方程有哪些？说明其物理意义。

9-2　方程离散方法有哪些？各有什么特点？

9-3　目前应用 CFD 方法的研究的主要内容是什么？

9-4　将式（9-9）右边用二阶中心差分表达式，左边用（9-7）式作差分近似，可得李哈得逊解法。试写出李哈得逊解法离散化公式。

[答案：$v_{i,j+1}=v_{i,j-1}-4\gamma v_{i,j}+2\gamma(v_{i+1,j}+v_{i-1,j})$]

# 第 10 章

# 风力机模型气动试验

气动试验是研究风力机气动性能的重要手段之一。用实物或等尺寸模型进行实验研究有很大的局限性，一方面费用昂贵，难于实现；另一方面实验结果也缺乏通用性，不能推广使用。用相似理论指导下的模型实验方法，其结果不但有广泛的适用性，而且可以更深刻地揭示现象的本质。

本章将介绍相似理论的基本原理、量纲分析方法、风洞及风洞试验项目和模型与洞壁干扰的修正方法等。

## 10.1 风洞

风洞是能人工产生和控制气流，以模拟飞行器或物体周围气体的流动，并可量度气流对物体的作用以及观察物理现象的一种管道状实验设备，它是进行空气动力实验最常用、最有效的工具。用风洞做实验的依据是运动的相似性原理。实验时，常将模型或实物固定在风洞内，使气体流过模型。采用这种方法对流动条件容易控制，可重复地、经济地取得实验数据。为使实验结果准确，实验时的流动必须与实际流动状态相似，即必须满足相似规律的要求。但由于风洞尺寸和动力的限制，在一个风洞中同时模拟所有的相似参数是很困难的，通常按所要研究的课题，选择一些影响最大的参数进行模拟。此外，风洞实验段的流场品质，如气流速度分布均匀度、平均气流方向偏离风洞轴线的大小、沿风洞轴线方向的压力梯度、截面温度分布的均匀度、气流的湍流度和噪声等级等必须符合一定的标准，并定期进行检查测定。图 10-1 所示为闭口回流式低速风洞。

风洞主要由洞体、驱动系统和测量控制系统组成，各部分的形式因风洞类型而异。

洞体有一个能对模型进行必要测量和观察的实验段。实验段上游有提高气流匀直度、降低湍流度的稳定段和使气流加速到所需流速的收缩段或喷管。实验段下游有降低流速、减少能量损失的扩压段和将气流引向风洞外的排出段或导回到风洞入口的回流段。有时为了降低风洞内外的噪声，在稳定段和排气口等处装有消声器。

驱动系统有两类：一类是由可控电动机组和由它带动的通风机或轴流式压缩机组成，通风机旋转或压缩机转子转动使气流压力增高来维持管道内稳定的流动。改变通风机的转速或叶片安装角，或改变对气流的阻尼，可调节气流的速度。它的运转时间长，运转费用较低，

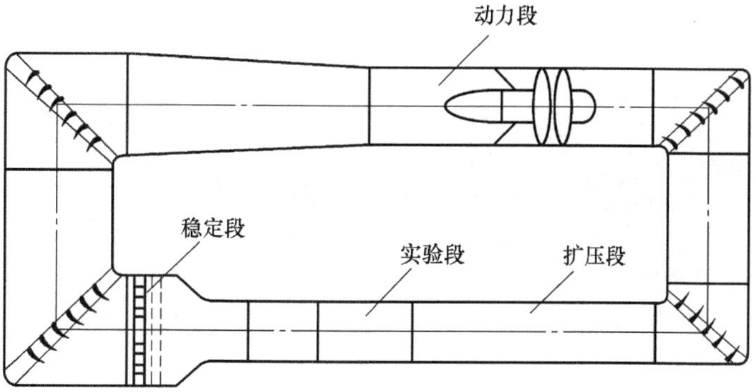


图 10-1　闭口回流式低速风洞

多在低速风洞中使用。使用这类驱动系统的风洞称为连续式风洞。另一类是用小功率的压气机事先将空气增压贮存在储气罐中，或者用真空泵把与风洞出口管道相连的真空罐抽真空，实验时快速开启阀门，使高压空气直接或通过引射器进入洞体或由真空罐将空气吸入洞体，因而有吹气、引射、吸气以及它们相互组合的各种形式。使用这种驱动系统的风洞称为暂冲式风洞。

测量控制系统的作用是按预定的实验程序，控制各种阀门、活动部件、模型状态和仪器仪表，并且通过天平、压力和温度等传感器，测量气流参量、模型状态和有关的物理量。随着电子技术和计算机技术的发展，风洞测控系统已发展到采用电子液压的控制系统、实时采集和处理的数据系统。

风洞种类繁多，有不同的分类方法。按实验段气流速度大小区分，可以分为低速、高速和高超声速风洞。

低速风洞是实验段气流速度在 130m/s 以下（$Ma \leqslant 0.4$）的风洞。高速风洞是实验段内气流马赫数为 0.4~4.5 的风洞。按马赫数范围划分，高速风洞可分为亚声速风洞、跨声速风洞和超声速风洞。

亚声速风洞的马赫数为 0.4~0.7。结构形式和工作原理同低速风洞相仿，只是运转所需的功率比低速风洞大一些。

跨声速风洞的马赫数为 0.5~1.3。当风洞中气流在实验段内最小截面处达到声速之后，即使再增大驱动功率或压力，实验段气流的速度也不再增加，这种现象称为壅塞。为避免壅塞，实验段采用开孔或顺气流方向开缝的透气壁，使实验段内的部分气流通过孔或缝流出，可以消除风洞的壅塞，产生低超声速流动。

超声速风洞的气流马赫数为 1.5~4.5。风洞中气流在进入实验段前经过一个拉瓦尔管而达到超声速。只要喷管前后压力比足够大，实验段内气流的速度只取决于实验段截面积对喷管喉道截面积之比。

高超声速风洞是马赫数大于 5 的超声速风洞，主要用于导弹、人造卫星、航天飞机的模型实验。

风洞实验室如图 10-2 所示。实验装置外形如图 10-3 所示。

图 10-2 风洞实验室

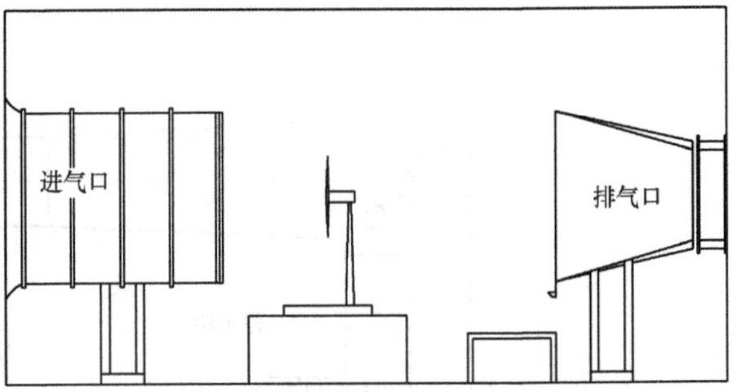


图 10-3 实验装置外形

## 10.2 相似理论

在风力机设计与研制中，相似理论的应用是非常重要的。作用于风轮上的空气动力十分复杂，如叶片相互间的干扰、叶尖与轮毂处气流的旋涡等，为了更确切的了解这些因素的影响，有必要在风洞里对实体模型进行实验。又如，为了准确预测所研制的大型风力机的特性，有必要在实验室里，以相似的小尺寸模型机进行性能实验。

相似理论主要应用于风力机的相似设计及性能的换算。所谓相似设计，即根据试验研究出来的性能良好、运行可靠的模型，设计与模型相似的新风力机。性能相似换算是用于试验条件不同于设计的现场条件时，将试验条件下的性能利用相似原理换算到设计条件下的性能。以下用风力机的模型试验加以说明。

风力机相似是指风轮与气体能量传递过程以及气体在风力机内流动过程相似，它们在任一对应点的同名物理量之比保持常数。下面要讨论的是风力机的相似条件及相似结果。

### 10.2.1 相似条件

表征流动过程的物理量有 3 类：流场几何形状、流体微团运动状态和流体微团动力性质。因此，要使两个流动现象相似，必须满足几何相似、运动相似和动力相似条件。

**1. 几何相似**

几何相似是指模型与原型的几何形状相同，对应的线性长度比为一定值。即

$$\frac{l}{l_m}=m_1 \tag{10-1}$$

式中 $l$——原型的长度；

$l_m$——模型的长度；

$m_1$——长度比例尺。

式（10-1）以及后文中，有下角标 m 的代表模型机，无下角标 m 的代表原型机。

对于风力机，应有

$$\frac{D}{D_m}=\frac{D_h}{D_{hm}}=\frac{r}{r_m}=\frac{c}{c_m}=\frac{\delta}{\delta_m}=m_1 \tag{10-2}$$

式中 $D_h$——风轮轮毂直径；

$D$——风轮直径；

$r$——叶素到风轮中轴的距离；

$c$——叶素几何弦长；

$\delta$——翼型厚度。

相应的面积和体积之间的比例常数分别称为面积比例尺 $m_A$ 和体积比例尺 $m_V$，分别有

$$m_A=\frac{A}{A_m}=\frac{l^2}{l_m^2}=m_l^2 \tag{10-3}$$

式中 $A$、$A_m$——分别为原型和模型的面积。

$$m_V=\frac{V}{V_m}=\frac{l^3}{l_m^3}=m_l^3 \tag{10-4}$$

式中 $V$、$V_m$——分别为原型和模型的体积。

只有满足式（10-2）~式(10-4)，原型与模型风力机才是几何相似的。

严格来说，还应保证叶片表面的相对粗糙度相似。相对粗糙度会影响流动损失的大小，但是由于加工条件的限制，在尺寸小的情况下粗糙度成比例缩小是难以保证的，即

$$m_1=\frac{D}{D_m}\neq\frac{\Delta}{\Delta_m}$$

式中 $\Delta$——表面粗糙度。

然而，对风力机来讲，表面粗糙度的相似与否影响不大，故一般不予考虑。

**2. 运动相似**

空气流经几何相似的模型与原型机时，其对应点的速度方向相同、比例保持常数，称为运动相似。这就包括了时间、速度和加速度之间的相似。当然，几何相似是运动相似的前提条件。

首先定义时间比例尺 $m_t$为原型的时间 $t$ 与模型的时间 $t_m$之比，即

$$m_t=\frac{t}{t_m} \tag{10-5}$$

对应点的速度比例尺 $m_v$为

$$m_v=\frac{v}{v_m}=\frac{l/t}{l_m/t_m}=\frac{m_l}{m_t} \tag{10-6}$$

式中 $v$——原型的速度；

$v_m$——模型的速度。

长度比例系数、速度比例系数和时间比例系数不都是独立的，三者之间的关系为

$$m_t=\frac{t}{t_m}=\frac{l/v}{l_m/v_m}=\frac{m_l}{m_v} \tag{10-7}$$

对于风力机，应有

$$\frac{v_\infty}{v_{\infty m}}=\frac{v_d}{v_{dm}}=\frac{v_w}{v_{wm}}=\frac{w_0}{w_{0m}}=\frac{w}{w_m}=\frac{u_0}{u_{0m}}=\frac{u}{u_m}=m_v \tag{10-8}$$

式中 $v_\infty$，$v_{\infty m}$——原型机、模型前方的风速；

$v_d$，$v_{dm}$——通过风轮时的气流速度；

$v_w$，$v_{wm}$——风轮后方的气流速度；

$w_0$，$w_{0m}$——叶片尖部气流的相对速度；

$w$，$w_m$——原型机、模型对应叶素上气流的相对速度；

$u_0$，$u_{0m}$——叶尖气流的切向速度；

$u$，$u_m$——原型机、模型对应叶素上气流的切向速度。

模型和原型机空间对应点气流速度相似，则对应叶素上对应点的速度三角形相似，对应的气流倾角相等，对应叶素桨距角相等

$$\varphi=\varphi_m \qquad \beta=\beta_m \tag{10-9}$$

攻角 $\alpha$ 是它们的差（$\alpha=\varphi-\beta$），当然也相等，所以对应的 $C_l$和 $C_d$也具有相同的值。式（10-8）也表明了原型机和模型的叶尖速比 $\lambda$ 必须相等。

相应的加速度之间的比例常数称为加速度比例尺 $m_a$，且有

$$m_a=\frac{a}{a_m}=\frac{v/t}{v_m/t_m}=\frac{m_l}{m_t^2} \tag{10-10}$$

式中　$a$、$a_m$——分别为原型和模型流体质点的加速度。

类似的还可以定义体积流量比例尺 $q_V$为

$$q_V=\frac{q_V}{q_{Vm}}=\frac{l^3/t}{l_m^3/t_m}=\frac{m_l^3}{m_t} \tag{10-11}$$

等。

**3. 动力相似**

在几何相似的前提下，为了保证运动的相似，必须在对应时刻的相应点上，原型与模型所受到的作用力方向一致且大小成比例。这里所讲的作用于气体的力除了因压力分布形成的推力和切向力之外，还应包括重力、黏性力和惯性力等。

按照牛顿第二定律，原型与模型之间力的比值$m_F$可表示为

$$m_F=\frac{F}{F_m}=\frac{ma}{m_m a_m}=\frac{\rho Va}{\rho_m V_m a_m}=\frac{\rho\, l^3 l/t^2}{\rho_m l_m^3 l_m/t_m^2}=m_\rho m_l^2 m_v^2 \tag{10-12}$$

式中，$F$、$m$、$V$和$\rho$分别代表力、质量、体积和密度；$m_\rho$称为流体的密度比例尺。

对于风力机，参照叶素上推力 $dF_n$、切向力 $dF_t$的表达式

$$dF_n=\frac{1}{2}\rho\, v_d^2(1+\cot^2\varphi)(C_l\cos\varphi+C_d\sin\varphi)dA \tag{10-13}$$

$$dF_t=\frac{1}{2}\rho\, v_d^2(1+\cot^2\varphi)(C_l\sin\varphi-C_d\cos\varphi)dA \tag{10-14}$$

式（10-13）、式（10-14）中，$dA=cdr$（几何弦长×叶素长度）。

于是得

$$\frac{dF_n}{dF_{nm}}=\frac{\frac{1}{2}\rho\, v_d^2(1+\cot^2\varphi)(C_l\cos\varphi+C_d\sin\varphi)dA}{\frac{1}{2}\rho_m v_{dm}^2(1+\cot^2\varphi_m)(C_{lm}\cos\varphi_m+C_{dm}\sin\varphi_m)dA_m}=\frac{\rho\, v_d^2 dA}{\rho_m v_{dm}^2 dA_m}=m_\rho m_l^2 m_v^2 \tag{10-15}$$

$$\frac{dF_t}{dF_{tm}}=\frac{\frac{1}{2}\rho\, v_d^2(1+\cot^2\varphi)(C_l\sin\varphi-C_d\cos\varphi)dA}{\frac{1}{2}\rho_m v_{dm}^2(1+\cot^2\varphi_m)(C_{lm}\sin\varphi_m-C_{dm}\cos\varphi_m)dA_m}=\frac{\rho v_d^2 dA}{\rho_m v_{dm}^2 dA_m}=m_\rho m_l^2 m_v^2 \tag{10-16}$$

上述三种相似是相互关联的，几何相似是流体动力学相似的前提；动力相似是主导因素；运动相似则是几何相似和动力相似的表象。在几何相似的条件下，满足运动相似和动力相似，此流动必定相似。

## 10.2.2　动力相似准则

对于式（10-12），也可写成

$$\frac{F}{F_m}=\frac{\rho l^2 v^2}{\rho_{\mathrm{m}} l_{\mathrm{m}}^2 v_{\mathrm{m}}^2} \tag{10-17}$$

即有

$$\frac{F}{\rho l^2 v^2}=\frac{F_m}{\rho_{\mathrm{m}} l_{\mathrm{m}}^2 v_{\mathrm{m}}^2} \tag{10-18}$$

定义牛顿数 $Ne$ 为

$$Ne=\frac{F}{\rho l^2 v^2} \tag{10-19}$$

$Ne$ 数是作用力与惯性力的比值，若模型与原型满足动力相似，则由式（10-18），牛顿数必定相等，即 $Ne=Ne_{\mathrm{m}}$；反之亦然，这就是牛顿相似准则。如果只考虑作用在流体上的某种单项力（如黏滞力、重力、压力、弹性力等），则牛顿相似准则便成为单项力相似准则。

**1. 黏性力相似准则**（雷诺准则）

在式（10-19）中，取 $F$ 为黏性力，由牛顿内摩擦定律有

$$F=\mu\frac{\mathrm{d}v}{\mathrm{d}y}A$$

式中　$\mu$——流体的动力黏度；

$A$——内摩擦作用的面积；

$\mathrm{d}y$——摩擦层的厚度；

$\frac{\mathrm{d}v}{\mathrm{d}y}$——速度梯度。

要求原型与模型之间满足黏性力相似，则有

$$Ne=\frac{F}{\rho l^2 v^2}=\frac{\mu\frac{\mathrm{d}v}{\mathrm{d}y}A}{\rho l^2 v^2}=\frac{\rho\nu\frac{v}{l}l^2}{\rho l^2 v^2}=\frac{\nu}{vl} \tag{10-20}$$

式中　$\nu$——为流体的运动黏度。

黏性力相似要求原型与模型之间满足

$$\frac{\nu}{vl}=\frac{\nu_{\mathrm{m}}}{v_{\mathrm{m}} l_{\mathrm{m}}} \tag{10-21}$$

令

$$Re=\frac{lv}{\nu} \tag{10-22}$$

则要求原型与模型之间满足 $Re$ 相等，这就是黏性力相似准则，又称雷诺准则。$Re$ 称为雷诺（ Reynolds）数，其物理意义为惯性力与黏性力的比值。

**2. 压力相似准则**（欧拉准则）

在式（10-19）中，取 $F$ 为压力，$F=pA$，即要求原型与模型之间满足压力相似，则有

$$Ne=\frac{F}{\rho l^2 v^2}=\frac{\rho A}{\rho l^2 v^2}=\frac{pl^2}{\rho l^2 v^2}=\frac{p}{\rho v^2} \tag{10-23}$$

式中　$p$——压强。

压力相似要求原型与模型之间满足

$$\frac{p}{\rho v^2}=\frac{p_m}{\rho_m v_m^2} \tag{10-24}$$

令

$$Eu=\frac{p}{\rho v^2} \tag{10-25}$$

则要求原型与模型之间满足 $Eu$ 相等，这就是压力相似准则，又称欧拉准则。$Eu$ 称为欧拉（Euler）数，其物理意义为总压力与惯性力的比值。

**3. 重力相似准则**（弗劳德准则）

在式（10-19）中，取 $F$ 为重力，$F=mg$，要求原型与模型之间满足重力相似，则有

$$Ne=\frac{F}{\rho l^2 v^2}=\frac{\rho Vg}{\rho l^2 v^2}=\frac{\rho l^3 g}{\rho l^2 v^2}=\frac{gl}{v^2} \tag{10-26}$$

式中　$g$——重力加速度；

$v$——流速；

$l$——特征长度。

定义弗劳德（Froude）数 $Fr$ 为

$$Fr=\frac{v^2}{gl} \tag{10-27}$$

若原型与模型满足重力相似，则必须满足

$$\frac{v^2}{gl}=\frac{v_m^2}{g_m l_m} \tag{10-28}$$

这就是重力相似准则，又称弗劳德准则。弗劳德数的物理意义为惯性力与重力的比值。

**4. 弹性力相似准则**（柯西准则）

在式（10-19）中，取 $F$ 为弹性力

$$F=KA\frac{\Delta V}{V} \tag{10-29}$$

式中　$K$——体积弹性模量；

$\Delta V/V$——体积相对变化率。

要求原型与模型之间满足弹性力相似，则有

$$Ne=\frac{F}{\rho l^2 v^2}=\frac{KA\frac{\Delta V}{V}}{\rho l^2 v^2}=\frac{Kl^2}{\rho l^2 v^2}=\frac{K}{\rho v^2} \tag{10-30}$$

定义柯西（Cauchy）数 $Ca$ 为

$$Ca=\frac{\rho v^2}{K} \tag{10-31}$$

若原型与模型弹性力相似，则必须满足 $Ca=Ca_m$，即

$$\frac{\rho v^2}{K}=\frac{\rho_m v_m^2}{K_m} \tag{10-32}$$

这就是弹性力相似准则，又称柯西准则。柯西数的物理意义为惯性力与弹性力的比值。

若流场中的流体为气体，由音速公式（$v_c^2=\mathrm{d}p/\mathrm{d}\rho$）和式（1-10），有

$$v_c^2=\frac{\mathrm{d}p}{\mathrm{d}\rho}=\frac{1}{\rho\dfrac{\mathrm{d}\rho}{\rho\mathrm{d}p}}=\frac{1}{\rho\beta_p}=\frac{K}{\rho} \tag{10-33}$$

式中 $v_c$——声速，由式（10-31），有

$$Ca=\frac{\rho v^2}{K}=\frac{\rho v^2}{\rho v_c^2}=\frac{v^2}{v_c^2} \tag{10-34}$$

要求原型与模型之间满足

$$\frac{v}{v_c}=\frac{v_m}{v_{cm}} \tag{10-35}$$

令

$$Ma=\frac{v}{v_c} \tag{10-36}$$

*Ma* 称为马赫（Mach）数，其物理意义是惯性力与弹性力的比值，称为弹性力相似准则，又称马赫准则。马赫数 *Ma* 不仅是判断气流压缩性影响程度的一个指标，也是判断可压缩流体在弹性力作用下的动力相似的一个准则。

**5. 非定常性相似准则**（斯特劳哈尔准则）

对于非定常流动，在式（10-19）中，取 $F$ 为由当地加速度引起的惯性力，$F=m\dfrac{\partial v}{\partial t}$，则有

$$Ne=\frac{F}{\rho l^2 v^2}=\frac{\rho V\dfrac{\partial v}{\partial t}}{\rho l^2 v^2}=\frac{\rho l^3\dfrac{v}{t}}{\rho l^2 v^2}=\frac{l}{vt} \tag{10-37}$$

令

$$Sr=\frac{l}{vt} \tag{10-38}$$

*Sr* 称为斯特劳哈尔（Strouhal）数，其物理意义为当地惯性力与迁移惯性力的比值。两种非定常流动相似，它们的斯特劳哈尔数必定相等，这就是非定常相似准则，又称斯特劳哈尔准则。

本节导出的牛顿数、雷诺数、欧拉数、弗劳德数、柯西数、马赫数、斯特劳哈尔数统称为流体动力学相似准则数。作用在流体上还有一些其他力，并存在与其相应的相似准则，由于在风力机动力学实验中少见，故不拟赘述。

### 10.2.3 相似结果

前面已经说明，由于两个风力机相似，对应叶素上的 $\varphi$、$\alpha$、$\beta$、$C_l$ 和 $C_d$ 的值均相等。对于模型和原型机上的对应叶素，下列关系式成立

$$\mathrm{d}F=\mathrm{d}F_m\times\frac{\rho v_d^2\mathrm{d}A}{\rho_m v_{dm}^2\mathrm{d}A_m}=\mathrm{d}F_m\times\frac{\rho v_d^2 D^2}{\rho_m v_{dm}^2 D_m^2} \tag{10-39}$$

$$dT = dT_m \times \frac{\rho v_d^2 r dA}{\rho_m v_{dm}^2 r_m dA_m} = dT_m \times \frac{\rho v_d^2 D^3}{\rho_m v_{dm}^2 D_m^3} \tag{10-40}$$

$$dP = dP_m \times \frac{\rho v_d^3 dA}{\rho_m v_{dm}^3 dA_m} = dP_m \times \frac{\rho v_d^3 D^2}{\rho_m v_{dm}^3 D_m^2} \tag{10-41}$$

由于风轮总的推力、力矩和功率可以分别由所有叶片（共 $N$ 个）各个叶素的推力、力矩和功率的总和得到，所以

$$F = N\sum dF = \frac{\rho v_d^2 D^2}{\rho_m v_{dm}^2 D_m^2} \times N\sum d F_m = \frac{\rho v_d^2 D^2}{\rho_m v_{dm}^2 D_m^2} \times F_m \tag{10-42}$$

式（10-42）可改写为

$$\frac{F}{\rho v_d^2 D^2} = \frac{F_m}{\rho_m v_{dm}^2 D_m^2} \tag{10-43}$$

同理

$$\frac{T}{\rho v_d^2 D^3} = \frac{T_m}{\rho_m v_{dm}^2 D_m^3} \tag{10-44}$$

$$\frac{P}{\rho v_d^3 D^2} = \frac{P_m}{\rho_m v_{dm}^3 D_m^2} \tag{10-45}$$

由于风轮的效率 $\eta = \dfrac{T\Omega}{Fv_d}$，所以

$$\frac{\eta}{\eta_m} = \frac{T\Omega F_m v_{dm}}{T_m \Omega_m F v_d} = \frac{D\Omega v_{dm}}{D_m \Omega_m v_d} = \frac{u_0/v_\infty}{u_{0m}/v_{\infty m}} = \frac{\lambda}{\lambda_m} \tag{10-46}$$

这表明，对于具有相同叶尖速比的相似模型和原型机，它们的效率也相等。这个结果有很大的用处，利用它能够从实验室风洞中试验的相似小风力机的性能推断出大型机的效率。式（10-46）中的叶尖速比 $\lambda = u_0/v_\infty$ 是指风轮的外缘切向速度与风轮前气流速度之比。以下的另外一些结论也以风轮前方的速度 $v_\infty$ 表述，因为该处风速是未受干扰的。

两个风力机相似时，它们具有相同的下述无因次参数

$$C_F = \frac{F}{\frac{1}{2}\rho A v_\infty^2} \tag{10-47}$$

$$C_T = \frac{T}{\frac{1}{2}\rho A R v_\infty^2} \tag{10-48}$$

$$C_P = \frac{P}{\frac{1}{2}\rho A v_\infty^3} \tag{10-49}$$

式中 $C_F$、$C_T$、$C_P$——分别为风轮推力系数、转矩系数和风能利用系数；

$v_\infty$——风力机前方 5~6 倍风轮直径处的风速；

$A$——风轮扫掠面积；

$R$——风轮半径。

这样，就可以在实验室里得到模型的 $C_F = f(\lambda)$、$C_T = f(\lambda)$、$C_P = f(\lambda)$ 的一组特性曲

线，模型的特性曲线对于与其相似的原型机或其他相似风轮都适用的。此后就可以利用这些无量纲系数及其 $f(\lambda)$ 曲线给出风轮特性的实验结果。给出不同叶片升阻比 $E$、不同叶片数 $N$ 条件下风力机风能利用系数 $C_P$ 与叶尖速比 $\lambda$ 的关系，如图 5-16 所示。

对于已知其特性曲线的风力机，即对应于每个叶尖速比 $\lambda$ 的 $C_F$、$C_T$、$C_P$ 值已知，则该风力机在不同的风速 $v_\infty$、不同的工作转速 $n$（对应于 $u_0$）下的 $F$、$T$ 和 $P$ 的值就可求出

$$F=\frac{1}{2}\rho C_F A v_\infty^2 \tag{10-50}$$

$$T=\frac{1}{2}\rho C_T A R v_\infty^2 \tag{10-51}$$

$$P=\frac{1}{2}\rho C_P A v_\infty^3 \tag{10-52}$$

$$n=\frac{30\lambda v_\infty}{\pi R} \tag{10-53}$$

这样就可以绘出风力机的推力、转矩和功率相对于风速 $v_\infty$、工作转速 $n$ 的关系曲线。这些性能曲线可用于分析风力机与其负载的特性匹配与否，即在研究用风轮驱动发电机等负载时，将起到非常重要的作用。

### 10.2.4 模型机试验中的问题

相似模型和原型机的雷诺数定性尺寸用其直径，速度以风轮前风速代表时，由式（10-21）、式（10-22）可得

$$Re=\frac{v_\infty D}{\nu}=\frac{v_{\infty m} D_m}{\nu_m}=Re_m \tag{10-54}$$

分析发现，雷诺数相等的条件在大型风力机模型化为实验风洞中的相似模型时，一般来说是不容易实现的。事实上，风洞里的模型试验是在普通大气压力和环境下进行的，因此模型和原型机的运动黏度相同，即 $\nu=\nu_m$。式（10-54）可以写成

$$v_\infty D=v_{\infty m} D_m \tag{10-55}$$

和

$$u_0 D=u_{0m} D_m \tag{10-56}$$

因为 $u_0=\pi D n/60$，式（10-56）还可写成

$$nD^2=n_m D_m^2 \tag{10-57}$$

式（10-57）说明，模型必须在 $v_{\infty m}=v_\infty D/D_m$ 的风速下试验，因而 $v_{\infty m}$ 比 $v_\infty$ 高。式（10-57）指出模型机转速必须满足 $n_m=nD^2/D_m^2$，$n_m$ 也比 $n$ 高。

现在举例说明这个论断的后果。

**例题 10-1**：假设用 1∶20 的比例制作了一个模型机。原型机的主要参数为风轮直径 $D=20\text{m}$，叶尖速比 $\lambda=6$，在 8.7m/s 的来流风速下转速为 50r/min，求模型机的转速。

**解**：为了符合相似情形下雷诺数相等的条件，应有 $v_{\infty m}=v_\infty D/D_m$，模型机就必须在风速 $v_{\infty m}=174\text{m/s}$ 的条件下做模型机的试验。并且模型机的转速应达到

$$n_m=20^2\times n=400\times 50=20000\text{r/min}$$

在这样高的风速和转速下，空气的可压缩性就不能被忽略，从而失去与原型机的动力相似性，因为对于真实尺寸的原型机空气的压缩性是可以被忽略的。

实际上，实验室风洞里试验的模型机风速被控制在比原型机真正的运行风速稍高一点的范围内，以达到模型机上空气的压缩性也可以被忽略的标准。于是模型的雷诺数 $Re_m$ 将比原型机上的 $Re$ 要低。

总之，小型风力机模型缩尺比小，有的可以用实物进行试验，因此运动相似和动力相似基本可以满足。但是，大中型风力机模型缩尺比大，如果要做到运动相似和动力相似，那么风轮的转速和风洞的风速都要很高，这时不但要考虑空气压缩性的影响，而且给模型设计也带来许多困难。因此，在风洞试验中，只能做到近似地模拟，主要保证几何相似和运动相似。

## 10.3 量纲分析方法

实验研究的目的是将模型流动的实验结果推广应用到与之相似的所有流动中，但是实验得到的结果往往只是离散的数据。量纲分析法则是对流动过程的物理量进行定性分析，从而总结出定性的流动规律。

### 10.3.1 基本量纲与导出量纲

物理量的单位叫量纲，物理量的单位分基本单位和导出单位，物理量的量纲也相应地分为基本量纲和导出量纲。基本量纲是不能从别的量纲推导出来的，而导出量纲是可以从别的量纲推导出来的。但哪些量纲作为基本量纲并没有一定的标准，只是一个习惯和方便的问题。流体力学中常取长度量纲 L、质量量纲 M 和时间量纲 T 为基本量纲；在与温度有关的流体力学问题中，还要增加温度的量纲 Θ 为基本量纲。由基本量纲组成的单位称为导出量纲，任一物理量 $N$ 的量纲表示为 $\dim N$ 或者 $[N]$。

力学中的基本量纲一般定为 3 个，关于 3 个基本量纲的选取有一定的要求，即要求基本量纲必须具有独立性，其中任何一个都不能从其余的基本量纲导出。例如长度、时间和速度 3 个显然是不可行的，因为速度可以由长度和时间导出，不是独立的。有了基本量纲后，其他物理量的量纲可以从该物理量的定义推导出来。例如选定长度量纲 L、质量量纲 M 和时间量纲 T 为基本量纲，则动力黏度 $\mu$ 的量纲应为

$$\dim\mu=\dim\left[\frac{\tau}{\frac{dv}{dy}}\right]=\frac{\frac{F}{L^2}}{\frac{L}{TL}}=\frac{FT}{L^2}=\frac{MLT^{-2}T}{L^2}=\frac{M}{LT}=M\,L^{-1}T^{-1} \tag{10-58}$$

流体力学中常遇到的导出量纲有

密度：$\dim\rho=ML^{-3}$；　　力：$\dim F=ML^{-1}T^{-2}$；

压强：$\dim p=ML^{-1}T^{-2}$；　　体积模量：$\dim K=M\,L^{-1}T^{-2}$；

速度：$\dim v=LT^{-1}$；　　角速度：$\dim\Omega=T^{-1}$；

加速度：$\dim a=LT^{-2}$；　　温度：$\dim t=\Theta$；

动力黏度：$\dim\mu=ML^{-1}T^{-1}$；　　运动黏度：$\dim\nu=L^{-2}T^{-1}$；

气体常数：$\dim R=L^2T^{-2}\Theta^{-1}$。

可见，所有的量纲都是以基本量纲单项的幂乘积的形式出现的。

在实际问题中，基本量的选取是比较灵活的，可任选能分别代表长度量纲 L、质量量纲

M 和时间量纲 T 为基本量纲。比如选定长度后，可选速度代表时间，可选密度代表质量等。

### 10.3.2　量纲的一致性原理

任何物理方程中各项的量纲必定相同，这就是量纲的一致性原理。只有同种物理量才能相加减，长度和重量相加减没有意义。实际上早已为大家所熟悉和运用，该原理说明了一个正确、完整的物理方程中，各物理量量纲之间的关系是确定的。因此按照物理量量纲之间的确定性规律，可以建立表征物理过程的各有关物理量的关系式。量纲分析法是根据物理方程量纲一致性原理分析物理量间关系的方法。亦即根据模型实验数据建立经验或半经验公式，从而可以正确地概括出现象规律的方法。

常用的量纲分析法有瑞利法和 π 定理两种。

### 10.3.3　瑞利法

流体力学中常见的物理量除上述有量纲量外，还有一些是无量纲量。当 $\dim B = M^0L^0T^0 = 1$，那么该物理量称为无量纲（也称量纲为 1）量，如雷诺数、马赫数等都是无量纲的准则数。无量纲方程在很多情况下更具有普遍性，能更方便地解决实际问题，本节介绍的就是如何采用量纲分析法得到物理过程的无量纲方程。

假设已经知道一种物理量（被定量）$N$ 是受另一些物理量（主定量）$n_1$，$n_2$，$n_3$，…，$n_k$的影响决定的，要通过实验确定它们之间的函数关系。可是主定量较多，做单项实验比较困难，瑞利法是先假设被定量 $N$ 可以表示成主定量$n_1$，$n_2$，$n_3$，…，$n_k$的某种指数乘积的形式，即

$$N = k\, n_1^{\alpha_1} n_2^{\alpha_2} n_3^{\alpha_3} \cdots n_k^{\alpha_k} \tag{10-59}$$

然后根据量纲的一致性原理，确定出式（10-59）的待定指数$\alpha_1$，$\alpha_2$，$\alpha_3$，…，$\alpha_k$，只剩一个无量纲的待定系数 $k$，就比较容易由实验确定了。

**例题 10-2**：已知管中流体运动，层流与湍流分界的临界流速 $v_e$与流体的动力黏度 $\mu$、密度 $\rho$ 及管径 $d$ 有关，试确定表示 $v_e$的关系式。

**解**：将 $v_e$ 写成 $\rho$、$\mu$ 与 $d$ 的不定函数关系

$$v_e = f(\rho, \mu, d)$$

将此函数写为幂指数方程

$$v_e = k\, \rho^{\alpha_1} \mu^{\alpha_2} d^{\alpha_3}$$

上式两端的量纲关系为

$$(LT^{-1}) = (M\,L^{-3})^{\alpha_1} (ML^{-1}T^{-1})^{\alpha_2} L^{\alpha_3}$$

根据物理方程量纲一致性原理可得

$$M: 0 = \alpha_1 + \alpha_2$$

$$L: 1 = -3\alpha_1 - \alpha_2 + \alpha_3$$

$$T: -1 = -\alpha_2$$

解上述方程组得

$$\alpha_1 = -1,\ \alpha_2 = 1,\ \alpha_3 = -1$$

因此

$$v_e = k\frac{\mu}{\rho d}$$

将比例常数 $k$ 用 $Re_{cr}$ 表示，就得到临界雷诺数

$$Re_{cr} = \frac{\rho v_e d}{\mu} \tag{10-60}$$

实验测得 $\rho$、$\mu$、$d$ 及临界流速 $v_e$，根据式（10-60）即可求得临界雷诺数 $Re_{cr}$ 的具体数值。

### 10.3.4 π 定理

设在某一函数 $N=f(n_1, n_2, n_3\cdots n_k)$ 中包含有 $n_1$，$n_2$，$n_3\cdots n_k$ 及 $N$ 共 $k+1$ 个物理量，这些量的函数关系反映了某具体流动现象的规律。不论这些量采用什么样的度量量纲，这些量的函数关系都不会发生变化。采用不同的度量量纲仅仅使得 $N$ 及 $n_1$，$n_2$，$n_3$，…，$n_k$ 各量的数值起变化。因此，可以任选某些量纲独立的量所据有的量纲为基本量纲，其他量的度量量纲都可由这些基本量的度量量纲导出。实际上，对于力学度量制度一般仅需要 3 个基本量，例如，可以采用流速 $v$，密度 $\rho$ 和任何特性长度 $l$ 为基本量 $n_1$，$n_2$，$n_3$。当取定 $n_1$，$n_2$，$n_3$ 为基本量后，函数 $N$ 中剩下的各量的量纲即可用这 3 个基本量的量纲的组合来表示，即

$$\left.\begin{aligned} [N] &= [n_1]^{x_0}[n_2]^{y_0}[n_3]^{z_0} \\ [n_4] &= [n_1]^{x_4}[n_2]^{y_4}[n_3]^{z_4} \\ &\cdots\cdots \\ [N_k] &= [n_1]^{x_k}[n_2]^{y_k}[n_3]^{z_k} \end{aligned}\right\} \tag{10-61}$$

或者可认为函数中 $N$ 及 $n_4$，$n_5\cdots n_k$ 各量是某一无量纲数和这 3 个基本量的某一乘积，即

$$\left.\begin{aligned} N &= \pi_0\, n_1^{x_0} n_2^{y_0} n_3^{z_0} \\ n_4 &= \pi_4 n_1^{x_4} n_2^{y_4} n_3^{z_4} \\ &\cdots\cdots \\ n_k &= \pi_k n_1^{x_k} n_2^{y_k} n_3^{z_k} \end{aligned}\right\} \tag{10-62}$$

式中，$\pi_0$，$\pi_4$，…，$\pi_k$ 都是无量纲数。这些数是用 $n_1$，$n_2$，$n_3$ 所组成的相对量纲度量 $N$，$n_4$，$n_5\cdots n_k$ 所得的值。前已说明，不论用什么量纲度量，现象的函数关系将仍然不变。因此有

$$\frac{N}{n_1^{x_0}\ n_2^{y_0}\ n_3^{z_0}} = f\left(\frac{n_1}{n_1^{x_1}\ n_2^{y_1}\ n_3^{z_1}}, \frac{n_2}{n_1^{x_2}\ n_2^{y_2}\ n_3^{z_2}}, \cdots, \frac{n_k}{n_1^{x_k}\ n_2^{y_k}\ n_3^{z_k}}\right) \tag{10-63}$$

相应的有

$$\pi_0 = f(1,1,1,\pi_4,\pi_5\cdots\pi_k) \tag{10-64}$$

式（10-64）称为 π 定理，它将 $k+1$ 个量纲量间的函数关系转化为（$k+1-3$）个无量纲量间的关系，并且表明，应以 $\pi_0$，$\pi_4\cdots\pi_k$ 诸量构成函数中的变元，并按这些量概括实验数据。$\pi_0 = \frac{N}{n_1^{x_0}\ n_2^{y_0}\ n_3^{z_0}}$ 等式中的 $x_0$，$y_0$，$z_0$ 值和 $\pi_i = \frac{n_i}{n_1^{x_i}\ n_2^{y_i}\ n_3^{z_i}}$ 等式中的 $x_i$，$y_i$，$z_i$ 值可根据分子和分母的量纲应当相等的原则求得。

可以证明，如函数关系含有与黏性力有关的 $\mu$、重力 $g$、压力 $p$ 等，则和它们对应的量

$\pi_i$ 就是雷诺数 $Re$，弗劳德数 $Fr$ 和欧拉数 $Eu$ 或它们的倒数，无量纲量 $\pi_i$ 相等就表示两相似液流中对应物理量的相对值相等，所以这些无量纲量都可以看成是相似判据。于是通过量纲分析方法就能在流动现象的数学物理方程尚未建立之前求得此流动的决定性相似判据。

下面举例说明量纲分析方法的应用。

**例题 10-3**：已知风力机叶素在空气中运动时所受阻力 $\Delta D$ 与弦长 $c$、长度 $\Delta r$、攻角 $\alpha$ 以及相对风速 $w$、空气密度 $\rho$、动力黏度 $\mu$ 和体积模量 $K$ 有关。试用 $\pi$ 定理导出空气阻力的表达式。

**解**：1）首先写出与空气阻力有关物理量的方程式

$$\Delta D = f(\mu, K, \Delta r, \alpha, c, w, \rho) \tag{10-65}$$

2）物理量的数目有 8 个，选出 3 个基本量

几何量，代表长度 $l$，选择弦长 $c$，$\dim c = \mathrm{L}$；

运动量，代表时间 $t$，选择相对风速 $w$，$\dim w = \mathrm{LT^{-1}}$；

动力量，代表质量 $m$，选择空气密度 $\rho$，$\dim \rho = \mathrm{ML^{-3}}$。

这 3 个基本量的组合为 $c^x w^y \rho^z$，量纲为

$$\dim c^x w^y \rho^z = \mathrm{L}^x(\mathrm{LT^{-1}})^y(\mathrm{ML^{-3}})^z = \mathrm{L}^{x+y-3z}\mathrm{T}^{-y}\mathrm{M}^z \tag{10-66}$$

3）将方程中其余的量进行无量纲化。

$\dim(\Delta D) = \mathrm{MLT^{-2}}$，与式（10-66）相比，有

$$\begin{cases} x+y-3z=1 \\ -y=-2 \\ z=1 \end{cases}$$

解得

$$\begin{cases} x=2 \\ y=2 \\ z=1 \end{cases}$$

$$\pi_0 = \frac{\Delta D}{c^2 w^2 \rho}$$

$\dim\mu = \mathrm{ML^{-1}T^{-1}}$，与式（10-66）相比，得到

$$\begin{cases} x+y-3z=-1 \\ -y=-1 \\ z=1 \end{cases}$$

解得

$$\begin{cases} x=1 \\ y=1 \\ z=1 \end{cases}$$

$$\pi_4 = \frac{\mu}{cw\rho}$$

$\dim K = \mathrm{ML^{-1}T^{-2}}$，与式（10-66）相比，得到

$$\begin{cases} x+y-3z=-1 \\ -y=-2 \\ z=1 \end{cases}$$

解得

$$\begin{cases}x=0\\y=2\\z=1\end{cases}$$

$$\pi_5=\frac{K}{W^2\rho}$$

$\dim(\Delta r)=\mathrm{L}$，与式（10-66）相比，得到

$$\pi_6=\frac{\Delta r}{c}$$

攻角 $\alpha$ 是无量纲参数。

4）对于上面得到的 $\pi_0$、$\pi_4$、$\pi_5$、$\pi_6$，习惯上将$\pi_4=\dfrac{\mu}{cw\rho}$倒过来写成$\dfrac{cw\rho}{\mu}=Re$，为雷诺数；而$\pi_5=\dfrac{K}{w^2\rho}=\dfrac{v_c^2}{w^2}=\dfrac{1}{Ma^2}$，是 $Ma$ 的函数（$v_c$为声速）。

用 $\pi_0$、$\pi_4$、$\pi_5$、$\pi_6$这些无量纲数代替式（10-65）中相应的量，得到与式（10-65）等价的关系式为

$$\frac{\Delta D}{c^2w^2\rho}=F\left(Re,Ma,\frac{\Delta r}{c},\alpha\right) \tag{10-67}$$

实验证实，叶素所受空气的阻力与长度 $\Delta r$ 成正比，与弦长 $c$ 成反比，则式（10-67）可写成

$$\Delta D=\varphi(Re,Ma,\alpha)c^2w^2\rho\frac{\Delta r}{c}=C_dA\frac{w^2\rho}{2} \tag{10-68}$$

式中　　$A=c\Delta r$——叶素的特征面积，一般取迎风面积；

$C_d=f(Re,Ma,\alpha)$——阻力系数。

可见，式（10-68）与式（4-12）是一致的。

当 $Ma<0.3$ 时，可以不考虑压缩性的影响，此时$C_d=f(Re,\alpha)$；对于圆柱体的绕流问题（如叶片根部），不存在攻角 $\alpha$ 的影响，$C_d=f(Re)$。

应当注意到，量纲分析结果的正确与否决定于所择定的影响 $N$ 的诸量$n_1$，$n_2$，$n_3$，…，$n_k$是否正确和全面。而这即使是通过大量的实验和细心的观察也很难保证不出差错，所以分析的结果必须多次地以实践和实验予以验证。

## 10.4 风洞试验项目

风力机风洞试验项目主要有风力机风轮性能试验、风力机风轮载荷试验和风力机叶片流动显示试验等。

### 10.4.1 风力机风轮性能试验

风力机风轮性能试验的目的是测量风轮风能利用系数、风轮轴向力（推力）系数和风轮转矩系数随风轮叶尖速比的变化曲线。风轮每秒内从风中获取的能量为

$$P=\frac{1}{2}\rho\pi R^2 C_P v_\infty^3 \tag{10-69}$$

风轮输出的轴功率为

$$P=T\Omega \tag{10-70}$$

式中 $T$——风轮转矩。

由式（10-69）和式（10-70）可得风轮风能利用系数为

$$C_P=C_T\lambda \tag{10-71}$$

式中 $C_T$——风轮转矩系数；

$\lambda$——风轮叶尖速比。

风轮转矩系数可表示为

$$C_T=\frac{2T}{\rho\pi R^3 v_\infty^2} \tag{10-72}$$

叶尖速比可表示为

$$\lambda=\frac{\Omega R}{v_\infty}=\frac{\pi n D}{60 v_\infty} \tag{10-73}$$

式中 $n$——风轮转速，单位为 r/min；

$D$——风轮直径。

风轮轴向力（推力）系数可表示为

$$C_F=\frac{2F}{\rho\pi R^2 v_\infty^2} \tag{10-74}$$

式中 $F$——风轮轴向力（推力）。

因此，只要在不同风速和不同偏航角下测出风轮转矩 $T$、风轮轴向力（推力）$F$ 及风轮转速 $n$ 后，就能得到风力机风轮的功率特性、轴向力特性和转矩特性。风轮转矩 $T$ 和风轮轴向力（推力）$F$ 可以用测力传感器或应变天平进行测量，风轮转速 $n$ 可以用测速仪或测速传感器进行测量。

### 10.4.2 风力机风轮载荷试验

风力机风轮载荷试验的目的主要是测量叶片根部处挥舞方向和摆振方向的弯矩以及作用在风轮上的空气动力和力矩。叶片根部弯矩可以用一台位于叶片和轮毂之间的二分量应变天平进行测量，天平信号经安置在轮毂上的放大器放大后，再通过集电环引电器传输到数据采集系统；叶片根部弯矩随叶片方位角变化，因此还要用角度传感器同步测量叶片的方位角。风轮空气动力和力矩可以用一台位于风轮模型底座和塔架之间的六分量应变天平进行测量。

如图 10-4 所示给出了直径为 5.35m 的风轮在风洞试验中测量的一组载荷曲线。

如图 10-4 所示可知，风力机风轮载荷随方位角呈周期的变化。风力机风轮载荷试验时，由于风力机模型系统结构特性的原因，在一些试验状态下，当系统的固有频率与风力机风轮的旋转频率相接近时，会使系统出现谐振，因此在测量的结果中包含了空气动力载荷和结构动力载荷两部分。结构动力载荷是由风力机模型系统出现谐振时产生的载荷，如果系统是绝对刚性，就只有空气动力载荷，即所要测量的载荷。因此，在风洞试验前要对风力机模型系统（包括风轮、塔架以及天平等测量设备）的固有频率特性进行分析计算，并在全部试验

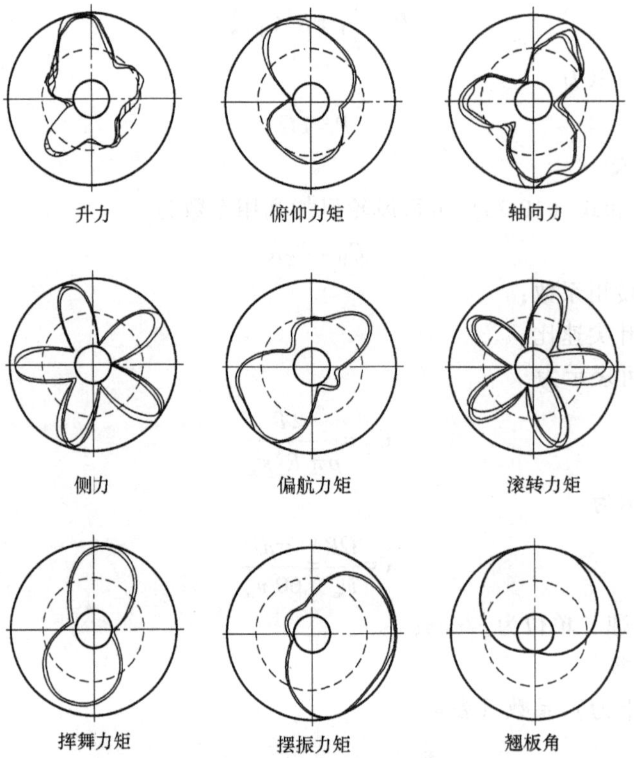


图 10-4　风力机在风洞中测试的载荷特性

转速范围内对风轮旋转时的风力机模型系统固有频率特性进行测量。以尽量避免风洞试验时出现谐振。

## 10.4.3　风力机叶片压力分布试验

风力机叶片压力分布试验的目的是测量叶片不同剖面处的弦向压力分布，并将压力分布数据换算成叶片径向载荷分布、风轮轴向力（推力）系数和风轮风能利用系数等。叶片上测压点所感受的压力可以用安装在风轮整流罩内，与轮毂连在一起的压力扫描阀装置（包括压力传感器）进行测量。试验时，用安装在整流罩上的总压管感受的来流总压作为参考压力；从压力传感器输出的低电压信号经过安置在风轮轮毂上的应变信号调节器放大，然后再通过集电环引电器和屏蔽电缆，将放大后的信号输入到计算机，进行数据采集和处理。试验时，选用 2s 时间使压力稳定，然后再对每个测压孔采集风轮旋转三周的数据进行平均处理。

叶片压力分布试验时，由于离心力对压力管内气体的作用，使叶片上的压力与安装在风轮旋转轴上的传感器所感受的压力之间有一定的差别，要进行离心力效应修正。假设压力管内的温度沿管子长度不变，则叶片上某半径 $r$ 处的压力 $P_2$ 与旋转轴上的压力 $P_1$（即测量的压力）之间的关系可表示为

$$P_2 = P_1 \exp\left(\frac{\Omega^2 R^2}{2 R_G T_e}\right) \tag{10-75}$$

式中　$\Omega$——风轮角速度；

$R_G$——气体常数；

$T_e$——温度。

一个直径为 5.35m 的风轮在风洞试验段中测量了不同转速下叶片径向 8 个剖面的弦向平均压力分布曲线。图 10-5 给出了典型的试验结果。由图可知，风力机旋转时，三维效应对剖面平均压力分布的影响。

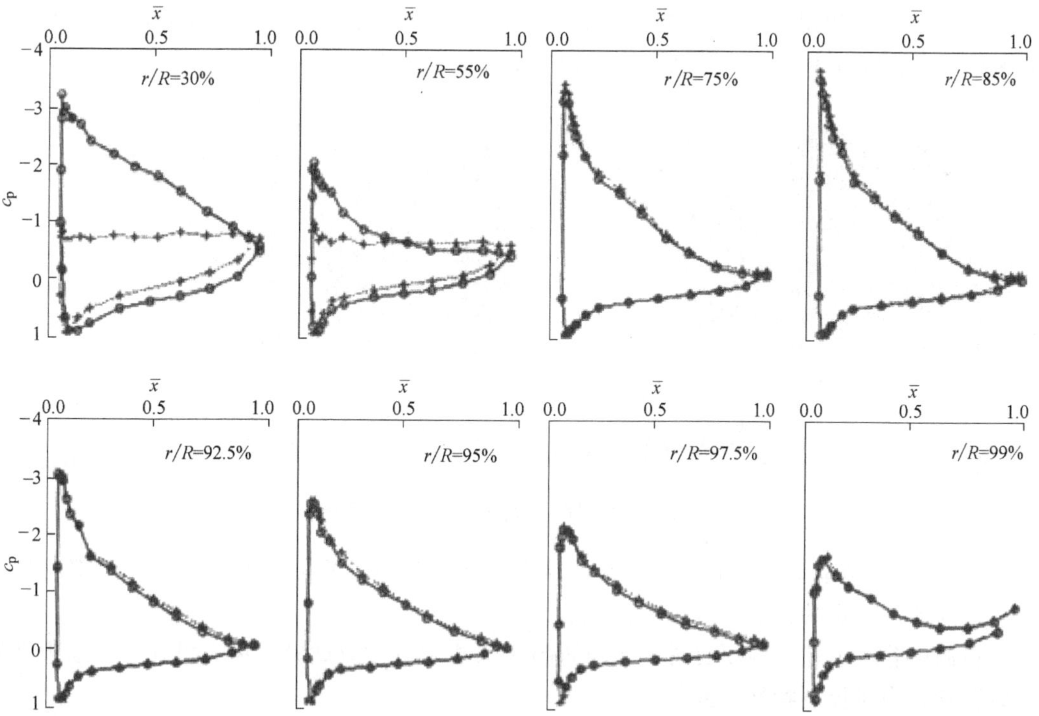


图 10-5 叶片径向剖面处的平均压力分布

○—风洞测量值 +—二维计算值

## 10.4.4 风力机叶片流动显示试验

风力机叶片流动显示试验包括叶片表面流动显示试验和叶片空间流动显示试验。

1）叶片表面流动显示试验 叶片表面流动显示试验的目的主要是观察叶片表面的流动分离现象。表面流动显示的方法一般采用丝线法，用胶将直径为 0.05mm 的丝线黏贴在一个叶片的上表面。为了能清楚地观察到叶片表面的流动，通常沿叶片展向等间距布置 20～30 排丝线，每一排沿弦向等间距布置 10 个丝线点。

为了得到清晰的流动显示图像，要有一个均匀的黑色背景，风洞试验可以安排在夜间进行，或通过遮盖风洞洞壁窗户的办法，也可获得良好的效果。为了拍摄流动图像，试验时，将摄像机固定在风轮传动轴上，将聚光灯安装在风轮轮毂上。由摄像机拍摄的图像通过计算机进行处理，首先将视频信号输入到计算机内的视频板上；同时，将试验参数通过数据采集和分析程序也放置在图像上；最后将计算机屏幕的输出信号，经数字化处理后，记录在录像带上。叶片表面流动随叶片方位角变化而变化，因此还要用角度传感器同步测量叶片方位角。

在进行图像分析时，要注意区分丝线在叶片表面上的映像与实际的丝线图像，当叶片部分区域出现分离时，丝线会出现振动，使图像变得模糊。通常，在进行静止叶片模型试验时，当丝线沿弦向不排列成行时，则可以判断流动是否发生了分离；但是在进行旋转叶片模型试验时，由于离心力与流动本身产生的力之间的平衡是未知的，因此这样的判据不再适用。对旋转叶片上分离流动的判据将包括一个估计丝线与弦线之间允许的最大倾角的准则。

如图 10-6 所示给出了直径为 5.35m 的风轮在旋转时叶片表面的流动显示图像，由图可以清晰地观察到叶片上的三维流动、非定常流动和分离流动等。

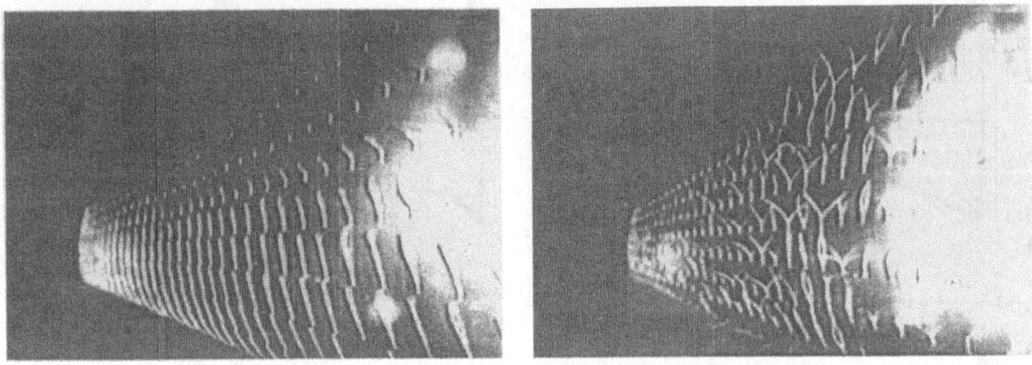

图 10-6　风力机叶片表面的流动显示图像

2）叶片空间流动显示试验　叶片空间流动显示试验的目的主要是观察叶片尖部的旋涡运动。空间流动显示的方法一般采用烟流法。

在风洞中除了上述试验项目外，还可进行风力机尾流效应试验，风力机叶片气动弹性稳定性试验和风力机控制特性试验等。

## 10.5　模型与洞壁干扰的修正

风洞实验中由于洞壁（包括隔板）的存在，以及洞壁和实验模型的相互干扰，因而实验条件与实际运行条件不能完全相同。此外，这些干扰效应还因不同的风洞而不同，从而导致了实验结果的不确定性。因此，在风洞实验中，需要对洞壁干扰进行分析，也必须对实验结果进行修正。

一般来说，二维翼型的风洞实验不但存在常规的上、下壁干扰和阻塞干扰，而且还必须考虑侧壁干扰。

### 10.5.1　常规洞壁影响修正

必须修正的实验测量值可以分为流动量和模型量。

**1. 流动量的修正**

最重要的流动量是接近模型位置的自由流速度。这是因为由于洞壁附面层沿风洞纵向的增长、模型阻塞和尾迹阻塞所导致的模型区流动速度比实验段入口处测得的自由流速度有所增加。

（1）模型阻塞修正

风洞实验段内模型的存在减小了实验段的有效面积，根据连续性方程和动量方程在模型位置处的流动速度必须增加，从而引起给定攻角下模型的空气动力和力矩的增加。因此，需要对实验结果进行修正。模型阻塞度是模型大小和实验段尺度的函数，其影响可以由增加风洞有效风速进行修正，速度增量 $\Delta v$ 可表示为

$$\Delta v=\varepsilon_{sb}v_u \tag{10-76}$$

式中　$v_u$——未修正速度，即实验段入口处测得的自由流速度；

$\varepsilon_{sb}$——由于模型的固壁阻塞导致模型附近流动速度增加对应的修正系数，且有

$$\varepsilon_{sb}=\frac{K_1V_B}{A_s^{\frac{3}{2}}} \tag{10-77}$$

式中　$V_B$——模型体积；

$K_1$——系数，对于水平模型 $K_1=0.74$，对于垂直模型 $K_1=0.52$；

$A_s$——风洞的实验段面积。

（2）尾迹阻塞修正

由于尾迹中的速度低于自由流速度，从而引起了尾迹阻塞。对于闭口风洞，为了满足质量守恒方程，模型尾迹区外的流动速度必须增加。

尾迹阻塞效应也可以用增加接近模型处的有效风速进行修正，速度增量 $\Delta v$ 可表示为

$$\Delta v=\varepsilon_{wb}v_u \tag{10-78}$$

式中　$\varepsilon_{wb}$——实验模型的尾迹阻塞导致模型附近流动速度增加对应的修正系数，由下式给出

$$\varepsilon_{wb}=\frac{c}{2h}C_{du} \tag{10-79}$$

式中　$c$——模型弦长；

$h$——风洞实验段高度；

$C_{du}$——未修正的阻力系数。

对于速度的组合修正公式为

$$v_c=v_uK_v(1+\varepsilon_{sb}+\varepsilon_{wb}) \tag{10-80}$$

式中　$v_c$——修正速度，即模型前的自由流速度；

$K_v$——由于洞壁附面层增长导致实验段模型区流速增加引起的速度修正系数。

其他流动量，譬如雷诺数 $Re$、动压等都应该由修正速度定义。

**2. 模型量的修正**

需要修正的模型量主要是升力、阻力、力矩和攻角。综合前述阻塞修正方法，可统一写出以下修正公式

$$C_l=C_{lu}\frac{1-\sigma}{(1+\varepsilon_b)^2} \tag{10-81}$$

$$C_d=C_{du}\frac{1-\varepsilon_{sb}}{(1+\varepsilon_b)^2} \tag{10-82}$$

$$C_m=\frac{C_{mu}+C_l\sigma(1-\sigma)/4}{(1+\varepsilon_b)^2} \tag{10-83}$$

$$\alpha=\alpha_u+\frac{57.3\sigma}{2\pi}(C_{1u}+4C_{mu,c/4}) \tag{10-84}$$

其中

$$\varepsilon_b=\varepsilon_{sb}+\varepsilon_{wb} \tag{10-85}$$

$$\sigma=\frac{\pi^2}{48}\left(\frac{c}{h}\right)^2 \tag{10-86}$$

式（10-81）~式（10-84）中，

$C_{lu}$、$C_{du}$和$C_{mu}$——分别为未修正的升力、压差阻力和力矩系数。

## 10.5.2 侧壁干扰修正

### 1. 马赫数修正

$$\overline{Ma_c}\approx Ma_c=Ma_\infty(1+k)^{-1/2} \tag{10-87}$$

$$k=\left(2+\frac{1}{H}-Ma_\infty^2\right)\frac{2\delta^*}{b}$$

式中 $H$——侧壁附面层型参数，对于低速湍流附面层$H$取1.3；

$\delta^*$——侧壁附面层位移厚度；

$b$——风洞宽度。

### 2. 压强系数修正

$$c_{pc}\approx c_{pu}(1+k)^{1/3} \tag{10-88}$$

式中 $c_{pc}$和$c_{pu}$——分别为压强系数的修正值与测量值。

### 3. 法向力系数$C_n$

可类似于压强系数进行修正

$$C_{nc}\approx C_{nu}(1+k)^{1/3} \tag{10-89}$$

式中 $C_{nc}$和$C_{nu}$——分别为法向力系数的修正值与测量值；

由法向力系数$C_n$的修正公式，可得到类似形式的升力系数和压差阻力系数的修正公式。

## 习 题

10-1 简述风洞的组成和分类。

10-2 模型和原型必须满足哪些相似条件？风力机风洞实验中有哪些主要条件？

10-3 有哪些动力相似准则？各有什么物理意义？

10-4 小球在不可压缩黏性流体中运动的阻力$F_d$与小球的直径$d$、等速运动的速度$u$、流体的密度$\rho$、动力黏度$\mu$有关，试导出阻力$F_d$表达式。$\left[答案：F_d=f(Re)\frac{\pi d^2}{4}\times\frac{\rho v^2}{2}\right]$

# 第 11 章

# 垂直轴风力机空气动力特性

垂直轴风力机与水平轴风力机相比各有其特点。垂直轴风力机的风轮可以吸收来自任意方向风的能量，不需要调向机构。但是垂直轴风力机的风能利用系数较低，而且要在相对低的叶尖速比下运行；另外大型垂直轴风力机的气动弹性问题和机械振动问题也较为复杂。

近年来，虽然垂直轴风力机也有一定的发展，但是商品化的风力机仍然是水平轴风力机占主导地位。因此，对垂直轴风力机的研究不像水平轴风力机那样趋向成熟。垂直轴风力机可分为升力型和阻力型。升力型垂直轴风力机主要有达里厄（Darrieus）型风力机；阻力型垂直轴风力机主要有萨沃尼斯（Savonius）型风力机。

本章主要介绍达里厄型和萨沃尼斯型垂直轴风力机空气动力特性。

## 11.1 升力型垂直轴风力机

### 11.1.1 结构形式

法国工程师 Georges Darrieus 提出了一种垂直轴升力型风力机，并于 1931 年获得了专利，被称为达里厄式风力机（又称 Φ 形垂直轴风力机），如图 11-1 所示。达里厄式风力机风轮采用升力原理的叶片，具有气动翼型剖面（多为对称翼形）。

图 11-1 垂直轴风力机

升力型垂直轴风力机最初为弯叶片（D 形叶片），后衍生很多直叶片机型。弯叶片几何形状固定不变，不能采用变桨矩方法控制转速，叶片制造成本也比直叶片高。直叶片则要采用横梁或拉索支撑，以防止引起很大的弯曲应力；这些支撑将产生气动阻力，降低风轮效率。各类升力型垂直轴风力机的结构见表 11-1。

**表 11-1　升力型垂直轴风力机的结构**

| 形　式 | | 结　构 | 说　明 |
| --- | --- | --- | --- |
| Φ形 | |  | 叶片截面不承受切向应力。几何形状固定不变，不适合采用变桨距方法控制转速，制作成本比直叶片高，起动性能差 |
| △形 | | 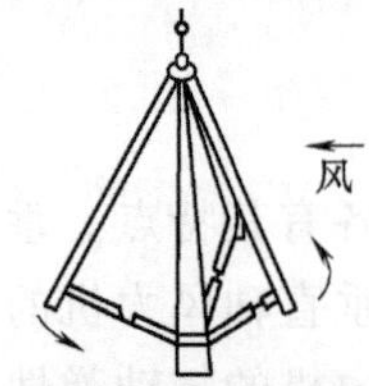 | 直叶片采用横担式拉索支撑，以防止离心力引起大的弯曲应力 |
| H形 | 叶片，两端和轴连接 |  | 风轮转动时可最大限度保持风轮内部和风轮外部的空气压差，因此气动性能最优，但轴较长后，轴受到弯矩最大，风轮的力学结构不良，易产生振动 |
| | 短轴，叶片中部连接 |  | 由于轴短，因此轴所受变矩最小，轴的载荷就小，不易振动。但上、下“敞开”的风轮将造成风轮内、外压差的损失，牺牲了气动效率 |
| | 轴缩短到叶片长度的 1/2 左右 | 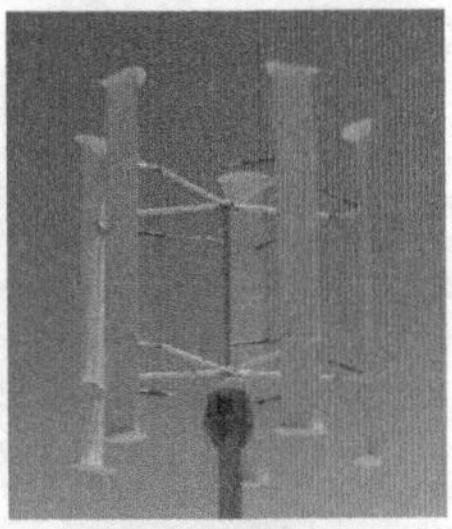 | 兼顾风轮的气动性能和力学结构，可实现气动超速控制，可利用风速范围广，适合商业化 |
| | 变形的 H 形 |  | 在 H 型基础上，叶片呈扭曲斜向布置，目的是消除起动时的死点位置 |

（续）

| 形　式 | | 结　构 | 说　明 |
|---|---|---|---|
| H形 | 有限可变攻角 |  | 叶片攻角在有限范围内受控变化，在风速超过额定风速后利用攻角变化实现限速 |
| | 活动叶片式 | 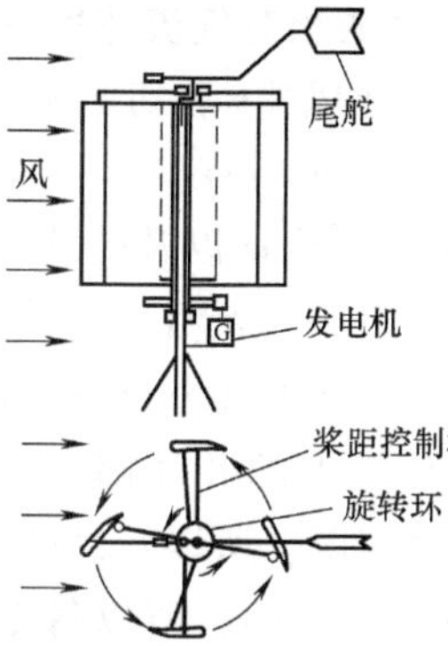 | 用导杆或凸轮使叶片活动，效率较高，可以自起动 |
| 可变几何翼型 | 板翼直叶片式 |   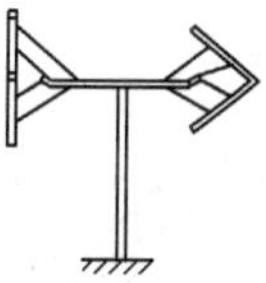 | 由于作用在叶片转轴（横向）两侧的离心力不相等，叶片扫掠形成的圆台形状改变，使迎风截面和转速减小 |
| | 对角张力式 | 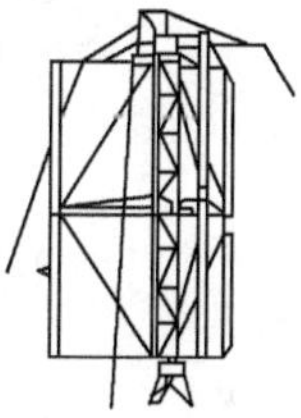 | |
| | Y形 | 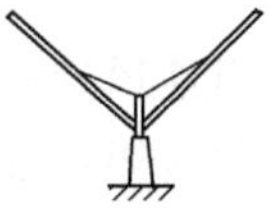 | |
| | ◇形 | 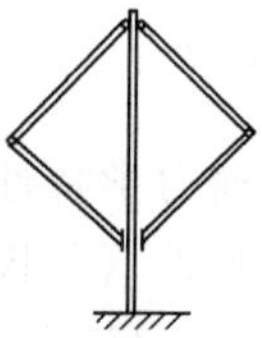 | |

### 11.1.2 达里厄型风力机的工作原理

达里厄型垂直轴风力机的风轮叶片呈 D 形，曲线形状类似一根密度与横截面均匀的完全柔软的绳索，当其两端系在一根垂直轴上的两点，以恒定角速度绕此轴旋转时所得的形状。D 形叶片在不计气动载荷和重力时，是没有剪切应力的。Φ 形垂直轴风力机风轮可以做成双叶片、三叶片或多叶片的。采用三叶片风轮有利于风力机的动力学特性，振动较两叶片风轮小。

达里厄型垂直轴风力机风轮旋转时，在垂直于旋转轴的一个剖面上，叶片处相对风速及其所产生的空气动力如图 11-2 所示。现在分析叶片处于各个不同位置所受的空气动力特性。图 11-2 中$\boldsymbol{v}$为叶片处的当地风速；$\boldsymbol{u}$为叶片相对静止空气的速度（与叶片剖面处切向线速度大小相等，方向相反）；$\boldsymbol{w}$为叶片剖面处的相对气流速度（或称合成速度）；$\boldsymbol{w}$与弦线夹角 $\alpha$ 为攻角。气流与叶片的相对速度 $\boldsymbol{w}$ 与当地风速$\boldsymbol{v}$和切向速度 $\boldsymbol{u}$ 的关系为

$$\boldsymbol{w}=\boldsymbol{v}+\boldsymbol{u} \tag{11-1}$$

如果已知速度矢量$\boldsymbol{v}$和 $\boldsymbol{u}$，就可确定矢量 $\boldsymbol{w}$ 以及叶片所受的空气动力。

对叶片处于不同位置时速度三角形的研究表明，在风轮旋转一周中，叶片在各个位置处的合成速度和攻角是不同的，因此其空气动力合力也不一样。但是，除非叶素翼型的对称面与风向平行或接近平行，几乎在所有位置上的叶片都产生使风轮向一个方向旋转的驱动转矩。由于风轮旋转时叶片有较大的切向速度，所以叶片的攻角很小，气流一般不会分离。但是，在一周转动中叶片攻角是在不断地变化的，所以每个叶片所引起的转矩是波动的。图 11-3 是一种直叶片垂直轴风力机在不同叶片展弦比$A_0$时的转矩曲线。

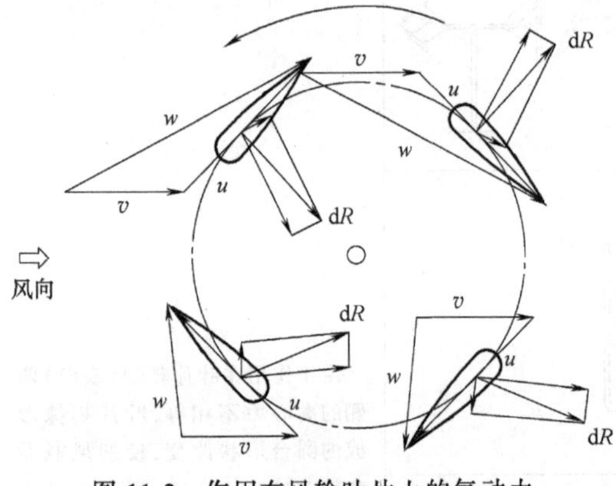


图 11-2 作用在风轮叶片上的气动力

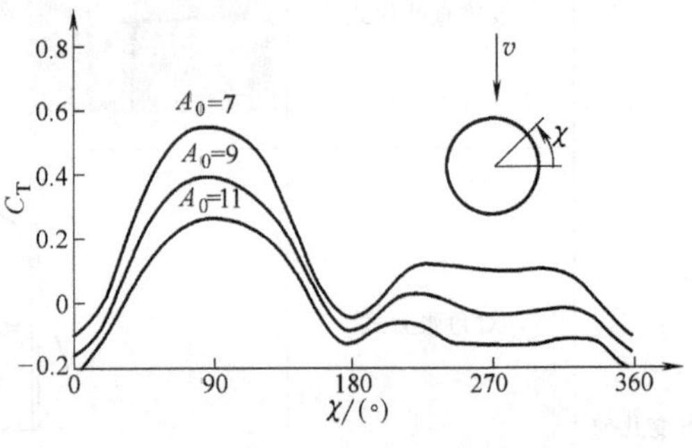


图 11-3 垂直轴风力机的转矩

当风轮静止时，相对风速与叶片处的当地风速一致，叶片攻角很大，在有的位置处，攻角大于失速攻角，使起动转矩非常低，有时转矩可能还是负的。这就是为什么达里厄型风力机不能自行起动，而必须附加外部起动装置的原因。

### 11.1.3 达里厄型风力机的基本理论

下面将讨论几种达里厄型风轮的空气动力学特性，如图 11-4 所示。

这里需要重温一个重要的空气动力学结论（见图 11-5），对于一个前缘与铅垂线斜交的叶片，其升力要按垂直于前缘的分速度$v_0\cos\gamma$ 确定（$v_0$为来流速度）。攻角也定义在这个分

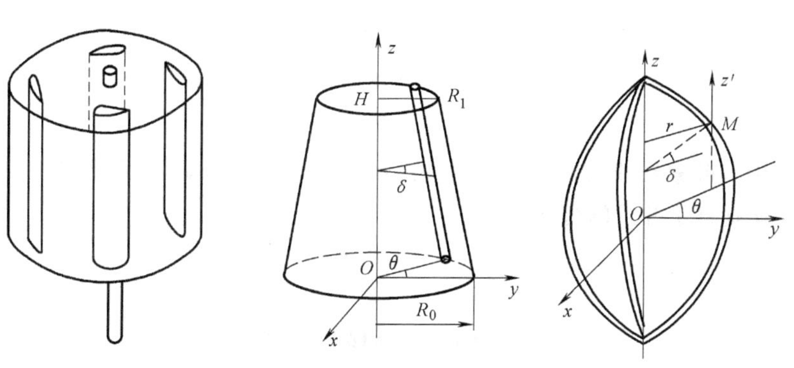


a)　　　　b)　　　　c)

图 11-4　几种达里厄型风轮

a）直叶片　b）倾斜叶片　c）抛物线形（D 形）叶片

速度的方向上。气动分力的方向一个沿着翼弦，另一个与前缘和翼弦都垂直。平行于前缘的分力$v_0\sin\gamma$没有影响。

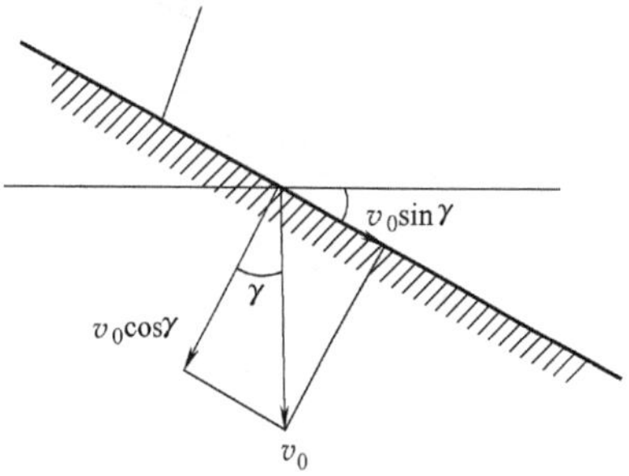


图 11-5　前缘与铅垂线斜交的叶片

现在设想一个 $Oxyz$ 定坐标系，$Oz$ 与达里厄风轮的竖直旋转轴重合。穿过风轮的风速绝对值为 $v$，方向与 $Ox$ 相同（见图 11-4）。在叶片上取一个叶素，其翼弦的中点为 $M$，弦长为 $c$，长度为 $ds$。设 $r$ 为叶素到转轴的距离，$\theta$ 为 $Oyz$ 平面与另一铅垂平面的夹角，该面包含转轴并在 $M$ 处与叶素翼弦相垂直。再设 $\delta$ 为叶素的垂线与水平面的夹角。

如图 11-4c 所示，对于高为 $2H$，中心在 $O$ 点的抛物线风轮

$$\frac{r}{R}=1-\frac{z^2}{H^2}$$

$$\delta=\arctan(2zR/H^2)$$

式中　$R$——过 $O$ 点横截面半径。

如图 11-4a 所示，对于具有长方形竖直叶片的圆柱形风轮

$$r=R\quad \delta=0$$

如图 11-4b 所示，对于圆台形风轮

$$r=R_0-(R_0-R_1)z/H$$
$$\delta=\arctan[(R_0-R_1)/H]$$

现在计算相对风速 $\boldsymbol{w}$ 在叶素翼弦方向的分量$w_t$，以及与翼弦和前缘都垂直的另一个分量$w_n$。为此利用下述辅助坐标系（见图 11-4c、图 11-5 和图 11-6）。$Mz'$为竖轴，正方向朝上，$Mt$ 沿翼弦，从前缘到后缘为正向，$Mr$ 为水平轴，与翼弦相垂直。

由式（11-1），矢量 $\boldsymbol{w}$ 是两个水平矢量之和，因而本身也是水平的。$\boldsymbol{w}$ 在 $Mrtz'$各方向上的分量为

$$\left.\begin{aligned} w_{\mathrm{r}} &= v\sin\theta \\ w_{\mathrm{t}} &= u+v\cos\theta \\ w_{z'} &= 0 \end{aligned}\right\} \tag{11-2}$$

在 $Mrtz'$ 坐标系中，叶素法线的方向余弦沿 $Mt$ 为 0，沿 $Mr$ 为 $\cos\delta$ 以及沿 $Mz'$ 为 $\sin\delta$。

由此可得 $\boldsymbol{w}$ 垂直于叶素的分量为

$$w_{\mathrm{n}} = v\sin\theta\cos\delta \tag{11-3}$$

另一个分量为

$$w_{\mathrm{t}} = u+v\cos\theta = \Omega r+v\cos\theta \tag{11-4}$$

式中　$\Omega$——风轮转动角速度。

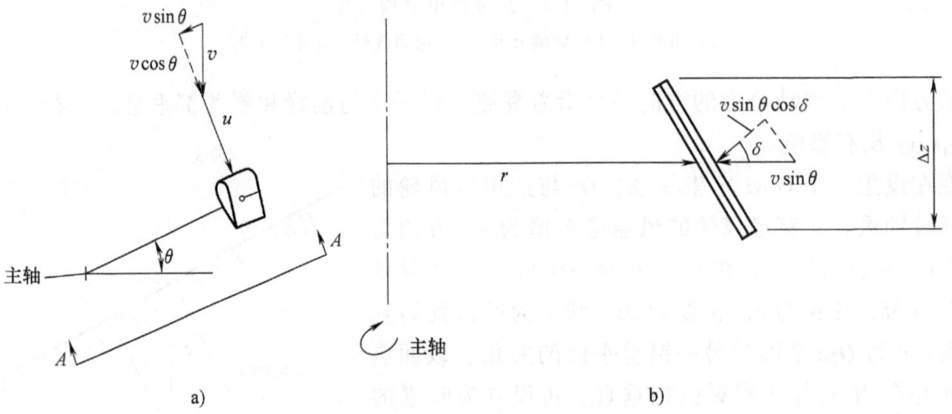


图 11-6　叶素的速度关系

a）俯视的平面视图　b）A-A 视图

叶片所受的力是由速度 $w_{\mathrm{u}}$ 确定，即

$$w_{\mathrm{u}}^2 = w_{\mathrm{n}}^2+w_{\mathrm{t}}^2 = (v\sin\theta\cos\delta)^2+(\Omega r+v\cos\theta)^2 \tag{11-5}$$

攻角可由下式定义：

$$\tan\alpha = \frac{v\sin\theta\cos\delta}{\Omega r+v\cos\theta} \tag{11-6}$$

现在估算作用在叶片上的气动分力。设动压力为

$$q = \frac{1}{2}\rho w_{\mathrm{u}}^2 \tag{11-7}$$

$C_{\mathrm{n}}$ 和 $C_{\mathrm{t}}$ 分别为垂直和平行于翼弦方向的空气动力系数，在叶片安装角为零时，由式（5-72）和（5-74）可得

$$\left.\begin{aligned} C_{\mathrm{t}} &= C_{\mathrm{l}}\sin\alpha - C_{\mathrm{d}}\cos\alpha \\ C_{\mathrm{n}} &= C_{\mathrm{l}}\cos\alpha + C_{\mathrm{d}}\sin\alpha \end{aligned}\right\} \tag{11-8}$$

叶素长度 $\mathrm{d}s = \mathrm{d}z/\cos\delta$，空气动力在叶素法线和翼弦方向的分力为

$$\left.\begin{aligned} \mathrm{d}F_{\mathrm{n}} &= C_{\mathrm{n}} qc\frac{\mathrm{d}z}{\cos\delta} \\ \mathrm{d}F_{\mathrm{t}} &= C_{\mathrm{t}} qc\frac{\mathrm{d}z}{\cos\delta} \end{aligned}\right\} \tag{11-9}$$

将式（11-9）算出的分力再分解到风速$\boldsymbol{v}$的方向上，计算出风在该方向上作用于风轮的合力，如图 11-7 所示。

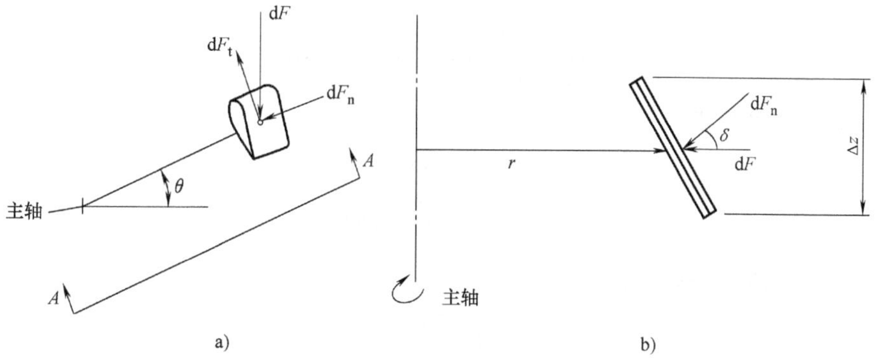


图 11-7　叶素受力

a）俯视的平面视图　b）A-A 视图

$$dF = dF_n \sin\theta\cos\delta - dF_t\cos\theta = qc\left(C_n\sin\theta - C_t\frac{\cos\theta}{\cos\delta}\right)dz \tag{11-10}$$

对于每个叶片来说，叶素上的力随叶片的旋转而变化，因此有必要计算出平均值。假设风轮叶片的弦长是恒定的，作用于整个风轮上沿风向的力可由积分式（11-10）求出：

$$F = \frac{Nc}{2\pi}\int_{-H}^{H}\int_{0}^{2\pi} q\left(C_n\sin\theta - C_t\frac{\cos\theta}{\cos\delta}\right)d\theta dz \tag{11-11}$$

式中　$N$——叶片数。

根据贝茨理论的假定，由动量定理还可以得出，整个风轮上沿风向的力为

$$F = \rho A v(v_\infty - v_w) \tag{11-12}$$

式中　$A$——风轮迎风面积；

$v_\infty$——上游未受扰动的气流速度；

$v_w$——尾流远端气流速度。

取$v_w = k\,v_\infty$，$k$ 为气流干扰因子。由式（5-12），通过风轮的风速 $v$ 可以写成

$$v = \frac{1}{2}(v_\infty + v_w) = v_\infty\frac{1+k}{2} \tag{11-13}$$

将式（11-13）代入式（11-12），得

$$F = \frac{1}{2}\rho A(v_\infty^2 - v_w^2) = \frac{1}{2}\rho A\,v_\infty^2\,(1-k^2) = 2\rho A v^2\frac{1-k}{1+k} \tag{11-14}$$

由式（11-7）、式（11-11）和式（11-14）可得

$$G = \frac{1-k}{1+k} = \frac{Nc}{8\pi A}\int_{-H}^{H}\int_{0}^{2\pi}\frac{w_u^2}{v^2}\left(C_n\sin\theta - C_t\frac{\cos\theta}{\cos\delta}\right)d\theta dz \tag{11-15}$$

其中

$$\frac{w_u^2}{v^2} = \left(\frac{\Omega r}{v} + \cos\theta\right)^2 + (\sin\theta\cos\delta)^2 \tag{11-16}$$

由于

$$\frac{\Omega r}{v}=\frac{r}{R}\times\frac{\Omega R}{v} \tag{11-17}$$

将式（11-17）代入式（11-16），得

$$\frac{w_{\mathrm{u}}^{2}}{v^{2}}=\left(\frac{r}{R}\frac{\Omega R}{v}+\cos\theta\right)^{2}+(\sin\theta\cos\delta)^{2} \tag{11-18}$$

同时，式（11-6）可写成

$$\tan\alpha=\frac{\sin\theta\cos\delta}{\frac{r}{R}\frac{\Omega R}{v}+\cos\theta} \tag{11-19}$$

因此可以用比率 $\Omega R/v$ 计算 $G$ 和 $k$：

$$k=\frac{1-G}{1+G}$$

知道 $k$ 便可计算出速度比$\lambda_0$：

$$\lambda_0=\frac{\Omega R}{v_\infty}=\frac{\Omega R}{v}\left(\frac{1+k}{2}\right)=\frac{\Omega R}{v(1+G)} \tag{11-20}$$

作用于叶素上的空气动力对旋转轴的力矩等于：

$$\mathrm{d}T=r\mathrm{d}\,F_{\mathrm{t}}=\frac{C_{\mathrm{t}}qc}{\cos\delta}r\mathrm{d}z \tag{11-21}$$

对整个风轮，力矩为

$$T=\frac{Nc}{2\pi}\int_{-H}^{H}\int_{0}^{2\pi}\frac{C_{\mathrm{t}}qr}{\cos\delta}\mathrm{d}\theta\mathrm{d}z \tag{11-22}$$

因此可得功率为

$$P=M\Omega=\frac{Nc}{2\pi}\int_{-H}^{H}\int_{0}^{2\pi}\frac{C_{\mathrm{t}}qr\Omega}{\cos\delta}\mathrm{d}\theta\mathrm{d}z \tag{11-23}$$

风能利用系数定义为：

$$C_{\mathrm{P}}=\frac{2P}{\rho Av_\infty^3}=\frac{Nc}{2\pi A}\int_{-H}^{H}\int_{0}^{2\pi}C_{\mathrm{t}}\frac{w_{\mathrm{u}}^{2}}{v_\infty^3}\frac{r\Omega}{\cos\delta}\mathrm{d}\theta\mathrm{d}z \tag{11-24}$$

由于

$$\frac{w_{\mathrm{u}}^{2}}{v_\infty^{3}}r\Omega=\frac{w_{\mathrm{u}}^{2}}{8\,v^{2}}\frac{\Omega R}{v}\frac{r}{R}(1+k)^{3}$$

不同 $\Omega R/v$ 值时的$C_{\mathrm{P}}$便可求出，每个 $\Omega R/v$ 值对应于一个$\lambda_0$值。所以$C_{\mathrm{P}}$作为速度比$\lambda_0$的函数关系曲线就可绘出。

转矩系数$C_{\mathrm{T}}$与风能利用系数$C_{\mathrm{P}}$的关系为

$$C_{\mathrm{P}}=C_{\mathrm{T}}\lambda_0$$

因此

$$C_{\mathrm{T}}=\frac{C_{\mathrm{P}}}{\lambda_0}=\frac{2P}{\rho Av_\infty^3}\frac{v_\infty}{\Omega R}=\frac{2T}{\rho ARv_\infty^2}$$

加拿大国家航空研究院试验室主任 R. J. 坦普林（Templin）对抛物线形达里厄风轮进行了理论研究和试验。建立的数学模型表明二或三叶片抛物线形达里厄风轮的最大功率可由

下面的近似公式给出：

$$P = 0.25Av^3 \tag{11-25}$$

这个功率对应的速度比$\lambda_0$与叶片弦长 $c$ 的关系为

$$\lambda_0^2 = \frac{5R}{Nc} \tag{11-26}$$

## 11.2 阻力型垂直轴风力机

### 11.2.1 结构形式

阻力型垂直轴风力机是靠叶片对气流的阻力工作的。旋转杯式风速计就是典型的阻力型风力机。各类阻力型垂直轴风力机的结构见表 11-2。

表 11-2 阻力型垂直轴风力机的结构

| 名称 | 结构 | 说明 |
|---|---|---|
| 风杯式 |  | 利用杯状叶片做成的风轮，是一种纯阻力装置。风杯迎风时的阻力要比背风时的阻力大很多，所以风轮才会旋转 |
| Lafond 式（俯视图） | 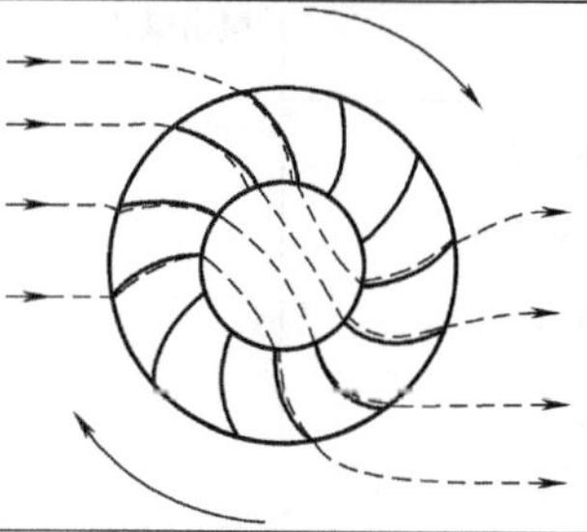 | 叶片形状的凹面及凸面在受到风力作用后，空气阻力系数差别很大，加上叶片在风里运转时，先使气流吹向一侧边，然后运动着的叶片又使气流流向另一侧边，这样就产生了一个附加驱动力矩，故这种风轮有较大的起动力矩，它在风速 2.5m/s 时就能起动运转。根据它的发明者—法国的 Lafond 的名字而得名 |
| 萨沃尼斯式（S 形风轮） |  | 1924 年，由芬兰工程师 Sigurd Vsavonius 提出。两个半圆筒状叶片，其各自中心相错开一段距离。风轮凸凹两叶片上风的压力有一差值，而且气流通过叶片时要折转 180°，形成一对气动力偶。S 形风轮的起动转矩大，起动性能好，多用于带动泵，抽水或压气，也常利用其容易起动的特性，作为达里厄式风轮的辅助轮。具有部分升力，但主要还是阻力装置 |
| 带引风板的 S 形风轮 |  | S 形风轮加引风板和尾舵，提高进入风轮的风能密度，使风速均匀，增加功率输出 |

（续）

<table>
<tr><th>名　　称</th><th>结　　构</th><th>说　　明</th></tr>
<tr><td>塞内加尔式</td><td>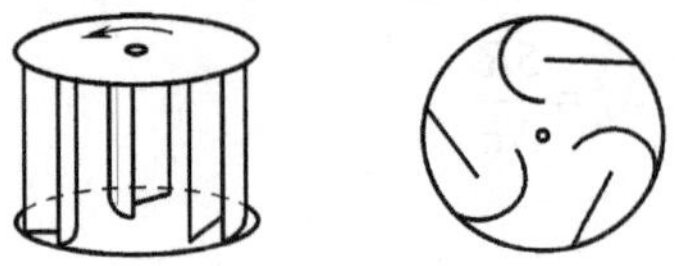</td><td>由3组叶片组成的风轮，每个叶片由一个半圆柱面和一块平板组成。其动力矩比较大，与S形风轮相比，在同样功率情况下，用材较少</td></tr>
<tr><td>帆翼式</td><td>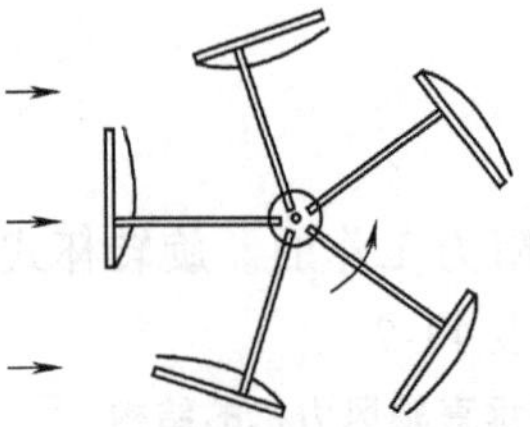</td><td>结构简单，制造方便，性能较好，其叶片形状可随位置的不同而自动调整</td></tr>
<tr><td rowspan="4">平板叶片式</td><td>带挡杆（俯视图）</td><td rowspan="4">平板式叶片，不需要调向机构。缺点是有撞击噪声</td></tr>
<tr><td>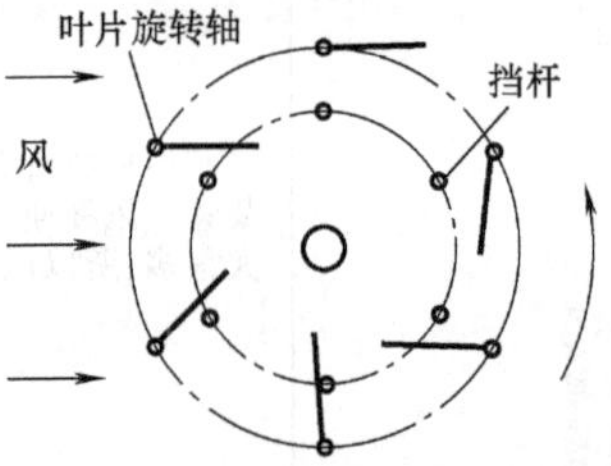
</td></tr>
<tr><td>带限位块（俯视图）</td></tr>
<tr><td>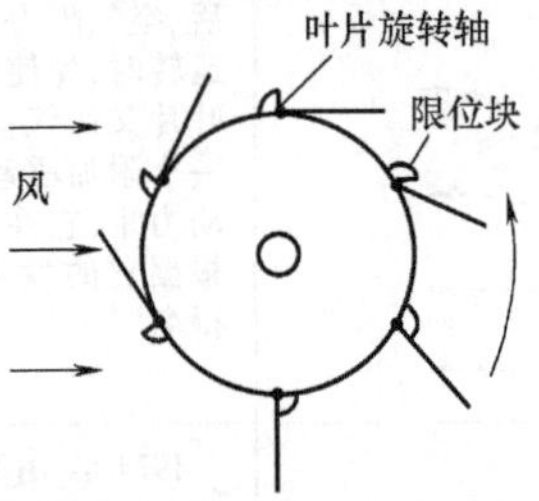
</td></tr>
<tr><td rowspan="2">旋转叶片式</td><td colspan="2">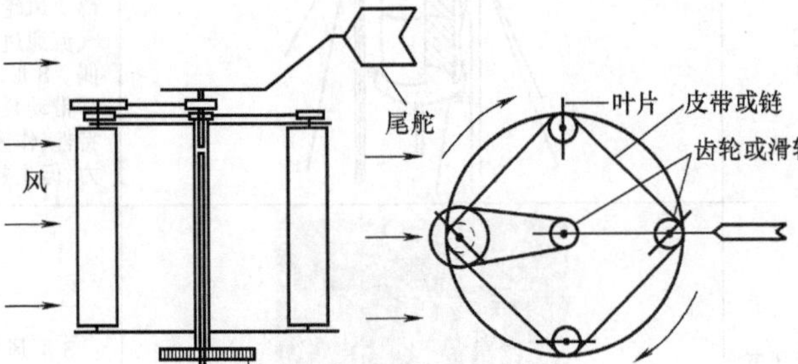
</td></tr>
<tr><td colspan="2">叶片转速是风轮转速的一半，皮带轮或行星齿轮传动，尾舵调向。机构复杂，机械损失大</td></tr>
</table>

（续）

| 名　称 | 结　构 | 说　明 |
| --- | --- | --- |
| 复杂曲面式 |   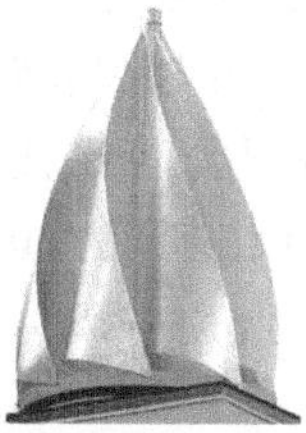  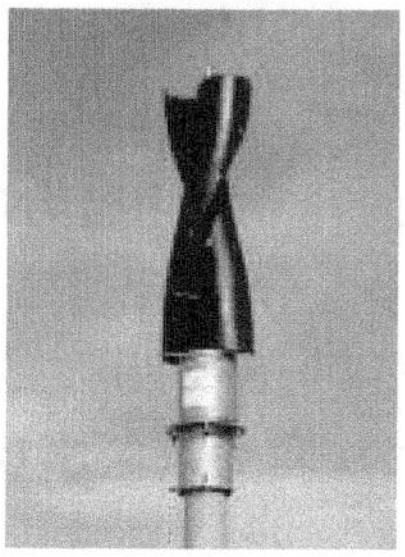 | 近年来，很多形状各异的垂直轴阻力型风力机已成功地投入市场，多具有价格低廉的特点。美国风能公司于 2008 年宣布成功开发了创新的垂直轴风力机（左上图），可用于离网发电。功率为 25~100kW，低噪声 |
| 组合式 | 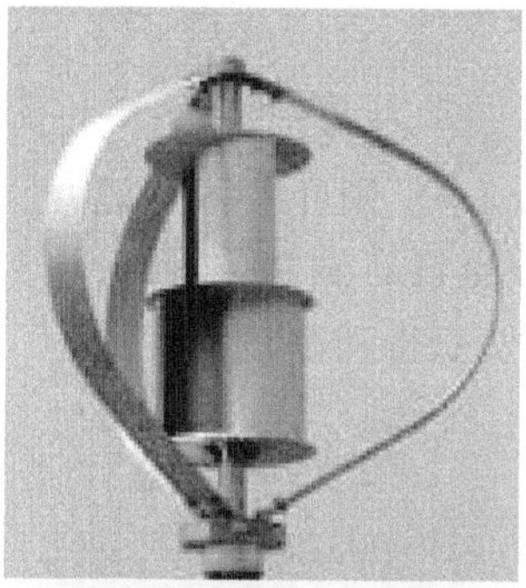  | 由于达里厄式风力机起动性能差，常常将 Φ 形风轮与 S 形风轮组合在一起使用。中国雪龙号极地考察船用此类风力机 |

### 11.2.2　萨沃尼斯型垂直轴风力机

萨沃尼斯型垂直轴风力机又称 S 形垂直轴风力机，是一种阻力型风力机，风力机风轮一般由两个半圆形或弧形的垂直叶片组成，如图 11-8 所示。

在来流作用下，一方面迎风面上的凹凸两个叶片上的风压不相等产生压差；另一方面当气流通过两个叶片间隙时，气流方向发生 180°的变化，在背风面的凸面叶片上，还有回流效应，这两个效应在风轮上形成一对空气动力偶，因此在叶片上产生转矩，使风轮旋转。

阻力型风力机风轮的旋转速度小于来流速度，即叶尖速比 $\lambda<1$，一般在 0.8~1.0 之间，因此其转矩大，起动性能好；另外，S 型垂直轴风力机在任意来流方向下，都可以自行起动，适用于作为 Φ 形垂直轴风力机的起动装置见表 11-2，或用于风力提水机组等。

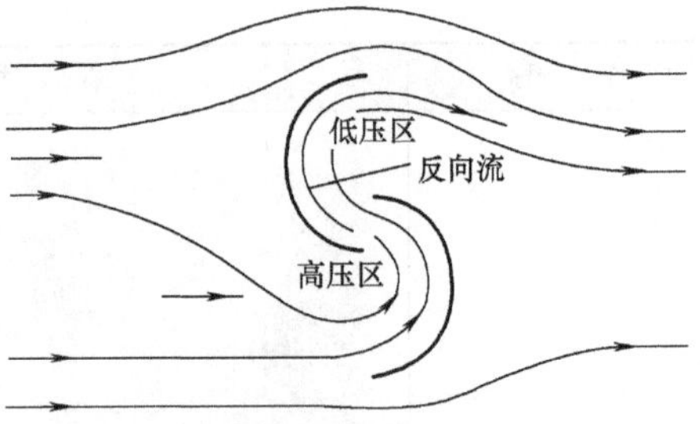


图 11-8　萨沃尼斯型垂直轴风力机（俯视图）

## 11.2.3　阻力叶片空气动力分析

依靠叶片对风的阻力而绕轴旋转的叶片称为阻力叶片。图 11-9 显示了空气流作用于阻力叶片的流动分析。

可以看出，空气流以 $v_1$ 的速度作用于面积为 $A$ 的阻力叶片上，其捕获的功率 $P$ 可以从气动阻力 $D$ 和为风轮半径 $r$ 处的线速度 $u$ 得出，即

$$P=Du \tag{11-27}$$

式中　$u=r\Omega$，$\Omega$ 为风轮旋转角速度。

当叶片的运动速度与风速相同时，即 $u=v_1$，则叶片对气流没有阻力，风没有做功，对于不运动的叶片也没有做功。于是，在 $u=v_1$ 及 $u=0$ 之间必定有个确定的 $u$ 值，使获得功率最大。通过 $v_1$ 与 $u$ 的差值可得到阻力

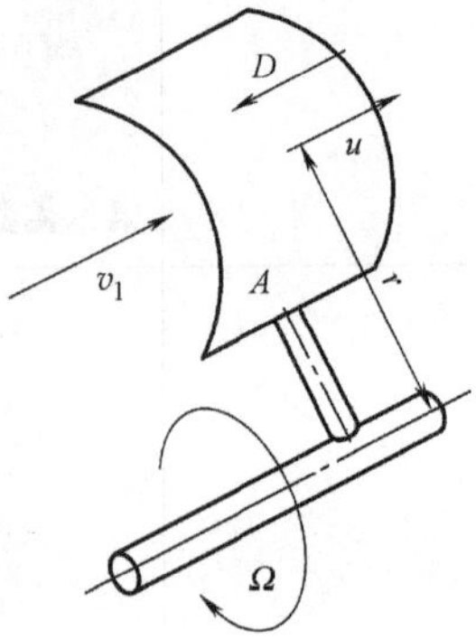


图 11-9　阻力叶片

$$D=\frac{1}{2}C_D\rho(v_1-u)^2A \tag{11-28}$$

由此阻力产生的功率为

$$P=\frac{1}{2}C_D\rho(v_1-u)^2Au \tag{11-29}$$

则风能利用系数 $C_P$ 可表示为

$$C_P=\frac{P}{P_0}=\frac{\frac{1}{2}C_D\rho(v_1-u)^2Au}{\frac{1}{2}\rho v_1^3A}=C_D\left(1-\frac{u}{v_1}\right)^2\frac{u}{v_1} \tag{11-30}$$

对式（11-30）求极值可得：当 $\frac{u}{v_1}=\frac{1}{3}$ 时，最大风能利用系数为

$$C_{Pmax}=\frac{4}{27}C_D \tag{11-31}$$

考虑到凸面的阻力系数一般不超过 1.3，则可以得出纯阻力型垂直轴风轮最大风能利用系数 $C_{Pmax}\approx0.2$，与升力型理想风轮的 $C_{Pmax}=0.593$ 相差甚远。

## 习　题

11-1　达里厄型垂直轴风力机工作原理是什么？

11-2　萨沃尼斯型垂直轴风力机工作原理是什么？最大风能利用系数是多少？最大叶尖速比是多少？

11-3　根据式（11-30）在坐标纸上画出 $C_P/C_D$ 和 $u/v_1$ 的关系曲线。

# 附 录

## 附录A　大气边界层内的风特性

### A.1　大气运动

风是地球大气层空气的机械运动。空气的运动可以分解为水平运动和垂直运动。空气运动是由相同高度上两点之间的大气压力差所造成的，而大气压力差主要是由大气中热力和动力现象的时空不均匀性所产生的。通常将单位距离内气压变化的大小（即气压差）称之为气压梯度，将在气压梯度作用下使空气产生运动的力称为气压梯度力。

#### A.1.1　风的形成

风是一个随机性很强的自然现象，在地球上，风的成因主要是大气环流、季风环流和局地环流。

**1. 大气环流**

大气环流是指在全球范围内空气沿一个封闭轨迹的运动。它是地球绕太阳运转过程中日地距离和方位不同，地球上各纬度所接受的太阳辐射强度也各异所造成的。赤道和低纬地区比极地和高纬地区太阳辐射强度强，地面和大气接受的热量多，因而温度高。这种温差使北半球等压面向北倾斜，高空空气向北流动（以下均以北半球为例说明）。

地球在自转，使水平运动的空气受到偏向的力，称为地转偏向力，又称为科里奥利力（Coriolis forces），简称偏向力或科氏力。这种力使北半球气流向右偏转，南半球气流向左偏转，所以地球大气运动除受温度影响外，还要受地转偏向力的影响。气流真实运动是这两个因素综合作用的结果。

地转偏向力在赤道为零，随着纬度的增高而增大，在极地达到最大。当空气由赤道两侧上升向极地流动时，开始因地转偏向力很小，空气基本受温度影响，在北半球，高空气流由南向北流动，随着纬度的增加，地转偏向力逐渐加大，空气运动也就逐渐的向右偏转，也就是逐渐转向东方。在纬度30°附近，偏角到达90°，地转偏向力与温度影响作用力相当，空气运动方向与纬圈平行，所以在纬度30°附近上空，赤道来的气流受到阻塞而聚积下沉，造成这一地区地面气压升高，就是所谓的副热带高压。

副热带高压下沉气流分为两支。一支从副热带高压区流向赤道，在地转偏向力的作用下，北半球吹东北风，风速稳定且不大，约3~4级，这是所谓的信风，所以在南北纬30°之间的地带称为信风带。这支气流补充了赤道上升气流，构成了一个闭合的环流圈，称为哈德来（Hadley）环流，也称为正环流圈。此环流圈南面上升，北面下沉。

另一支从副热带高压区向北流动的气流，在地转偏向力的作用下，北半球吹西风，且风速较大，这就是所谓的西风带。在北纬 60°附近处，西风带遇到了由极地向南流来的冷空气，被迫沿冷空气上面爬升，在北纬 60°地面出现一个副极地低压带。

副极地低压带的上升气流，到了高空又分成两股，一股向南，一股向北。在北半球，向南的一股气流在副热带地区下沉，构成一个中纬度闭合圈，正好与哈德来环流流向相反，此环流圈北面上升、南面下沉，所以称为反环流圈，也称为费雷尔（Ferrel）环流圈；向北的一股气流，从上空到达极地后冷却下沉，形成极地高压带，这股气流补偿了地面流向副极地带的气流，而且形成了一个闭合圈，此环流圈南面上升、北面下沉，是与哈德来环流流向类似的环流圈，因此也称为正环流。在北半球，此气流由北向南，受地转偏向力的作用，吹偏东风，在北纬 60°~90°之间，形成了极地东风带。

南半球的风向与北半球关于赤道对称。

综合上述，在地球上由于地球表面受热不均，引起大气层中空气压力不均衡，因此形成地面与高空的大气环流。各环流圈的高度，以热带最高，中纬度次之，极地最低，这主要是由于地球表面增热程度随纬度增高而降低的缘故。这种环流在地球自转偏向力的作用下，形成了赤道到纬度 30°环流圈、30°~60°环流圈和纬度60°~90°环流圈，这便是著名的“三圈环流”，如图 A-1 所示。三圈环流在地面上形成的风带又称“行星风带”。

当然，所谓“三圈环流”乃是一种理论的环流模型。由于地球上海陆分布不均匀，因此实际的环流比上述情况要复杂得多。

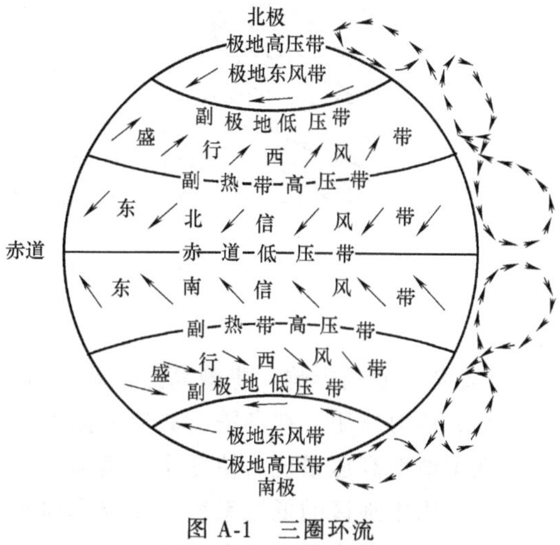


图 A-1　三圈环流

**2. 季风环流**

在一个大范围地区内，它的盛行风向或气压系统有明显的季节变化，这种在一年内随着季节不同，有规律转变风向的风，称为季风。季风盛行地区的气候又称季风气候。

季风程度可用一个定量的参数表示，称为季风指数，它是用地面冬夏盛行风向之间的夹角表示的，当夹角在 120°~180°之间，认为是属季风，然后用 1 和 7 月盛行风向出现的频率相加除 2，即 $I=(F_1+F_7)/2$ 为季风指数，当 $I<40\%$ 为季风区（1 区），$I=40\%\sim60\%$ 为较明显季风区（2 区），$I>60\%$ 为明显季风区（3 区）。全球明显季风区主要在亚洲的东部和南部，东非的索马里和西非几内亚。季风区有澳大利亚的北部和东南部等地区。

亚洲东部的季风区主要包括我国的东部、朝鲜、日本等地区；亚洲南部的季风，以印度半岛最为显著，这是世界闻名的印度季风。

我国位于亚洲的东南部，所以东亚季风和南亚季风对我国气候变化都有很大的影响。

形成我国季风环流的因素很多，主要是由于海陆差异，行星风带的季节转换以及地形特征等综合因素。

1）海陆分布　海洋的热容量比陆地大得多，冬季的陆地比海洋冷，大陆气压高于海洋，气压梯度力自大陆指向海洋，风从大陆吹向海洋；夏季则相反，陆地很快变暖，海洋相对较冷，陆地气压低于海洋气压，气压梯度力由海洋指向大陆，风从海洋吹向大陆，如图A-2所示。

我国东临太平洋，南临印度洋，冬夏的海陆温差大，所以季风明显。

2）行星风带位置季节转换　地球上存在着5个风带。从图A-1可以看出，信风带、盛行西风带、极地东风带在南半球和北半球是对称分布的。这5个风带，在北半球的夏季都向北移动，而冬季则向南移动。这样冬季西风带的南缘地带，夏季可以变成东风带。因此，冬夏盛行风就会发生180°的变化。

在冬季，我国主要在西风带影响下，强大的西伯利亚高压笼罩着全国，盛行偏北气流。在夏季，西风带北移，我国在大陆热低压控制之下，副热带高压也北移，盛行偏南风。

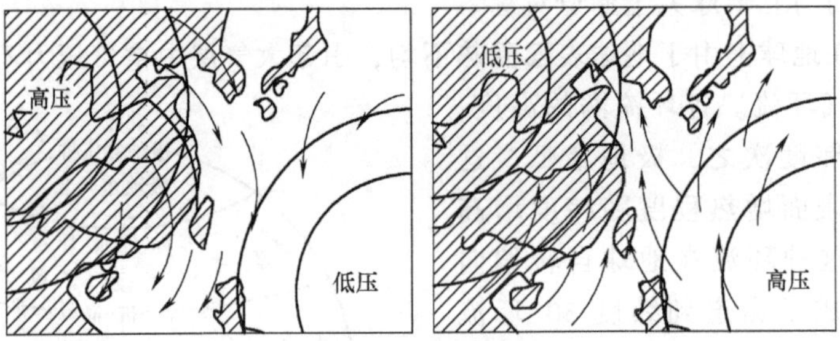


图 A-2　海陆热力差异引起的季风

a）冬季　b）夏季

3）青藏高原的影响　青藏高原占我国陆地的1/4，平均海拔在4000m以上，对应于周围地区具有热力作用。在冬季，高原上温度较低，周围大气温度较高，这样形成下沉气流，从而加强了地面高压系统，使冬季风增强；在夏季，高原相对于周围自由大气是一个热源，加强了高原周围地区的低区系统，使夏季风得到加强。另外，在夏季，西南季风由孟加拉湾向北推进时，沿着青藏高原东部的南北走向的横断山脉流向我国的西南地区。

**3. 局地环流**

局地环流是发生在局部地区的小型环流。如：

1）海陆风　海陆风的形成与季风相同，也是由大陆与海洋之间的温度差异的转变引起的。不过海陆风的范围小，以日为周期，势力也薄弱。

由于海陆物理属性的差异，造成海陆受热不均，白天陆地上增温较海洋快，空气上升，而海洋上空气温度相对较低，使地面有风自海洋吹向大陆，补充大陆地区上升气流，而陆地上的上升气流流向海洋上空而下沉，补充海上吹向大陆气流，形成一个完整的热力环流；夜间环流的方向正好相反，所以风从陆地吹向海洋。将这种白天风从海洋吹向大陆称海风，夜间风从陆地吹向海洋称陆风，所以将在一天中海陆之间的周期性环流总称为海陆风，如图A-3所示。

海陆风的强度在海岸最大，随着离岸的距离而减弱，一般影响距离在20~50km左右。海风的风速比陆风大，在典型的情况下，风速可达4~7m/s。而陆风一般仅2m/s左右。海陆风最强烈的地区，发生在温度日变化最大及昼夜海陆温度最高的地区。低纬度日照强，所

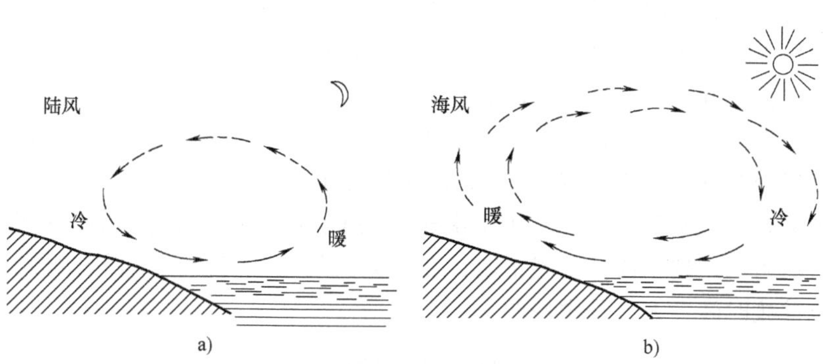


图 A-3　海陆风的形成

a）夜间　b）白天

以海陆风较为明显，尤以夏季为甚。

此外，在大湖附近与海岸类似，日间有风自湖面吹向陆地称为湖风，夜间自陆地吹向湖面称为陆风，合称湖陆风。

2）山谷风　山谷风的形成原理与海陆风类似。白天，山坡接受太阳光热较多，空气增温较多；而山谷上空，同高度上的空气因离地较远，增温较少。于是山坡上的暖空气不断上升，并从山坡上空流向谷底上空，谷底的空气则沿山坡向山顶补充，这样便在山坡与山谷之间形成一个热力环流。下层风由谷底吹向山坡，称为谷风。到了夜间，山坡上的空气受山坡辐射冷却影响，降温较多；而谷底上空，同高度的空气因离地面较远，降温较少。于是山坡上的冷空气因密度大，顺山坡流入谷底，谷底的空气汇合上升，并从上面向山顶上空流去，形成与白天相反的热力环流。下层风由山坡吹向谷底，称为山风。山风和谷风又总称为山谷风，如图 A-4 所示。

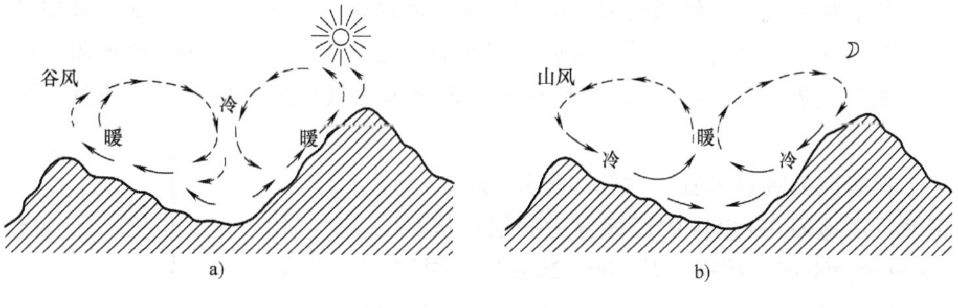


图 A-4　山谷风的形成

a）白天　b）夜间

山谷风风速一般较弱，谷风比山风大一些，谷风一般为 2~4m/s，有时可达 6~7m/s。谷风通过山隘时，风速加大。山风一般仅 1~2m/s。但在峡谷中，风力还能增大一些。

### A.1.2　大气稳定度

大气稳定度又称大气层结稳定度。大气层结指的是大气温度和湿度在垂直方向上的分布，对大气中污染物的扩散起着重要的作用。在静止大气中，假定某气团受到垂直方向的扰动后，向上有一个微小的位移，如果大气层结使其具有返回原来平衡位置的趋势，则称这种大气层结是稳定的。如气团受扰动后大气层结使其具有继续远离原来平衡位置的趋势，则称这种大气层结是不稳定的。如气团受扰动后，大气层结既不能使其远离，又不能使其返回原来平衡位置，则称这种大气层结是中性的。

通常可以采用帕斯圭尔（Pasquill）稳定度分类法[22]，根据地面风速和太阳辐射大小，将大气稳定度划分为 A（极不稳定）、B（不稳定）、C（弱不稳定）、D（中性）、E（弱稳定）和 F（稳定）等级别见表 A-1。由表可知：当风速越大或云量越多时，在白天和夜间大气都是中性的；当风速越小或云量越小时，在白天大气是不稳定的，在夜间大气是稳定的，而在中间有个过渡时间，大气是中性的。

**表 A-1 稳定度等级表**

| 地面风速/（m/s） | 白天日照 | | | 阴云密布的白天或夜晚 | 夜间云量 | |
|---|---|---|---|---|---|---|
| | 强 | 中 | 弱 | | 薄云遮天或低云≥4/8 | 云量≤3/8 |
| ≤1.9 | A | A~B | B | D | — | — |
| 2~2.9 | A~B | B | C | D | E | F |
| 3~4.9 | B | B~C | C | D | D | E |
| 5~5.9 | C | C~D | D | D | D | D |
| ≥6 | C | D | D | D | D | D |

注：1. A—极不稳定，B—不稳定，C—弱不稳定，D—中性，E—弱稳定，F—稳定。
2. A~B 表示按 A，B 数据内插。

在大气边界层内，空气的垂直运动和大气湍流都会对大气稳定度产生影响，大气湍流使上下层空气之间互相掺混，减弱大气稳定或不稳定的程度。

### A.1.3 大气边界层

风吹过地面时，由于地面上各种粗糙元（草地、庄稼、树林、建筑物等）的作用，会对风的运动产生摩擦阻力，使风的能量减少并导致风速减小。减小的程度随离地面高度增加而降低，直至达到某一高度时，其影响就可以忽略。这一层受到地球表面摩擦阻力影响的大气层称为“大气边界层”。在大气边界层中地球表面和大气之间发生较大的热量、质量和动量交换。

从风工程研究的观点来看，大气边界层可以划分为 3 个区域：离地面 2m 以内的区域称为底层；从2~100m 的区域称为下部摩擦层；从 100~2km 的区域称为上部摩擦层，又称埃克曼（Ekman）层；底层和下部摩擦层总称为地表层或地面边界层，3 个区域总称为摩擦层或大气边界层，再往上就进入了地面摩擦不起作用的“自由大气层”，如图 A-5 所示。

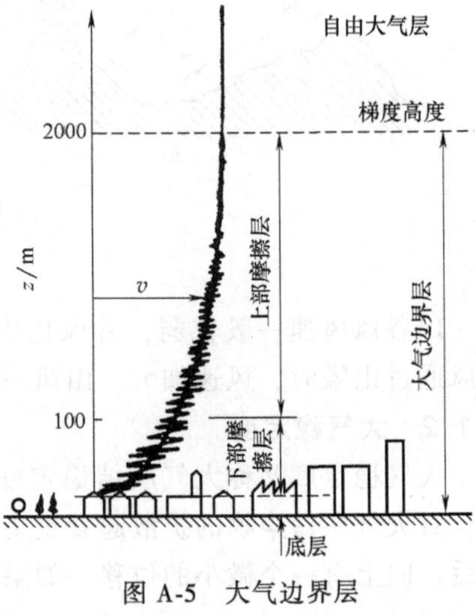

图 A-5 大气边界层

大气边界层的高度随气象条件、地形和地面粗糙度的不同而有差异，这一层正是人们从事社会实践和生活的主要场所，地面上建筑物、构筑物的风荷载和结构响应等正是大气边界层内空气流动的直接结果。在大气边界层中，空气运动是一种随机的湍流流动。

长期以来，人们对大气边界层内风特性进行了大量的研究工作，希望用一个通用的解析式描述风特性，但非常困难，目前主要用统计方法描述，它的主要特征表现在以下几个方面：

1）由于大气温度随高度的变化所产生的温差引起空气上下对流流动。

2）由于地球表面摩擦阻力的影响，风速随高度变化。

3）由于地球自转引起的科里奥利力随高度的变化，风向随高度变化。

4）由于湍流运动引起动量的垂直变化，大气湍流特性随高度变化。

研究大气边界层内风特性时，可将大气边界层内的风看成是由平均风和脉动风两部分组成。

## A.2 平均风特性

### A.2.1 平均风速

风速是指单位时间内空气在水平方向上移动的距离，图 A-6 是用风速仪记录的风速和风向时间历程曲线。由图 A-6 可知，风速随时间和空间的变化是随机的，瞬时风速由平均风速和脉动风速组成，即

$$v(t)=\bar{v}+v'(t) \tag{A-1}$$

式中 $v(t)$——瞬时风速，是指在某时刻 $t$，空间某点上的真实风速；

$\bar{v}$——平均风速，是指在某个时距内，空间某点上各瞬时风速的平均值，为方便起见，后文在不致发生误解时，常省去其上“-”；

$v'(t)$——脉动风速，是指在某时刻 $t$，空间某点上的瞬时风速与平均风速的差值。

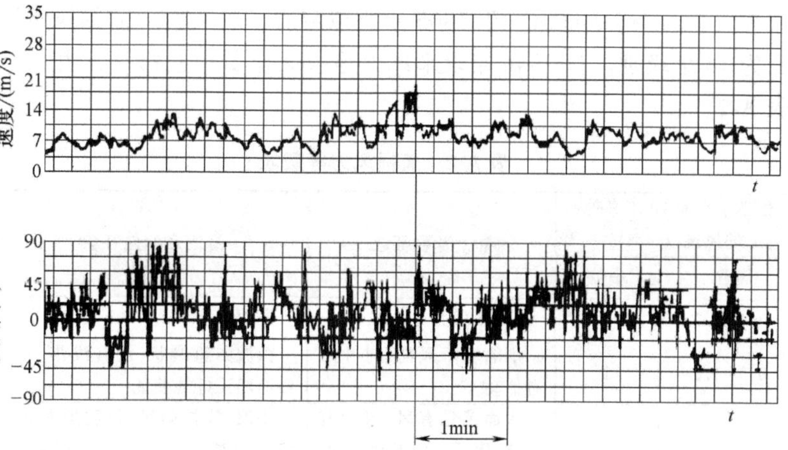


图 A-6 风速和风向时间历程曲线

平均风速可表示为

$$\bar{v}=\frac{1}{t_2-t_1}\int_{t_1}^{t_2} v(t)\,\mathrm{d}t \tag{A-2}$$

由式（A-2）可知，当采用不同时距$(t_2-t_1)$计算平均风速时，其值是不同的。

图 A-7 是范德豪芬（Van Der Hoven）给出的在美国布鲁克海文（Brookhaven）国家实验室 125m 高塔上 100m 左右高度处测量的一个典型的水平风速的功率谱曲线。由图 A-7 可知：在低频带，明显的峰值周期为 4 天，其变化主要是由于大尺度大气运动产生的；在高频

带，明显峰值周期为1min，其变化主要是由于微尺度大气运动产生的。在低频带与高频带之间，即周期在10min～1h范围内功率谱曲线比较平坦，如果将平均风速的时距取在这个范围时，可以忽略湍流引起的天气变化，平均风速基本上是一个稳定值。因此，各国都在这个范围内取平均风速的时距，我国规范规定的时距为10min。

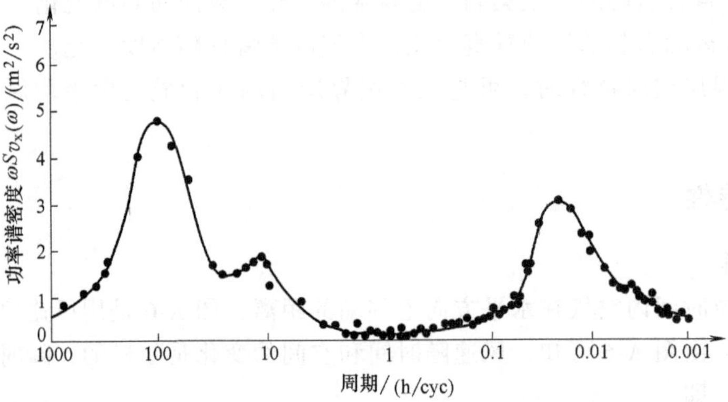


图 A-7　水平风速功率谱曲线

平均风速的取值除了取决于时距外，还取决于风速仪高度，我国规范规定的标准高度为10m。

### A.2.2　风力等级与风向

1）风级的划分　风力等级（简称风级）是根据风速大小划分的。国际上采用的风力等级是英国人蒲福（Francis Beaufort）于1805年所拟定的，故又称“蒲福风级”。蒲福风级从静风到飓风分为13个级别。自1946年以来风力等级又作了一些修订，由13个级别变为18个级别，见表A-2。

表 A-2　蒲福风力等级表

| 风力等级 | 名称 | 相当于平地10米高处的风速/(m/s) | | 陆上地物征象 | 海面和渔船征象 | 海面大概的浪高/m | |
|---|---|---|---|---|---|---|---|
| | | 范围 | 中数 | | | 一般 | 最高 |
| 0 | 静风 | 0.0~0.2 | 0 | 静、烟直上 | 海面平静 | — | — |
| 1 | 软风 | 0.3~1.5 | 1 | 烟能表示风向，树叶略有摇动 | 微波如鱼鳞状，没有浪花。一般渔船正好能使舵 | 0.1 | 0.1 |
| 2 | 轻风 | 1.6~3.3 | 2 | 人面感觉有风，树叶有微响，旗子开始飘动，高的草开始摇动 | 小波，波长尚短，但波形显著，波峰光亮但不破裂。渔船张帆时，可随风移行每小时1~2海里 | 0.2 | 0.3 |
| 3 | 微风 | 3.4~5.4 | 4 | 树叶及小枝摇动不息，旗子展开，高的草摇动不息 | 小波加大，波峰开始破裂；浪沫光亮，有时可有散见的白浪花，渔船开始簸动，张帆随风移行每小时3~4海里 | 0.6 | 1.0 |
| 4 | 和风 | 5.5~7.9 | 7 | 能吹起地面灰尘和纸张，树枝动摇。高的草呈波浪起伏 | 小浪，波长变长；白浪成群出现。渔船满帆的，可使船身倾于一侧 | 1.0 | 1.5 |
| 5 | 劲风 | 8.0~10.7 | 9 | 有叶的小树摇摆，内陆的水面有小波，高的草波浪起伏明显 | 中浪，具有较显著的长波形状，许多白浪形成（偶有飞沫），渔船需缩帆一部分 | 2.0 | 2.5 |

（续）

| 风力等级 | 名称 | 相当于平地10米高处的风速/(m/s) | | 陆上地物征象 | 海面和渔船征象 | 海面大概的浪高/m | |
|---|---|---|---|---|---|---|---|
| | | 范围 | 中数 | | | 一般 | 最高 |
| 6 | 强风 | 10.8~13.8 | 12 | 大树枝摇动，电线呼呼有声，撑伞困难，高的草不时倾伏于地 | 轻度大浪开始形成，到处都有更大的白沫峰（有时有些飞沫）渔船缩帆大部分，并注意风险 | 3.0 | 4.0 |
| 7 | 疾风 | 13.9~17.1 | 16 | 全树摇动，大树枝弯下来，迎风步行感觉不便 | 轻度大浪，碎浪而成白沫沿风向呈条状，渔船不再出港，在海者下锚 | 4.0 | 5.5 |
| 8 | 大风 | 17.2~20.7 | 19 | 可折毁小树枝，人迎风前行感觉阻力甚大 | 有中度的大浪，波长较长，波峰边缘开始破碎成飞沫片；白沫沿风向明显的条带。所有近海渔船都要靠港，停留不出 | 5.5 | 7.5 |
| 9 | 烈风 | 20.8~24.4 | 23 | 草房遭受破坏，屋瓦被掀起，大树枝可折断 | 狂浪，沿风向白沫呈浓密的条带状，波峰开始翻滚，飞沫可影响能见度。机帆船航行困难 | 7.0 | 10.0 |
| 10 | 狂风 | 24.5~28.4 | 26 | 树木可被吹倒，一般建筑物遭破坏 | 狂涛，波峰长而翻卷；白沫成片出现，沿风向呈白色浓密条带；整个海面呈白色；海面颠簸加大震动感，能见度受影响。机帆船航行颇危险 | 9.0 | 12.5 |
| 11 | 暴风 | 28.5~32.6 | 31 | 大树可被吹倒，一般建筑物遭严重破坏 | 异常狂涛（中小船只可一时隐没在浪后）；海面完全被沿风向吹出的白沫片所掩盖；波浪到处破成泡沫，能见度受影响。机帆船遇之极危险 | 11.5 | 16.0 |
| 12 | 飓风 | 32.7~36.9 | 35 | 陆地上少见，其摧毁力极大 | 空中充满了白色的浪花和飞沫；海面完全变白，能见度严重地受到影响 | 14.0 | — |
| 13 | | 37.0~41.4 | | — | — | — | — |
| 14 | | 41.5~46.1 | | — | — | — | — |
| 15 | | 46.2~50.9 | | — | — | — | — |
| 16 | | 51.0~56.0 | | — | — | — | — |
| 17 | | 56.1~61.2 | | — | — | — | — |

注：13~17级风力是当风速可以用仪器测定时使用，故未列特征。

2）风速与风级的关系　除查表外，还可以通过风级计算风速，风速与风级的关系为

$$\bar{v}_N = 0.1 + 0.824N^{1.505} \tag{A-3}$$

式中　$N$——风的级数；

$\bar{v}_N$——$N$级风的平均风速，单位为m/s。

如已知风的级数$N$，即可算出平均风速$\bar{v}_N$。

$N$级风的最大风速

$$\bar{v}_{N\max} = 0.2 + 0.824N^{1.505} + 0.5N^{0.56} \tag{A-4}$$

$N$级风的最小风速

$$\bar{v}_{N\min} = 0.824N^{1.505} - 0.56 \tag{A-5}$$

3）风向的表示　风向一般用16个方位表示，即北东北（NNE）、东北（NE）、东东北（ENE）、东（E）、东东南（ESE）、东南（SE）、南东南（SSE）、南（S）、南西南（SSW）、西南（SW）、西西南（WSW）、西（W）、西西北（WNW）、西北（NW）、北西北（NNW）、北（N）。静风记“C”。

也可以用角度表示，以正北基准，顺时针方向旋转，东风为90°，南风为180°，西风为270°，北风为360°，如图A-8所示。

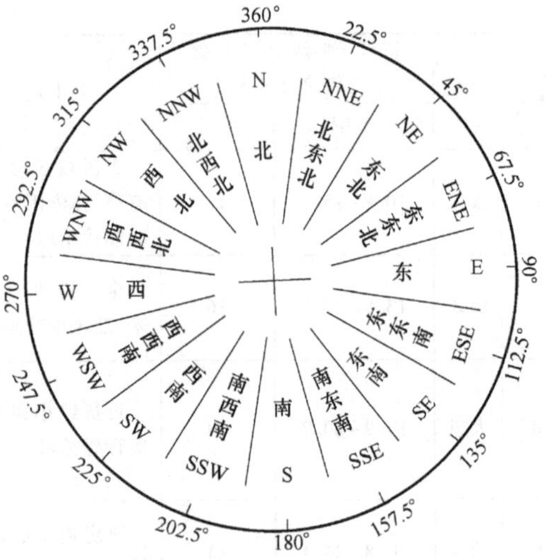

图A-8　风向16方位图

### A.2.3　风况

1）年平均风速　年平均风速是一年中各次观测的风速之和除以观测次数，它是最直观、简单表示风能大小的指标之一。我国建设风电场时，一般要求当地在10m高处的年平均风速在6m/s左右。

但是用年平均风速要求也存在着一定的缺点，它没有包含空气密度和风频在内，所以年平均风速即使相同，其风速概率分布形式并不一定相同，计算出的可利用风能小时数和风能有较大的差异。在平均风速基本相同的情况下，一年中风速大于等于3m/s时间风速出现的小时数，最大的可相差几百小时。

2）风速年变化　即风速在一年内的变化。在我国一般是春季风速大，夏秋季风速小。这有利于风电和水电互补，也可以将风力机系统的检修时间安排在风速最小的月份。同时，风速年变化曲线与电网年负荷曲线对比，若一致或接近的部分越多越理想。

3）风速日变化　风速虽瞬息万变，但如果将多年的资料平均起来便会显出一个趋势。一般说来，风速日变化有陆、海两种基本类型。在陆地上，白天午后风速大，夜间风速小，因为午后地面最热，上下对流最旺，高空大风的动量下传也最多。在海洋上，白天风速小，夜间风速大，这是由于白天大气层的稳定度大，白天海面上气温比海温高所致。风速日变化与电网的日负载曲线特性相一致时，也是最好的。

4）风速随高度变化　由于地面对风的摩擦力，风速随距地面高度有显著的变化。表示风速随距地面高度变化的曲线叫风廓线，如图A-9所示。横坐标以某高度处的平均风速$\bar{v}$与风力机轮毂中心处平均风速$\bar{v}_0$的比值给出，纵坐标以某高度$h$与风力机轮毂中心高度$h_0$的比值给出。$z_0$为粗糙度长度，它是衡量地面的摩擦力大小的指标。不同地表的粗糙度长度见表A-3。

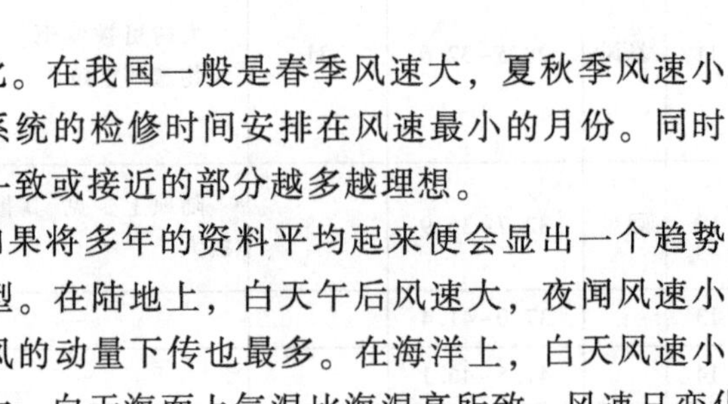

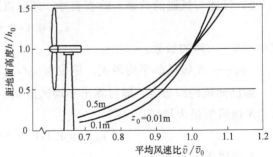

图A-9　不同粗糙度长度的风廓线

风廓线通常有两种描述方法，一种应用自然对数描述，即

$$\frac{v_2}{v_1}=\frac{\ln(h_2-d)-\ln z_0}{\ln(h_1-d)-\ln z_0} \tag{A-6}$$

式中　$v_1$——$h_1$高度上的风速，单位为m/s；

$v_2$——$h_2$高度上的风速，单位为 m/s；

$d$——地面廓线的影响系数，当地面上障碍物比较离散和低矮时，$d$ 选为零，否则 $d$ 采用障碍物高度的 70%~80%。

式（A-6）在 30~50m 的高度范围内对风廓线拟合得最好。

**表 A-3　不同地表的粗糙度长度 $z_0$ 和 $\alpha$ 值**

| 地　面　类　型 | $z_0$/m | $\alpha$ |
|---|---|---|
| 光滑(水面、沙、雪) | 0.001~0.02 | 0.10~0.13 |
| 较粗糙(短草、农作物、乡村地区) | 0.02~0.30 | 0.13~0.20 |
| 粗糙(树林、城市郊区) | 0.30~2 | 0.20~0.27 |
| 非常粗糙(城市、高大建筑) | 2~10 | 0.27~0.40 |

风廓线还可以应用指数公式描述：

$$\frac{v_2}{v_1}=\left(\frac{h_2}{h_1}\right)^{\alpha} \tag{A-7}$$

式中　$\alpha$——风切变指数。

式（A-7）适用于 $d$ 等于零的场合，但适用的高度范围大于式（A-6）。

$\alpha$ 值大表示风速随高度增加的快；$\alpha$ 值小表示风速随高度增加的慢。

$\alpha$ 值的变化与地面粗糙度有关，见表 A-3。$\alpha$ 与 $z_0$ 的关系

$$\alpha=0.04\ln z_0+0.003(\ln z_0)^2+0.24$$

风速随距地面高度变化的特性使风力机叶片在运转中受力不均匀，从而可能造成叶片的振动。

**5. 风频特性**

1）风向频率　在一定时间内各种风向出现的次数占所观测总次数的百分比，叫风向频率。即

$$风向频率=\frac{该风向出现的次数}{风向总观测次数}\times 100\% \tag{A-8}$$

2）风速频率　风速频率反映风的重复性，指在一个月或一年的周期中发生相同风速的时数占这段时间刮风总时数的百分比。

3）风玫瑰图　参照图 A-8 将风向分为若干方位，根据各方向风出现的频率按相应的比例长度绘制在图上，称为风向玫瑰图，如图 A-10a 所示。在风向玫瑰图中可以获得如下信息：

① 盛行风向　指根据当地多年观测资料绘制的年风向玫瑰图中，风向频率较大方向。以季度绘制的可以有四季的盛行风向。

② 风向旋转方向　指风向随着季节旋转。在季风区，一年中风向由偏北逐渐过渡到偏南，再由偏南逐渐过渡到偏北。有些地区风向不是逐步过渡而是直接交替的，这时风向旋转就不存在了。

③ 最小风向频率　指两个盛行风向对应轴大致垂直两侧风向频率最小的方向。当盛行风向有季节风向旋转性质时，最小风向频率应该在旋转方向的另一侧。

风向玫瑰图对风电机组的排列布阵很有参考价值，当某个方位风频很小时，对此方位的障碍物和建筑可以不予考虑。

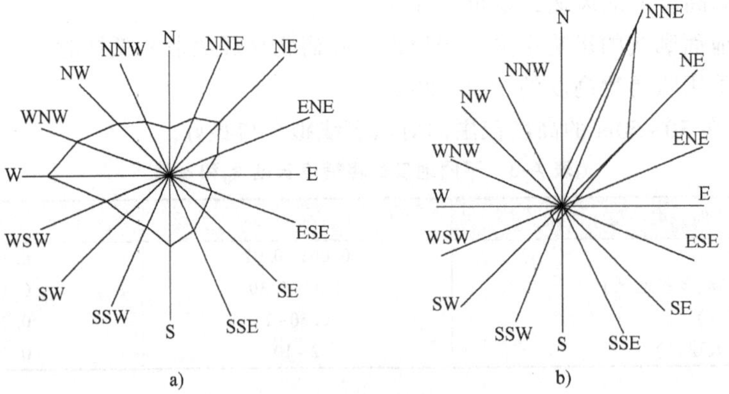


图 A-10 风玫瑰图

a）风向玫瑰图 b）风能玫瑰图

同样也可以用这种方法表示各方向的平均风速，称为风速玫瑰图。

图 A-10b 所示为某地的风能玫瑰图。它同时含有风向和风速的信息，反映风能资源的特性。图中每一条辐射线的方向代表风的方向，长度表示该风向频率与平均风速立方的乘积。

### A.2.4 风功率及风功率密度

**1. 定义**

风功率是指单位时间内，以速度 $v$ 垂直流过截面 $A$ 的气流所具有的动能。由式（2-23）得风功率

$$P_{W} = W/t = \frac{1}{2}\rho A v^{3} \tag{A-9}$$

风功率密度 $p_{W}$ 是气流垂直通过单位面积的风功率。它是表征一个地方风能资源多少的指标。即

$$p_{W} = P_{W}/A = \frac{1}{2}\rho v^{3} \tag{A-10}$$

**2. 分布函数**

风速分布一般均为正偏态分布，风力越大的地区，分布曲线越平缓，峰值降低右移。这说明风力大的地区，大风速所占比例也多。由于地理、气候特点的不同，各种风速所占的比例有所不同。

通常用威布尔分布双参数曲线描述风速的分布函数。即

$$f_{w}(v) = 1 - \exp\left[-\left(\frac{v}{c}\right)^{k}\right] \tag{A-11}$$

其概率密度函数可表达为

$$p(v) = \frac{k}{c}\left(\frac{v}{c}\right)^{k-1}\exp\left[-\left(\frac{v}{c}\right)^{k}\right] \tag{A-12}$$

式中，$k$ 和 $c$ 为威布尔分布的两个参数，$k$ 称作形状参数，$c$ 称作尺度参数。当 $c=1$ 时，

称为标准威布尔分布。形状参数 $k$ 的改变对分布曲线型式有很大影响。当 $k=1$ 时，分布呈指数型；$k=2$ 时，称为瑞利分布；$k=3.5$ 时，威布尔分布实际已很接近于正态分布了，如图A-11所示。

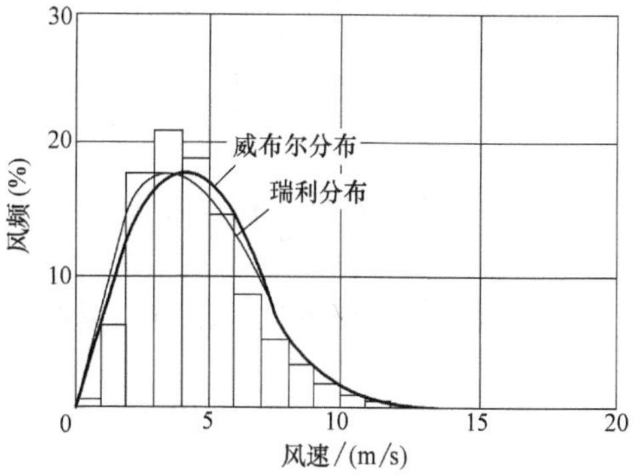


图 A-11　威布尔分布概率密度曲线

威布尔分布的数学期望和方差分别为

$$\mu=c\Gamma\left(1+\frac{1}{k}\right) \tag{A-13}$$

$$\sigma^2=c^2\left\{\Gamma\left(1+\frac{2}{k}\right)-\left[\Gamma\left(1+\frac{1}{k}\right)\right]^2\right\} \tag{A-14}$$

风速的威布尔分布在大多数地区都是适用的，但某些冬天、夏天季节分明的地区表现为双威布尔分布规律，其分布函数为

$$f_{\mathrm{w}}(v)=f_{\mathrm{w1}}\left(1-\exp\left[-\left(\frac{v}{c_1}\right)^{k_1}\right]\right)+(1-f_{\mathrm{w1}})\left(1-\exp\left[-\left(\frac{v}{c_2}\right)^{k_2}\right]\right) \tag{A-15}$$

**3. 威布尔分布参数 $k$ 和 $c$ 的估计**

威布尔分布形状参数 $k$ 和尺度参数 $c$ 可以根据风的实测数据进行估计，下面列举两种方法。

1）根据风的累积频率估计　根据风速的威布尔分布，风速小于 $v_g$ 的累积概率（分布函数）

$$f_{\mathrm{w}}(v\leqslant v_{\mathrm{g}})=1-\exp\left[-\left(\frac{v_{\mathrm{g}}}{c}\right)^k\right] \tag{A-16}$$

取对数整理后，有

$$\ln\{-\ln[1-f_{\mathrm{w}}(v\leqslant v_{\mathrm{g}})]\}=k\ln v_{\mathrm{g}}-k\ln c \tag{A-17}$$

令 $y=\ln\{-\ln[1-f_{\mathrm{w}}(v\leqslant v_{\mathrm{g}})]\}$，$x=\ln v_{\mathrm{g}}$，$a=-k\ln c$，$b=k$，于是参数 $k$ 和 $c$ 可以由最小二乘法拟合 $y=a+bx$ 得到。具体做法如下：

将观测到的风速出现范围划分成 $n$ 个间隔：$0\sim v_1$，$v_1\sim v_2$，…，$v_{n-1}\sim v_n$。统计每个间隔中风速观测值出现的频率 $p_1$，$p_2$，…，$p_n$ 和累积频率 $f_1=p_1$，$f_2=f_1+p_2$，…，$f_n=f_{n-1}+p_n$。取变换

$$x_i=\ln v_i \tag{A-18}$$

$$y_i=\ln[-\ln(1-f_i)] \tag{A-19}$$

由此便可得到 $a,b$ 的最小二乘估计值

$$a=\frac{\sum x_i^2\sum y_i-\sum x_i\sum x_iy_i}{n\sum x_i^2-(\sum x_i)^2}$$

$$b=\frac{-\sum x_i\sum y_i+n\sum x_iy_i}{n\sum x_i^2-(\sum x_i)^2}$$

于是可得

$$c=\exp\left(-\frac{a}{b}\right) \tag{A-20}$$

$$k=b \tag{A-21}$$

2）根据平均风速 $\bar{v}$ 和样本标准差 $s_v$ 估计　由式（A-13）和式（A-14）可得

$$\left(\frac{\sigma}{\mu}\right)^2=\{\Gamma(1+2/k)/[\Gamma(1+1/k)]^2\}-1 \tag{A-22}$$

从式（A-22）可见 $\frac{\sigma}{\mu}$ 仅仅是 $k$ 的函数。因此当知道了分布的均值和均方差，便可求解 $k$，由于直接用 $\frac{\sigma}{\mu}$ 求解 $k$ 比较困难，因此通常可用式（A-22）近似关系式求解 $k$

$$k=\left(\frac{\sigma}{\mu}\right)^{-1.086} \tag{A-23}$$

而由式（A-13）有

$$c=\frac{\mu}{\Gamma(1+1/k)} \tag{A-24}$$

以平均风速 $\bar{v}$ 作为 $\mu$ 的估计值，样本标准差 $s_v$ 作为 $\sigma$ 的估计值，同时有

$$\bar{v}=\frac{1}{N}\sum v_i \tag{A-25}$$

$$s_v=\left[\frac{1}{N}\sum(v_i-\bar{v})^2\right]^{1/2} \tag{A-26}$$

式中　$v_i$——计算时段中每次的风速观测值，单位为 m/s；

$N$——观测总次数。

**4. 平均风功率密度**

根据式（A-10）可知，风功率密度 $p_w$ 为 $\rho$ 和 $v$ 两个随机变量的函数，对某一地区而言，空气密度 $\rho$ 的变化可忽略不计，因此，$p_w$ 的变化主要是由 $v^3$ 随机变化所决定，这样 $p_w$ 的概率密度分布只决定于风速的概率分布特征，即

$$E(p_w)=\frac{1}{2}\rho E(v^3) \tag{A-27}$$

风速立方的数学期望

$$\begin{aligned}E(v^3)&=\int_0^\infty v^3p(v)\,dv=\int_0^\infty \frac{k}{c}\left(\frac{v}{c}\right)^{k-1}\exp\left[-\left(\frac{v}{c}\right)^k\right]v^3\,dv\\&=\int_0^\infty v^3\exp\left[-\left(\frac{v}{c}\right)^k\right]d\left(\frac{v}{c}\right)^k=\int_0^\infty c^3\left(\frac{v}{c}\right)^3\exp\left[-\left(\frac{v}{c}\right)^k\right]d\left(\frac{v}{c}\right)^k\end{aligned} \tag{A-28}$$

令 $y=\left(\frac{v}{c}\right)^k$，即 $\frac{v}{c}=y^{1/k}$，$\left(\frac{v}{c}\right)^3=y^{3/k}$，则

$$E(v^3)=\int_0^\infty c^3y^{3/k}\exp[-y]\,dy=c^3\int_0^\infty y^{3/k}\exp[-y]\,dy=c^3\Gamma(3/k+1) \tag{A-29}$$

可见，风速立方的分布仍然是一个威布尔分布，只不过它的形状参数变为 $3/k$，尺度参数变为 $c^3$。因此，只要确定了风速的威布尔分布的两个参数 $c$ 和 $k$，风速立方的平均值便可确定，平均风功率密度为

$$\bar{p}_w=\frac{1}{2}\rho c^3\Gamma(3/k+1) \tag{A-30}$$

**5. 有效风速和有效风功率密度**

风力机械要根据当地的风况确定一个额定风速，它与额定功率相对应。由于风的随机性，风力机械不可能始终在额定风速下运行。因此就有一个工作风速范围，即从切入风速 $v_1$ 到切出风速 $v_2$ 的范围。切入风速到切出风速之间的风速称为有效风速。依此计算的风功率密度称为有效风功率密度。在有效风速范围内，设风速分布为 $p'(v)$，风速立方的数学期望为

$$E'(v^3)=\int_{v_1}^{v_2} v^3 p'(v)\,\mathrm{d}v=\int_{v_1}^{v_2} v^3\frac{p(v)}{p(v_1\leqslant v\leqslant v_2)}\mathrm{d}v=\int_{v_1}^{v_2} v^3\frac{p(v)}{p(v\leqslant v_2)-p(v\leqslant v_1)}\mathrm{d}v$$

$$=\int_{v_1}^{v_2} v^3\frac{\left(\frac{k}{c}\right)\left(\frac{v}{c}\right)^{k-1}\exp\left[-\left(\frac{v}{c}\right)^k\right]}{\exp\left[-\left(\frac{v_1}{c}\right)^k\right]-\exp\left[-\left(\frac{v_2}{c}\right)^k\right]}\mathrm{d}v$$

$$=\frac{k/c}{\exp\left[-\left(\frac{v_1}{c}\right)^k\right]-\exp\left[-\left(\frac{v_2}{c}\right)^k\right]}\int_{v_1}^{v_2} v^3\left(\frac{v}{c}\right)^{k-1}\exp\left[-\left(\frac{v}{c}\right)^k\right]\mathrm{d}v \tag{A-31}$$

式（A-31）可通过数值积分求得。因此由式（A-10），有效风功率密度 $p'_w$ 便可计算出来，即

$$p'_w=\frac{1}{2}\rho E'(v^3)=\frac{\rho k/c}{2\left\{\exp\left[-\left(\frac{v_1}{c}\right)^k\right]-\exp\left[-\left(\frac{v_2}{c}\right)^k\right]\right\}}\int_{v_1}^{v_2} v^3\left(\frac{v}{c}\right)^{k-1}\exp\left[-\left(\frac{v}{c}\right)^k\right]\mathrm{d}v \tag{A-32}$$

**6. 风能可利用时间**

在风速概率分布确定以后，还可以计算风能的可利用时间。有效风力范围内的风能可利用时间 $t$，可以由下式求得

$$t=T\int_{v_1}^{v_2} p(v)\,\mathrm{d}v=T\int_{v_1}^{v_2}\frac{k}{c}\left(\frac{v}{c}\right)^{k-1}\exp\left[-\left(\frac{v}{c}\right)^k\right]\mathrm{d}v$$

$$=T\left\{\exp\left[-\left(\frac{v_1}{c}\right)^k\right]-\exp\left[-\left(\frac{v_2}{c}\right)^k\right]\right\} \tag{A-33}$$

式中 $T$——统计时段的总时间，单位为 h；

$v_1$——切入风速，单位为 m/s；

$v_2$——切出风速，单位为 m/s。

## A.3 脉动风特性

风湍流是指短时间内（一般小于 10min）的风速波动。可以认为风是长时间作用的平均风速与短时间作用的脉动风之和。湍流生成的原因有两个：一是环境的粗糙度，不同的地形特性，如山谷、丘陵等地面障碍物引起气流的改变；二是热效应引起的空气密度的改变。

脉动风中的物理量随时间和空间的变化是一种随机变量，当大气是中性稳定时，大气运动可以看成是平稳的随机过程，这时脉动风的物理量可以用时间平均值来代替统计平均值，即可以用某一空间点上长时间观测的样本进行平均来代表整个脉动风的统计特性。

### A.3.1 脉动风速

由式（A-1）可知，脉动风速是指在某时刻 $t$，空间某点上的瞬时风速与平均风速的差值

$$v'(t)=v(t)-\bar{v} \tag{A-34}$$

脉动风速的时间平均值为零，即

$$\overline{v'}(t)=\frac{1}{\Delta t}\int_{t_1}^{t_2}v'(t)\,\mathrm{d}t=0 \tag{A-35}$$

脉动风速的概率密度函数非常接近于高斯（Gaussian）分布或正态分布，高斯分布概率密度函数可表示为

$$p(x)=\frac{1}{\sigma\sqrt{2\pi}}\exp\left[-\frac{(x-a)^2}{2\sigma^2}\right] \tag{A-36}$$

式中 $a$——数学期望；

$\sigma$——均方差。

将 $x$ 变量用脉动风速 $v'$表示，因 $\bar{v}'=0$，即式（A-36）中的 $a=0$，则脉动风速的概率密度为

$$p(v')=\frac{1}{\sigma_{v'}\sqrt{2\pi}}\exp\left[-\frac{v'^2}{2\sigma_{v'}^2}\right] \tag{A-37}$$

脉动风速随高度的减小而增加，这是因为在大气边界层的地表层中，大气湍流运动是在大气热力和动力现象的共同作用下发生和发展的，因此受地表面的地貌特征和温度层结的强烈影响。

### A.3.2 湍流强度

湍流强度是描述风速随时间和空间变化的程度，反映脉动风速相对强度的最重要的特征量。湍流强 $I$ 定义为脉动风速均方差与平均风速之比，即

$$I=\frac{\sqrt{(\overline{v_x'^2}+\overline{v_y'^2}+\overline{v_z'^2})/3}}{\sqrt{\overline{v_x^2}+\overline{v_y^2}+\overline{v_z^2}}}=\frac{\sqrt{(\overline{v_x'^2}+\overline{v_y'^2}+\overline{v_z'^2})/3}}{\bar{v}} \tag{A-38}$$

式中 $v_x$、$v_y$、$v_z$——分别为纵向（与平均风速方向平行）、横向和竖向 3 个正交方向上的瞬时风速分量；

$v_x'$、$v_y'$、$v_z'$——分别为对应的 3 个正交方向上的脉动风速分量；

$\bar{v}$——平均风速。

3 个正交方向上的瞬时风速分量的湍流强度分别定义为

$$\left.\begin{aligned}I_x&=\frac{\sqrt{\overline{v_x'^2}}}{\bar{v}}=\frac{\sigma_x}{\bar{v}}\\I_y&=\frac{\sqrt{\overline{v_y'^2}}}{\bar{v}}=\frac{\sigma_y}{\bar{v}}\\I_z&=\frac{\sqrt{\overline{v_z'^2}}}{\bar{v}}=\frac{\sigma_z}{\bar{v}}\end{aligned}\right\} \tag{A-39}$$

在大气边界层的地表层中，3 个方向的湍流强度是不相等的，一般 $I_x>I_y>I_z$。在地表层上面，3 个方向的湍流强度逐渐减小，并随着高度的增加趋于相等。湍流强度不仅与离地高

度有关，还与地表面粗糙度长度有关。在风工程研究中，主要考虑与平均风速方向平行的纵向湍流强度 $I_x$。有文献给出了纵向湍流强度 $I_x$ 随高度 $z$ 变化的表达式为

$$I_x = 1.5\alpha(z/10)^{-1.7\alpha}$$

图 A-12 给出了纵向湍流强度随高度的变化曲线。由图 A-12 可知，纵向湍流强度随高度的增加而减小，图中还给出了某地实测的结果，由图可知，实测结果与计算结果基本一致。

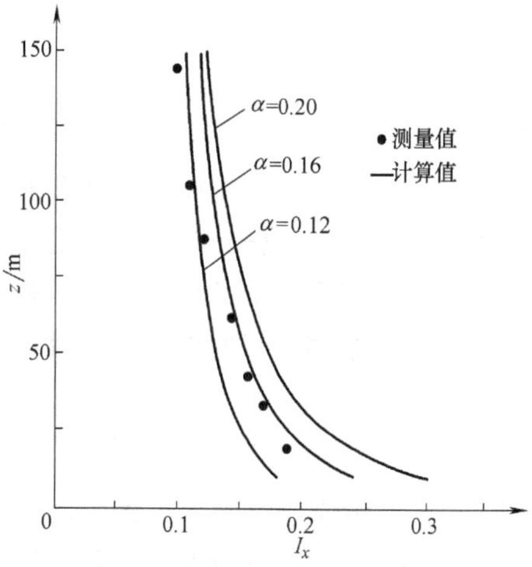


图 A-12　纵向湍流强度随高度的变化曲线

$I_x$值在 0.10 或以下时表示湍流较小，到 0.25 表明湍流过大，一般海上 $I_x$ 在 0.08～0.10 左右，陆地上为 0.12～0.15。湍流过大会减少风力机的输出功率，引起系统的振动和荷载的不均匀，最终可能使风力机系统受到损坏。

### A.3.3　湍流相关性

在时域中，脉动风的相关性一般用相关函数表示，相关函数分为自相关函数和互相关函数。自相关函数是指一个随机变量在 $t$ 时刻和 $t+\tau$ 时刻变量值乘积平均，可表示为

$$R_{xx}(\tau) = E[x(t) \cdot x(t+\tau)] = \overline{x(t) \cdot x(t+\tau)}$$

式中　$x$——随机变量。

自相关函数不能直接了解相关性大小，引入自相关系数

$$\rho_{xx}(\tau) = \frac{E\{[x(t)-\mu_x] \cdot [x(t+\tau)-\mu_x]\}}{\sigma_x^2}$$

$$= \frac{\overline{[x(t)-\mu_x] \cdot [x(t+\tau)-\mu_x]}}{\sigma_x^2} = \frac{R_{xx}(\tau)-\mu_x^2}{\sigma_x^2}$$

式中　$\mu_x$——随机变量 $x$ 的数学期望；

$\sigma_x^2$——随机变量 $x$ 的方差。

互相关函数是指两个随机变量在 $t$ 时刻和 $t+\tau$ 时刻变量值乘积平均，可表示为

$$R_{xy}(\tau) = E[x(t) \cdot y(t+\tau)] = \overline{x(t) \cdot y(t+\tau)}$$

式中　$x$、$y$——随机变量。

同样引入互相关系数

$$\rho_{xy}(\tau) = \frac{E\{[x(t)-\mu_x] \cdot [y(t+\tau)-\mu_y]\}}{\sigma_x\sigma_y} = \frac{\overline{[x(t)-\mu_x] \cdot [y(t+\tau)-\mu_y]}}{\sigma_x\sigma_y}$$

式中　$\mu_x$、$\mu_y$——分别表示随机变量 $x$、$y$ 的数学期望；

$\sigma_x$、$\sigma_y$——分别表示随机变量 $x$、$y$ 的均方差。

对于脉动风速分量来说，$\overline{v_x'} = \overline{v_y'} = \overline{v_z'} = 0$。以空间一个固定点上的纵向脉动风速在两个不同时刻的相关性为例，可以用自相关系数表示为

$$\rho_{v'_x v'_x}(\tau)=\frac{\overline{v'_x(t)\cdot v'_x(t+\tau)}}{\sigma_{v'_x}^2} \tag{A-40}$$

式中 $v'_x(t)$、$(t+\tau)$——分别表示空间某一点上在 $t$ 时刻和 $t+\tau$ 时刻的纵向脉动风速；

$\sigma_{v'_x}^2$——纵向脉动风速分量的方差。

当 $\tau=0$ 时，$\rho_{v'_x v'_x}(\tau)=1$，表示完全相关；随着 $\tau$ 增加，$\rho_{v'_x v'_x}(\tau)$ 减少到零表示完全不相关。空间一个固定点上的横向及竖向脉动风速在两个不同时刻的自相关性与此类似。

以空间两个固定点间的脉动速度的相关性为例，可用互相关系数表示为

$$\rho_{12}(r_1,r_2,\tau)=\frac{\overline{v'_1(r_1,t)\cdot v'_2(r_2,t+\tau)}}{\sigma_1\sigma_2} \tag{A-41}$$

式中 $v'_1$——对应于空间点 $r_1$ 处脉动风速；

$v'_2$——对应于空间点 $r_2$ 处脉动风速；

$\sigma_1$、$\sigma_2$——分别为空间点 $r_1$ 和 $r_2$ 处脉动风速的均方差。

当考虑到空间点 $r_1$ 和 $r_2$ 处脉动风速在纵向（$x$）、横向（$y$）和竖向（$z$）3 个方向的分量 $v'_{x1}$、$v'_{y1}$、$v'_{z1}$ 以及 $v'_{x2}$、$v'_{y2}$ 和 $v'_{z2}$ 时，式（A-41）中包含了 9 个互相关系数，即 $\rho_{v'_{x1}v'_{x2}}(r_1,\ r_2,\ \tau)$、$\rho_{v'_{x1}v'_{y2}}(r_1,\ r_2,\ \tau)$ 等。以空间点 $r_1$ 处纵向脉动风速分量与空间点 $r_2$ 处横向脉动风速分量的互相关系数为例，可将其表示为

$$\rho_{v'_{x1}v'_{y2}}(r_1,r_2,\tau)=\frac{\overline{v'_{x1}(r_1,t)\cdot v'_{y2}(r_2,t+\tau)}}{\sigma_{x1}\sigma_{y2}} \tag{A-42}$$

当式（A-41）中 $\tau=0$ 时，则可得到空间两点间脉动速度分量的空间相关性

$$\rho_{12}(r_1,r_2,0)=\frac{\overline{v'_1(r_1,t)\cdot v'_2(r_2,t)}}{\sigma_1\sigma_2} \tag{A-43}$$

式（A-43）中同样包含了 9 个空间互相关系数，以空间点 $r_1$ 处纵向脉动风速分量与空间点 $r_2$ 处纵向脉动风速分量的互相关系数为例，可将其表示为

$$\rho_{v'_{x1}v'_{x2}}(r_1,r_2,0)=\frac{\overline{v'_{x1}(r_1,t)\cdot v'_{x2}(r_2,t)}}{\sigma_{x1}\sigma_{x2}}=\frac{\overline{v'_{x1}(r_1,t)\cdot v'_{x2}(r_2,t)}}{\sigma_{v'_x}^2} \tag{A-44}$$

在大气运动中，一般脉动风有 $\sigma_{x1}\approx\sigma_{x2}\approx\sigma_{v'_x}$。

假设风湍流在空间是均匀的，泰勒（Taylor）认为，当平均流动速度 $\bar{v}$ 较大时，即纵向湍流脉动速度 $v'\ll\bar{v}$ 时，湍流场好像被“冻结”了一样，以平均速度 $\bar{v}$ 平移。在 Taylor 假设下，有如下的时空对应关系

$$v'_x(t)=v\left(\frac{x}{\bar{v}}\right) \text{ 或 } v'_x(x)=v(\bar{v}t)$$

式中 $v'_x$——纵向脉动风速。

通常泰勒冻结假设用于将湍流速度的时间序列转换为空间序列。在工程实际中，通常采用测量单点脉动风速，获得其时间相关函数，再转换成空间相关函数。

图 A-13 和图 A-14 分别给出了某地区不同高度处实测的纵向脉动风速的自相关系数和互相关系数。由图 A-13 可知：纵向脉动风速的自相关系数随时间滞后的增加而呈指数衰减。

一般，自相关性与平均风速大小、离地高度、地表面粗糙长度和风结构等有关，平均风速越大，离地高度越高，自相关性越好，地表面粗糙长度越大，自相关性越差。

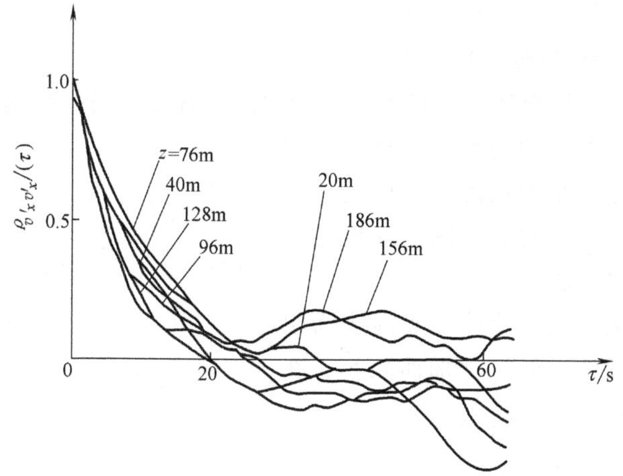


图 A-13　不同高度处纵向脉动风速的自相关系数

由图 A-14 可知：纵向脉动风速的竖向互相关系数随着竖向间距的增大而逐渐减小，当距离超过 150m 时，竖向互相关系数逐渐趋于零。一般地，互相关性也与平均风速大小、空间两点间距、离地高度、地表面粗糙度和风结构等有关，随着间距的增加，相关性变差。

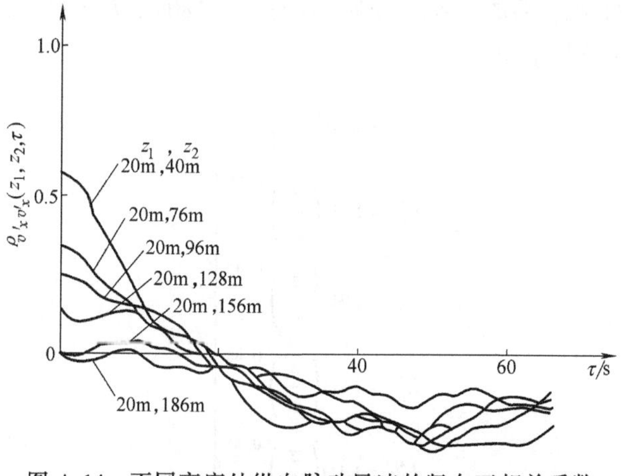


图 A-14　不同高度处纵向脉动风速的竖向互相关系数

### A. 3. 4　湍流积分尺度

大气湍流运动是由许多不同尺度的涡旋运动组合而成，不同大气尺度的涡旋运动有不同的特性，在大气湍流运动中起着不同的作用，因此在研究湍流时，定义了若干具有一定特征的代表性的涡旋尺度表征湍流中涡旋的平均尺度，对应与纵向、横向和竖向脉动速度分量$v'_x$，$v'_y$和 $v'_z$有关的涡旋 3 个方向 $x$，$y$，$z$，一共有 9 个湍流积分尺度 $L_j^i(i=x,y,z;\ j=v_x,v_y,v_z)$。湍流积分尺度 $L_{v_x}^x$ 表示与纵向脉动速度有关的涡旋纵向的平均尺度，可用湍流相关函数表示为

$$L_{v_x}^x=\frac{1}{\sigma_{v'_x}^2}\int_0^\infty R_{v'_x}(x)\,\mathrm{d}x \tag{A-45}$$

式中 $R_{v'_x}$——同一时刻 $t$，空间两点间的纵向脉动速度 $v'_1=v'(x_1, y_1, z_1, t)$ 和 $v'_2=v'(x_1+x, y_1, z_1, t)$ 的空间相关函数；

$x$——纵向脉动速度 $v'_x$ 的方向；

$\sigma^2_{v'_x}$——纵向脉动风速分量的方差。

当空间两点间距小于湍流的平均尺度时，则两点经常处于同一个涡旋内，因此两点的脉动速度是相关的，涡旋的作用将增强；反之，当空间两点间距大于湍流的平均尺度时，则两点经常处于不同的涡旋中，因此两点的脉动速度是不相关的，涡旋的作用将减弱。

湍流积分尺度取决于离地高度 $z$ 和地表面粗糙长度 $z_0$，它随 $z$ 而增加，随 $z_0$ 增加而减小，在 10m~240m 高度范围内，$L^x_{v_x}$ 可表示为

$$L^x_{v_x}=Ch^m$$

式中 $C$、$m$——分别为系数，如图 A-15 所示。

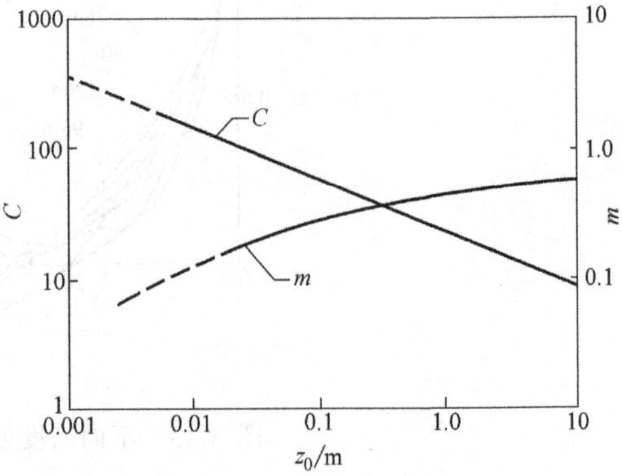

图 A-15 C 和 m 系数

与纵向脉动风速有关涡旋的横向平均尺度 $L^y_{v_x}$ 和竖向平均尺度 $L^z_{v_x}$ 分别为 $L^x_{v_x}$ 值的 1/3 和 1/2。

有文献给出了不同高度区域下的湍流积分尺度的表达式。当离地高度 $z>z'$（$z'=1000(z_0)^{0.18}$）时，湍流不再受地面的影响，而成为各向同性，这时 $L^x_{v_x}=280\text{m}$，$L^y_{v_x}=L^z_{v_x}=L^x_{v_y}=L^z_{v_y}=140\text{m}$。

当 $z<z'$时，湍流积分尺度可表示为

$$\left.\begin{aligned}L^x_{v_x}&=280\left(\frac{z}{z'}\right)^{0.35}\\L^y_{v_x}&=140\left(\frac{z}{z'}\right)^{0.38}\\L^z_{v_x}&=140\left(\frac{z}{z'}\right)^{0.45}\\L^x_{v_y}&=140\left(\frac{z}{z'}\right)^{0.48}\\L^z_{v_y}&=140\left(\frac{z}{z'}\right)^{0.55}\end{aligned}\right\}\tag{A-46}$$

当 $z<400\text{m}$ 时

$$L^x_{v_z}=L^y_{v_z}=0.35z\tag{A-47}$$

进一步的研究还表明，湍流积分尺度与大气边界层厚度，平均风速等也有关系。

又有文献给出了如下的湍流积分尺度的表达式

$$\left.\begin{aligned}L^x_{v_x}&=\frac{25z^{0.35}}{(z_0)^{0.063}}\\L^y_{v_x}&=\frac{10z^{0.30}}{(z_0)^{0.068}}\end{aligned}\right\}\tag{A-48}$$

### A.3.5 湍流功率谱密度

大气湍流运动是由许多不同尺度的涡运动组合而成，空间某点的脉动风速是由不同尺度的涡在该点处形成的各种频率的脉动叠加而成的，因此湍流的脉动动能可以认为是各种频率的涡的贡献。湍流功率谱密度是湍流脉动动能在频率或周波数空间上的分布密度，用来描述湍流中不同尺度的涡的动能对湍流脉动动能的贡献。

湍流功率谱密度可以由脉动风速的时间相关函数经傅里叶（Fourier）变换后求得，也可以直接由风速仪记录的数据通过低通滤波器测出功率谱曲线。目前，有很多湍流功率谱用来描述大气在中性层结时的大气运动的脉动风特性。这里仅介绍卡尔曼（Kaimal）谱。

卡尔曼谱考虑了大气湍流运动中湍流功率谱随高度的变化，其纵向湍流功率谱表达式为

$$\frac{\omega S_x(z,\omega)}{v_*^2}=\frac{200f}{(1+50f)^{5/3}} \tag{A-49}$$

式中 $\omega$——脉动风频率，单位为 Hz；

$S_x(z,\ \omega)$——纵向湍流自功率谱密度函数；

$v_*$——摩擦速度，$v_*=0.35\bar{v}_z/\ln(z/z_0)$，其中 $z_0$为地表面粗糙度长度；

$f$——莫宁坐标，$f=\omega z/\bar{v}_z$，其中 $\bar{v}_z$为高度 $z$ 处的平均风速。

卡曼谱还有另外一种表达形式，即

$$\frac{\omega S_x(z,\omega)}{\sigma_{v_x'}^2}=\frac{32f}{(1+50f)^{5/3}} \tag{A-50}$$

式中 $\sigma_{v_x'}^2$——纵向脉动速度的方差。

且有

$$\sigma_{v_x'}^2=\int_0^\infty S_x(\omega)\,\mathrm{d}\omega$$

GT/T 18451.1—2012 给出：

$$\frac{\omega S_x(\omega)}{\sigma_{v_x'}^2}=\frac{4\omega L_x/\bar{v}_z}{(1+6\omega L_x/\bar{v}_z)^{5/3}}$$

式中 $L_x$——长度尺度，且有：

$$L_x=\begin{cases}5.67z & z\leqslant 60\text{m}\\ 340.2\text{m} & z>60\text{m}\end{cases}$$

## A.4 极端风特性

### A.4.1 极端风

极端风是指通常很少出现的风。极端风对建（构）筑物将产生严重的毁坏，在风工程研究中必须要考虑极端风的影响。极端风主要有如下几种。

**1. 热带气旋**

热带气旋是在热带海洋大气中产生的中心高温、低压的强烈气旋性涡旋，是热带低压、热带风暴、强热带风暴、台风或飓风的总称。热带气旋中心附近的平均最大风力达 12 级以上时称台风；10 级~11 级时称强热带风暴，8 级~9 级时称热带风暴，8 级以下时称热带低压。每年 6 月~9 月，我国沿海地区特别是在东南沿海的广东、海南、台湾、浙江、香港、

澳门等地常常受到发生在北太平洋西部和中国南海台风的袭击，台风的水平尺度约从100~2000km，垂直尺度可从海平面直达平流层底层。台风中心附近海面风速一般为30~50m/s，最大风速曾达110m/s。

**2. 寒潮大风**

寒潮大风是我国冬季和早春晚秋时出现的灾害性天气。极地或寒带的冷空气大规模地向中、低纬度地区侵袭时，一般称为一次冷空气活动。在一次冷空气活动中，当一地最低气温达5℃以下时，或在48h内日平均气温最大降温达10℃时，称为一次寒潮。寒潮是大范围的冷空气侵入过程，在剧烈降温下伴有大风。寒潮大风的风力在陆地可达5~7级，海上可达6~8级，瞬时最大风力可达12级。

**3. 龙卷风**

龙卷风是一种从积雨云底部下垂的漏斗状云的小范围的强烈涡旋。龙卷风在靠近地面处的直径从几米至几百米，在空中的直径可达3~4km，持续时间从几分钟至几十分钟，移动距离从几百米至千米，最大可达数千米。龙卷风中心附近的风速最大可达100~200m/s，垂直气流速度最大可达每秒几十米至每秒几百米。

### A.4.2 重现期

在工程结构设计时，从安全性和经济性综合考虑，要合理确定一个设计最大风速。由于各年的年最大风速不尽相同，不能取各年最大风速的平均值作为设计最大风速，因为大于该平均值的年数必然很多，而应该取大于该平均值很多的某个值作为设计最大风速。这个值是要间隔相当的时期才出现，这个间隔时期称为重现期，重现期以年为单位，相应的最大风速也应以年的资料计算。

设重现期为$N$，则超过设计最大风速的概率为$1/N$，即不超过该设计最大风速的概率或保证率为

$$P=1-1/N$$

重现期越长，保证率也就越高。在世界各国规范中规定的重现期不尽相同，根据我国建筑结构荷载规范的有关规定：对于一般的建筑物和结构物，重现期可取50年；对于重要的高层建筑物和高耸结构物，以及大跨度桥梁等，重现期可取100年。

## A.5 风能可利用区的划分

风功率密度蕴含着风速、风速频率分布和空气密度的影响，是衡量风能资源的综合指标。对于风力发电来说，风功率密度等级在国标“风电场风能资源评估方法”中给出了7个级别，见表A-4。

**表A-4 风功率密度等级表**

| 风功率密度等级 | 10m高度 | | 30m高度 | | 50m高度 | | 应用于并网风力发电 |
|---|---|---|---|---|---|---|---|
| | 风功率密度/(W/m$^2$) | 年平均风速参考值/(m/s) | 风功率密度/(W/m$^2$) | 年平均风速参考值/(m/s) | 风功率密度/(W/m$^2$) | 年平均风速参考值/(m/s) | |
| 1 | <100 | 4.4 | <160 | 5.1 | <200 | 5.6 | |
| 2 | 100~150 | 5.1 | 160~240 | 5.9 | 200~300 | 6.4 | |
| 3 | 150~200 | 5.6 | 240~320 | 6.5 | 300~400 | 7.0 | 较好 |
| 4 | 200~250 | 6.0 | 320~400 | 7.0 | 400~500 | 7.5 | 好 |

（续）

| 风功率密度等级 | 10m 高度 | | 30m 高度 | | 50m 高度 | | 应用于并网风力发电 |
|---|---|---|---|---|---|---|---|
| | 风功率密度/(W/m$^2$) | 年平均风速参考值/(m/s) | 风功率密度/(W/m$^2$) | 年平均风速参考值/(m/s) | 风功率密度/(W/m$^2$) | 年平均风速参考值/(m/s) | |
| 5 | 250~300 | 6.4 | 400~480 | 7.4 | 500~600 | 8.0 | 很好 |
| 6 | 300~400 | 7.0 | 480~640 | 8.2 | 600~800 | 8.8 | 很好 |
| 7 | 400~1000 | 9.4 | 640~1600 | 11.0 | 800~2000 | 11.9 | 很好 |

注：1. 不同高度的年平均风速参考值是按风切变指数为 1/7 推算的。

2. 与风功率密度上限值对应的年平均风速参考值，按海平面标准大气压并符合瑞利风速频率分布的情况推算。

一般说平均风速越大，风功率密度也大，风能可利用小时数就越多。我国风能区域等级划分的标准是：

风资源丰富区：年有效风功率密度大于 200W/m$^2$，3~20m/s 风速的年累积小时数大于 5000h，年平均风速大于 6m/s。

风资源次丰富区：年有效风功率密度为 150~200W/m$^2$，3~20m/s 风速的年累积小时数为 4000~5000h，年平均风速在 5.5m/s 左右。

风资源可利用区：年有效风功率密度为 100~150W/m$^2$，3~20m/s 风速的年累积小时数为 2000~4000h，年平均风速在 5m/s 左右。

风资源贫乏区：年有效风功率密度小于 100W/m$^2$，3~20m/s 风速的年累积小时数小于 2000h，年平均风速小于 4.5m/s。

风资源丰富区和较丰富区，具有较好的风能资源，是理想的风电场建设区；风能资源可利用区，有效风功率密度较低，这对电能紧缺地区还是有相当的利用价值。实际上，较低的年有效风功率密度也只是对宏观的大区域而言，而在大区域内，由于特殊地形有可能存在局部的小区域大风区，因此应具体问题具体分析，通过对这种地区进行精确的风能资源测量，详细了解分析实际情况，选出最佳区域建设风电场，效益还是相当可观的。

风资源贫乏区，风功率密度很低，对大型并网型风力机系统一般无利用价值。

# 附录 B　风电场中的风力机尾流

在风电场中，风力机经常处在相邻风力机的尾流中运行，尾流不但对风力机的功率输出有影响，而且对风力机的结构疲劳也有影响。

## B.1　半经验尾流模型

尾流模型是描述风力机尾流结构的数学模型，用于计算风力机尾流区的速度分布和风电场中处在尾流区的风力机的功率输出。目前，使用的尾流模型有半经验的尾流模型和用数值计算方法建立的尾流模型，数值计算方法是通过求解 N-S 方程得到的。这里主要介绍几种半经验的尾流模型。

### B.1.1　无黏近场尾流模型

无黏近场尾流模型假设在风力机近场尾流区的流动是无黏旋转的流动，这时可得到风力机尾流旋转轴上的无量纲轴向速度 $v_c$ 的表达式为

$$v_c=\frac{V_c}{V_\infty}=1-a\left(1+\frac{x}{\sqrt{x^2+0.25}}\right) \tag{B-1}$$

式中　$x$——相对距离，$x=X/D$；

$V_c$——尾流旋转轴上的轴向速度；

$V_\infty$——来流速度；

$X$——风轮下游某点到风轮平面的轴向距离；

$D$——风轮直径；

$a$——风轮轴向气流诱导因子。

无黏近场尾流模型只能近似用于描述 $X\leqslant 5D$ 时的风力机尾流区速度分布。

### B.1.2　丹麦半经验尾流模型

丹麦半经验尾流模型是丹麦国家实验室 RIS$\phi$ 发展的一种尾流模型，它主要用于计算风场中处在尾流区风力机的功率输出。该尾流模型假设：1）尾流初始直径为风轮直径。2）尾流增长速率呈线性关系。3）尾流横向剖面上的速度是均匀的。尾流模型如图 B-1 所示。

根据动量定理可得到风力机尾流区无量纲轴向速度 $v_c$ 的表达式为

$$v_c=\frac{V_c}{V_\infty}=1-2a\left(\frac{1}{1+2kX/D}\right)^2 \tag{B-2}$$

式中　$k$——尾流衰减系数；

$a$——风轮轴向气流诱导因子，即尾流初始速度损失系数。

$$a=1-\frac{V_c}{V_\infty}=\frac{1-\sqrt{1-C_F}}{2} \tag{B-3}$$

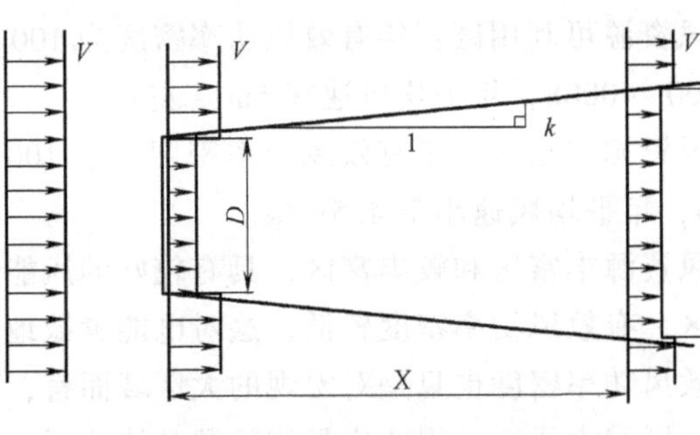


图 B-1　丹麦半经验尾流模型

将式（B-3）代入式（B-2）可得

$$v_c=\frac{V_c}{V_\infty}=1-\frac{1-\sqrt{1-C_F}}{\left(1+\frac{2kX}{D}\right)^2} \tag{B-4}$$

尾流衰减系数 $k$ 可根据风场试验结果确定。参考数据是：在陆地，当两台风力机串列布置时，上游风力机的尾流衰减系数 $k$ 取 0.075，下游风力机的尾流衰减系数 $k$ 取 0.11。在近海，上游风力机的 $k$ 取 0.05。

### B.1.3　AV 尾流模型

AV 尾流模型是在射流理论基础上发展的一种全场尾流模型。它将风力机尾流区分成 3 个区域，如图 B-2 所示。

在每个区域内，假设尾流增长速率呈线性关系，并与机械湍流和/或背景湍流有关。

区域Ⅰ是近场尾流区，从风轮旋转平面一直延伸到风轮后锥形均匀流区的末端。区域的速度分布随均匀流和外流混合区的相对大小变化而变化，其尾流增长速率主要取决于机械湍流，背景湍流则有一定影响。

区域Ⅱ是一个过渡区。区域Ⅱ同区域Ⅰ有相同的尾流增长速率，尾流增长速率仍主要取

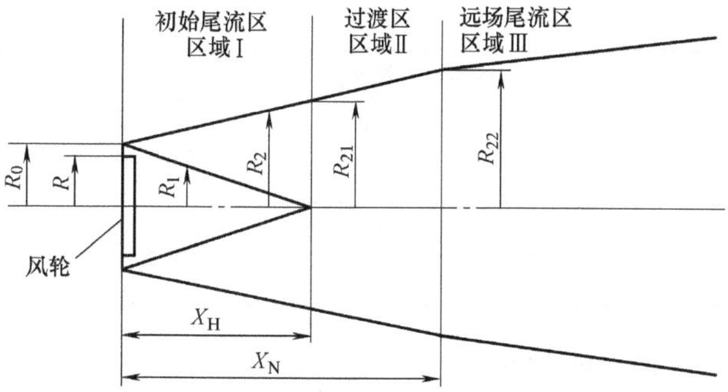


图 B-2　AV 尾流模型

决于机械湍流，背景湍流也有影响。

区域Ⅲ是远场尾流区。在区域Ⅲ中，尾流增长速率同时取决于机械湍流和背景湍流，机械湍流的作用已开始下降。

### 1. 区域Ⅰ的尾流特性

区域Ⅰ中与机械湍流相关的无量纲尾流长度 $x_{\mathrm{Im}}$ 可表示为

$$x_{\mathrm{Im}}=\frac{X_{\mathrm{Im}}}{R_0}\cdot\frac{R_0}{R}=\frac{r_0(1+m)}{0.27(m-1)\sqrt{0.214+0.144m}} \tag{B-5}$$

式中　$X_{\mathrm{Im}}$——区域Ⅰ中与机械湍流相关的尾流长度；

$R_0$——初始尾流半径；

$R$——风轮半径；

$r_0$——无量纲初始尾流半径，$r_0=\dfrac{R_0}{R}=\sqrt{(1+m)/2}$；

$m$——初始速度比，$m=\dfrac{V_\infty}{V_0}=1/(1-2a)$；

$V_0$——初始速度。

区域Ⅰ的无量纲尾流总长度 $x_H$ 可表示为

$$x_H=\frac{r_{21}-r_0}{[(r_{21}/x_{\mathrm{Im}})^2+(2\alpha)^2]^{1/2}} \tag{B-6}$$

式中　$\alpha$——由背景湍流引起的尾流增长速率，$\alpha=\left(\dfrac{\mathrm{d}r_2}{\mathrm{d}x}\right)_\alpha=1.97\dfrac{\mathrm{d}\sigma}{\mathrm{d}x}$；

$\sigma$——扩散系数，与大气湍流强度有关，在 AV 尾流模型中，大气湍流强度是由帕斯圭尔（Pasquill）稳定级或风向的标准差 $\sigma_\beta$ 表示的，见表 B-1。

$r_{21}$——区域Ⅰ末的无量纲尾流半径，即

$$r_{21}=\frac{R_{21}}{R}=\frac{R_{21}}{R_0}\cdot\frac{R_0}{R}=r_0/\sqrt{0.214+0.144m} \tag{B-7}$$

**表 B-1　大气边界层中帕斯圭尔稳定级、风向标准差 $\sigma_\beta$ 及 $\mathrm{d}\sigma/\mathrm{d}x$ 之间的关系**

| Pasquill 稳定级 | 风向标准差 $\sigma_\beta$/(°) | $\mathrm{d}\sigma/\mathrm{d}x$ |
|---|---|---|
| A | 25.0 | 0.212 |
| B | 20.0 | 0.156 |

（续）

| Pasquill 稳定级 | 风向标准差 $\sigma_\beta$/(°) | $d\sigma/dx$ |
|---|---|---|
| C | 15.0 | 0.104 |
| D | 10.0 | 0.069 |
| E | 5.0 | 0.050 |
| F | 2.5 | 0.034 |

风轮后锥形均匀流半径 $r_1$ 可表示为

$$r_1=\frac{R_1}{R}=\frac{x_H-x}{x_H}r_0=r_0\left(1-\frac{x}{x_H}\right) \tag{B-8}$$

区域Ⅰ的无量纲尾流半径 $r_2$ 可表示为

$$r_2=\frac{R_2}{R}=r_0+x\left[(r_{21}/x_{\mathrm{I\,m}})^2+(2\alpha)^2\right]^{1/2} \tag{B-9}$$

区域Ⅰ的尾流横向剖面上的无量纲速度可表示为

$$\left.\begin{aligned} &v_{\mathrm{I}}=1 && \eta\leqslant 0\\ &v_{\mathrm{I}}=\frac{1}{m}+\left(1-\frac{1}{m}\right)(1-\eta^{3/2})^2 && 0<\eta<1\\ &v_{\mathrm{I}}=\frac{1}{m} && \eta\geqslant 1\end{aligned}\right\} \tag{B-10}$$

式中　$\eta$——参数，$\eta=(R_2-Y)/(R_2-R_1)=(r_2-y)/(r_2-r_1)$；

$R_2$——风轮下游区域Ⅰ内尾流半径；

$R_1$——风轮后锥形均匀流半径；

$Y$——某点到尾流旋转轴的距离。

**2. 区域Ⅱ的尾流特性**

区域Ⅱ末的无量纲尾流长度 $x_N$ 为

$$x_N=\frac{X_N}{R}=nx_H=n\frac{X_H}{R} \tag{B-11}$$

式中

$$n=\frac{\sqrt{0.214+0.144m}}{1-\sqrt{0.214+0.144m}}\cdot\frac{1-\sqrt{0.134+0.124m}}{\sqrt{0.134+0.124m}} \tag{B-12}$$

区域Ⅱ的尾流增长速率与区域Ⅰ一致，故区域Ⅱ的无量纲尾流半径 $r_2$ 为

$$r_2=r_0+x\left[(r_{21}/x_{\mathrm{I\,m}})^2+(2\alpha)^2\right]^{1/2} \tag{B-13}$$

区域Ⅱ的尾流横向剖面上的无量纲速度可表示为

$$\left.\begin{aligned} &v_{\mathrm{II}}=1 && y/r_2\geqslant 1\\ &v_{\mathrm{II}}=\left(\frac{x-x_H}{x_N-x_H}\right)v_{\mathrm{III}}+\left(\frac{x_N-x}{x_N-x_H}\right)v_{\mathrm{I}} && 0<y/r_2<1\end{aligned}\right\} \tag{B-14}$$

式中，$v_{\mathrm{III}}$、$v_{\mathrm{I}}$ 分别表示同一 $y/r_2$ 值用于式（B-15）和式（B-10）计算所得的区域Ⅰ与区域Ⅲ的速度值。

### 3. 区域Ⅲ的尾流特性

区域Ⅲ的尾流横向剖面上的无量纲速度可表示为

$$\left.\begin{aligned} v_{\mathrm{III}} &= 1 & y/r_2 \geqslant 1 \\ v_{\mathrm{III}} &= 1-\Delta v_c(1-1/m)\left[1-(y/r_2)^{3/2}\right]^2 & 0< y/r_2<1 \end{aligned}\right\} \tag{B-15}$$

式中 $\Delta v_c$尾流旋转轴上的无量纲速度损失系数，即

$$\Delta v_c=\frac{\Delta V_c}{\Delta V_0}=\frac{V_\infty-V_c}{V_\infty-V_0}=3.73\left\{\frac{0.258m}{m-1}-\left[\left(\frac{0.258m}{m-1}\right)^2-\frac{0.536r_0^2}{r_2^2(m-1)}\right]^{1/2}\right\} \tag{B-16}$$

## B.2 尾流区风特性

### B.2.1 尾流区平均速度

由于风力机从空气气流中吸收了能量和风力机本身对空气气流的扰动，尾流区的速度有一个衰减和逐渐恢复的过程。图 B-3 和图 B-4 分别给出用 AV 尾流模型计算的和在风洞中测得的距风力机不同距离的尾流截面内的平均速度剖面与风力机尾流区中心线上平均速度分布。

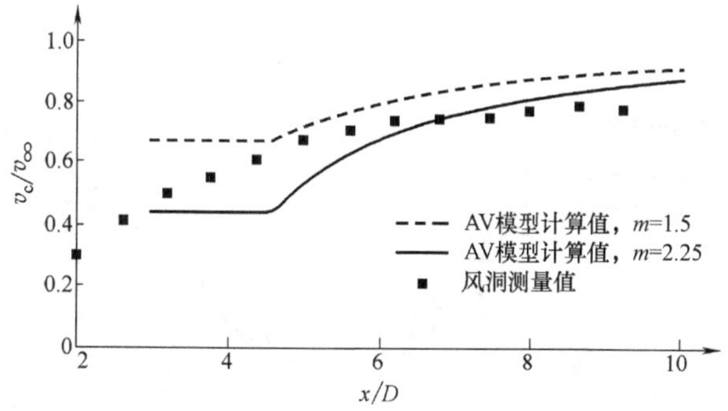


图 B-3 尾流区中心线平均速度分布（Pasquill 稳定级 E）

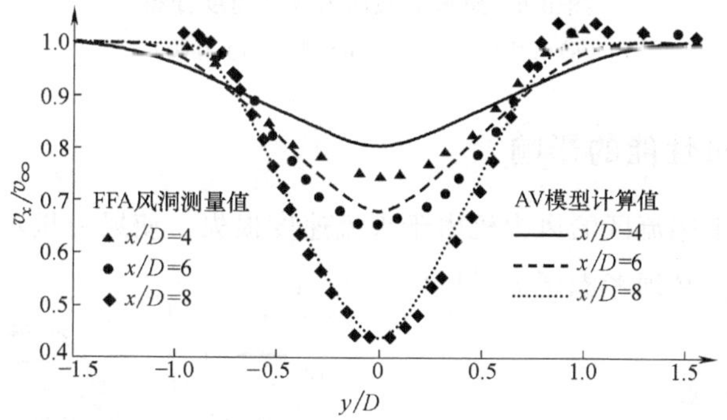


图 B-4 尾流区截面内平均速度分布（Pasquill 稳定级 D，$m=2.3$）

由图 B-3 和图 B-4 可知，风力机尾流区内，离风力机越近的截面，速度损失越大，同一截面内，离风力机轴线越近，速度损失越大，在所测量的 3 个截面中，其最大速度损失都出现在风力机轴线上；离风力越近的截面内，其尾流影响区域稍小一些；尾流区中心线上平均速度随 $x$ 坐标增加而逐渐恢复，在近场尾流区其恢复得更快一些。

图 B-5 给出背景湍流度对尾流中心线上的速度影响，由图 B-5 可知，背景湍流度对尾流中心线上的速度影响较大，背景湍流度越大，尾流中心线上的速度越大；不同背景湍流度对区域Ⅰ范围的影响很大，背景湍流度越大，区域Ⅰ范围越小；在背景湍流度为 0 时，区域Ⅰ延伸到 24 倍风力机直径附近，而当 Pasquill 稳定级 C 时只延伸到约 4 倍风力机直径处；背景湍流度越高，尾流区速度恢复越快。

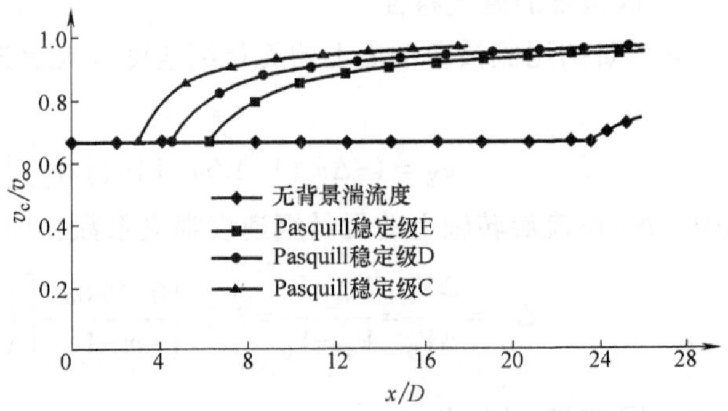


图 B-5　背景湍流度对尾流区中心线平均速度分布的影响

### B. 2. 2　尾流区脉动速度

图 B-6 分别给出了在风洞中用热线风速仪测量不同尾流截面位置轴向（$x$）方向和横向（$y$）方向上的脉动速度均方差的分布。由图 B-6 可知，在风力机尾流区内，离风力机越近的截面脉动速度均方差越大，同一截面位置内，离风力机轴线越近脉动速度均方差越大。

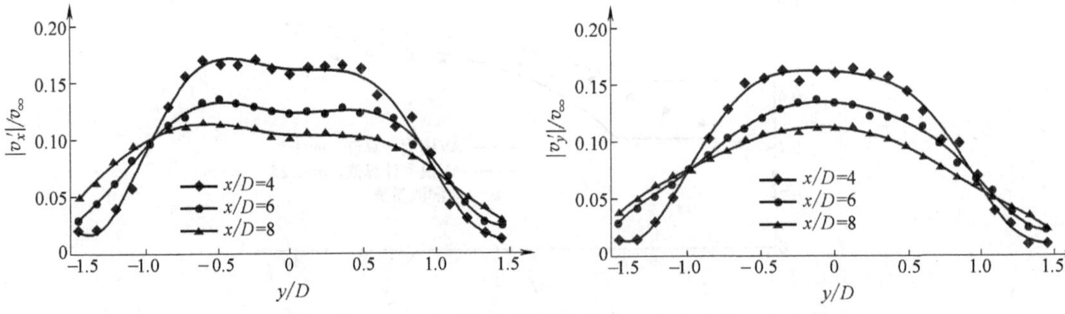


图 B-6　尾流区截面内脉动速度分布

a）轴向（$x$ 方向）　b）横向（$y$ 方向）

## B. 3　尾流对风力机性能的影响

在风电场中，位于尾流区的风力机由于来流速度损失，使风力机功率输出减小，因此在风电场布置风力机时，必须考虑尾流对风力机功率输出的影响。

### B. 3. 1　风力机串列布置

风力机串列布置是指下游风力机风轮旋转轴线与上游风力机风轮旋转轴线重合的情况。图 B-7 是用 AV 尾流模型计算处在尾流区不同截面位置上的风力机风能利用系数曲线。由图 B-7 可知：在 $\frac{x}{D}=4$ 时，计算得到

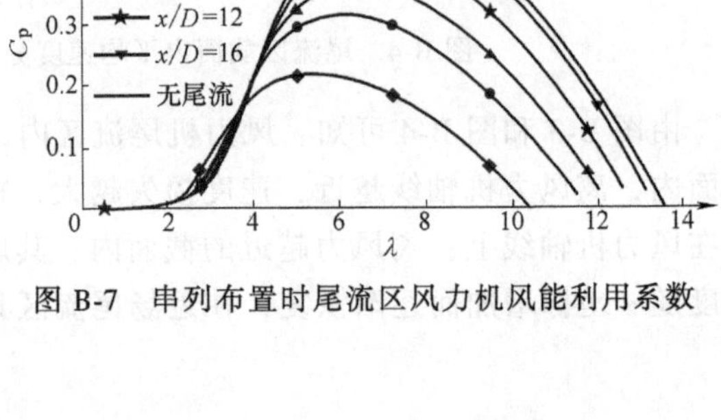

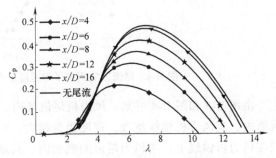

图 B-7　串列布置时尾流区风力机风能利用系数

的最大风能利用系数为没有尾流影响的 45%左右；在$\frac{x}{D}=6$时，为 65%左右；在$\frac{x}{D}=8$时，为 75%左右；在$\frac{x}{D}=16$时，为 97%左右，尾流影响基本可以忽略。

### B. 3. 2 风力机斜列布置

风力机斜列布置是指下游风力机风轮旋转轴线与上游风力机风轮旋转轴线平行的情况。图 B-8 是用 AV 尾流模型计算处在尾流区不同截面位置上的风力机风能利用系数曲线。由图 B-8 可知：两台风力机轴线之间的距离 $W$ 越大，尾流的影响就越小。

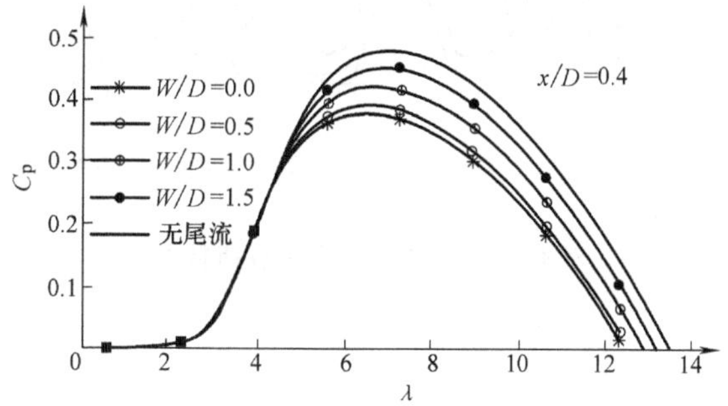


图 B-8 斜列布置时尾流区风力机风能利用系数

研究结果还表明：在同一尾流截面位置，湍流强度越大，尾流的影响区域越大，例如$\frac{x}{D}=8$时，在高湍流度（Pasquill 稳定级 B）下，当 $W/D>3$ 时，尾流影响可以忽略，而在低湍流度（Pasquill 稳定级 D），当 $W/D>1.5$ 时，尾流影响才可以忽略。瑞典 FFA 在风电场测量了尾流对风力机功率输出的影响。实测结果表明，风速为 12m/s 情况下，当两台风力机串列相距 5 $D$ 时，则处在尾流区的风力机的功率输出为无尾流干扰时的 60%左右；相距 9.5$D$ 时为 80%左右，如图 B-9 所示。

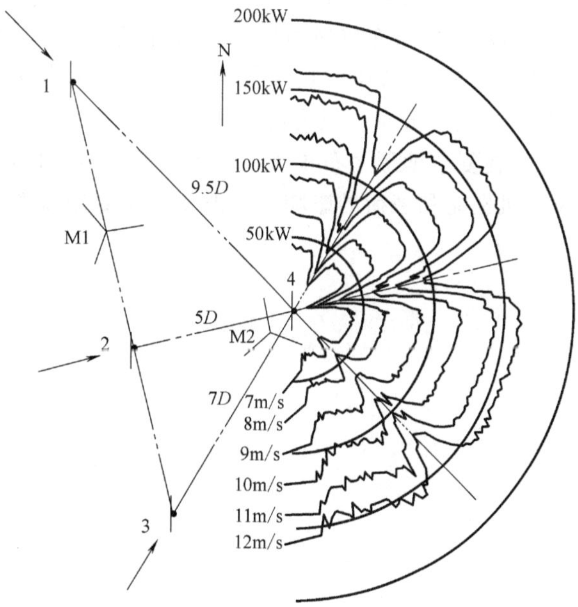


图 B-9 尾流区风力机功率输出特性

综上所述，下游风力机与上游风力机交错布置可以在很大程度上减少上游风力机尾流的影响。当两台风力机风轮旋转轴线之间的距离大于 3 倍风力机直径后，通常可以不考虑两列风力机之间的尾流效应。

## B. 4 尾流对风力机载荷的影响

在风力机尾流区内，除了因气流速度降低使下游风力机的功率输出减小外；还因来流湍流强度增加和湍流积分尺度的减小，使下游的风力机的动态载荷增加。图 B-10 是瑞典 FFA 在风电场测量的处在尾流区的风力机载荷。由图 B-10 可知：当两台风力机串列布置时，处在尾流区的风力机叶片挥舞弯矩均方值 $\sigma_{Myb}$ 明显地增加，影响风力机叶片的疲劳寿命。

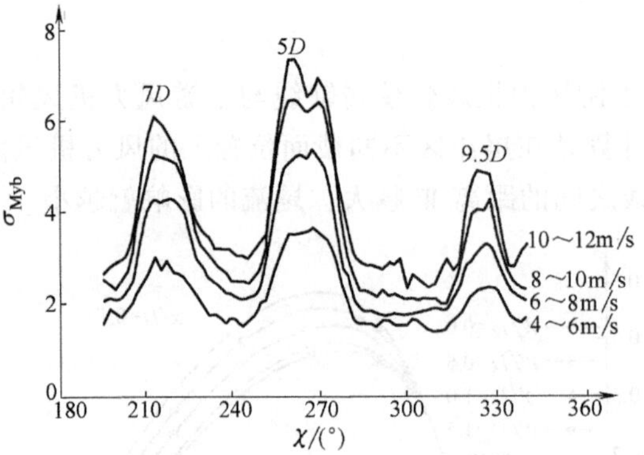


图 B-10　尾流区风力机载荷特性

## B.5　风力机布局

根据前文分析，当风电场选址后，在进行风力机布置时应符合下列原则：

1）在平坦地形上排布时，当场址盛行风向为一个方向或两个方向且相互反方向时，则可沿盛行风向斜置布置风力机，前后排风力机的间距取 5～9 倍风力机风轮直径，同排风力机的间距取 3～5 倍风力机风轮直径；当场址有多个盛行风向时，则风力机布置一般采用“田”形或圆形分布，风力机的间距应相对大一些，通常取 10～12 倍风力机风轮直径。

2）在复杂地形上布置时，除了要考虑风力机尾流效应外，还要充分考虑复杂地形绕流对风力机性能和载荷的影响，一般要采用专用软件进行计算。

# 参 考 文 献


[1] 贺德馨，等. 风工程与工业空气动力学［M］. 北京：国防工业出版社，2006.

[2] Martin O. L. Hansen . 风力机空气动力学［M］. 肖劲松，译. 北京：中国电力出版社，2009.

[3] 清华大学工程力学系. 流体力学基础［M］. 北京：机械工业出版社，1980.

[4] 蔡新. 风力发电机叶片［M］. 北京：中国水利水电出版社，2014.

[5] 赵学端，廖其奠. 粘性流体力学［M］. 北京：机械工业出版社，1984.

[6] 刘宏生，孙文策. 工程流体力学［M］. 大连：大连理工大学出版社，2016.

[7] 曾明，刘伟，邹建军. 空气动力学基础［M］. 北京：科学出版社，2017.

[8] 韩占忠，王国玉. 工程流体力学基础［M］. 2 版. 北京：北京理工大学出版社，2016.

[9] 赵萍，高首聪，等. 大型风力发电机组动力学［M］. 北京：科学出版社，2017.

[10] 郭楚文. 工程流体力学［M］. 3 版. 北京：中国矿业大学出版社，2017.

[11] 盛敬超. 液压流体力学［M］. 北京：机械工业出版社，1980.

[12] 姚兴佳，宋俊，等. 风力发电机组原理与应用［M］. 3 版. 北京：机械工业出版社，2017.

[13] 牛山泉. 风能技术［M］. 刘薇，李岩，译. 北京：科学出版社，2009.

[14] 廖明夫，等. 风力发电技术［M］. 西安：西北工业大学出版社，2009.

[15] 张志英，等. 风能与风力发电技术［M］. 2 版. 北京：化学工业出版社，2010.

[16] 杨校生，等. 风力发电技术与风电场工程［M］. 北京：化学工业出版社，2012.

[17] 李春，叶舟，等. 现代大型风力机设计原理［M］. 上海：上海科学技术出版社，2013.

[18] Schaffarczyk A P. 风力机空气动力学［M］. 吴晨曦，等译. 北京：机械工业出版社，2016.

[19] 吴子牛，白晨媛，等. 空气动力学［M］. 北京：北京航空航天大学出版社，2016.

[20] 苏尔皇. 液压流体力学［M］. 北京：国防工业出版社，1979.

[21] Saffman P G. Vortex dynamics［M］. New York：Cambridge University Press，1992.

[22] Pasquill F. Atmospheric diffusion［M］. 2nd ed. London：Ellis Horwood publisher，1974.